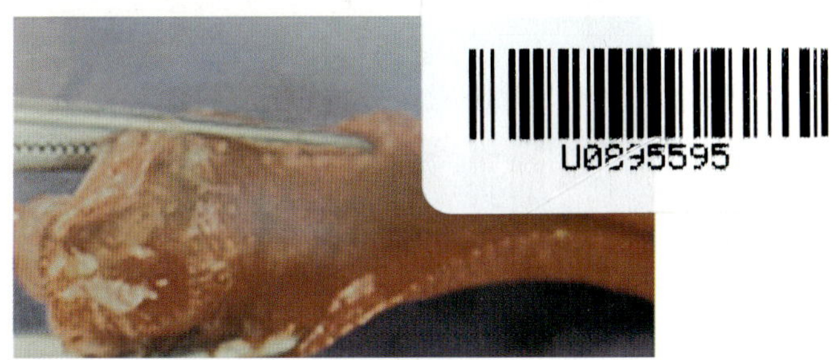

彩图 1　鸡新城疫：喉气管黏膜出血

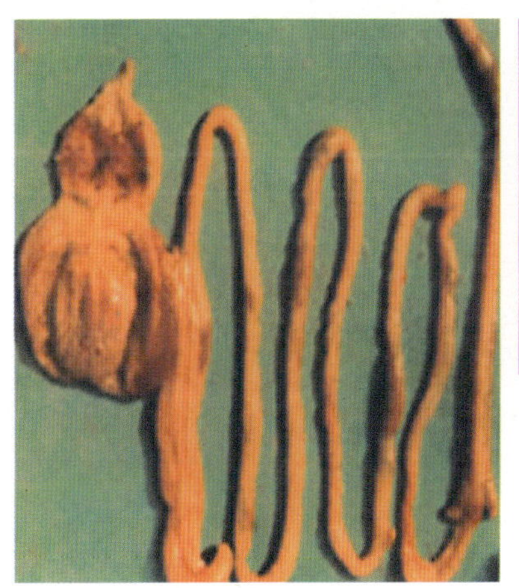

彩图 2　鸡新城疫：胃肠严重出血

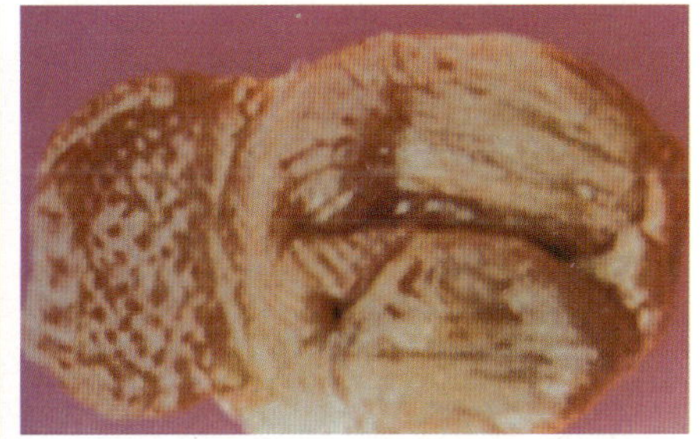

彩图 3　鸡新城疫：腺胃乳头出血

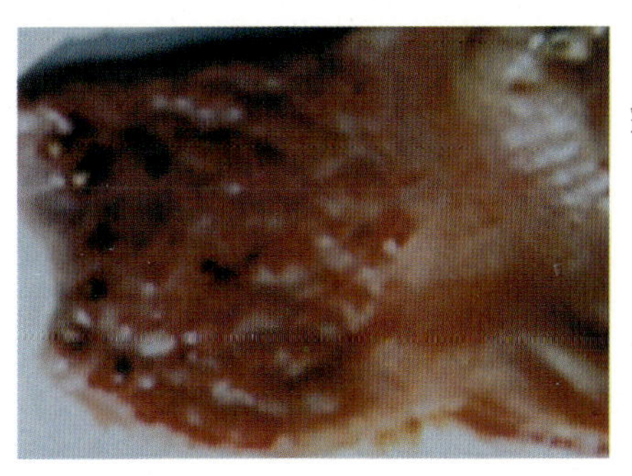

彩图 4　鸡新城疫：腺胃黏膜及腺胃乳头出血，有的腺胃乳头有点状白色坏死性变化，腺胃与肌胃交界处隐约可见若干个黄白色或红色的溃疡灶

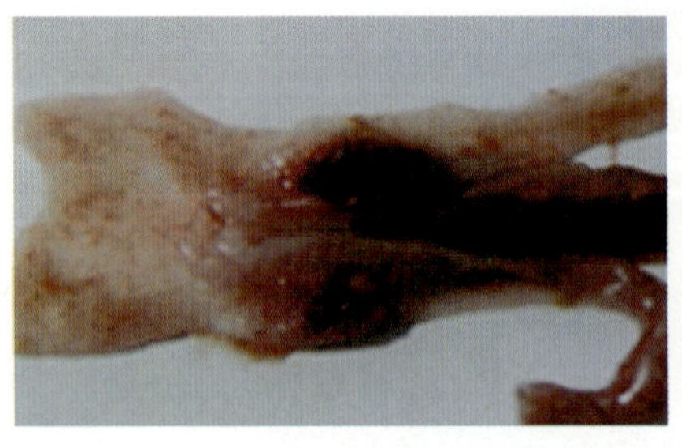

彩图5　鸡新城疫：盲肠扁桃体出血

彩图6　鸡马立克氏病：坐骨神经受侵害，双腿麻痹，呈“劈叉状”张开

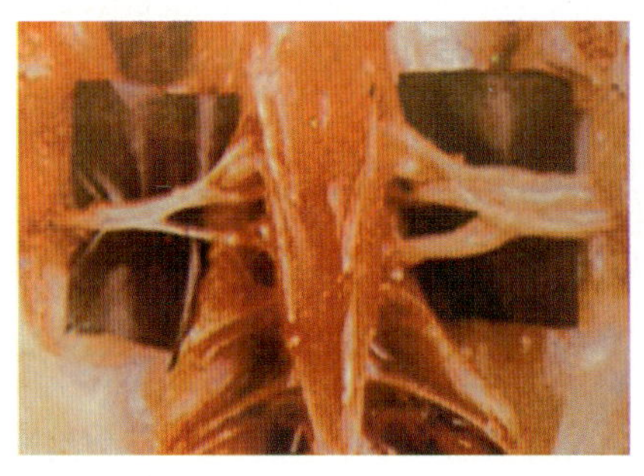

彩图7　鸡马立克氏病：一侧坐骨神经肿粗

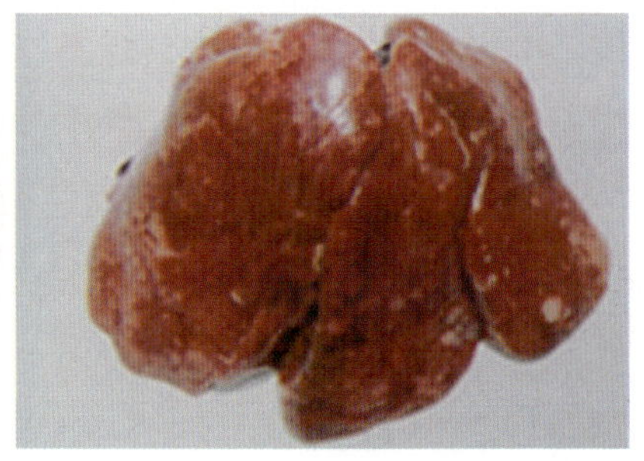

彩图8　鸡马立克氏病：肝脏发生了弥漫性与结节性相混合的肿瘤，使肝脏的体积明显增大

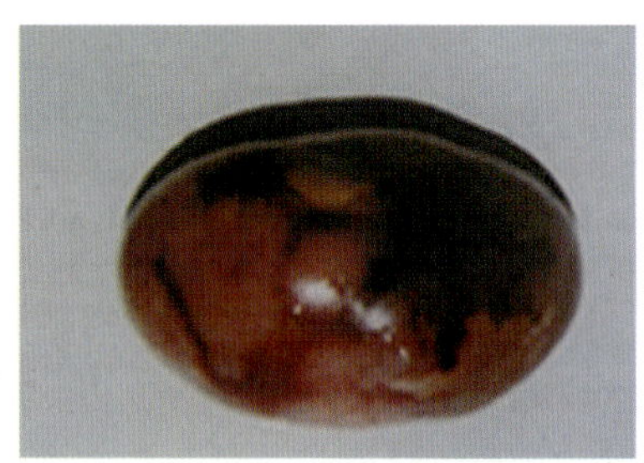

彩图9　鸡马立克氏病：脾脏高度肿胀，表面可见灰白色斑驳状的肿瘤病灶

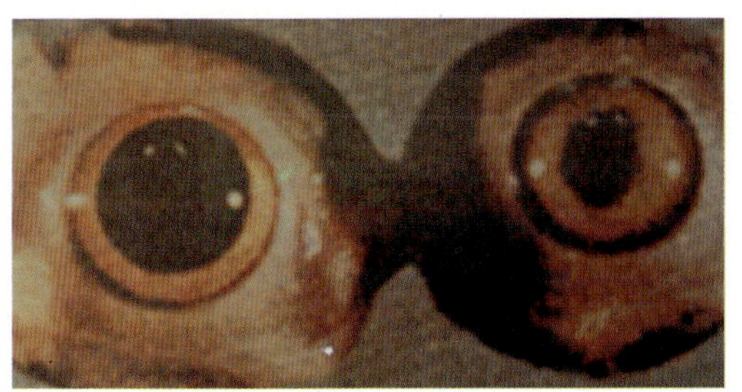

彩图 10　鸡马立克氏病：瞳孔缩小、变形，虹膜褪色（左侧为正常）

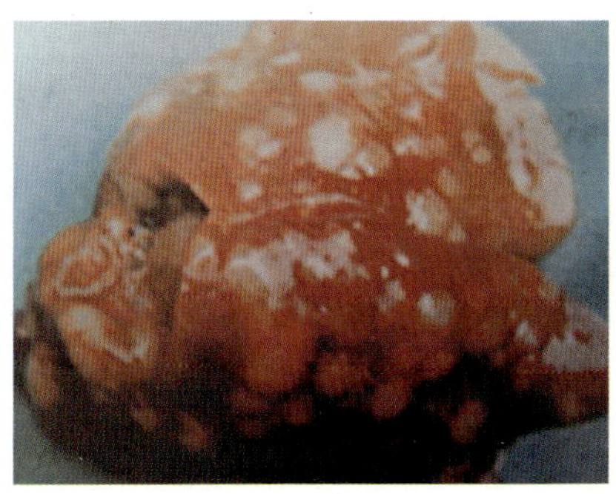

彩图 11　鸡马立克氏病：肝脏的肿瘤结节

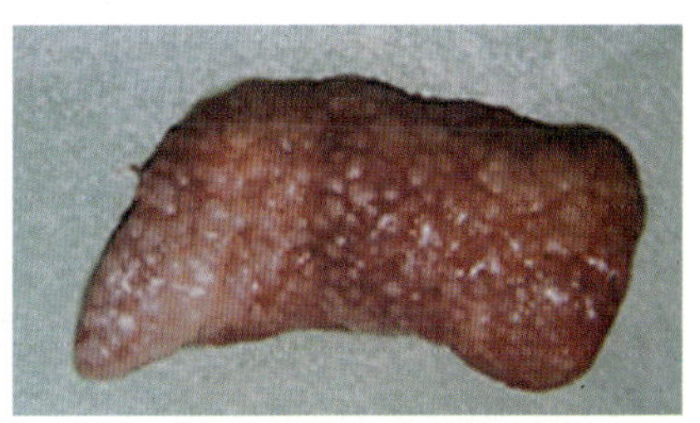

彩图 12　鸡马立克氏病：肾脏广泛形成灰白色绿豆大小的肿瘤结节

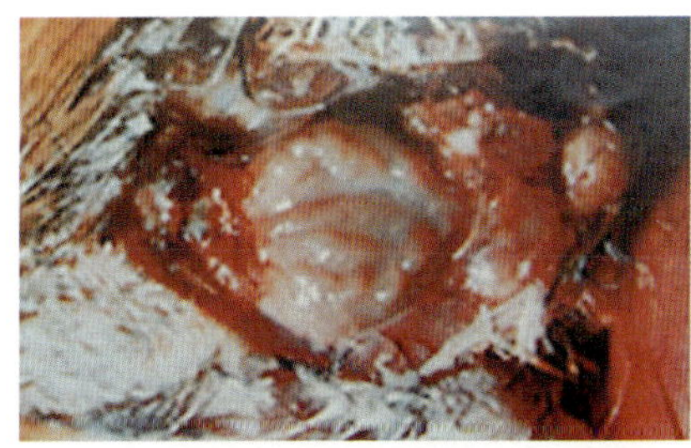

彩图 13　鸡传染性法氏囊病：法氏囊黏膜水肿，黏膜表面附着多量奶油样黏液

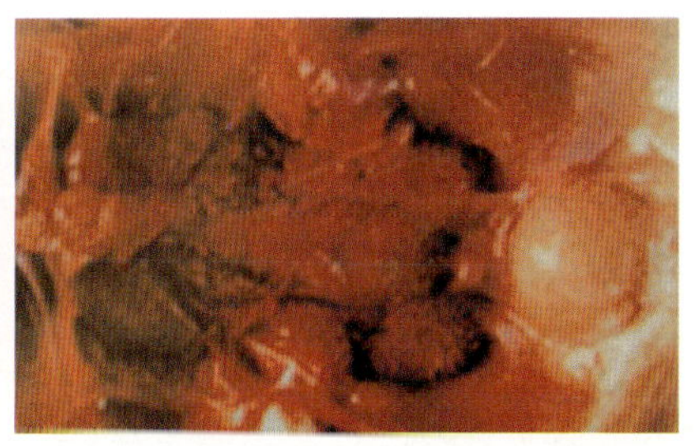

彩图 14　鸡传染性法氏囊病：法氏囊肿胀、充血（右端圆形物）

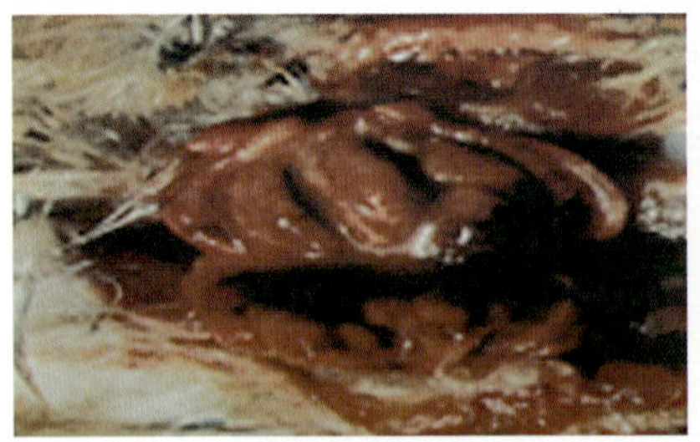

彩图 15　鸡传染性法氏囊病：法氏囊黏膜严重出血

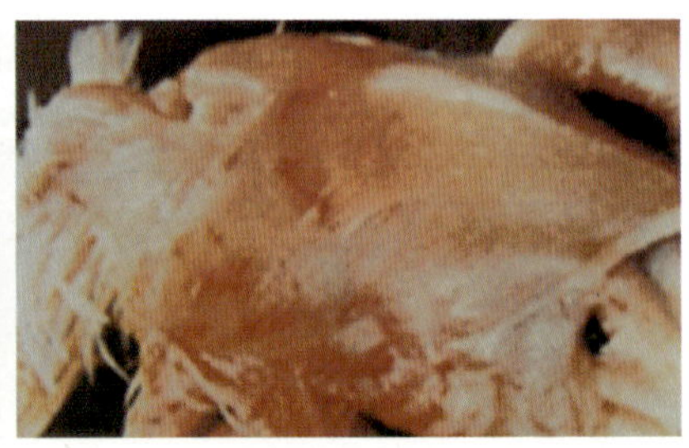

彩图 16　鸡传染性法氏囊病：胸肌出血

彩图 17　鸡传染性法氏囊病：龙骨两侧的胸部肌肉严重出血

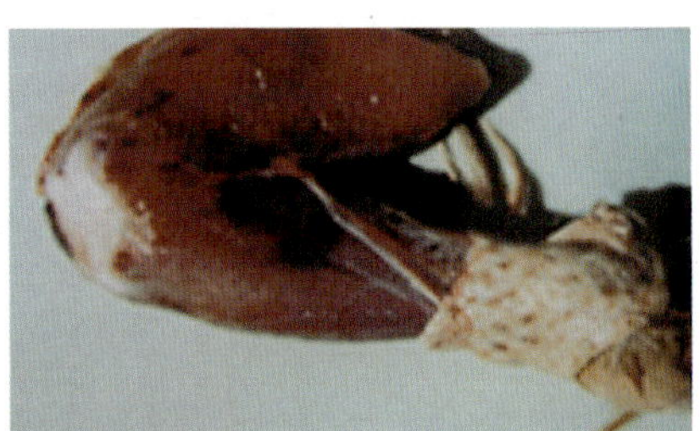

彩图 18　鸡传染性法氏囊病：腿部肌肉出血

彩图 19　禽流感：下颌部高度肿胀与发热（皮下炎性肿胀）

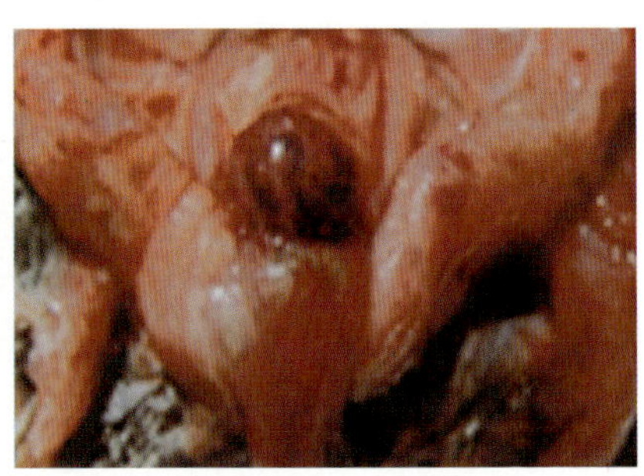

彩图 20　禽流感：法氏囊出血

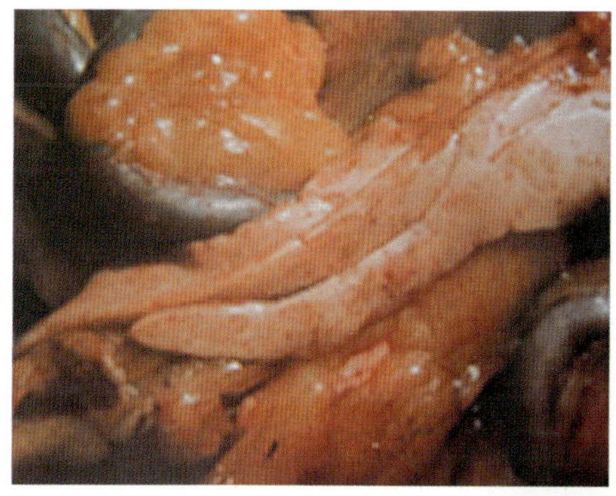

彩图 21　禽流感：胰脏有褐色点状半透明样变性

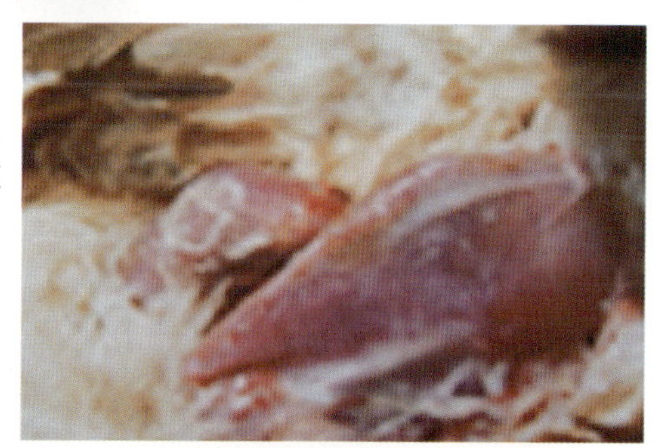

彩图 22　禽流感：胸肌淤血，胸骨滑液囊组织黄色胶冻样浸润

彩图 23　鸡痘（皮肤型）：冠部病变

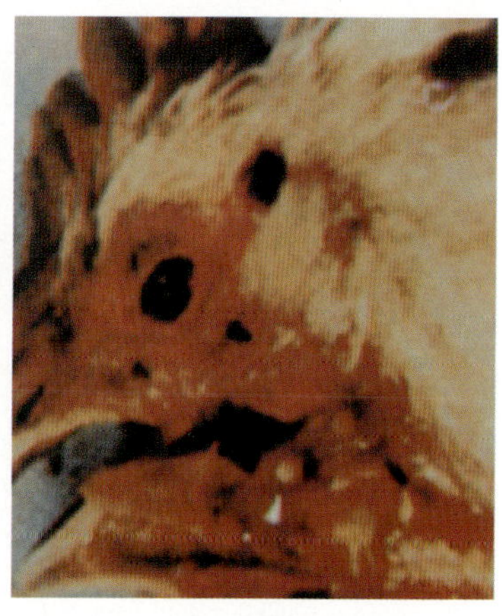

彩图 24　白喉型鸡痘：口腔、咽及食管黏膜病变

彩图 25　鸡传染性支气管炎：病雏呼吸困难，张口喘气

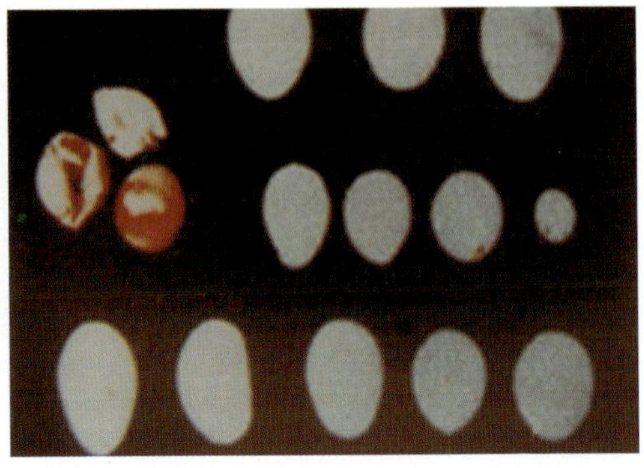

彩图 26　鸡传染性支气管炎：所产的畸形蛋（上面 3 个为正常蛋）

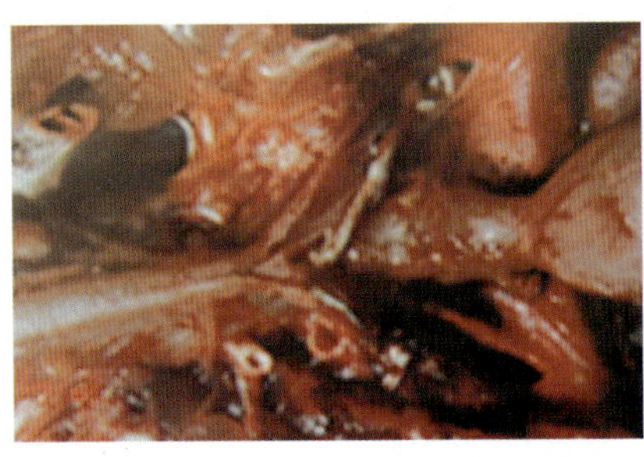

彩图 27　鸡传染性支气管炎：支气管内有灰白色条索状干酪样渗出物

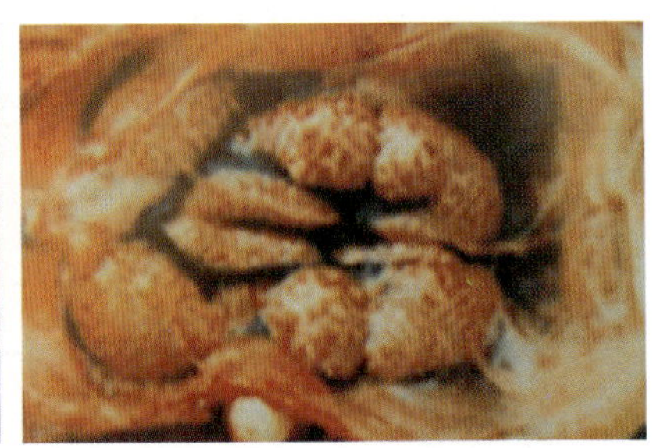

彩图 28　鸡传染性支气管炎：肾脏严重肿胀

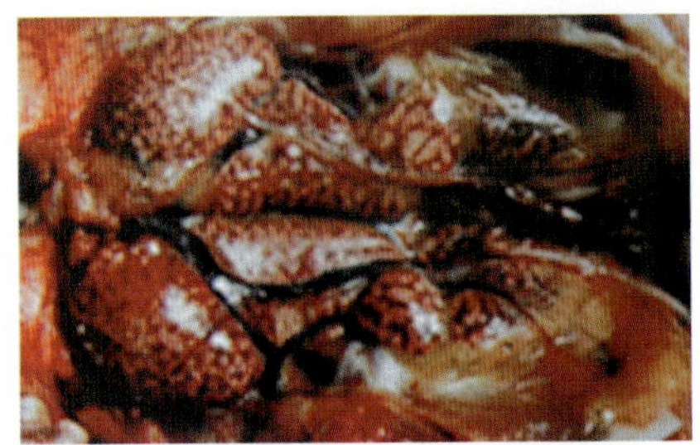

彩图 29　鸡传染性支气管炎：肾脏肿大苍白，肾小管充满白色尿酸盐

彩图 30　鸡传染性喉气管炎：精神沉郁，厌食，张口喘气，咳嗽

彩图 31　鸡传染性喉气管炎：呼吸困难，喘气时张口，伸颈、闭眼，并发出响亮的喘鸣声

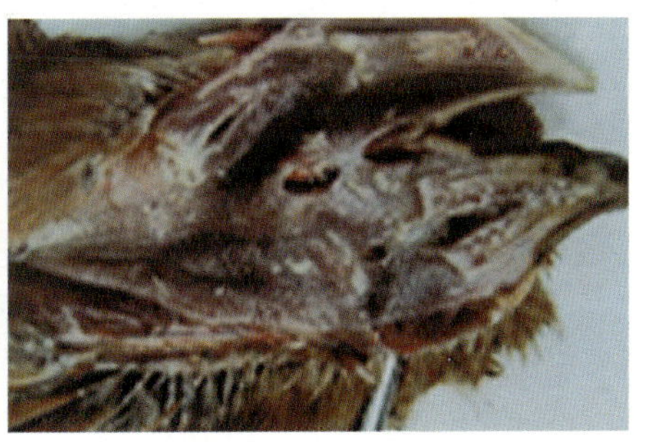

彩图 32　鸡传染性喉气管炎：口腔黏膜淤血，并附着多量灰白色泡沫状的呼吸道分泌物

彩图 33　鸡传染性喉气管炎：口腔黏膜淤血，喉头和气管黏膜出血，气门前端附着小块状的由气管咳出的暗红色凝血块和黄色渗出物凝块

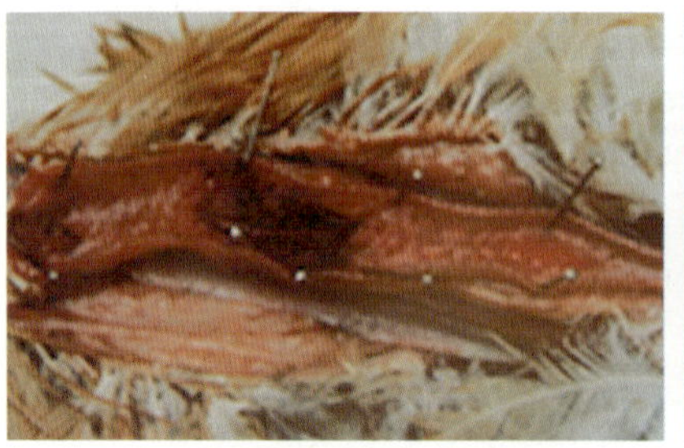

彩图 34　鸡传染性喉气管炎：喉头气管黏膜出血，气管内有暗红色的血凝块

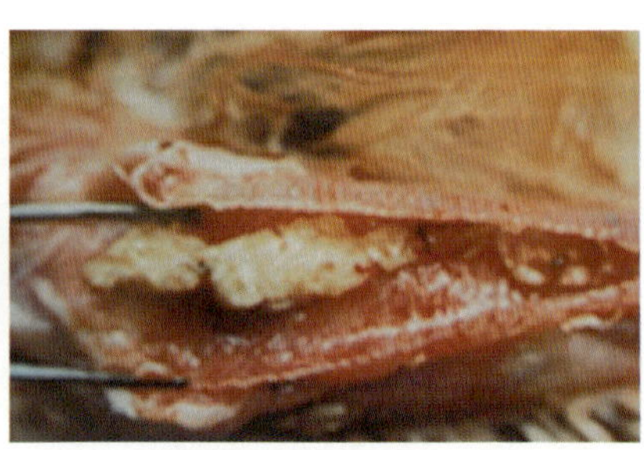

彩图 35　鸡传染性喉气管炎：喉头气管黏膜出血，气管腔内有黄色柱状纤维素性渗出物

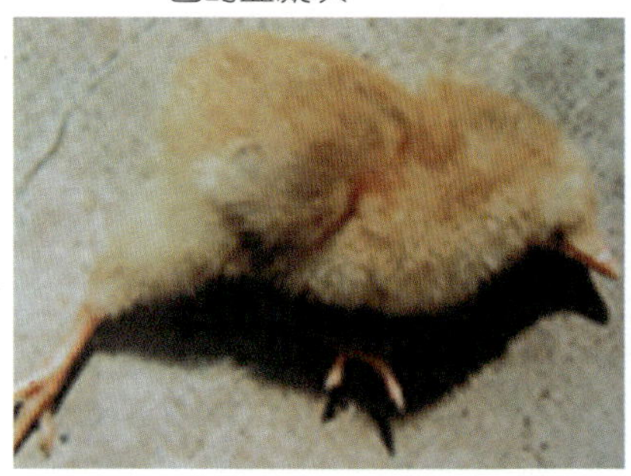

彩图 36　鸡脑脊髓炎：病雏中枢神经紊乱，强烈痉挛，头向后仰

彩图 37　鸡减蛋综合征：患病母鸡所产的蛋形状畸形、变小、卵壳褪色、粗糙、变软、变薄、易破碎

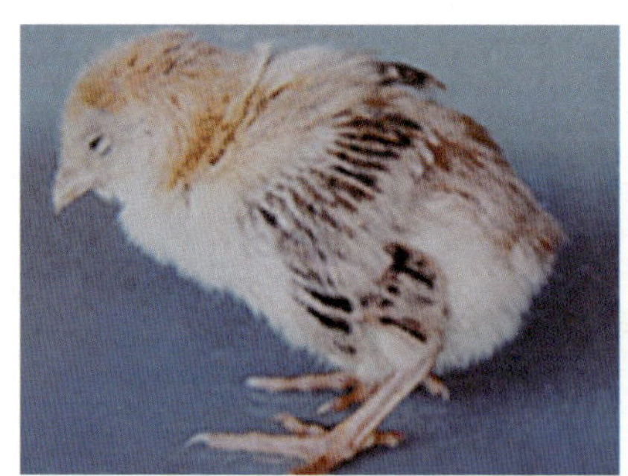

彩图 38　鸡白痢：病雏精神委顿，衰弱

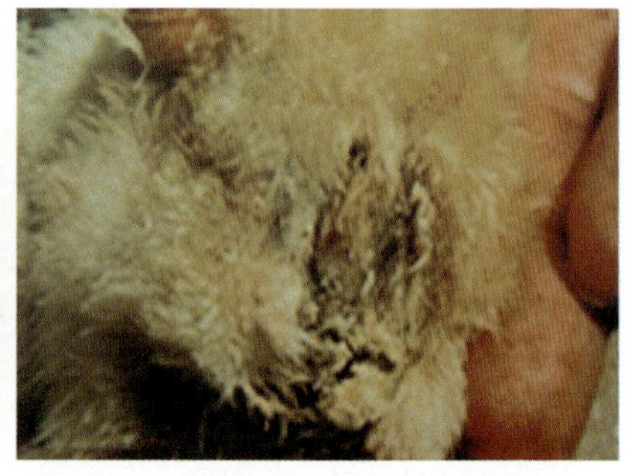

彩图 39　鸡白痢：病雏的泄殖腔及其周围的羽毛沾满白色粪便

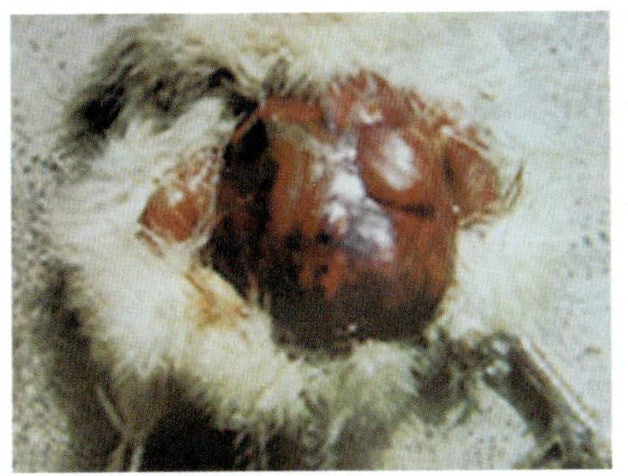

彩图 40　鸡白痢：病雏腹部膨大，腹部皮下出血，卵黄囊吸收不良

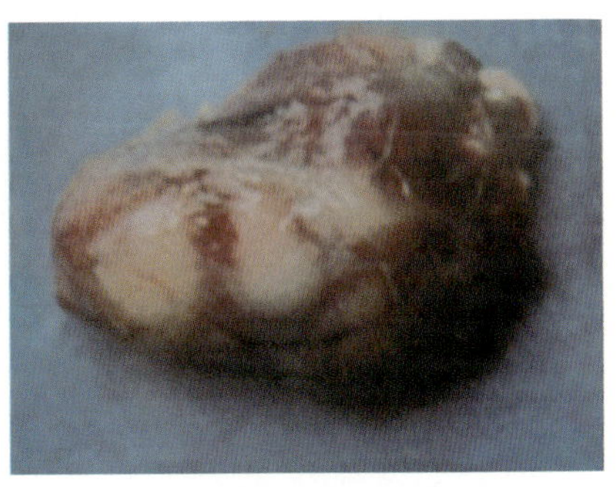

彩图 41　鸡白痢：心肌形成灰白至淡黄色隆起的肉芽肿

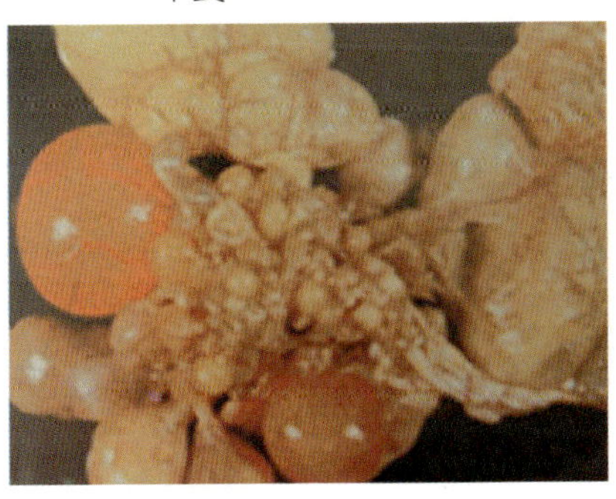

彩图 42　鸡白痢：卵泡充血、出血，变性坏死

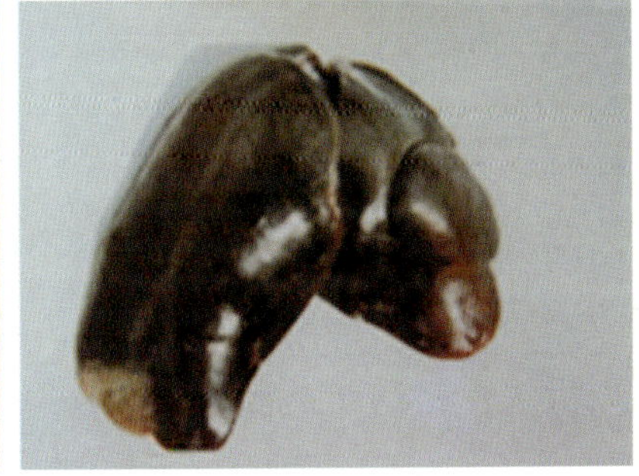

彩图 43　鸡副伤寒：肝脏呈古铜色外观，肝脏尖部有灰黄色至褐色的坏死灶

彩图 44　鸡大肠杆菌病：全眼球炎

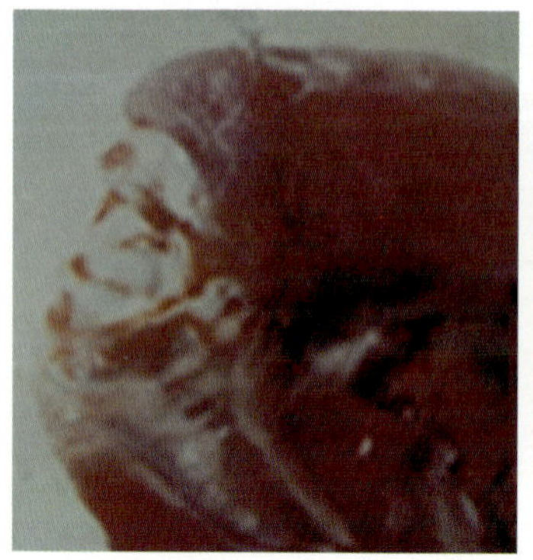

彩图 45　鸡大肠杆菌病：膝关节炎

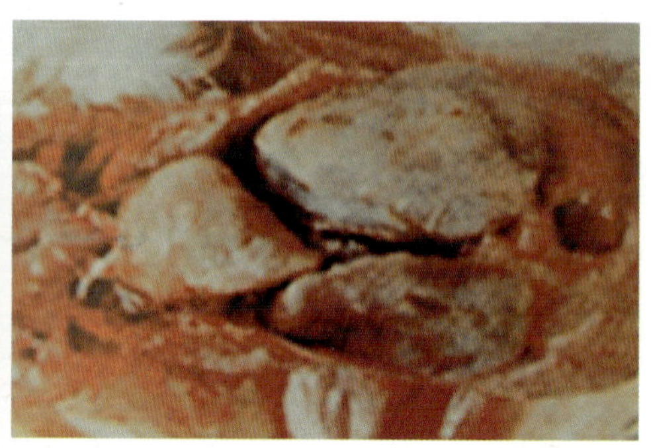

彩图 46　鸡大肠杆菌病：心包炎和肝周炎

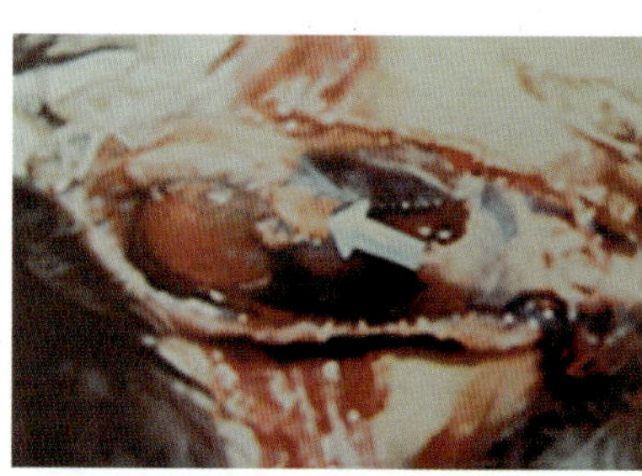

彩图 47　鸡大肠杆菌病：肝脏肉芽肿

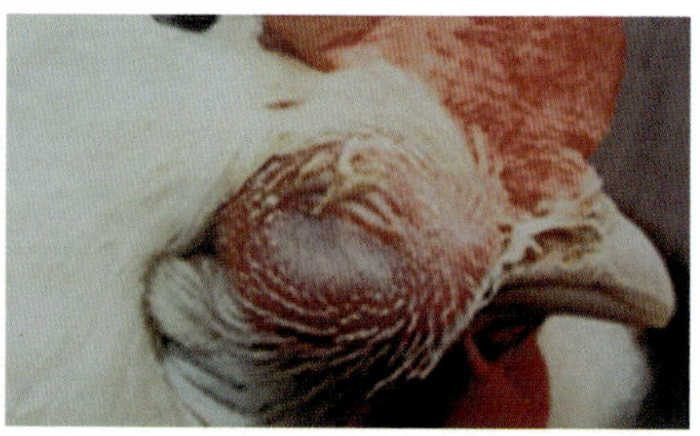

彩图 48　鸡传染性鼻炎：鼻窦肿胀，眼和鼻孔周围有干酪样分泌物附着

彩图 49　鸡绿脓杆菌病：病雏眼失明

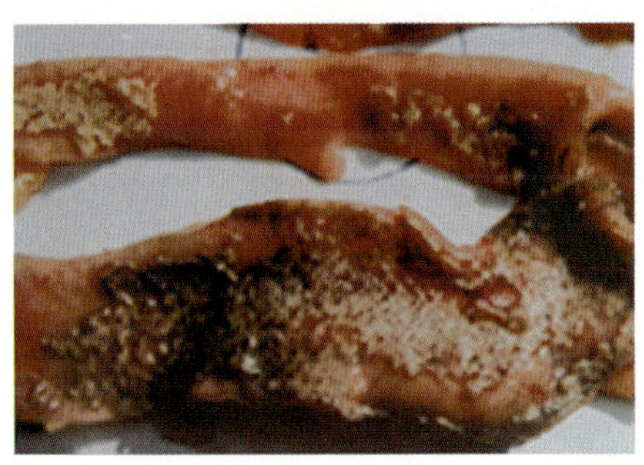

彩图 50　鸡坏死性肠炎：小肠黏膜坏死，形成坏死性伪膜

彩图 51　鸡溃疡性肠炎：肠黏膜和肠浆膜早期溃疡，溃疡灶周边充血

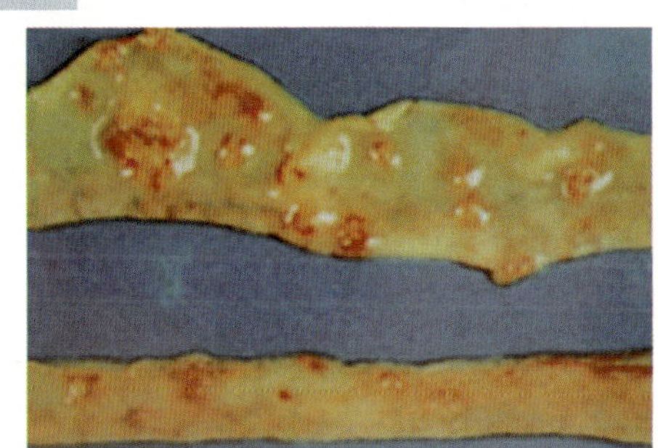

彩图 52　鸡球虫病：盲肠肿大，充满含有血液的渗出物

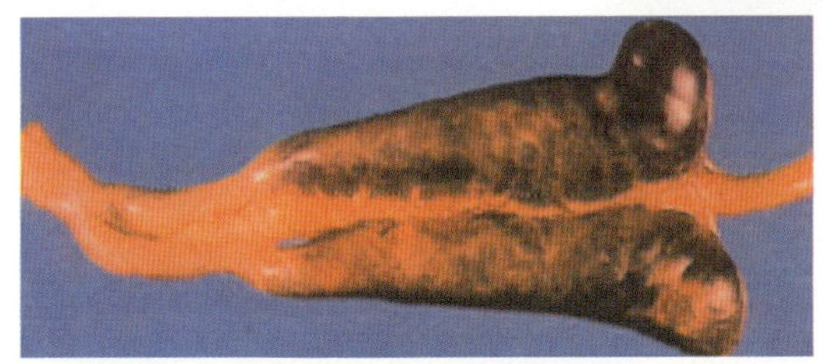

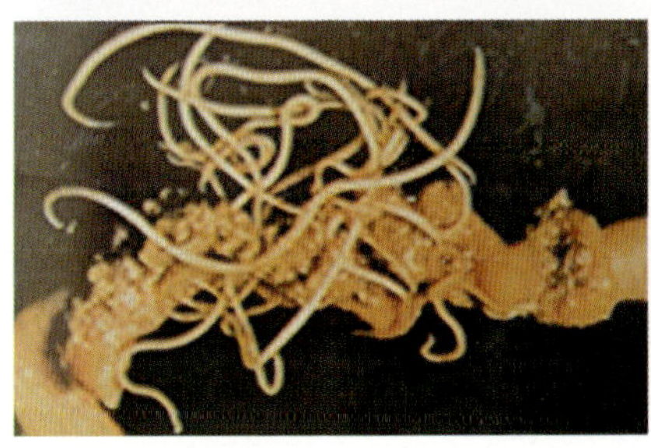

彩图 53　鸡蛔虫病：小肠中段寄生大量蛔虫

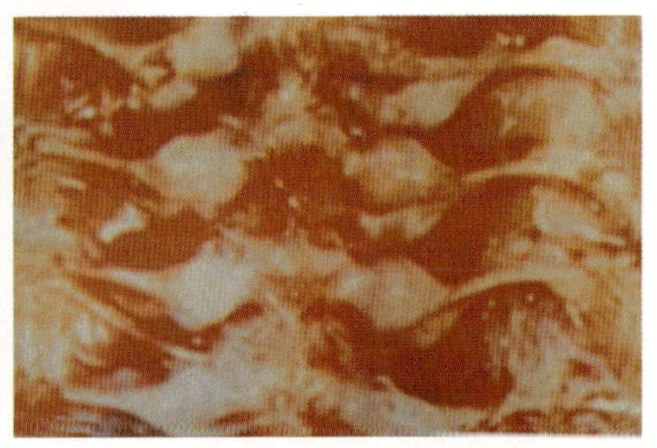

彩图 54　雏鸡佝偻病：病雏肋骨与脊柱交接处肿大，呈串珠状

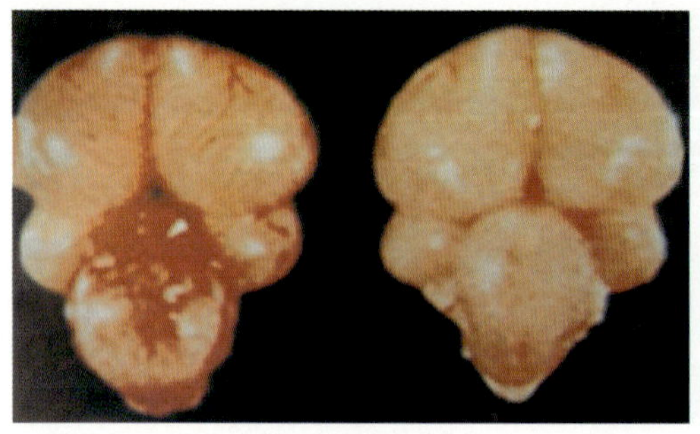

彩图 55　鸡维生素E缺乏症：小脑出血、液化

彩图 56　鸡维生素B_2缺乏症：病雏双脚的趾爪向内蜷曲，双腿以跗关节着地，不能站立

彩图 57　鸡锰缺乏症：病雏左侧关节受损、左腿胫爪部向外伸展

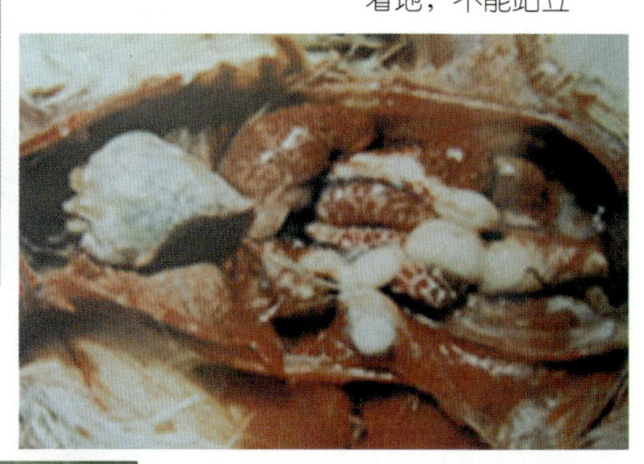

彩图 58　鸡痛风：肾肿大，肾小管和输尿管充斥尿酸盐，心外膜有尿酸盐结晶析出

彩图 59　鸡痛风：关节有白色尿酸盐沉着

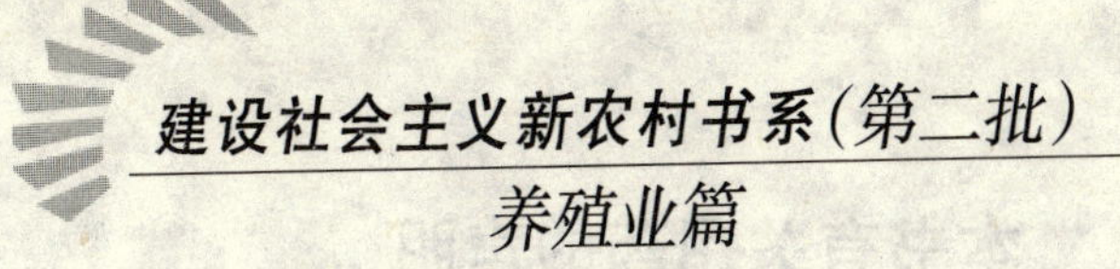

建设社会主义新农村书系（第二批）

养殖业篇

新鸡病诊断与防治

席克奇　刘桂珍　刘畅　孙宝莹　编著

中国农业出版社
农村读物出版社

本书有关用药的声明

兽医科学是一门不断发展的学问。标准用药安全注意事项必须遵守，但随着最新研究及临床经验的发展，知识也不断更新，因此治疗方法及用药也必须或有必要做相应的调整。建议读者在使用每一种药物之前，参阅厂家提供的产品说明以确认推荐的药物用量、用药方法、所需用药的时间及禁忌等。医生有责任根据经验和对患病动物的了解决定用药量及选择最佳治疗方案。出版社和作者对任何在治疗中所发生的对患病动物和/或财产所造成的伤害或损害不承担任何责任。

中国农业出版社

出版说明

党的十六届五中全会明确提出了建设社会主义新农村的重大历史任务。中国农业出版社按照生产发展、生活宽裕、乡风文明、村容整洁、管理民主的要求，秉承为“三农”服务的办社宗旨，及时策划推出了《建设社会主义新农村书系》。

本套书紧紧围绕建设社会主义新农村的内涵，在内容上，分农业生产新技术、新型农民培训、乡村民主管理、农村政策法律、农村能源环境、农业基础建设、小康家园建设、乡村文化生活、农村卫生保健、乡村幼儿教育等板块；在出版形式上，将手册式、问答式、图说式与挂图、光盘有机结合；在运作方式上，按社会主义新农村发展的阶段性，分期分批实施；在读者对象上，依据广大农村读者的文化水平和阅读习惯，分别推出适合广大农民、农技人员和乡村干部三个层次的读本。整套书力求内容通俗易懂，图文并茂，突出科学性、针对性、实用性和趣味性；力求用新技术、新内容、新形式，开拓服务的新境界。

本套书第一批近百种出版半年多以来，得到了广大农民朋友的欢迎。此次推出的第二批更进一步地为农民朋友提供了范围更宽、内容更新的选择对象。

我们希望该套书的出版，能够提高广大农民的科技素质，加快农业科技的推广普及，提高农业科技的到位率和入户率，为农业发展、农民增收、农村社会进步提供有力的智力支持和精神动力，为社会主义新农村建设注入新的生机与活力。

中国农业出版社

2007年1月

前言

近些年来，我国广大农村养鸡业逐渐步入规模化、集约化饲养和现代化生产，绝大多数的养鸡场和养鸡大户都取得了较好的经济效益。但是，随着养鸡生产的不断发展，也增加了种鸡、种蛋、鸡雏的流动性，为一些疫病的传播和流行创造了条件，从而疾病的流行更加广泛，多种疾病在同一个鸡场同时存在的现象十分普遍，混合感染十分严重，一些疾病出现了非典型和温和型，这一切都给养鸡场或养鸡大户的疾病控制提出了新问题，特别是很多疾病在临床上有很多相似的症状出现，给疾病的现场诊断带来很大困难。由于目前我国鸡场中疾病诊断仍然比较落后，尤其缺乏实验室诊断手段，不能及时、准确地对疾病进行确诊。但是，疾病发生后，迅速诊断是控制疾病的前提，尤其对于一些传染性疾病，只有尽早做出诊断，及时采取有效措施，损失才能降低到最小。基于这种现状，作者学习和参考某些中外禽病防治专著及有关技术资料，借鉴各地鸡病防治成功经验，结合自己的工作体会，编写了《新鸡病诊断与防治》一书，期望能对养鸡生产有所帮助。

本书在写作上力求语言通俗易懂，简明扼要，内容系统，注重实际操作，在每种疾病的介绍中，侧重了症状和病理相似疾病间的鉴别诊断。在书中重点介绍了鸡病的感染及预防、鸡病的诊断及投药、鸡的免疫接种、养鸡常用药及使用、鸡病毒性传染病、鸡细菌性传染病、鸡的胚胎病、鸡寄生虫病、鸡营养代谢病、鸡中毒性疾病、鸡其他普通病等方面内容，可供养鸡生产者及畜牧兽医工作人员参考。

本书在编写过程中，曾参考一些专家、学者撰写的文献资料，因篇幅所限，未能一一列出，仅在此表示感谢。

由于作者的理论和技术水平有限，书中不妥、错误之处在所难免，敬请广大读者批评指正。

作　者

2006年11月

目　录

一、鸡病的感染及预防

鸡病，尤其是一些传染性疾病和成批发生的营养代谢病，是养鸡业的大敌，如果疏于防范，往往会使整群以至整个鸡场毁于一旦，造成重大的经济损失。因此，在养鸡生产中，必须贯彻“以预防为主”的方针，采取切实可行的措施，确保鸡群健康无病，高产稳产。

（一）病原微生物

鸡的常见病有数十种，可分为传染病和普通病两大类，其中发病最多、危害最大的是传染病。传染病是由人们肉眼看不见而具有致病性的微小生物——病原微生物引起，病原微生物包括病毒、细菌、支原体、真菌及衣原体等。

1. 病毒　病毒是很小的微生物，必须用电子显微镜放大数万倍才能观察到。

病毒不能独立进行新陈代谢，每种病毒必须寄生在对其具有易感性的动物、植物或微生物的活细胞内，才能正常地生存和繁殖。当病毒寄生在细胞之内时，如果细胞死亡，病毒也同时死亡。由病鸡消化道、呼吸道及羽囊等排出的各种病毒，都是释放在细胞之外的，它们在自然界中不能繁殖，但能存活数十天至数百天之久，当有机会侵入鸡体时，又在细胞内繁殖，引起疾病。

病毒有耐冷怕热的共性，温度越低，存活越久，但在高热环境中存活的时间很短。例如鸡传染性支气管炎病毒，在－20～－25℃能存活 142 天，56℃经 15～45 分钟即可死亡。不同病毒对酸、碱、日光、紫外线及各种消毒剂有不同的耐受力，但大多数不能耐受碱和长时间（半小时以上）的日光直射。

病毒性鸡病与细菌性鸡病的一个不同之处，是前者用疫苗预防的效果比较好，但一般来说没有特效药物可以治疗。抗生素及磺胺类药物的作用是破坏细菌的新陈代谢，而病毒靠寄生生存，没有自身的代谢，因而不受这些药物的影响。能够进入细胞杀灭病毒而又不损害细胞的化学药品，研制难度大，仅取得有限的进展。有些病毒性鸡病可以用高免血清（高度免疫血清）治疗，虽有特效，但费用昂贵，只能用于某些种鸡，目前仅传染性法氏囊炎高免血清可以用于普通雏鸡和青年鸡。

2. 细菌　细菌是单细胞的微生物，直径或长度一般为几微米到几十微米，用普通光学显微镜放大 1 000 多倍可以观察到。依细菌的形态可分为球菌、杆菌和螺旋菌三种类型，有些球菌和杆菌在分裂之后，仍有一般显微镜下看不到的原浆带相连，从而排列成一定形态，分别称为双球菌、链球菌、葡萄球菌、链状杆菌等。

细菌本身是一个完整的细胞，其结构有细胞壁、细胞质和细胞核，有些细菌长有鞭毛、柔毛，因而可借助于鞭毛作有限的运动。

细菌与病毒不同，它能独立进行新陈代谢。只要有适宜的温度、湿度、酸碱度及营养等条件，细菌就可以大量地分裂繁殖。例如，大肠杆菌在适宜条件下，每 20 分钟左右就分裂一次。一般病原菌在 10～45℃的温度下都可以繁殖，以37℃最为适宜。当外界环境不利时，细菌会减缓乃至停止繁殖，但能较长时间地存活，待环境有利时再恢复繁殖。

有些细菌能在细胞壁外面形成肥厚的胶状物，包裹整个菌体，这种胶状物称为荚膜，它具有抵抗动物细胞的吞噬和消除抗体的作用，从而增强细菌的致病能力。还有些杆菌在外界环境不利时能形成一种有坚实厚壁的圆形或椭圆形囊状结构，称为芽孢，可大大增强对高温、干燥及消毒药的抵抗力。能否形成荚膜和芽孢以及芽孢呈现什么形态是菌种的特征，因而是鉴别细菌的依据之一。

细菌可以在人工培养基上进行培养，在固体培养基上培养时，细菌大量繁殖所形成的肉眼可见的聚集物称为菌落，不同细菌的菌落呈不同形态，这也是鉴别细菌和诊断传染病的依据之一。

用显微镜观察细菌首先要进行染色，如革兰氏染色法可将不同的细菌染成两种颜色，染成紫色的称为革兰氏阳性菌，染成红色的称为革兰氏阴性菌。某些抗生素如青霉素、红霉素等，对革兰氏阳性菌的效力较强；另一些抗生素如链霉素、卡那霉素、庆大霉素等，对革兰氏阴性菌的效力较强；还有些抗生素如金霉素、土霉素、强力霉素等，对革兰氏阳性、阴性菌都有效力，称为广谱抗生素。

鸡的细菌性传染病都可以用药物进行预防和治疗，但除禽霍乱外，没有可供免疫接种的菌苗，禽霍乱菌苗的效果也不够理想，仅在必要时使用。

3. 支原体 其大小介于细菌、病毒之间，结构比细菌简单，但能独立生存。支原体没有真性细胞壁，只有极薄的胞质膜，不足以保持固定形态，因而呈多形性，如球形、杆形、星形、螺旋形等。多种抗生素如土霉素、金霉素对支原体有效，但青霉素的作用是破坏细胞壁的合成，而支原体并无真性细胞壁，所以青霉素对支原体无效。

4. 真菌 真菌包括担子菌、酵母菌和霉菌，一般担子菌、酵母菌对动物无致病性。霉菌种类繁多，对鸡有致病性的主要是某些曲霉菌，如烟曲霉菌使饲料、垫料发霉，引起鸡的曲霉菌病；黄曲霉菌常使花生饼变质，喂鸡后引起中毒。

霉菌的形态是细长的菌丝，有很多分支，各执行不同功能。一些菌丝肉眼看不到，大量菌丝聚在一起呈丝绒状，是人们所常见的。

霉菌能够进行独立的新陈代谢，在温暖（22～28℃）、潮湿和偏酸性（pH 4～6）的环境中繁殖很快，并可产生大量的孢子浮游在空气中，易被鸡吸入肺部。一般消毒药对霉菌无效或效力甚微。

5. 衣原体 衣原体是一种介于病毒和细菌之间的微生物，生长繁殖的一定阶段寄生在细胞内，对抗生素敏感。鹦鹉衣原体常使鹦鹉、鸽子等发生鹦鹉热，但鸡感染的较少。

（二）传染病的传播

某些病原微生物侵入鸡体后，在鸡体内生长繁殖，损伤鸡体组织，扰乱其生理机能而引起疾病。这种疾病可由一只病鸡传染给同群的其他健康鸡，也可由一个鸡群传染给其他鸡群而发生同样的疾病，因而称为传染病。

鸡传染病的传播扩散，必须具备传染源、传染途径和易感鸡群三个基本环节，如果打破、切断和消除这三个环节中的任何一个环节，这些传染病就会停止流行。

1. 传染源 即病原微生物的来源。主要传染源是病鸡和带菌（毒）的鸡，病鸡不仅体内有病原微生物繁殖，而且通过各种排泄物将病原微物排出体外，传播扩散，使健康鸡发生传染病。但带菌（毒）的隐性感染鸡，由于缺乏病症，不被人们注意，往往会被认为是健康鸡，这样就潜伏了极大危险，易造成大面积传染。另外，患传染病鸡的尸体处理不当，带菌（毒）的鸟、鼠等，也是散播病原微生物的重要传染源。

2. 传播途径 鸡传染病的病原微生物，由传染源向外传播的途径有三种，即垂直传播、孵化器内传播和水平传播。

（1）垂直传播 也叫经蛋传递。是种鸡感染了（包括隐性感染）某些传染病时，体内的病菌或病毒能侵入种蛋内部，传播给下一代雏鸡。能垂直传播的鸡病有沙门氏菌病（白痢、伤寒、副伤寒）、支原体病（败血支原体病、传染性滑膜炎）、脑脊髓炎、大肠杆菌病、白血病、包涵体肝炎、结核病等。

（2）孵化器内传播 孵化器内的温度、湿度非常适宜于细菌繁殖。蛋壳上的气孔比一般细菌大数倍，所以有鞭毛、能运动的病菌，特别是鸡副伤寒病菌、大肠杆菌等，当其存在于蛋壳表面时，在孵化期间即侵入蛋内，使胚胎感染。另外，一些存在于蛋壳表面的病毒和病菌，虽然一般不进入蛋内，但雏鸡刚一出壳时，即由呼吸道等门户入侵。马立克氏病就常以这种方式传染。在出雏器内，带病出壳的雏鸡与健康雏鸡接触，也会造成传染，白痢和脑脊髓炎等病除垂直传播外，还可在出雏器内进一步扩散。

（3）水平传播 也叫横向传播，是指病原微生物通过各种媒介在同群鸡之间和地区之间的传播。这种传播方式面广量大，媒介物也很多。同群鸡之间的传播媒介主要是饲料、饮水、空气中的飞沫与灰尘等，远距离传播的媒介通常是鸡舍内清除出去的垫料和粪便、运鸡运蛋的器具和车辆、在各鸡场间周转的饲料包装袋及工作人员的衣物等。

饲料和饮水传播：鸡的大多数传染病，是由被病原微生物污染的饲料和饮水，经鸡摄入体内而感染的。病鸡的分泌物、排泄物及尸体可直接进入饲料和饮水中，也可通过污染加工、贮存和运输工具、设备、场所及工作人员而间接进入。如被霉菌及其毒素或其他毒物污染的饲料，是鸡曲霉菌病及中毒病的最常见的原因。

空气传播：有些病原微生物存在于鸡的呼吸道中，通过喷嚏或咳嗽排到空气中，被健康鸡吸入而发生感染。有些病原微生物随分泌物、排泄物排出，干燥后可形成微小粒子附着在尘埃上，经空气传播到较远的地方。经这种方式传播的疾病主要有鸡败血支原体病、鸡传染性支气管炎、鸡传染性喉气管炎、鸡新城疫、禽流感、禽霍乱、鸡传染性鼻炎、鸡痘、鸡大肠杆菌病、鸡曲霉菌病等。

垫料和粪便传播：病鸡的粪便中含有大量的病原微生物，而病鸡用过的垫料常被含有各种各样病原微生物的粪便、分泌物和排泄物污染，如鸡马立克氏病病毒、鸡传染性法氏囊病病毒、沙门氏菌、大肠杆菌和多种寄生虫虫卵等。如果不及时清除粪便和更换这些垫料，不但该群鸡的健康难保，同时还会殃及相邻的鸡群。

羽毛传播：鸡马立克氏病的病毒存在于病鸡的羽毛中，如果对这种羽毛处理不当，可成为该病的重要传播因素。

设备、用具传播：养鸡场的一些设备和用具（如饲料箱、蛋箱、运雏箱、运输车等）常是传染疾病的媒介。特别是当工作繁忙时，往往会放松了按规定所做的消毒工作，更容易传播疾病。经设备和用具传播的疾病有鸡支原体病、鸡新城疫、禽霍乱、鸡传染性喉气管炎等。

混群传播：在成年鸡中，有的经过自然感染或人工接种而对某些传染病获得了一定免疫力，不表现明显病态，但它们仍然带菌，具有很强的传染性。若把后备鸡群或新购入的鸡群与成年鸡群混养，往往会造成许多传染病的暴发流行。由健康带菌（病毒）鸡传播的疾病有鸡白痢、支原体病、禽霍乱、鸡传染性鼻炎、禽结核、鸡传染性支气管炎、鸡传染性喉气管炎、鸡马立克氏病及淋巴白血病等。

其他动物和人传播：在自然界中的一些动物（如狗、猫、鼠、鸟等）和昆虫（如蚊、蝇、蚂蚁等）、蜱、甲壳虫、蚯蚓等，都是鸡病传播的媒介，它们既可以起到机械传播作用，又可以让一些病原微生物在自身体内寄生繁殖而发挥其传染源的作用。此外，人常常在鸡病传播中也起着十分重要的作用。当经常接触鸡群的人所穿衣服、鞋袜，以及他们的体表和手被病原微生物污染后，又不彻底消毒，就会立即把病菌（病毒）带进健康鸡舍。一天当中如果先接触病鸡或死鸡，再去管理健康鸡群，最容易传播疾病。

配种传播：鸡的某些疾病（如鸡白痢、禽霍乱等），可通过鸡的自然交配或人工授精而由病公鸡传染给健康的母鸡，最后引起大批发病。

3. 鸡的易感性 病原微生物仅是引起传染病的外因，它通过一定的传播途径侵入鸡体后，是否导致发病，还要取决于鸡的内因，也就是鸡的易感性和抵抗力。鸡由于品种、日龄、免疫状况及体质强弱等不同，对各种传染病的易感性有很大差别。例如，在日龄方面，雏鸡对白痢、脑脊髓炎等病易感性高，成年鸡则对禽霍乱易感性高；在免疫状况方面，鸡群接种过某种传染病的疫苗或菌苗后，产生了对该病的免疫力，易感性即大大降低。当鸡群对某种传染病处于易感状态时，如果其体质健壮，也有一定的抵抗力。

（三）传染病的感染与发病

1. 感染的类型 某种病原微生物侵入鸡体后，必然引起鸡体防卫系统的抵抗，其结果必然出现以下三种情况：一是病原微生物被消灭，没有形成感染；二是病原微生物在鸡体内的一定部位定居并大量繁殖，引起病理变化和症状，也就是引起发病，称为显性感染；三是病原微生物与鸡体内防卫量处于相对平衡状态，病原微生物能够在鸡体某些部位定居，进行少量繁殖，有时也引起比较轻微的病理变化，但没有引起症状，也就是没有引起发病，称为隐性感染。有些隐性感染的鸡是健康带菌、带毒者，会较长期地排出病菌、病毒，成为易被忽视的传染源。

2. 发病过程 显性感染的过程，可分为以下四个阶段。

（1）潜伏期 病原微生物侵入鸡体后，必须繁殖到一定数量才能引起症状，这段时间称为潜伏期。潜伏期的长短，与入侵的病原微生物毒力、数量及鸡体抵抗力强弱等因素有关。例如鸡新城疫的潜伏期，一般为3～5天，其最大范围为2～15天。

（2）前驱期 此时是鸡发病的征兆期，表现出精神不振、食欲减退、体温升高等一般症状，尚未表现出该病特征性症状。前驱期一般只有数小时至1天多。某些最急性的传染病如急性禽霍乱等，没有前驱期。

（3）明显期 此时鸡的病情发展到高峰阶段，表现出病的特征性症状。前驱期与明显期合称为病程。急性传染病的病程一般为数天至2周左右。慢性传染病则可达数月。

（4）转归期　即病程发展到结局阶段，病鸡有的死亡，有的恢复健康。康复鸡在一定时期内对该病具有免疫力，但体内仍残存并向外排放该病的病原微生物，成为健康带菌或带毒鸡。

（四）预防鸡病的基本措施

1. 鸡场选址要符合防疫要求

（1）鸡场的场址应背风向阳，地势高燥，水源充足，排水方便。

（2）鸡场的位置要远离村镇、机关、学校、工厂和居民区，与铁路、公路干线、运输河道也要有一定距离。

2. 对饲养人员和车辆要进行严格消毒，切断外来传染源

（1）鸡场出入口大门应设置消毒池，池深约30厘米，宽约4米，长度要达到汽车轮胎能在池内转到一周，池内消毒液可用2％火碱或3％来苏儿水。要注意定期更换消毒液，以使其保持杀菌能力。

（2）鸡舍出入口也应设置消毒设施，饲养人员出入鸡舍要消毒。

（3）外来人员一定要严格消毒后方可进入场区。

（4）鸡舍一切用具不得串换使用，饲养人员不得随意到本职以外的鸡舍。凡进入鸡舍的人员一定要更换工作服。

（5）周转蛋箱一般要用2％火碱水浸泡消毒后，再用清水冲洗。装料袋最好本场专用，不能互相串换，以防带入病原。

3. 建立场内兽医卫生制度

(1) 不得把后备鸡群或新购入的鸡群与成年鸡群混养，以防止疫病接触传染。

(2) 食槽、水槽要保持清洁卫生，定期清洗消毒。粪便要定期清除。

(3) 鸡转群前或鸡舍进鸡前要彻底对鸡舍和用具进行消毒。

(4) 定期对鸡群进行计划免疫和药物防病，平养鸡要定期驱虫，疫苗接种是防止某些传染病发生的可靠措施，在接种时要查看疫苗的有效期、接种方法及剂量等。预防性用药是根据某些病的发病规律提前用药，应注意各种抗菌类药物交替作用，以防病原菌产生抗药性。

(5) 养鸡场要重视和做好除鼠、防蚊、灭蝇工作。

4. 加强鸡群的饲养管理，提高鸡的抗病能力

(1) 选择优质的雏鸡　若从外场购进雏鸡，在准备进鸡前要了解所购雏鸡的种鸡场的建筑水平、饲养管理水平以及孵化水平，特别是种鸡场的卫生管理、种鸡的饲料营养和消毒情况对雏鸡的健康影响较大。如果种蛋消毒不严，孵化水平低，雏鸡白痢、脐炎就比较严重；种鸡不接种脑脊髓炎疫苗，就可能使雏鸡在1周龄内发生脑脊髓炎，优质雏鸡抗病力强，育雏成活率高。

(2) 供给全价饲粮　饲粮的营养水平不仅影响鸡的生产能力，而且缺乏某些成分可发生相应的缺乏症。所以要从正规的饲料厂购买饲料，贮存时注意时间不要过长，并防止霉变和结块。在自配饲粮时，要注意原料的质量，避免饲粮配方与实际应用相脱节。

(3) 给予适宜的环境温度　适宜的环境温度有利于提高

鸡群的生产能力。如果温度过高或过低，都会影响鸡群的健康，冷热不定很容易导致鸡群呼吸道病的发生。

（4）维持良好的通风换气条件　鸡舍内的粪便及残存的饲料受细菌的作用可产生大量的氨气，加上鸡呼吸排出的气体对鸡是很有害的。特别是氨气一旦达到使人感觉不适甚至流泪的程度，可导致鸡呼吸道黏膜损伤而发生细菌和病毒的感染。要减少鸡舍内的有害气体，一方面可采取在不突然降低温度的情况下开窗或排风扇排气，另一方面要保持地面干燥卫生，减少氨气的产生。

（5）保持合理的饲养密度　密度过大可造成鸡群拥挤和空气中有害气体增多，鸡群易患白痢病、球虫病、大肠杆菌病及慢性呼吸道病等。

（6）尽力减少鸡群应激反应　过大的声音、转群、药物注射以及饲养人员的穿戴和举止异常对鸡群是一种应激，在应激时鸡群容易发生球虫病、法氏囊病等。

5. 建立兽医疫情处理制度

（1）兽医防疫人员每天要深入鸡舍观察鸡群，有疫情要立即诊断。

（2）发现传染病时，病鸡隔离，死鸡深埋或烧毁。对一些烈性传染病（如鸡新城疫等），应及时报告上级兽医机关，并封锁鸡场，进行紧急接种，直至最后一只病鸡死亡半月后不再有病鸡出现，方可报告上级部门解除封锁。

（3）对污染的鸡舍和用具要进行消毒处理，鸡的粪便需要堆积发酵后方可运出场外。

（五）传染病的扑灭措施

一旦发生传染病时，为了扑灭疫情，避免造成大范围流行，必须立即查明和消灭传染源，切断传染途径，提高鸡群对传染病的抵抗力。

1. 发现异常，及早做出诊断 发现鸡群中有部分鸡发病或异常时，应立即请兽医人员亲临现场，做出病情诊断，并查明发病原因。如不能确诊，应把病鸡或刚死的鸡装在严密的容器内，立即送兽医权威部门进行确诊。必要时应把疫情通知周围鸡场或养鸡户，以便采取预防措施。

2. 针对疫情，及时采取防治措施 当确诊为鸡新城疫、鸡痘等烈性传染病时，如为流行初期，应立即对未发病鸡进行疫苗紧急接种，以便在短期内使流行逐渐停止。但是，已经感染正在潜伏期的病鸡，接种疫苗后，不但不能使其免疫，反而可能加速发病死亡。所以到了流行中期，已经感染而貌似健康的鸡为数很多，此时接种疫苗，往往收效不大。当确诊为患霍乱等细菌性传染病时，在流行初期除用菌苗进行紧急接种外，还可用磺胺类药物或抗生素进行治疗和预防，并加强饲养管理。

3. 严格隔离和封锁，防止疫情蔓延 对发生传染病的鸡群要进行全部检疫，对检出的病鸡要隔离治疗；疑似病鸡也应隔离观察，对病鸡或疑似病鸡都应设专人饲养管理。对发生传染病的鸡群和鸡场，应及早划定疫区，进行严格封锁。在封锁期间，禁止雏鸡、种鸡、种蛋调进或调出，对原有的种蛋也不能调出。待场内病鸡已经全部痊愈或全部处理完毕，鸡舍、场地和用具经过严格消毒后，经过2周，再无新病例出现，然后再作一次严格大消毒，方可解除封锁。

4. 坚决淘汰病鸡，彻底进行环境消毒 鸡群发病后，对所有病重的鸡要坚决淘汰。如果可以利用，必须在兽医部门同意的地点，在兽医监督下加工处理。鸡毛、血水、废弃的内脏要集中深埋，肉尸要高温处理。病死鸡的尸体、粪便和垫草等应运往指定地点烧毁或深埋，防止猪、狗等扒吃。对被污染的鸡舍、运动场及饲养用具，都要用2%～3%的热火碱等高效消毒剂进行彻底消毒。

二、鸡病的诊断及投药

（一）鸡病的诊断

诊断的目的是为了尽早地认识疾病，以便采取及时而有效的防治措施。只有及时正确的诊断，防治工作才能有的放矢，使鸡群病情得以控制，免受更大的经济损失。鸡病的诊断主要从以下四个方面着手。

1. 流行病学调查 有许多鸡病的临床表现非常相似，甚至雷同，但各种病的发病时机、季节、传播速度、发展过程、易感日龄、鸡的品种、性别及对各种药物的反应等方面各有差异，这些差异对鉴别诊断有非常重要的意义。一般进行某些预防接种的，在接种免疫期内可排除相关的疫病。因此，在发生疫情时要进行流行病学调查，以便结合临床症状和化验结果，确定最后诊断。

（1）发病时间 了解发病时间，鸡何时发病，病了几天，借以推测是急性病还是慢性病。如果鸡病发生突然而且时间短而急，那可能是急性病，如传染病或中毒性疾病；如果患病时间较长，则可能是慢性病等。

（2）病鸡年龄 若各年龄阶段的鸡发病后的临床症状相同，而且发病率和死亡率都比较高，可怀疑为鸡新城疫、禽流感。若1月龄内的雏鸡大批发病死亡，而且排白色稀便，主要应怀疑为鸡白痢；单纯拉白色便，自啄肛门，死亡率不高，这是鸡传染性法氏囊病的表现。若成年鸡临床上仅表现呼吸困难，死亡率不高，产畸形蛋，产蛋率下降，可怀疑为鸡传染性支气管炎；单纯出现呼吸困难而引起大批死亡，则怀疑为鸡曲霉菌病；有神经症状，可怀疑为鸡脑脊髓炎和脑软化症。此外，30～50日龄的雏鸡多发生鸡马立克氏病、球虫病、包涵体肝炎、锰缺乏症和维生素 B_2 缺乏症。

（3）病鸡数量　病鸡的只数较少，或往往是个别的，则可能是普通病或外科病；相反，病鸡的只数多，有时同时发病，则可能是患传染病或中毒性疾病。如果在饲喂后的短时间内有很多鸡同时发病，则怀疑中毒性疾病的可能性更大。

（4）病史及疫情　了解养鸡场的鸡群过去发生过什么重大疫情，有无类似疾病发生，借此分析本次发病与过去疾病的关系。如过去发生过禽霍乱、鸡传染性喉气管炎，而又未对鸡舍进行彻底消毒，鸡群也未进行预防注射，可怀疑为旧病复发。

了解附近养禽场、户的疫情情况。如果有些场、户的家禽有气源性传染病，如鸡新城疫、鸡马立克氏病、鸡传染性支气管炎、鸡痘等病流行时，可能迅速波及到本场。

了解本场引进种蛋、种鸡地区流行病学情况。有许多疾病是经种蛋和种鸡传递的，如新引进带菌（病毒）的种鸡与场内鸡群混养，常引起一些传染病的暴发。

了解本地区各种禽类的发病情况。当鸡群发病的同时，其他家禽是否发生类似疾病对诊断非常重要。如鸡、鸭、鹅同时出现急性死亡，可怀疑为禽霍乱；仅鸡发生急性传染病时可怀疑为鸡新城疫、传染性喉气管炎、传染性支气管炎等。

（5）饲养管理及卫生情况　鸡群饲养管理、卫生条件不佳，往往是引起鸡新城疫免疫失败的重要因素，此时常导致鸡群中不断出现非典型病例；饲养密度大，通风不良，常成为发生呼吸器官疾病和葡萄球菌病的致病条件；饲料单一或饲粮中某些营养物质缺乏或不足，常引起代谢病的发生，进而导致鸡体抵抗力降低，容易发生继发性传染病和预防接种后不能产生良好的免疫效果。喂发霉饲料，可引起拉稀便。

（6）生产性能　影响鸡群产蛋率的主要疾病有鸡新城疫、鸡传染性喉气管炎、鸡传染性支气管炎、鸡痘、鸡脑脊髓炎、败血支原体病、传染性鼻炎和减蛋综合征等。鉴别这些疾病时，应结合临床症状、病理解剖变化和化验综合判定。若不伴有其他明显症状，而仅表现产蛋率下降，可怀疑为鸡传染性支气管炎、鸡脑脊髓炎或减蛋综合征；鸡群产软壳蛋，常见于钙和维生素 D 的代谢障碍或分泌蛋壳机能失常。然而，当鸡群产生应激时，也可能出现软壳蛋；鸡群产畸形蛋，常见于输卵管机能失常，造成蛋壳分泌不正常。当鸡群患传染性支气管炎时，除蛋壳外形变化外，蛋清也变得稀薄如水。

（7）疾病的传播速度　短期内在鸡群迅速传播的疾病有鸡新城疫、鸡传染性支气管炎、鸡传染性喉气管炎、鸡传染性鼻炎等。鸡群中疾病散在发生时，可怀疑为慢性禽霍乱和淋巴性白血病。

（8）疫苗接种及用药情况　对鸡新城疫预防接种情况要进行细致的了解，如疫苗种类、接种时间和方法、疫苗来源、保存方法、抗体监测结果等，都可作为疾病分析和诊断的参考。对禽霍乱、鸡痘、鸡传染性法氏囊病、鸡马立克氏病的预防接种情况也要了解。此外，还要了解鸡群发病的投药情况，如发病后喂给抗生素及磺胺类药物后病鸡症状减轻或迅速停止死亡，可怀疑为细菌性疾病，如禽霍乱、沙门氏菌感染等。

2. 临床诊断

（1）现场观察

1）观察周围环境：着重观察鸡群在自然管理条件下，管理措施、饲养方式、垫料（垫料的种类、厚度、更换情况）、换气（换气方式和次数、通风系统工作情况，有否毒气等）、温度（鸡舍内不同位置的温度如何，保温和降温措施等）、光线强弱情况（光照时间长短、光照强度的大小）、饮水情况（水源、水质、饮水方法、饮水器种类以及饮水供应情况等）、饲料（饲料种类、数量、给料方法等）饲槽（饲槽数量、规格等）、栖架（数量、样式、高度等）、饲养密度（鸡舍中有否分区和栅栏，每平方米饲养鸡只数）等。

2）观察鸡群：站在鸡舍内一角，不惊扰鸡群，静静窥视鸡群的生活状态，寻求各种异常表现，为进一步诊断提供线索。

①综合观察：观察鸡群对外界的反应及吃食、饮水状况和步态等。健康鸡听觉灵敏，白天视力敏锐，周围环境稍有惊扰便迅速反应。两翅紧贴腰背、不松弛下垂，食欲良好，神态安详，生长发育良好。冠、髯红润，肛门四周及腹下羽毛整洁，无粪便沾污。公鸡鸣声响亮，羽毛丰满、光洁，腿趾骨粗壮，表皮细嫩而有光泽。

如果发现鸡冠苍白或发绀，羽毛蓬松，尾羽下垂；食欲减退或拒食，两眼紧闭，精神萎靡；早晨伏卧笼内一角，呼吸有声响；张口伸颈，口腔内积有大量黏液，嗉囊内充满气体或液体；下腹硬肿，极度消瘦，龙骨尖削，肛门附近脏污，粪便稀薄呈黄白色、黄绿色或带血等现象，表明鸡群患有某些疾病，需要诊治。如果鸡突然打蔫，不吃食，全身衰弱，步态不稳，这是急性传染病和中毒性疾病的表现。如果表现为长期食欲不佳，精神不振，则提示为慢性经过的疾病。

②被皮观察：鸡患病后，其被皮颜色及状态出现异常变化，临床上可根据这些变化作为疾病诊断的依据。

冠发白：多见于内脏器官、大血管出血，或受到某些寄生虫（如蛔虫、绦虫、羽虱等）的侵袭；也见于某些慢性病（如结核、淋巴性白血病等）和营养缺乏症。

冠发绀：常见于急性热性疾病，如鸡新城疫、鸡伤寒、急性禽霍乱和螺旋体病，也见于呼吸系统的传染病（如鸡传染性喉气管炎、鸡支原体病、慢性禽霍乱等）和中毒性疾病。

冠黄染：常见于鸡红细胞性白血病、螺旋体病和某些原虫病。

冠萎缩：常见于一些慢性疾病。如果鸡初产时期冠突然萎缩，可提示为鸡患淋巴性白血病（大肝病）。

肉髯肿胀：常见于禽霍乱和鸡传染性鼻炎。慢性禽霍乱常发生一侧或两侧肉髯肿大，传染性鼻炎一般两侧肉髯同时肿大。

冠有水疱、脓疱、结痂：常见于鸡痘。

头肿大：常见于鸡传染性鼻炎。

皮炎：按发生的原因可分为传染性皮炎、营养性皮炎和寄生虫性皮炎。传染性皮炎常引起皮肤坏死，如梭状杆菌、葡萄球菌感染和皮肤型鸡痘等；营养性皮炎皮肤呈现粗糙和裂纹，常由于维生素 H（生物素）或泛酸缺乏而引起；鸡体羽虱太多时，可在皮肤上形成结痂。

皮肤脓肿：多因鸡的皮肤创伤被葡萄球菌、大肠杆菌等感染所致，一般多发生于胸骨的前部。

皮肤肿瘤：鸡患马立克氏病时，可在毛囊处发生大小不同的肿瘤，切面呈白色，强力指压可破碎。

皮下气肿：常发生在鸡的头部、颈部和身体前部。目前病因不明，往往不治而愈。

皮下水肿：雏鸡患硒-维生素 E 缺乏症时，常在胸腹部和两腿的皮下出现水肿，水肿部位的皮肤呈蓝紫色或蓝绿色，病雏行走困难。

③羽毛观察：成年健康鸡的羽毛整洁、光滑、发亮，排列匀称，刚出壳的雏鸡被毛为稍黄的纤细绒毛。当鸡发生急性传染病、慢性消耗性疾病或营养不良时，鸡的羽毛无光、蓬乱、逆立，提前或推迟换毛。

脱毛：常见于鸡换羽期正常脱毛、密集舍饲或受羽虱侵扰的鸡群自啄羽毛、笼养鸡的颈胸羽毛被铁网摩擦掉。

延迟生毛：多见于雏鸡患病或缺乏泛酸、生物素、叶酸、锌、硒等营养物质。

羽毛异常：种蛋中缺乏核黄素时，可引起雏鸡的绒毛卷曲。

④粪便观察：鸡粪便的异常变化往往是疾病的先兆。刚出壳尚未采食的幼雏，排出的胎粪为白色和深绿色稀薄液体，其主要成分是肠液、胆汁和尿液，有时也混有少量从卵黄囊吸收的蛋黄。成年鸡正常粪便呈圆柱形，条状，多为棕绿色，粪表面附有白色的尿酸盐。一般在早晨单独排出来自盲肠的黄棕色糊状粪便，有时也混有尿酸。若饲粮中蛋白质含量过多，粪便表面附有白色尿酸盐的量增多；若饲粮中碳水化合物含量过多，粪便呈棕红色；若鸡处于饥饿状态，饮

水量多，排出的全是水样的白色便，其主要是尿液，但配料、喂料趋于合理后，粪便又恢复正常。

鸡患急性传染病时，如鸡新城疫、禽霍乱、鸡伤寒等，由于食欲减退或拒食，而饮水量增加，加之肠黏膜发炎，肠蠕动加快，分泌液增加，因而排出黄白色、黄绿色的恶臭稀便，常附有黏液，有时甚至混有血液。这些粪便主要由炎性渗出物、胆汁和尿液组成。

雏鸡患白痢时，肠黏膜分泌大量黏液，同时尿液中尿酸盐成分增加，因而病雏排出白色糊状或石灰样的稀便，沾在肛门周围的羽毛上，有时结成团块，把肛门口紧紧堵塞。这种情况主要发生在 3 周龄以内的雏鸡，可造成大批雏鸡死亡。

鸡感染球虫时，可引起肠炎，出现血便。雏鸡多感染盲肠球虫，排出棕红色稀便，甚至纯粹血便。2.5～7 月龄的鸡主要感染小肠球虫，排黑褐色稀便。感染球虫的鸡，通过粪便检查可找到虫卵。

雏鸡患传染性法氏囊病时，排出水样含有大量尿酸盐的稀便，患马立克氏病、淋巴性白血病、曲霉菌病时，也常出现下痢症状。

鸡有蛔虫、绦虫等肠道寄生虫时，不但出现下痢，有时还有带血黏液，在粪便中可找到排出的虫体和节片。

鸡患副伤寒、大肠杆菌病时，出现下痢，肛门周围沾有糊状粪便。喂劣质饲料及中毒时，也可引起下痢。

⑤体态观察：鸡的两腿变形，关节肿大，胸骨呈 S 状，胸廓左右不对称等，是钙、磷代谢障碍的结果。

雏鸡爪趾卷曲，站立不稳，常见于维生素 B_2 缺乏症。

鸡的一腿伸向前，另一腿伸向后，形成劈叉姿势，常是神经型马立克氏病的特征。

⑥行为观察：鸡扭头曲颈，或伴有站立不稳及返转滚动的动作，可见于维生素 B_1 缺乏症、呋喃类药物中毒或鸡新城疫后遗症；雏鸡头、颈和腿部震颤，伏地打滚，为鸡脑脊髓炎的特征；走路呈醉酒样，是雏鸡脑软化症的特征；耷拉脖（软脖病），是鸡肉毒梭菌中毒的特征，瘸腿常见于关节炎。

鸡群发生互啄和自啄，主要是因饲养管理条件不良而引起的，常见的啄癖有啄肛、啄羽、啄头、啄蛋等。笼养、网养条件下，鸡群啄癖发生率比较高，造成的损失也比较严重。

⑦呼吸观察：在正常情况下，鸡每分钟的呼吸次数为10～30次。计算鸡的呼吸次数，主要是观察其泄殖腔下侧的下腹部。这是因为鸡无横膈膜，呼吸动作主要由腹肌运动而完成。

观察鸡呼吸时，应尽量使鸡处于安静状态，并注意鸡的品种、年龄、外界温度、空气湿度等因素，以便掌握正常的变化幅度。

观察鸡呼吸时，要特别注意鸡群有无咳嗽、喷嚏、张嘴出气等现象。如鸡张嘴伸脖呼吸，多见于鸡痘（黏膜型）、鸡传染性支气管炎、鸡传染性喉气管炎、鸡传染性鼻炎、鸡败血支原体病、鸡新城疫（非典型）、鸡热射病等。

（2）病鸡个体检查　对整群鸡进行观察之后，再挑选出各种不同类型的病鸡进行个体检查。这种检查，一般检查体温，接着检查全身各个部位。

①体温测定：测温时，要固定好病鸡的躯体。可用双手把鸡握住，大拇指按住背部，使被检病鸡保持自然状态不

动；也可一手握住两翼根部，另一手握住两腿进行固定。待固定好后，将体温计插到泄殖腔右侧的直肠 2～3 厘米深处，动作要轻，不要损伤输卵管。鸡的正常体温是 40.5～42℃，但品种、年龄、饲料、测温时间、季节、外界温度等因素，均可影响体温的升降，不过变动幅度一般不大。天气过热和患感冒、急性传染病时，鸡的体温会增高；天气过冷、体质消瘦或有心血管疾病时，体温会降低。

②头部检查：健康鸡上喙稍长，上下喙交合良好。有的鸡上喙或下喙特别长，呈交叉状，这多半是由遗传而引起。幼鸡患软骨病时喙太软，容易弯曲而出现交叉喙。

鼻有分泌物是鼻道疾病最明显的症状。鼻分泌物一般病初为透明水样，后来变成黏性混浊鼻液。鼻分泌物增多见于传染性鼻炎、禽霍乱、禽流感、败血支原体病等疾病。此外，鸡患新城疫、传染性支气管炎、传染性喉气管炎、维生素 A 缺乏症等，也由鼻孔流出少量分泌物。

鸡患病后，病初眶下窦内有黏液性渗出物，多数病愈后自行消失。不过有些病例渗出物变为干酪样，造成眶下窦持久性肿胀，窦壁变厚发炎。鸡败血支原体病可见一侧或两侧窦肿胀。许多呼吸道疾病，都伴有不同程度的窦炎。

检查鸡眼睛时，注意观察结膜的色泽、出血点和水肿，角膜的完整性和透明度。眼结膜发炎、水肿以及角膜、虹膜等炎症，多见于鸡传染性结膜炎、鸡眼型传染性喉气管炎、鸡痘、鸡曲霉菌病、鸡慢性副伤寒、鸡大肠杆菌病、鸡脑脊髓炎等。鸡患马立克氏病时，虹膜色素消失、瞳孔边缘不整齐。鸡患维生素 A 缺乏症时，角膜干燥、混浊或软化。

检查鸡的口腔时，用右手固定头部和鸡冠、肉髯，然后用左手撬开口腔，观察舌、硬腭的完整性、颜色以及黏膜状态。口腔黏液过多，常见于许多呼吸道疾病和急性败血症，也有些病例是自身溶解的结果。液体过多常有食物，多见于患嗉囊嵌塞或垂嗉等病例。在口腔特别是口咽的后部，如发现白喉样病变，这是鸡痘的症状。口腔上皮细胞角质化，常见于鸡维生素 A 缺乏症。

视诊喉头时，左手固定头部，右手拇指向下掰开下喙，并按压舌头，然后将左手中指从腭间皮肤处向上轻压、喉头便会突出于口腔前部。喉头水肿、黏膜有出血点、分泌出黏稠的分泌物等，是鸡新城疫症状。喉头有显著的炎性充血、水肿，甚至形成干酪样栓子，是鸡传染性喉气管炎症状。鸡痘也偶尔在喉头部见到白喉样的干酪样栓子。喉头干燥、贫血、有白色伪膜，且易撕掉，多见于各种维生素缺乏症。

③气管检查：检查气管时，应细心通过皮肤触摸气管轮（环）。当有炎症时，紧压气管则呈现疼痛性咳嗽动作，鸡表现为甩头，张口吸气。

④嗉囊检查：嗉囊位于食道颈段和胸段交界处，在锁骨前方形成一个膨大盲囊，呈球形，弹性很强。一般常用视诊和触诊的方法检查嗉囊。

若鸡表现为“软嗉”，即嗉囊体积膨大，触诊有波动，如将鸡的头部倒垂，同时按压嗉囊，可由口腔流出液体，并有酸败味，则提示鸡患有某些传染病或中毒性疾病。

若鸡表现“硬嗉”，即按压嗉囊时呈面团状，则说明鸡运动和饮水不足，或喂单一饲料所致。

若鸡表现为“垂嗉”，即嗉囊膨大下垂，总不空虚，内容物发酵有酸味，常因饲喂大量粗饲料所致。

⑤胸廓检查：注意检查胸骨的完整性和胸肌状况，有时要检查胸廓是否疼痛感和肋骨有无突起。检查营养状态时，

可触摸胸骨两则肌肉的发达程度。

笼养鸡胸囊肿发病率高，公鸡比母鸡发病多。发病原因与饲养管理和遗传因素有关。如笼底材料粗糙或结构不合理、垫料潮湿板结、饲粮中缺乏钙和维生素 D 等，均可形成胸囊肿。

⑥腹部检查：检查腹部，常用视诊和触诊方法。腹围增大，常见于腹水、坠蛋性腹膜炎、肝脏疾病和淋巴性白血病。

用触诊很容易在腹部左侧后下部、肝的后方摸到鸡的肌胃。摸产蛋鸡的肌胃时，注意不要与蛋相混淆。肌胃呈扁椭圆形，两侧隆起；而鸡蛋有钝端和锐端，且呈正椭圆形，并位于上侧靠近泄殖腔处。

肌胃弛缓时，用拇指和食指按压胃部，可感到捏粉样柔软，提示为消化不良和多种维生素缺乏症。初生雏肌胃弛缓，提示为弱雏。

触诊肠环时，可触摸到硬粪块，触诊盲肠时，如感到有棍棒状物，可能是球虫病和组织滴虫病。

⑦泄殖腔检查：检查泄殖腔，常用视诊和直肠检查的方法。检查时用拇指和食指翻开泄殖腔，观察黏膜色泽、完整性及其状态。直肠检查一般仅在怀疑有肿瘤、囊肿、排卵障碍时进行。在直检前先用凡士林涂擦食指，然后小心插入泄殖腔内，如有排粪动作，应立即将手指抽出。如在泄殖腔内有粪便，将粪取出。

检查泄殖腔时，手指可以自由进入直肠或输卵管。输卵管开口于泄殖腔深部的左侧，右侧为直肠开口。通过检查，可摸到输卵管扭转、肿瘤等变化。

⑧腿和关节检查：主要检查腿的完整性、韧带和关节的

连接状态及骨骼的形态等。

趾关节、跗关节、肘关节发生关节囊炎时，关节部位肿胀，具有波动感，有的还含有脓汁。滑膜支原体、败血支原体、金黄色葡萄球菌、沙门氏菌属病原体感染时常出现这些病变。

跟腱肿胀、断裂，多见于鸡呼肠孤病毒感染；趾爪前端逐渐变黑、干燥，有时脱落，多由葡萄球菌和产气荚膜杆菌感染引起；脚鳞变紫，发生于禽流感；脚鳞逆立，多见于鸡的疥螨。

3. 病理解剖检查 鸡体受到外界各种不利因素侵害后，其体内各器官发生的病理变化是不尽相同的。通过解剖，找出病变的部位，观察其形状、色泽、性质等特征，结合生前诊断，确定疾病的性质和死亡的原因，这是十分重要的。凡是病死的鸡均应进行剖检。有时以诊断为目的，需要捕杀一些病鸡，进行剖检。生前诊断比较肯定的鸡只，可只对所怀疑的病变器官做局部剖检，如果所怀疑器官找不出怀疑的病变或致死原因时，再进一步对全身做系统周密的检查。在鸡群生长发育和生产性能正常的情况下，突然有个别鸡死亡时，必须进行系统的全身剖检，以便随时发现传染病，找出病因，及时采取有效措施。

（1）病死鸡剖检方法

①杀死病鸡的方法：病理剖检的对象是病鸡和病死鸡。临床上杀死病鸡的方法很多，常用的有以下几种。

断头：就是用锐利的剪刀在鸡颈部前端剪下头部。这种方法适用于幼雏。

拉断颈椎：用左手提起鸡的双翅，右手食指和中指夹住鸡的头颈相连处，拉直颈部，用拇指将鸡的下颌向上抬起，同时食指猛然下压，这样使脊髓在寰椎和枕骨大孔连接处折断。折断后应抓住鸡的双翅以防止扑打，直到挣扎停止。这种方法适用于大雏或青年鸡。

颈静脉放血：拔除颈部前端的羽毛，一只手将鸡的双翅和头部保定好，另一只手用锋利的剪刀在颈部左下侧或右下侧剪断颈静脉，使血液流出，直到病鸡因失血过多而死亡。这种方法适用于成年鸡。

此外，口腔放血法、脑部注射空气法等都可杀死病鸡。

②剖检前的准备：剖检室应设在远离鸡舍、孵化室和料库的地方。剖检前准备好必要的器械，如解剖剪、手术剪、手术刀、解剖刀、镊子、乳胶手套等。若要进行病原分离，上述器械要经过严格的消毒处理，一般采用高压灭菌处理的培养基和其他必需的器械、试剂以及鸡胚或培养中的细胞等，若要采集病料进行组织学检查，还要准备好固定液和标本缸等。

③体腔剖开：将鸡的尸体用水浸湿，仰卧于剖检台或剖检盘内，在两侧的大腿和腹部之间切开皮肤，用力下压两大腿并向外折，使股骨头和髋臼脱离，这样使两腿外展，防止尸体在剖检时翻转。

开始剥皮由口角沿腹正中线经气管、胸骨脊至泄殖腔切开皮肤，然后向左右侧剥开皮肤。剥皮时，应特别注意勿伤及嗉囊。

胸腔的剖开是自胸骨的后内突（后胸骨）后缘纵切腹壁至泄殖腔，再于胸骨后内突后缘向左右侧各切一与纵切垂直切线。然后将胸骨上的肌肉切下，沿胸骨两侧用解剖剪向前剪断肋骨、乌喙骨和锁骨。左手握住胸骨，用力拉向前上方，剪断连续的软组织，取下胸骨放于一侧，这时内脏全部露出。

将结肠在与泄殖腔交界处结扎剪断，再于腺胃前剪断食管，摘出腺胃、肌胃及肠。用手术刀柄伸入肋骨间窝剥离出肺脏，于支气管分支口剪断气管，然后用镊子提持下剥离各部连结组织，将心脏、肝脏、肺脏和脾一起摘出，再用与摘出肺脏同样的方法剥离出肾脏。卵巢与输卵管同时取出。

用手术剪插入口腔，从喙角开始剪开口腔、食管、嗉囊及气管。

用剪刀将鼻孔上面的皮肤和上颌骨横向切开。鸡脑的摘出，是先除去颅部肌肉，用解剖剪或手术剪剪开颅盖，切线为前经眼角、后经枕骨大孔的环状切线，取下颅盖后，即可取出脑。

器官检查，一般多在颈部、胸部及腹部器官摘出后一起检查，也可在各部器官摘出后立即分别进行检查。

（2）剖检时常见的病理现象

①充血：在局部组织或器官的动脉血管中，血液增多的现象称为充血。发生充血的区域呈红色、肿胀，往往还有热感。

②出血：出血与充血有别。血液流出血管或心脏之外的现象称为出血。其中，血液流出体外叫外出血；血液流入组织间或体腔内者叫内出血。

③贫血：在全身或局部器官中，由于血液减少或血红蛋白含量下降，致使组织变为苍白的现象，称为贫血。

④淤血：在局部组织或器官的静脉血管中，血液流动不畅或完全停滞的现象称为淤血。淤血外呈紫蓝色，体积增大，无热感。

⑤萎缩：由于某种原因，细胞组织或器官发生体积缩小

的现象称为萎缩。

⑥坏死：某部分细胞或组织发生死亡的现象称为坏死。坏死又可分为干性坏死和湿性坏死两种。

⑦变性：由于某种原因，使细胞内出现有异常物质，或原有的物质大量积聚增加等现象，均称为变性。变性进一步发展会有坏死的发生。

⑧溃疡：某一组织或器官发生破损后，经久不愈，并由表层向深层发展，呈溃烂现象，称为溃疡。

⑨水肿：当组织间隙积聚过多的体液时，叫做水肿。在临床上胸腔、腹腔、心包等积聚过多的液体时，则称为积水。

⑩肿瘤：肿瘤是鸡体内某些细胞出现异常增生而形成的肿物。肿瘤分良性肿瘤和恶性肿瘤两种。

（3）剖检器官的病理检查　器官病理检查时，一般多在颈部、胸部及腹部器官摘出后检查，也可在各部器官摘出后立即分别进行检查。

①皮肤、肌肉：检查皮肤、肌肉有无创伤、结痂、出血、渗出等，如皮下脂肪有小出血点，可见于败血症；股内侧肌肉出血，可见于鸡传染性法氏囊病；皮肤上有肿瘤，可见于鸡皮肤型马立克氏病。

②口腔、食管、嗉囊：检查口腔内有无黏液，口腔黏膜有无外伤、溃疡；食管、嗉囊黏膜的色泽是否正常，有无出血、溃疡及黏膜脱落，嗉囊内有无食物、液体，其性状如何等。如食管、嗉囊黏膜干燥，有散在小结节，则提示为维生素A缺乏症；嗉囊内充满液体和气体，发出酸败味，黏膜溃疡、出血，提示为患某些传染病或中毒性疾病。

③鼻腔、喉头、气管：检查鼻腔黏膜是否肿胀、出血，

腔内有无分泌物；喉头、气管内有无黏液，是否被黄色干酪样物堵塞，黏膜是否出血、溃疡等。如鼻腔内渗出物增多，常见于鸡传染性鼻炎、鸡败血支原体病，也可见于禽霍乱和禽流感；气管内有伪膜，提示为黏膜型鸡痘；喉头、气管内有多量奶油样或干酪样渗出物，可见于鸡的传染性喉气管炎和鸡新城疫；气管管壁肥厚，黏液增多，可见于鸡新城疫、鸡传染性支气管炎、鸡传染性鼻炎、鸡败血支原体病。

④胸腹腔：检查胸腹膜的颜色是否正常，有无炎症、出血。胸膜腔内有无肿瘤、异物等。如胸膜有出血点，可见于败血症；腹腔内有坠蛋时，会发生腹膜炎；卵黄性腹膜炎与鸡沙门氏菌病、禽霍乱和鸡葡萄球菌病有关；雏鸡腹腔内有大量黄绿色渗出液，常见于硒-维生素 E 缺乏症。

⑤器官检查

胸腺：检查胸腺是否肿胀、出血、萎缩等。

眼：检查眼角膜是否混浊不透明，虹膜颜色，瞳孔大小有无变化。

心脏：注意心包液是否增多、混浊等。检查心脏时要注意心外膜是否光滑，有无出血斑点，是否松弛、柔软。剪开心房及心室后要注意内膜是否出血，心肌的色泽及性状有无变化。如心冠脂肪有出血点（斑），可见于禽霍乱、禽流感、鸡新城疫、鸡伤寒等急性传染病（磺胺类药物中毒也可见此症状）；心肌有坏死灶，可见于雏鸡白痢、鸡李氏杆菌病和弧菌性肝炎；心肌肿瘤，可见于鸡马立克氏病；心包有混浊渗出物，可见于鸡白痢、鸡大肠杆菌病、鸡败血支原体病等。

肺及气囊：观察其形状、色泽，用手触摸并细心感觉它的质度以了解有无实变及结节，气囊中是否增厚、光滑，有无渗出物积于气囊中以及渗出物的性状等。如雏鸡肺有黄色小结节，可见于曲霉菌性肺炎；雏鸡患白痢死亡时，肺上有1～3毫米的白色病灶；其他器官也有坏死灶；禽霍乱，可见到两侧性肺炎；肺呈灰红色，表面有纤维素，常见于鸡大肠杆菌病；气囊壁肥厚并有干酪样渗出物，可见于鸡传染性鼻炎、鸡传染性喉气管炎、鸡传染性支气管炎、鸡新城疫和鸡败血支原体病；气囊壁附有纤维素性渗出物，常见于鸡大肠杆菌病；气囊有卵黄样渗出物，为鸡传染性鼻炎的特征。

腺胃和肌胃：剪开腺胃和肌胃后，检查腺胃黏膜，特别是腺胃乳头、腺胃和肌胃以及腺胃与食管的交界处有无出血，腺胃壁是否增厚，肌胃的角质层是否有糜烂或溃疡、角质层下是否有出血等。如胃壁肿胀、黏膜出血，尤其与肌胃和食管交界处的黏膜乳头呈带状出血，多见于鸡新城疫、鸡法氏囊病和禽流感；腺胃壁有肿瘤，可见于鸡马立克氏病；肌胃角质层表面溃疡，成鸡多见于饲料中鱼粉和铜含量太高，雏鸡常见于营养不良；肌胃萎缩，发生于慢性疾病或饲粮中缺少粗饲料。

肠道：检查肠道内是否有寄生虫，肠内容物是否混有血液，肠黏膜有无出血、渗出、溃疡及脱落等。要特别注意肠壁是否有球虫裂殖体形成的白色小斑点，盲肠是否有出血性变化等。另外，还应检查盲肠扁桃体的变化。如小肠黏膜出血，见于鸡的球虫病、鸡新城疫、禽流感、禽霍乱和中毒性疾病；卡他性肠炎，见于鸡大肠杆菌病、鸡伤寒和绦虫、蛔虫感染；小肠坏死性肠炎，见于鸡球虫病，厌气性菌感染；肠浆膜肉芽肿，常见于鸡马立克氏病、鸡大肠杆菌病等；雏鸡盲肠溃疡或干酪样栓塞，见于雏鸡白痢恢复期和组织滴虫病；盲肠内有血样内容物，见于球虫病；盲肠扁桃体肿胀、坏死和出血，盲肠与直肠黏膜坏死，可提示为鸡新城疫。

肝、脾、胆：注意观察肝、脾的形态、色泽、质度是否正常，有无肿大，表面及切面有无出血点、坏死灶及结节；胆囊是否肿胀，胆汁的色泽、浓稠度是否正常等。如肝显著肿大，可见于急性马立克氏病和鸡淋巴性白血病；肝、脾有大的灰白色结节，见于鸡急性马立克氏病、鸡淋巴性白血病、鸡组织滴虫病和结核；肝表面有散在点状灰白色坏死灶，见于包涵体肝炎、鸡白痢、禽霍乱和结核等；肝包膜肥厚并有渗出物附着，可见于肝硬化、鸡大肠杆菌病和鸡组织滴虫病等；脾表面有散在的微细白点，见于鸡急性马立克氏病、鸡白痢、鸡淋巴性白血病和结核；脾包膜肥厚伴有渗出物，且腹腔有炎症和肿瘤，见于鸡坠蛋性腹膜炎和鸡马立克氏病。

肾及输尿管：观察肾的大小、色泽、质度、表面及切面的变化，输尿管是否扩张，有无尿酸盐沉积等。如肾显著肿大，见于鸡急性马立克氏病和淋巴性白血病；肾内有白色微细结晶沉着，输尿管膨大，出现白色结石，多由于中毒、上行性肾炎、维生素A缺乏症、痛风等疾病所致。

睾丸、卵巢及输卵管：检查睾丸、卵巢发育是否正常，有无肿瘤，卵泡色泽情况，有无出血、坏死、变性，输卵管黏膜有无充血、出血等。如睾丸萎缩，有小脓肿，常见于鸡白痢；产蛋鸡感染沙门氏菌后，卵巢发炎、变形或滤泡萎缩；卵巢水泡样肿大，可见于鸡急性马立克氏病和鸡淋巴性白血病；输卵管内充满腐败的渗出物，常见于鸡的沙门氏菌感染和大肠杆菌病；输卵管内充塞半干状蛋块，是由于肌肉麻痹或局部扭转引起；输卵管萎缩，可见于鸡传染性支气管炎和鸡减蛋综合征。

胰腺：检查胰腺的色泽、硬度如何，有无出血、坏死、肿瘤等。如雏鸡胰腺坏死，多发生于硒-维生素 E 缺乏症。

法氏囊：检查法氏囊的大小、色泽情况，有无分泌物、出血，是否肿胀、萎缩，皱褶是否明显，有无肿瘤等。如法氏囊肿大并出血和水肿，多发生于鸡传染性法氏囊炎的初期，然后发生萎缩；鸡患淋巴性白血症时，法氏囊常有稀疏的直径 2～3 厘米的肿瘤。

脑及神经：脑组织的变化一般靠组织学检查。观察脑时主要 注意脑膜是否充血、出血，切面及表面有无软化灶。检查周围神经时主要注意左右侧的神经是否粗细相等，色泽如何，横纹是否清晰，有无肿瘤，是否水肿等。如小脑出血、软化，多发生于幼雏的维生素 E 缺乏症；外周神经肿胀、水肿、出血，两侧坐骨神经粗细不等，见于鸡马立克氏病。

4. 实验室诊断 在诊断鸡病的过程中，对其中的有些疾病特别是某些传染病，必须配合实验室检查才能确诊。当然，有了实验室检查结果，还必须结合流行病学调查、临床症状和病理剖检所见再进行综合分析，切不可单靠化验结果就盲目做出结论。

（1）病料的采集和分离 采集病料分离病原时应无菌操作。一般在有病变的部位（肉眼观察到的）分离细菌。如果脏器已被污染，应该用灼烧的金属片烧烙脏器表面，然后在烧烙区内插入无菌接种环并旋动，将接种环上带出的组织涂布在无菌的培养基上。分离病毒时，一般先在无菌条件下将怀疑带有病毒的组织取下，并在无菌条件下磨碎和离心，取上清液接种鸡胚或培养中的细胞。如果当时没有条件进行分离培养，可将病料低温（－60℃）保存，等条件具备时再行分离。

如果采集的病料是为了进行组织学检查，则应注意以下要点：

第一，切取组织所用的刀剪要锐利，尽可能不使组织受到挤压。胃、肠、胆囊等组织剪取之后直接放入固定液中，不要用水冲洗。组织块一定要小，一般长、宽为 1.0～1.5 厘米，最大也不要超过 3 厘米，厚度 0.4～0.5 厘米。取后立即放于10 倍于组织块体积的福尔马林或其他固定液中。第二，取材要全面，有代表性，病变明显部位和不明显部位都应取到，这样能显示病变的发展过程。在一块病料中，要包括病变组织及其周围的健康组织以便于比较。第三，病料一定要新鲜，以防止由于死后组织自溶而影响其形态。最好在病鸡死前将鸡处死。立即取料并迅速放入固定液中。

（2）病料送检　将病料包封好放进冰瓶或疫苗箱内运送。运送病料时，要有详细的记录，包括鸡场的基本情况以及发病鸡群的详细情况，如临床症状、病史、治疗情况等。

（3）常用的实验室诊断方法

1）细菌学检查

①细菌的形态鉴定：利用普通光学显微镜、相位差显微镜、电子显微镜通过染色或不染色标本，观察菌体的形态、大小、特殊结构、染色反应等，是细菌鉴定的一种手段。

Ⅰ. 细菌的形态与结构

a. 细菌的形态和排列：根据细菌的外形，可把细菌分为球菌、杆菌和螺旋菌三大类。

球菌：呈球形，据其分裂繁殖后的排列方式有单球菌、双球菌、链球菌、四联球菌、八叠球菌和葡萄球菌等。

杆菌：呈杆状，菌体长短、宽细不一，两端形状或圆、或尖、或呈方形，排列或散在、或平行、或呈链状，形态不一。

螺旋菌：呈弯曲或螺旋形的圆柱状，菌体僵硬，不能弯曲。据其弯曲度的数目可分为弧菌和螺菌。

b. 细菌的大小：细菌的大小通常以微米作为测量其大小的单位，球菌以其直径表示大小，杆菌以长与宽表示大小。

c. 细菌细胞的特殊结构：细菌是原核生物，细胞虽小，也具有原核细胞所具有的结构特征。像一切原核细胞一样，所有细菌细胞均是由细胞壁、细胞膜、细胞浆、细胞核、内含物等基本结构组成。由于这些结构是细菌所共有的，因此在细菌鉴定上是没有意义的。另外，还有一些特殊结构，如细菌的芽孢、荚膜、鞭毛、菌毛等只有某些细菌才具有，它们的形成需要一定的条件，具有某些特异性，因此在细菌的鉴定和分类上具有一定意义。

d. 染色性：所有的细菌经革兰氏染色后只可能呈现两种颜色，即蓝紫色和红色，因此可把细菌分为革兰氏阳性菌和革兰氏阴性菌两大类。此外，有些细菌具有特殊的染色性，例如分枝杆菌具有抗酸染色性，巴氏杆菌用美蓝染色时呈现两极着色等等，这些对细菌的分类和鉴定具有一定意义。

Ⅱ. 非染色标本的制备和检查：非染色标本主要用于观察活体微生物的形态和运动性。例如，压滴标本，是取干净载玻片并加一滴生理盐水（如是液体材料可以不加水），再用接种环在火焰上灼烧灭菌后蘸取待检材料适量，轻轻混合在水滴中。在火焰上烧去接种环上残留的待检材料。然后再在水滴上加盖一张干净的盖玻片（注意不要有气泡）。检查时将标本置于显微镜载物台上，常规操作，最好用暗视野显微镜观察。

Ⅲ. 染色标本制备

a. 抹片标本的制作：对于固定培养物，取一滴蒸馏水或生理盐水置于盖玻片一端。左手握菌种管，右手持接种环于火焰上灭菌，右手掌与小指夹住菌种管将棉塞取下，管口迅速通过火焰上灭菌，以灭菌的接种环自菌种管内挑少许培养物，与蒸馏水混合，涂布成直径约为1厘米的涂片（涂片应薄而均匀）。对于液体培养物不必加蒸馏水或生理盐水，直接以无菌操作采用液体培养物1～2环涂片即可。对于组织脏器，右手持无菌镊子夹住一块组织（如肝或脾），左手用无菌剪刀剪取一小块组织，右手随即以新鲜切面在玻片的一端触及压印涂片。

b. 抹片标本的干燥：涂片最好在室温中令其自然干燥。但在冬天气温较低或急用时，可将标本面向上，小心在酒精灯火焰远端略烘，但勿紧靠火焰，以免标本烤枯。

c. 抹片的固定：手执玻片的一端，即涂有标本的远端，标本面向上，在火焰外层快速地来回通过3次，约3～4秒钟，每次通过火焰后触及手背不烫为宜。待冷后进行染色。组织触片要用化学法（甲醇）固定，注意切勿用火焰固定。

Ⅳ. 染色方法

a. 美蓝染色法（单染色法）：取干燥、固定的涂片滴加美蓝液2～3滴，使染液盖满涂片面，隔1～2分钟后吸去染色液，用细小水流冲去多余染液，晾干或用滤纸轻轻吸干。

b. 革兰氏染色法（复染色法）：取干燥并以火焰固定的涂片滴加草酸铵结晶紫2～3滴于涂面上，染色1分钟后水洗，并将玻片上积水除去。加革兰氏碘溶液2～3滴于涂片上媒染 1 分钟后，倒去碘液再加 95%酒精 3～5 滴于涂面上，频频摇晃约 30 秒后使染色洗脱。斜放玻片，弃去酒精，再用水洗。然后加沙黄水溶液（或石炭酸复红溶液）复染 30 分钟，水洗后用油镜观察。

c. 姬姆萨染色法：涂片经自然干燥后，不用火焰固定，直接滴加姬姆萨染色液数滴（染液有甲醇，能起固定作用），经 2 分钟后再加等量蒸馏水，轻轻摇晃使之与染液混合均匀。5 分钟后水洗干燥，或将玻片浸入盛有染液缸中，染色数小时或过夜，取出水洗、干燥后油镜检查。

d. 芽孢染色法：取干燥火焰固定的涂片，滴加 5%孔雀绿水溶液于涂片上，加热使其产生蒸气，以不产生气泡为佳，约 30～60 分钟，水洗 30 秒，以石炭酸复红（或沙黄水溶液），复染 30 秒钟，水洗、吸干镜检。菌体呈红色，芽孢呈绿色。

e. 鞭毛染色法：染色结果的优劣与涂片制备有密切关系。先将有鞭毛菌（如枯草杆菌、变形杆菌等）接种普通斜面与冷凝水交界部分（不接触冷凝水），再自该部向上划线，37℃温箱培养 12 小时，以接种环自冷凝水中取 1 环菌液，轻放在盛 3～4 毫升蒸馏水的表面，令细菌自由分散，浮在液体表面，静置 5 分钟后，用接种环从上述液面轻轻挑取一环菌液，放在高度清洁无油玻片上，切勿研磨涂片，不能火焰固定。置 37℃温箱内让其自干，或 37℃水浴锅上烘干。以甲液（明矾饱和溶液 20 毫升，20%鞣酸 10 毫升，95%酒精 15 毫升，蒸馏水 10 毫升，复红酒精饱和液 3 毫升混合而成）染 3～5 分钟，水洗，再加乙液（硼砂 1 克、美蓝 0.1 克溶于 200 毫升蒸馏水中）复染 1～2 分钟，水洗后镜检，结果菌体呈蓝色，鞭毛呈红色。

f. 抗酸染色法：在固定的涂片上，滴石炭酸—品红染色液，在玻片下用火焰加热至发生蒸气，但不能产生气泡，约 3～5 分钟（如染液在玻片上因加热即将干枯，须不断添加染液来补充），水洗后 3%盐酸酒精脱色，至无红色脱落为止（约 1～3 分钟），水洗后，以骆氏美蓝染色液复染 1 分钟。水洗吸干，镜检。抗酸性细菌必须加温后才染色，染色后不被酒精脱色的则染成复染液的蓝色。结核杆菌和副结核杆菌均为抗酸性细菌，故可以用此染色法和其他细菌相区别。

g. 负染色法（墨汁衬色法）：在干净的载玻片上加 1 滴苯胺黑（或优质绘图墨汁），用灭菌的接种环取待检材料（纯培养或病料）少许，均匀混合于苯胺黑（或墨汁）中，并立即将其涂散，使成薄的涂片，待其干后不用水洗即可直接镜检，可见黑色的背景上露出不着色的透明菌体，所以称负染色法。

h. 密耳氏荚膜染色法：染色液是石炭酸复红液及媒染剂（7%氯化高汞饱和液 2 份，20%鞣酸液 2 份，每克钾明矾加水 7.5 毫升所配成的饱和液 5 份，混合后使用）和复染液（骆氏美蓝染色液）。染色法是涂片经固定后，滴加石炭酸复红液，微微加热染色 1 分钟，水洗。先用媒染剂染 1 分钟（有时需 10～15 分钟），水洗，再用复染液复染 1 分钟，水洗，待干后镜检。菌体呈红色，荚膜呈蓝色。

i. 螺旋体染色法：染色液是 2%刚果红水溶液及 1%～2%盐酸酒精液。染色是在载玻片上滴加螺旋体标本和 2%刚果红水溶液各一滴，混匀，涂成薄片。干燥后滴加 1%～2%盐酸酒精液，刚果红则由红变蓝，干燥后不必再用水冲洗，镜检，在蓝色背景下见有透亮未染色的螺旋体。

②细菌的生化特性鉴定：各种细菌具有各自的酶系统，所以在相应的培养基上生长时，产生不同的代谢产物，据此可鉴定各种细菌。细菌的生化反应在种、型的鉴别上具有重要意义。例如，沙门氏菌和大肠杆菌均为肠道菌，形态上无法区分，但生化特性不同，前者不发酵乳糖，后者发酵乳糖，可资区别。现将常用的生化检测方法简介如下：

Ⅰ. 糖（醇、苷）类发酵试验：将待检菌的纯培养物接种入各种糖发酵培养基中，置 37℃培养，培养时间多数 1～2 天，长的 1 周至 1 个月不等，就视该菌的分解速度和试验要求而定。其间要定时观察，如产酸时则指示剂呈酸性反应。如同时产气，则使倒置培养基小管内出现新气泡，若不分解，则无颜色变化和气泡产生。

Ⅱ. V－P 试验：所用培养基为含 0.1%葡萄糖的蛋白胨水，pH7.6。接种细菌后于 37℃培养 2～3 天，取出，按 2 毫升培养液加 V－P 试剂 0.2 毫升，置 48～50℃水浴 2 小时或 37℃4 小时，充分震荡，呈红色者为阳性。

Ⅲ. 甲基红（MR）试验：其培养基和培养方法与 V－P 试验相同，向培养基内加入数滴甲基红试剂，混匀后判定。呈现红色者为阳性；呈现黄色者为阴性。

Ⅳ. 靛基质形成试验：将细菌接种于蛋白胨水中，37℃培养 2～3 天，沿试管壁滴加试剂约 1 毫升于培养液表面，轻轻晃动后判定，红色为阳性，黄色为阴性。

Ⅴ. 硫化氢产生试验：将细菌穿刺接种于醋酸铅琼脂培养基中，37℃培养 24 小时，出现黑色者为阳性，无黑色为阴性。

Ⅵ. 硝酸盐还原试验：将细菌接种到硝酸盐培养基内，并同时接种已知阳性菌作对照，于 37℃培养 24～48 小时，加入试剂甲液和乙液各5滴，轻摇培养基混合均匀。在1～2分钟内变为红色者为阳性，无颜色变化者为阴性。

Ⅶ.接触酶（过氧化氢酶）试验：用铂耳钩取被检菌，置于载玻片上，随即滴加3%H_2O_2液1滴。在30秒内产生气泡者为阳性，无气泡者为阴性。注意培养基内不得含有血清、血液等，否则可能出现假阳性。

Ⅷ.明胶液化试验：将细菌接种于明胶培养基，于22～25℃培养5～7天，逐日观察记录结果，明胶液化者为阳性，否则为阴性。

Ⅸ.尿素分解试验：将细菌接种于尿素培养基斜面上，37℃培养4～6小时，观察判定。阳性者呈紫红色，阴性者不变色或黄色。

Ⅹ.美蓝试验：将待检菌接种于美蓝牛乳培养基，于37℃培养24～48小时，取出观察结果。

Ⅺ.溶血试验：将被检菌接种于血琼脂平板，37℃培养24小时，观察结果，菌落周围出现透明的溶血环为完全溶血，亦称β溶血，绿色的溶血环为不完全溶血，亦称α溶血，没有变化为不溶血，亦称γ溶血。

Ⅻ.脱氧核糖核酸（DNA）酶试验：以琼脂培养物作点状接种于DNA琼脂平板上，37℃培养24～48小时，用1摩尔/升的HCl覆盖平板。在菌落周围出现清晰、透明环者为阳性。

③全血平板凝集试验：是一种细菌性传染病的免疫学检验方法，主要用于鸡白痢、鸡伤寒、鸡慢性呼吸道病、鸡传染性滑膜炎等疾病的诊断。方法如下：

取洁净玻片，用红色或蓝色软铅笔在上面划几个1.5厘米^{2}的格子，以阻挡诊断液和血液扩散。诊断什么病，用什么诊断液。一般诊断液都加染料染成了蓝紫色，略有沉淀，同时摇匀，以洁净滴管吸取一滴（约 0.05 毫升），滴在玻片上一个方格的中央（须滴成圆珠，勿使扩散）。同时，将被检鸡翅下静脉刺破，用烧灼过的铂金耳蘸取血液（约 0.03 毫升），加到玻片上的诊断液中，不停地搅拌均匀。如无铂金耳，可另用一较小的洁净滴管吸取血液一小滴（约 0.03 毫升），滴到诊断液上，用火柴杆无火药的一端搅拌。经2～10 分钟，如发生凝集反应，即出现很多类似沉渣状小团块，余下是透明液体，可判断为阳性；如未发生凝集反应，即混合液为均匀一致的暗红色，则判断为阴性。试验时，室温及诊断液的温度须在 20℃以上。

④细菌传染病的微生物学诊断程序：下面以禽霍乱为例介绍细菌性传染病的微生物学诊断程序。

Ⅰ. 检验标本的采集：一是采心血或实质器官涂片、触片；二是实质器官如肝、脾、肾、有病的肺、管状骨。如脏器表面已污染，可烙烫表面，或浸入 95%酒精中立即取出，并引火燃烧，然后用无菌刀切开取深层组织接种培养基。除心血可焊封于毛细管内，其他病料可保存于 30%灭菌甘油盐水中。

Ⅱ. 直接涂片、染色、镜检：常同时用两种染色法进行，一是瑞氏染色、姬姆萨氏染色或骆氏美蓝染色其中之一；二是革兰氏染色。如发现典型的两极染色的革兰氏染色的革兰氏阳性小杆菌，即可初步诊断。

Ⅲ. 分离培养：细菌培养是细菌学检验中最重要的环节。从病料中分离出病原菌并获得纯培养，必须选用适当的培养方法和适宜的培养基。为提高病原菌的分离机会，常将 1 份病料同时接种几种培养基，如固体的可用普通琼脂、血琼脂，液体的可用普通肉汤、血清肉汤等进行需氧、厌氧培养。但要根据临床症状和病理变化有目的地分离某种病原菌，可直接选用该菌最适宜的培养基。以禽霍乱为例，分离培养方法通常是将病料接种于血琼脂平皿，37℃培养 8～24 小时，有巴氏杆菌生长时，出现不溶血、灰白色、露滴状细小菌落，有荧光性。这时可选择典型菌落涂片镜检。必要时先以普通肉汤作增菌培养，然后接种于血平板。本菌在麦康凯琼脂上不能生长，可以作为与沙门氏菌、鼠疫杆菌和伪结核巴氏杆菌区别。

Ⅳ. 动物试验：动物试验是细菌学检验中常用的方法之一。有些不易在培养基上生长的病原菌，或被杂菌污染的病料，通过动物试验，一般即可获得病原菌的纯培养物。巴氏杆菌的动物试验效果较好，故一般在分离培养的同时，作动物试验，动物试验可以检查细菌的毒力，从而判定所分离的巴氏杆菌是否为主要病原菌。

可用待检病料（1：10 生理盐水悬液），也可用心血或培养物（接种在含 4%血清的普通肉汤培养 24 小时）。病料中巴氏杆菌毒力较强，而经过培养后毒力较弱。实验动物常用小鼠、家兔、鸽子，注射后通常在 10～15 小时内死亡。选用的实验动物必须是没有带菌的。实验动物死后，取心血及实质器官作涂片检查和进一步分离培养。采取病料后再进行尸体解剖，接种部位可见皮下组织、肌肉炎症、水肿，肝脏水肿并充满血液，常有坏死性病变。呼吸道黏膜有出血小点。脾脏不肿大。皮下接种 20 小时后，实验动物不死亡，也可以从局部抽取渗出液作细菌学检查，以获得早期诊断。

2）病毒学检查

①病毒的形态观察：病毒不具备细胞结构，只能在活组

织细胞内生长繁殖，其形态甚为微小，但均有各自的外形和结构。病毒的形态观察常借助于电子显微镜，在电子显微镜下，病毒的形态有圆形、丝形和弹状等。各种病毒的大小和形态结构是鉴定病毒的初步依据之一。

电子显微镜常用技术包括超薄切片、负染技术和真空喷镀技术等。

②病毒的分离培养：病毒没有独立的酶系统，不能在无生命的培养基上生长，常用的分离培养方法有实验动物试验、鸡胚培养和组织细胞培养三种。而组织细胞培养现已成为常用的病毒培养检查手段。

Ⅰ. 实验动物试验：实验动物试验主要用于病毒的分离和培养、测定动物的敏感范围、进行中和试验和保护试验，以鉴定病毒及不同毒株间的抗原关系等。此外，还可用作继代保存病毒、培养弱毒株、测定病毒的 LD_{50}，以及大量繁殖病毒制造疫苗。

动物试验中所用的动物有同种和异种之分，同种动物必须选择来自未发病的地区，实验前先经血清学检查，确认无相应的抗体才能使用。异种动物常用的有小鼠、大鼠、仓鼠、豚鼠、家兔、犬、猫、猴和小猪等。实验动物必须健康、品种纯。同一实验动物年龄、体重和营养状态要一致。根据病毒的不同性质，应选用最敏感动物及不同接种途径。每个试验应尽可能多用几个动物，并设立对照组，尽量避免因个体差异造成的错误结果。

接种材料必须无菌，如无法确定无菌，可在其接种液中加青霉素、链霉素各 1 000 国际单位/毫升，混悬液离心后取上清液，必要时可通过细菌滤器除菌，然后接种。接种后的动物应严格隔离饲养，根据试验要求，定期观察，采血检验或解剖检查其组织变化。

Ⅱ. 鸡胚培养：鸡胚是正在发育中的有机体，适于多种病毒的生长繁殖，为病毒分离培养提供了一个适宜的细胞系统。由于鸡胚组织分化程度低，细胞幼嫩，有利于病毒的感染与繁殖，所以常用鸡胚培养病毒。

a. 鸡胚选择和孵化：鸡胚应选择无病鸡群中的新鲜受精蛋，鸡群对所要接种的病毒应无免疫力，最理想的为SPF鸡群。以来航鸡蛋或其他的白壳蛋为好，因照蛋时易于观察，孵化温度宜为37.5℃，湿度为60%左右，每日翻蛋至少3次，开始时将鸡蛋横放，接种前2天竖放，大头朝上，此时应特别注意鸡胚位置，以近中央为好，不要过分偏于一侧，若发现鸡胚过分偏于一侧时，照蛋后将偏于一侧的胚胎朝下，活的胚胎血管及主要分枝明显，呈鲜红色，其胚胎可以活动，死胚血管模糊不清，呈暗红色。鸡胚接种日龄为6～12日龄，应根据接种病毒的特征而定。

b. 接种方法及收获：接种材料应确认无菌，在蛋壳上用碘酒消毒后，标上接种位置的记号。根据接种目的的不同要求，鸡胚接种方法主要有绒毛尿囊腔内接种、卵黄囊内接种、绒毛尿囊膜接种和羊膜腔内接种、静脉接种等。常见病毒鸡胚接种途径参见表2-1。

表2-1　常见病毒性鸡病的病毒鸡胚接种途径

病　毒	接种途径	结　果
新城疫病毒	鸡胚尿囊腔	鸡胚死亡，胚体出血
马立克氏病病毒	鸡胚卵黄囊	鸡胚尿囊膜出现痘斑
传染性法氏囊病病毒	鸡胚尿囊膜、尿囊腔	鸡胚死亡
传染性支气管炎病毒	鸡胚尿囊腔、尿囊膜	盲传，有致死或僵化胚
传染性喉气管炎病毒	鸡胚尿囊腔	尿囊膜上形成痘斑
鸡传染性贫血病毒	鸡胚尿囊腔（膜）、卵黄囊	常不致死鸡胚

（续）

病　毒	接种途径	结　果
鸡白血病病毒	鸡胚静脉	出壳后出现特征死亡
禽流感病毒	鸡胚尿囊腔、尿囊膜	鸡胚死或不死
鸡减蛋综合征病毒	鸡胚尿囊腔	部分死亡或不死亡
鸡脑脊髓炎病毒	鸡胚卵黄囊	鸡胚病变，孵出后雏鸡发病
病毒性关节炎病毒	鸡胚卵黄囊、尿囊膜	鸡胚出血、萎缩和死亡
鸡包涵体肝炎病毒	鸡胚卵黄囊、尿囊膜	死亡，胚胎肝坏死
鸡病毒性肾炎病毒	鸡胚卵黄囊、尿囊膜	死亡或不死亡
鸡痘病毒	鸡胚卵黄囊、尿囊膜	死亡，尿囊膜上形成痘斑

尿囊腔接种：取 9～11 日龄发育良好鸡胚，照蛋划出气室及胚胎头部，将鸡胚气室向上直立于卵盘上，用碘酒和酒精棉球消毒气室卵壳后，用火焰消毒过的钢锥在气室顶端蛋壳消毒处钻一小孔（注意用力要稳，恰好使壳打破而不伤及壳膜），针头从小孔处插入约 1.5 厘米深，估计已穿过壳膜和绒毛尿囊膜但距胚胎还有半指距离即可注射，注射量 0.05～0.2 毫升。进针孔也可开在气室距气室边缘 3 毫米左右处，并避开头部和血管，垂直刺入约 1～1.5 厘米即可。注射完毕，用熔好的石蜡或消毒胶布封口，气室向上于33～37℃（据病毒种类而定）温箱中孵育。

接种后每天最少检查 2 次（每 6 小时 1 次更好），接种后 24 小时以内死亡的鸡胚，一般认为是由于鸡胚受损（如机械损伤、细菌或霉菌污染等）所致，不是病毒引起的死亡，应弃去。将 24 小时以后死亡的鸡胚和 48～72 小时的活胚（不引起鸡胚死亡的病毒应弃去死胚）置 4℃冰箱中数小时或过夜（使血管收缩，避免收获时出血，急于收获也可置 −20℃冰箱 30～60 分钟）即可收获。

收获时，将鸡胚气室向上直立于卵盘上，气室部卵壳用碘酒和酒精棉球消毒后用无菌镊子除去该部卵壳及壳膜，换无菌镊子将绒毛尿囊膜撕破而不破羊膜，左手持镊子轻轻按住胚胎，右手持无菌毛细吸管或消毒注射器吸取绒毛尿囊液置无菌容器中，一般可获 5～8 毫升，置冰箱中保存备用（一般是低温冰箱冻结保存）。吸取时，吸管尖位于胚胎对面，管尖放在镊子两头之间。如管尖不放到镊子两头之间，游离的膜便会挡住管尖，吸不出液体。如需同时收集很多时，可将吸管用橡胶管连接抽滤瓶吸取。收集的液体应清亮，浑浊则往往表示有细菌污染。同时作无菌检查，不合格者废弃。

卵黄囊接种：取 5～8 日龄的鸡胚，划出气室和头部位置。可从气室顶部中央接种（针头插入约 3～4 厘米），接种量 0.1～0.5 毫升，接种时的钻孔及封闭同绒毛尿囊腔接种法。也可在气室边缘上面 5 毫米处消毒打孔，将针头呈 60°刺入 30～35 毫米（大约鸡胚的 1/2 长径处）接种。

接种后每天最少检查 2 次，接种后 24 小时以内死亡的鸡胚，一般认为是由于鸡胚受损（如机械损伤、细菌或霉菌污染等）所致，不是病毒引起的死亡，应弃去。将 24 小时以后死亡的鸡胚和 48～72 小时的活胚置 4℃冰箱中数小时或过夜即可收获。

收获时，将鸡胚气室向上直立于卵盘上，气室部卵壳用碘酒和酒精棉球消毒后用无菌镊子除去该部卵壳及壳膜，换无菌镊子将绒毛尿囊膜撕破和羊膜撕破，提起鸡胚，夹住卵黄带，分离绒毛尿囊膜，置鸡胚与卵黄囊于无菌平皿内，用生理盐水冲去卵黄，分别将鸡胚（除去眼、爪、嘴）和卵黄囊置无菌容器中，低温冰箱保存备用。必要时可收集胚液。

尿囊膜接种：尿囊接种的操作方法很多，这里重点介绍最传统的方法，即人工气室法。取 9～13 日龄发育良好的鸡胚，照蛋划出气室及接种部位（注意避开头部和大血管），用碘酒和酒精棉球消毒气室及接种部位后，将鸡胚接种部位向上横放于卵盘上，无菌操作用钢锉将接种部位蛋壳锉开成一每边 5～10 毫米左右的三角形或四边形口，以针头小心挑破壳膜，但不伤及壳膜下的绒毛尿囊膜（注意区别：壳膜白色、韧、无血管，而绒毛尿囊膜薄而透明、上有丰富的血管）同时在气室钻一小孔，以橡皮乳头紧靠小孔，轻轻一吸，接种部位露出的绒毛尿囊膜即陷下成一小凹（人工气室），将孔内的白色壳膜剪去，接种病毒材料 0.25～0.2 毫升于绒毛尿囊膜上，用石蜡滴在孔边四周，取一无菌盖玻片，在火焰上加微热后置于石蜡上以闭开口，气室孔也用石蜡封闭。接种部位向上横放于 33～37℃温室中孵育。也可不锯开三角形或四边形的口，而是用钝头锥或磨平了尖的螺丝钉在接种部位轻轻用力钻一小孔（刚刚钻破蛋壳而不伤及壳膜），再用消毒针头小心只划破壳膜而不伤及绒毛尿囊膜，再如上做人工气室、接种和封口。

也可不制造人工气室，而是避开头部和血管直接在气室边缘附近开一如上的小口后，左手持鸡胚使开口面向术者，右手持注射器将气室边缘的壳膜挑起一小孔，缓缓注入病毒液，即可渗入壳膜与绒毛尿囊膜间，封口后直立孵育。也可将鸡胚气室向上立于卵盘上，气室消毒并于其中央打孔，将针头刺入卵壳约 0.5 厘米，滴加病毒液 0.05～0.2 毫升到空室内，然后针头继续刺入约 1～1.5 厘米（刺破壳膜和绒毛尿囊膜），拔出针头，病毒液即慢慢渗到绒毛膜上（壳膜碎，刺破后不能再闭合，而绒毛尿囊有弹性，针头拔出后被刺破的小孔立即又闭合），用石蜡封口。

接种后每天最少检查 2 次，接种后 24 小时以内死亡的鸡胚，一般认为是由于鸡胚受损所致，不是病毒引起的死亡，应弃去。将 24 小时以后死亡的鸡胚和 48～72 小时的活胚置 4℃冰箱中数小时或过夜即可收获。

收获时，将鸡胚气室向上直立于卵盘上，气室部卵壳用碘酒和酒精棉球消毒后用无菌镊子除去该部卵壳及壳膜，换另一无菌镊子将绒毛尿囊膜轻轻夹起并用无菌小剪剪下该部的绒毛尿囊膜，收获，然后，将鸡胚及卵黄倒入平皿，剪断卵带，再将黏附在卵壳上的绒毛尿囊膜撕下，收获保存。必要时可收获鸡胚液和鸡胚。

羊膜腔接种：该法技术较困难，因此应用较少，主要用于某些病毒（如黏病毒、披膜病毒等）的初次分离。

羊膜腔接种法有开窗法和盲刺法两种，前者注射可靠，但操作复杂，易发生污染；后者操作简单，但成功率较低。两种方法均用 8～13 日龄的鸡胚，并最好于接种前晚将鸡胚大头向上垂直放置，使胚胎位置靠近气室，便于操作。

利用开窗法时，照蛋标出气室和胚胎位置后将鸡胚气室向上立于卵盘上，用碘酒和酒精棉球消毒气室后在其顶端并靠近胚胎侧无菌操作开一直径 8～10 毫米左右的小口，滴入 1 滴灭菌的液体石蜡（注意：液体石蜡覆盖面积不超过 1/4，否则会影响鸡胚呼吸而使胚胎死亡。生理盐水也可，且对鸡胚无影响，但透明度差）于胚胎位置，膜即变透明，可看到胚胎。左手用眼科镊子避开血管穿过绒毛尿囊膜夹住羊膜，将其向上提，右手持注射器刺过羊膜将接种物注入羊膜腔，接种量 0.05～0.2 毫升。注射毕，用消毒胶布封口。

利用盲刺法时，照蛋标出气室和胚胎位置后将鸡胚气室向上放在灯光向上照射的卵架上，在与胚胎同一平面的气室顶部到边缘一半处消毒并打孔，针头垂直刺入3厘米以上，当能使针头拨动胚胎时，表明已刺入膜腔，可注入接种液，若针头左右拨动时胚胎随着移动，表明针头刺入胚胎，应将针头稍提起后再注射。进针孔也可打在与胚胎同一平面接近气室边缘处，并在针孔与胚胎间连一直线，注射时，左手固定卵，右手持注射器沿着胚胎与气室的直线刺入一定深度后将接种液注入，拔出针头后，用消毒胶布封口。

接种后的孵育、检卵、鸡胚冰箱冷冻同绒毛尿囊腔接种法。且同绒毛尿囊接种法一样把绒毛尿囊液收获后，左手持小镊夹起羊膜成伞状，右手用毛细吸管插入羊膜腔吸取羊水，置灭菌容器中低温保存备用。一般可收0.5～1毫升羊水，若羊水过少，可用少量无菌生理盐水冲洗羊膜腔吸取洗液。

Ⅲ. 组织细胞培养：组织培养最初是动物组织块的体外培养，随着现代人工培养技术的发展，组织培养的确切说法应包括组织培养、器官培养和细胞培养。应用最广的为细胞培养，现简介如下：

根据组织细胞的来源与特点，把培养的细胞分为原代细胞、继代细胞、二倍体细胞和传代细胞等几种类型。原代细胞是由动物组织制备的初代单层细胞，这种细胞保留较多的原组织特性，对病毒比较敏感，适用于病毒的分离培养。继代细胞是将长成的单层细胞即原代细胞，从瓶壁上消化下来，连续培养而成，这种第二代人工培养的细胞叫次代细胞，较易生长，且保留较多的原组织特性，从次代细胞继续传代比较困难，代数愈多难度愈大，只有在方法得当和适宜的条件下才能继续传代。二倍体细胞株是人工培养的继代细胞，经过染色体检验，确认其仍保持原来的二倍体，未发生恶变，适用于生产疫苗。克隆化细胞株是指经细胞纯化技术和人工选择，由一个单细胞增殖而成的细胞群体，这种细胞株具有生物学特性一致的特点，因而实验结果更加可靠。传代细胞是指一种已发生恶变的异倍体细胞，具有癌细胞的许多特点，可在体外无限地传代培养，这种细胞大多来自人和动物的肿瘤，尤其是恶性肿瘤组织。此外，有正常的二倍体细胞在体外培养继代过程中转化为倍体细胞。传代细胞因其具有无限增殖传代和对相应病毒敏感的特点，在病毒的诊断和研究中广泛应用。上述各种类型的单层细胞，除原代细胞制备时需要组织块的消化程序外，其余过程大同小异。在鸡病病毒学研究中，鸡胚成纤维细胞应用较为广泛，以此为例（省略器材的准备和各种溶液的配制）简略说明培养方法。

a. 鸡胚成纤维细胞（CEF）培养

鸡胚的处理：选用 10～13 日龄的鸡胚，在气室部用5%碘酊消毒，以无菌操作的要求用镊子敲破气室部的蛋壳，撕破壳膜、绒毛膜及羊膜用眼科镊子钩住鸡胚头部，取出鸡胚，置于灭菌平皿内，剪去喙、翅、脚、眼球及内脏，用 Hank's 液洗净外表血液，移至小烧杯内，将鸡胚剪成 1～2 毫米的细块，加适量的 Hank's 液轻轻振动，静置使组织块下沉，吸去混有红细胞及碎片的悬液，如此洗涤 2～3 次，直至上清液不再混浊为止。

消化：将 0.25%胰蛋白酶溶液用 $NaHCO_3$ 调至 pH 7.6～7.8，然后加入鸡胚碎块（鸡胚和胰酶用量比例为 1∶4 左右）；置 37℃水浴锅内加温，直到组织块下沉、具有黏稠现象为止，一般约 20 分钟。消化后取出静置 1～2 分钟，吸去胰酶液，加入 Hank's 液轻摇，静止使组织下沉吸去上清液，如此重复 2～3 次，加入适量的营养液，用粗径吸管吸 6～7 次，使细胞分散，静止 1～2 分钟，待组织下沉后，小心地将细胞尽量从组织上脱落下来，将各次所得的细胞悬液合并在一起。

细胞计数：将细胞悬液摇匀，吸出少量滴入血细胞计数板上，按白细胞计数法，计算四角大方格内完整细胞的总数，按下列公式换算成每毫升的细胞数：

$$细胞数/毫升=\frac{四大方格细胞总数}{4}\times 10\ 000$$

分装：根据细胞总数，用营养液配成 50 万～70 万个/毫升细胞的悬液，装入培养瓶内。青链霉素小瓶，每瓶 1 毫升，小方瓶每瓶 5 毫升，瓶口用橡皮塞塞紧，不得漏气。将培养瓶卧置于培养盘中，勿使营养液触及瓶塞，置 37℃培养 24～48 小时，可长成单层细胞。

b. 病毒的接种与鉴定

接种病毒：长成的单层细胞即可接种病毒，待检病料预先应无菌处理，接种时先倾去原来的培养液，加入待检病料，病料以原倍和 10 倍稀释，每个稀释度接种 2～3 个细胞培养瓶，接种量以能盖住细胞层为度。置 37℃作用 30 分钟，使病毒充分吸附于细胞表面。取出后倒弃病毒液，加上和原来液体相同量的维持液，置培养箱内培养，每日观察细胞病变。

鉴定病毒：判定病毒是否增殖，可用观察细胞病变法、电子显微镜观察法、红细胞吸附法、病毒间的干扰现象法及抗原性测定法。细胞病变法是病毒增殖最常用的识别方法，不同的病毒产生细胞病变所需时间不同，快者于接种后24～48 小时开始出现细胞病变，慢者需数周后出现细胞病变，有的病毒产生细胞病变不明显，甚至不出现细胞病变。电子显微镜观察是一种快速有效的方法，在电子显微镜下可看到病毒粒子，且可根据病毒形态初步确定为哪一种病毒科（属）。红细胞吸附法是感染披盖病毒等的细胞，具有吸附细胞的特性，当空白对照组细胞不吸附红细胞，而接毒细胞吸附时，说明有病毒增殖。病毒间的干扰现象法是一种病毒在一种细胞中增殖后，常能抑制随后另一种病毒的增殖，称为干扰现象。这种方法可用于识别不产生细胞病变的隐性病毒感染。抗原性测定法是在培养细胞中如有病毒增殖，其培养物中含有特异性的病毒抗原，应用相应血清学方法可检测到这些抗原，以此既可判定有无病毒增殖，又可以识别病毒种类。测定病毒的方法常用补体结合试验、沉淀反应以及荧光抗体等方法。

3）血清学检验：血清学反应具有高度的特异性，只有相应的抗原才能发生特异性结合。因此，可用已知的抗原来检验抗体，也可用已知的抗体来鉴定抗原。抗原和抗体结合并出现反应，需要一定的量和适宜的比例，故血清学反应不仅可用于定性，而且也可以用作抗原和抗体的定量。血清学反应由于其敏感性和特异性都很高，方法又简易快速，所以在鸡传染病实验室诊断中，各种病原微生物的鉴定、母源抗体和免疫后抗体检验，已被广泛应用。现将红细胞凝集试验（血凝试验，HA）、血凝抑制试验（HI）、中和试验、琼脂扩散试验、荧光抗体技术和酶联免疫吸附试验等血清学检验技术介绍如下。

①血凝（HA）试验：许多病毒能够有选择地使某些哺乳动物及禽类的红细胞发生凝集，这种现象称为血细胞凝集现象或血细胞凝集反应。

能凝集红细胞的病毒，它们不仅在凝集动物红细胞的种类上不同，而且在凝集红细胞的反应条件上亦不相同。因此，利用病毒对凝集动物红细胞种类的特异性，可作为这类病毒的初步诊断之用。现以鸡减蛋综合征病毒为例，介绍其具体方法和步骤。

Ⅰ.1％鸡红细胞制备过程：在健康鸡（未经过鸡减蛋综合征疫苗注射）的心脏部位采取 5～10 毫升血，装入抗凝剂的试管中。以 2 500 转/分钟，离心 10 分钟，吸去上清液（注意要将血细胞泥表面的一种薄膜吸净）。然后用生理盐水（用量为血细胞泥的 5～10 倍）洗红细胞，离心 10 分钟，弃上清液，如此反复洗 3～5 次，最后一次要用生理盐水将血细胞泥稀释成 1％浓度备用。

Ⅱ. 血凝试验操作方法

a. 在微量凝集试验板上，从第 1 孔至第 10 孔或所需倍数孔，用微量加样器，每孔加入生理盐水 0.025 毫升。

b. 用稀释棒蘸取被检抗原 1 滴（0.025 毫升）加入第 1 孔中，充分混合后取 0.025 毫升加入第 2 孔中，如此直至第 9 孔，混合后取 0.025 毫升丢弃，第 10 孔不加病毒为对照孔。

c. 每孔加入 1％鸡红细胞悬浮液 0.025 毫升，在微量振荡器摇匀。

d. 静止 45 分钟判定结果。

Ⅲ. 结果判定：按照表 2－2 的判定标准记录结果，判定结果见表 2－3。

表 2－2　微量血凝试验结果判读标准

孔　中　所　见	结果判定
红细胞凝集呈薄膜状，均匀覆满孔底，强凝集时凝集块皱缩成团状或边缘呈锯齿形，即 100％的红细胞凝集	＋＋＋＋

（续）

孔 中 所 见	结果判定
凝集的红细胞明显布满孔底，但似有红细胞沉积于中央，即75%的红细胞凝集	+++
红细胞凝集成薄层，但面积较小，孔底中央有红细胞沉积呈小圆点状，即50%红细胞凝集	++
红细胞沉积于孔底中央，周围有少量的凝集，即5%的红细胞凝集	+
红细胞全部沉于孔底中央呈圆点状，周围光滑，无分散的红细胞，即无凝集现象	－

表 2-3　鸡减蛋综合征病毒的血凝试验（微量法）

孔号	1	2	3	4	5	6	7	8	9	10
病毒稀释度	1:2	1:4	1:8	1:16	1:32	1:64	1:128	1:256	1:512	对照
生理盐水（毫升）	0.025	0.025	0.025	0.025	0.025	0.025	0.025	0.025	0.025	0.025
病　毒（毫升）	0.025	0.025	0.025	0.025	0.025	0.025	0.025	0.025	0.025	—
1%红细胞（毫升）	0.025	0.025	0.025	0.025	0.025	0.025	0.025	0.025	0.025	0.025
结果判定	++++	++++	++++	++++	++++	++++	++++	++	－	－

结果对照孔应不凝（－），能使鸡红细胞完全凝集的病毒最高稀释度，即为该病毒的血凝价。假定结果如表 2-3 所示，则本病毒的血凝价为 1：128。

Ⅳ. 4 单位血凝抗原的计算：4 单位抗原＝128/4＝32，即将抗原稀释 32 倍，就可得到 4 单位血凝抗原。

②血凝抑制试验（HI）：血凝试验可以被抗病毒血清所抑制，因此可以通过血凝试验检测抗病毒抗体。根据抗体效价的高低，可制订预防疾病合理的免疫程序，可间接得知鸡群是否存在某种病毒，对科学防治疫病具有重要意义。现将

具体方法介绍如下。

Ⅰ. 在微量凝集试验板上，自第 1 孔至 10 孔或所需之倍数孔，每孔加生理盐水 0.025 毫升。

Ⅱ. 用稀释棒蘸取被检血清 1 滴（0.025 毫升），加入第 1 孔中，充分混合后取 0.025 毫升加入第 2 孔中，如此直至第 8 孔，混合后取 0.025 毫升丢弃，第 9、10 孔不加血清为对照孔（病毒对照孔和红细胞对照孔）。

Ⅲ. 每孔加入已稀释病毒 0.025 毫升（4 单位抗原）。

Ⅳ. 放微量振荡器上摇匀，静止 5～10 分钟。

Ⅴ. 每孔加 1%鸡红细胞悬浮液 0.025 毫升，放微量振荡器上摇匀。

Ⅵ. 静置，45 分钟后观察结果。试验结果见表 2-4。

表 2-4　鸡减蛋综合征病毒的血凝抑制试验（微量法）

孔号	1	2	3	4	5	6	7	8	9	10
血清稀释度	1:2	1:4	1:8	1:16	1:32	1:64	1:128	1:256	对照	对照
生理盐水（毫升）	0.025	0.025	0.025	0.025	0.025	0.025	0.025	0.025	0.025	0.025
被检血清（毫升）	0.025	0.025	0.025	0.025	0.025	0.025	0.025	0.025	—	—
4 单位病毒（毫升）	0.025	0.025	0.025	0.025	0.025	0.025	0.025	0.025	0.025	—
1%红细胞（毫升）	0.025	0.025	0.025	0.025	0.025	0.025	0.025	0.025	0.025	0.025
结果判定	−	−	−	−	−	−	+	++++	++++	−

Ⅶ. 结果判定：判定标准同 HA。假设结果如表 2-4 所示，其中，第 9 孔为病毒对照，应凝集；第 10 孔为生理盐水对照，应不凝集。以能完全抑制血细胞凝集的血清最大稀释度为该血清的血凝抑制效价。因此，该血清的 HI 效价为 1∶64。

Ⅷ．卵黄抗体滴度的测定：目前多用测定卵黄抗体代替测定血清抗体，测定卵黄抗体的处理技术如下：把蛋打开放于平皿，用不带针头的5毫升注射器取出蛋黄（不带蛋清）1毫升，加1毫升生理盐水，摇匀，加2～4毫升氯仿，充分摇匀，作用5～10分钟，1 500～3 000转/分钟，离心10分钟，取上清液即可作为HI试验材料（此时的上清液已是1∶2稀释，所以计算HI效价时要增加1个滴度）。

③中和试验：动物在发生病毒感染后，体内可产生抗体，能与相应的病毒颗粒发生特异性结合，使病毒丧失感染力，这种抗体称中和抗体。应用已知的病毒，通过中和试验，可测知病鸡体内各抗体的存在及其效价。中和试验具有高度的敏感性和免疫特异性，常可用以检测其他血清学反应难以测出的病毒株之间的抗原差异。其方法如下：

Ⅰ．测定病毒LD_{50}效价：在病毒学中，一般都有以半数致死量（LD_{50}）或半数组织细胞感染量（$TCID_{50}$）来表示病毒的毒力强度。在中和试验中，常用一定量的LD_{50}。所以，在试验前，应测定病毒的LD_{50}效价。

进行中和试验时，在低温冰箱中取出已测定好的病毒液，按预先测定的效价进行稀释，一般稀释成200个LD_{50}或$TCID_{50}$，在与等量血清混合后，每个接种剂量中含有100个LD_{50}或$TCID_{50}$。

Ⅱ．血清：先将血清适当稀释后，置56℃水浴中处理30分钟，以破坏补体和其他不耐热的非特性杀病毒因子。随后再作进一步的稀释，通常是用2倍或10倍连续稀释。

Ⅲ．感作：取等量的病毒液和不同稀释度的血清，置之无菌小试管内，充分混合后，置37℃水浴中感作1～2小时，对于失去活力的病毒，可置4℃冰箱中感作。

Ⅳ. 接种：感作完成后，应迅速将病毒血清混合物或对照组的血清、病毒等接种组织培养液或实验动物。接种量为小鼠脑内 0.03 毫升，1 日龄乳鼠腹腔 0.03 毫升，11～12 日龄鸡胚绒毛尿囊腔 0.1～0.2 毫升，组织培养液 0.2 毫升。接种后每天观察组织培养的细胞病变或实验动物的发病死亡情况。

Ⅴ. 设对照组：为保证实验结果准确，首先要做病毒对照，一般是先将病毒液作成每个接种剂量含 0.2、2、20 和 200 个 $TCID_{50}$ 的浓度，再加入等量低倍稀释的正常对照血清，充分混合后，接种组织培养细胞或实验动物进行观察。0.1 个 $TCID_{50}$ 或 LD_{50} 应使组织培养细胞病变或实验动物死亡。而 100 个 $TCID_{50}$ 应使全部组织细胞或实验动物死亡。此外，还应做血清毒性对照、宿主空白对照、阳性和阴性对照。

④琼脂扩散实验：琼脂扩散试验是指抗原或抗体在琼脂凝胶内扩散，当特异性的抗原抗体相遇后，在凝胶内的电解质参与下发生肉眼可见的沉淀线。在鸡传染性法氏囊病的血清学诊断中，常用琼脂扩散试验，此法操作简单易行。一般在感染后 24～96 小时，法氏囊中病毒含量较高，可用已知阳性血清检查法氏囊中的抗原。感染 6 天以上的，可用已知阳性抗原，检查病鸡血清中的沉淀抗体，该抗体可维持 10 个月不消失。

以鸡传染性法氏囊病的检测为例，方法如下：

Ⅰ. 制备抗原：用传染性法氏囊病种毒接种 4～6 周龄阴性鸡（最好是 SPF 鸡），经 3～4 日，采取法氏囊。选用有典型病变的法氏囊，按 1∶5 加 PBS（磷酸盐缓冲液），用组织匀浆机匀浆，经反复冻融数次后，4 000～6 000 转/分钟，离心30分钟，收集上清液，加入0.15%福尔马林灭活。用灭活抗原接种敏感鸡。证明对鸡安全无毒时，即可作试验抗原。抗原作2倍、4倍和8倍稀释后，分别与2倍、4倍、16倍、32倍和64倍稀释的阳性血清作试验时选用抗原最高稀释倍数仍能与64倍稀释血清呈阳性反应者，作为试验抗原，也可用此量的2倍量作为常规试验用抗原。

Ⅱ.制备阳性血清：用上述制备抗原的传染性法氏囊病的强病毒灭活乳剂，给予2～3月龄的健康鸡皮下注射0.2毫升，或用传染性法氏囊病油乳剂疫苗皮下注射1毫升，2～3周后皮下重复注射灭活乳剂2毫升，或皮下重复注射油乳剂疫苗2毫升，4～5周后采血，分离血清。

Ⅲ.制备琼脂板：用含8%氯化钠、pH7.0、0.01摩尔/升磷酸盐缓冲液配制1%琼脂，加0.01%硫柳汞防腐，加热融化后，倒入平皿，厚度约为2.5～3毫米，注意勿产生气泡。制好的琼脂板，放4℃冰箱中可保存2周左右。琼脂凝固后，打孔，打孔器为直径3～4毫米的薄壁金属管。先设计图案（孔形多为梅花形，见图2-1），外周孔的孔径为3毫米，中央孔为4毫米，孔间距3毫米，按图案打孔，用注射针头或绘图笔尖挑去孔中琼脂。将琼脂平板底放在酒精灯上微微加热，使孔底琼脂微融而封孔底。

Ⅳ.加样：用毛细滴管或装4～5号注射针头的注射器或微量移液器加样。中间孔加传染性法氏囊病抗原（加至满孔），周围孔加传染性法氏囊病阳性血清、被检血清或高免卵黄液。若检测高免血清或卵黄抗体的效价，则将被检样品用生理盐水对倍稀释后，依次加入周围孔中。放37℃温箱中，于24、48和72小时观察反应结果。

Ⅴ.判定：当标准阳性血清与抗原孔之间出现明显、致

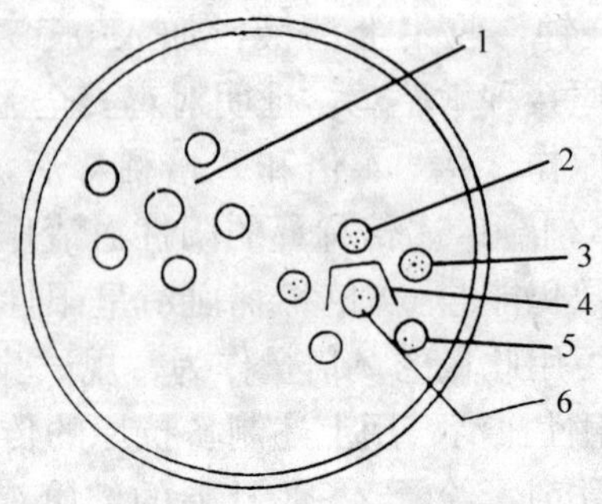

图 2-1 琼脂扩散试验

1. 打好的孔 2. 被测液（测抗原）

3. 阳性对照孔 4. 沉淀线

5. 对照孔 6. 阳性血清

密的沉淀线时，被检样品与已知抗原或抗体之间形成沉淀线或标准对照线末端向毗邻的被检样品孔内侧偏弯曲者，此被检样品判为阳性。被检血清与抗原孔或被检抗原与抗体孔之间不形成沉淀线，或阳性对照的沉淀线向毗邻的被检孔直伸或向其外侧偏弯者，此被检品判为阴性。

⑤荧光抗体技术：荧光抗体染色技术是利用免疫球蛋白与荧光素结合制成的荧光抗体，在特定条件下去染色标本，若标本中存在相应的抗原时，则形成抗原—抗体—荧光素复合物，在荧光显微镜下观察，即可看到发荧光的复合物，从而达到鉴别抗原、诊断疾病的目的。

Ⅰ. 材料准备

a. 荧光显微镜。

b. 鸡抗禽脑脊髓炎病毒血清。

c. 抗禽脑脊髓炎病毒荧光抗体诊断液。

d. 羊抗鸡 IgG 荧光抗体诊断液。

e. 疑为禽脑脊髓炎的病料，一般取疑似病尸的脑、胸腺和前胃，也可取心、脊髓等。

f. pH 7.4 磷酸盐缓冲液（PBS）。

Ⅱ. 操作方法（直接法）

a. 用疑为禽脑脊髓炎的病料涂片或印片，有条件的可以作 6～7 微米厚的冰冻切片，自然干燥，丙酮固定 10 分钟。

b. 将抗禽脑脊髓炎病毒荧光抗体诊断液（用 PBS 稀释至工作效价），加于待检标本片上，使之布满整个标本即可。

c. 将玻片置于湿盒中（可用大平皿、有盖搪瓷盘或饭盒，底部垫以含水纱布或滤纸），放 37℃ 温箱，作用 30 分钟。

d. 取出玻片，用 pH 7.4 PBS 冲出多余的荧光抗体，将玻片置于盛有 PBS 的容器中漂洗 3～5 次，每次 3 分钟，再用中性蒸馏水冲洗除盐。

e. 玻片自然干燥后，放荧光显微镜下观察，若用油镜观察，则在标本上滴一滴甘油缓冲盐水（中性无自发荧光的甘油 9 份，加 pH 7.4 PBS 1 份）。

Ⅲ. 判定：荧光显微镜观察标本，阳性标本可见到黄绿色荧光。根据特异性荧光强度不同，用“＋＋＋＋”（黄绿色闪亮荧光）、“＋＋＋”（黄绿色明亮荧光）、“＋＋”（黄绿色荧光较弱）、“＋”（仅有暗淡的荧光）来表示，无特异性荧光记为“－”。

初次应用荧光抗体时，应设以下对照：

a. 阳性对照：用禽脑脊髓炎病鸡的组织制片，进行荧光抗体染色，应见到较强的黄绿色荧光。

b. 类属抗原对照：以其他病毒感染的病鸡脏器组织制

片，进行荧光抗体染色，应无明亮的特异荧光。

c. 阻抑试验：将制备的荧光抗体与未标记的同类 IgG 或血清等量混合后，对阳性标本进行荧光抗体染色。或先以未标记的血清处理标本片，作用 30 分钟后，再加荧光抗体染色，均应无荧光或呈弱荧光。

⑥酶联免疫吸附试验：抗体或抗原与酶以化学方式结合后，仍保持各自的生物学活性（免疫活性和酶活性），遇相应的抗原或抗体，则形成酶标记的抗原—抗体免疫复合物，在一定的底物参与下，就会产生可以观测的有色物质，这称为免疫过氧化物酶技术。

酶联免疫吸附试验是在此基础上发展起来的高敏性试验方法，该法以聚苯乙烯等吸附蛋白质的塑料器皿作固相，吸附抗原或抗体，逐步加入相应的成分，最后加入底物显色。在一定条件下，酶的降解物质和呈现的色泽是成正比的，因此可以通过比色测定，计算出参与反应的抗原或抗体的含量。

Ⅰ. 材料准备

a. 器材：聚苯乙烯 96 孔或 40 孔平底反应板、加样器和酶标分光光度计等。

b. 试剂

包被液：碳酸盐缓冲液（0.05 摩尔/升，pH9.6）。

洗涤液：pH9.7 磷酸盐缓冲液。

封闭液：于洗涤液内加入牛血清白蛋白使其含 0.1%。

底物液（临用时现配）：2%无水柠檬酸液压 24.3 毫升；0.2 摩尔/升磷酸氢二钠液 25.7 毫升；邻苯二胺 40 毫克；30% H_2O_2 0.15 毫升；加蒸馏水至 100 毫升。

终止液：2 摩尔/升 H_2SO_4。

酶标抗体：酶标羊抗兔 LgG（由生物制品厂购买）。

标准抗原及抗血清：自备或从生物制品厂购买。

c. 待检病料：鸡新城疫病鸡脑组织浸出液（1∶5 或1∶10）。

Ⅱ. 操作方法：酶联免疫吸附试验方法发展很快，类型也很多，常见的方法如表 2-5。

表 2-5　酶联免疫吸附试验常见方法

程序	竞争法（测 Ab）	间接法（测 Ab）	双抗体法（测 Ag 或 Ab）	双夹心法（测 Ab）	PAP 法（测 Ab）
Ⅰ	吸附 Ab	吸附 Ag	吸附 Ab	吸附 Ab	吸附 Ag
Ⅱ	被检 Ag 酶标 Ab	被检 Ab	被检 Ag	被检 Ag	免疫血清
Ⅲ	酶底物	酶标 Ab（抗 IgG）	酶标 Ab（与吸附 Ab 同源）	异源 Ab（多为兔抗）	羊抗兔血清
Ⅳ		酶底物	酶底物	酶标 Ab（多为羊抗兔）	兔抗酶血清
Ⅴ				酶底物	酶
Ⅵ					酶底物

以双抗体夹心法检测鸡新城疫病毒为例：

a. 从抗血清中提取抗鸡新城疫 IgG 抗体，加包被液稀释成 5 微克/毫升。以定量加样器分注反应板孔各 100 微升，加液后加盖，平放入 37℃ 水浴箱内，或放入湿盒中，置 37℃温箱，保温 2 小时；或 4℃ 过夜或保温 2 小时后再 4℃ 过夜。

b. 倾掉孔内液体，尽量甩干，并在吸水纸上倒拍几下。各孔加洗涤液，静置或放混合器上摇振 3 分钟；甩干，再更换洗涤液，如此洗 3 次，甩干拍净。

c. 取封闭液分注各孔，至满孔为准，4℃过夜或37℃2小时后，如上法倾洗处理。

d. 取检料浸出液上清液，加PBS倍比稀释成10个梯度，分注于2～11孔，每孔0.01毫升，每份检料加一排孔；第1孔加阳性材料，第12孔加阴性材料。然后静置，温度、湿度、时间及倾洗处理同上。

e. 取抗新城疫病毒血清（事先经正常鸡胚尿囊液1∶10混合，4℃过夜吸收处理）作一定倍数稀释（应预先测定），分注各孔，每孔0.01毫升，保温时间及倾洗处理如上。

f. 取羊抗兔酶标抗体，加PBS稀释成工作浓度，分注各孔，保温及倾洗处理如上。

h. 取新鲜配制的底物液分注各孔，避光在室温或37℃静置20分钟，每孔各加终止液1滴，5分钟观察和记录结果。

i. 判定：一般定性检测仅肉眼观察即可。于白色背景上对照标准的阴性孔和阳性孔，根据是否呈现橘红色及呈色深浅做出判断，定量检测可应用酶标测定仪器检测，以阴性对照孔的光密度作为空白对照值。然后测定被检孔，其光密度超过空白对照值者为阳性。一份材料系列稀释后，出现阳性孔的最高稀释倍数，即为该材料的反应价。检测时所用波长随供氢体而异。本试验系邻苯二胺加2摩尔/升H_2SO_4终止，故用492纳米波长测OD值。

（二）药物敏感试验

测定细菌对抗菌药物敏感性的试验称为药物敏感试验或简称药敏试验。由于养鸡业中抗菌药物的广泛使用，导致抗药菌株越来越多，盲目用药常常效果不佳。因此，进行药物敏感试验已成为正确使用抗菌药物的必要手段。药物敏感试验的方法有多种，如纸片扩散法、试管法、挖洞法等。其中，纸片扩散法简便易行，出结果快，是目前生产中最常见的方法，现将该种方法介绍如下。

1. 药敏纸片的制备 常用抗菌药敏纸片已有商品供应，若能买到，可直接利用。若需自行制备，方法如下：

（1）干燥纸片的制备 用新华 1 号定性滤纸制成直径为 6 毫米的圆形纸片，每 50 片分装在一个干净的青霉素瓶内，以单层牛皮纸包扎封口，通过高压蒸汽灭菌 30 分钟，取出后放入 60～100℃烘干箱中，使其完全干燥。

（2）药物稀释液的配制

①pH3.0 枸橼酸缓冲液：取枸橼酸 7 克、磷酸氢二钠（Na_2HPO_4）3 克、蒸馏水 1 000 毫升，加热溶解，测其 pH，符合要求时高压蒸汽灭菌备用。

②pH6.0 磷酸盐缓冲液（PBS）：取磷酸氢二钾（K_2HPO_4）2 克、磷酸二氢钾（KH_2PO_4）8 克、蒸馏水 1 000毫升，加热溶解，测其 pH，符合要求时高压蒸汽灭菌备用。

③pH7.8～8.0 磷酸盐缓冲液（PBS）：取磷酸氢二钾（K_2HPO_4）16.73 克、磷酸二氢钾（KH_2PO_4）0.523 克、蒸馏水 1 000 毫升，加热溶解，测其 pH，符合要求时高压蒸汽灭菌备用。

④0.1 毫升/升盐酸溶液：先配制 5 毫升/升盐酸溶液，在 500 毫升蒸馏水中缓慢加入浓盐酸（36%HCl）420 毫升，然后用蒸馏水加至 1 000 毫升。使用时将 5 毫升/升盐酸溶液稀释 50 倍，即得 0.1 毫升盐酸溶液。药液配制及纸片内药物的含量见表 2－6。

表 2-6　药物配制及纸片的含药量

药　名	药液配制	药液浓度（微克/毫升）	纸片含药量（微克/片）
青霉素	20 毫克＋pH6.0PBS15.5 毫升混合后，取 1.0 毫升加 pH6.0PBS9.0 毫升，混匀	200	1.0
新霉素	20 毫升＋pH6.0PBS9.0 毫升，混匀	2 000	10
卡那霉素	20 毫升＋蒸馏水 10 毫升	2 000	10
土霉素	30 毫升＋0.1 毫升/升 HCl 4.325 毫升＋pH3.0 缓冲液 10 毫升	2 000	10
红霉素	40 毫升＋蒸馏水 13 毫升	2 000	10
庆大霉素	20 毫升＋蒸馏水 10 毫升	2 000	10
磺胺嘧啶	200 毫升＋蒸馏水 9 毫升	20 000	100
双氢链霉素	40 毫升＋pH7.8PBS13.1 毫升	2 000	10
四环素	30 毫升＋0.1 毫升/升 HCl 4.67 毫升＋pH3.0 缓冲液 10 毫升	2 000	10
杆菌肽	20 毫升＋pH6.0PBS10 毫升	2 000	10
多黏菌素	20 毫升＋蒸馏水 10 毫升	2 000	10

（3）纸片浸药及备用　在贮存纸片的瓶中，每瓶放入配制好的抗菌药溶液 0.25 毫升，并使纸片均匀浸吸药液，置 4℃冰箱中浸泡 30～60 分钟，然后放入 37℃温箱中烘干。干燥后加盖密封，低温保存备用，若不受潮，有效期 3～6 个月。

2. 药敏培养基的制备

（1）普通肉汤琼脂　又称营养琼脂。蛋白胨 10 克、氯化钠（NaCl）15 克、磷酸氢二钾（K_2HPO_4）1 克、琼脂 20 克、牛肉浸出液 1 000 毫升（可用牛肉浸膏 10 克浸于 1 000毫升蒸馏水代替）。

牛肉浸出液的配制方法：取瘦牛肉去掉脂肪、腱膜等，绞碎或切碎，按 500 克牛肉加 1 000 毫升蒸馏水混合，置 4℃冰箱内过夜，取出后加热到 80～90℃，经 1 小时后，以数层纱布滤除肉渣并挤出肉水，再用脱脂棉过滤，量其体积并用蒸馏水补足 1 000 毫升，分装后 20 分钟高压蒸汽灭菌，即制成牛肉浸出液。

将以上其他成分加入到牛肉浸出液中，加热溶解，冷却后调 pH 至 7.6，煮沸 10 分钟，用滤纸过滤后分装，再以 10.4 万帕高压蒸汽灭菌 25 分钟，取出后冷却至 55℃左右，在 90 毫升直径灭菌的平皿上倾注成 4 毫米厚的平板。做好的平板，密封包装后可在冰箱中保存 2～3 周。使用前应将平皿置 37℃温箱中培养 24 小时，确认无菌后再用于试验。

（2）鲜血琼脂　将灭菌的营养琼脂加热融化，至 45～50℃时加入无菌鲜血 5％（每 100 毫升营养琼脂中加入鲜血 5～6 毫升）倾注平皿。无菌鲜血，用无菌手术取健康动物（绵羊或家兔等）的血液，加入盛有无菌 5％柠檬酸钠溶液的容器中（血与 5％柠檬酸钠的比例为 9∶1）混匀，置冰箱中保存备用。

3. 试验方法　临床上分离到的细菌进行纯培养。用灭菌的接种环挑取被检菌的纯培养物划线或涂布于平板上，并尽可能使其密而均匀。用灭菌镊子将药敏纸片平放于平板上并轻压使其紧贴平板。直径 9.0 厘米的平皿可贴 7 张纸片，纸片间距不少于 24 毫米，纸片与平皿边缘距离不少于 15 毫米。贴好后将平板底部朝上置于 37℃温箱中培养 24 小时，取出观察结果。

4. 结果判定　凡对被检菌有抑制力的抗菌药物，由于向周围扩散，抑制细菌的生长，故在纸片周围出现一个无细菌生长的圆圈，称为抑菌圈。抑菌圈越大，说明该菌对此种药物敏感度越高，反之越低。如果无抑菌圈，则说明该菌对此种药物具有耐药性。所以，判定结果时，以抑菌圈直径的大小来作为细菌对该药物敏感度高低的标准。

一般来说，抑菌圈直径 20 毫米以上为极度敏感，15～20 毫米为高度敏感，10～15 毫米为中度敏感，10 毫米以下为低敏感，无抑菌圈为不敏感。对多黏菌素的作用，抑菌圈在 10 毫米以上者为高度敏感，6～9 毫米为低度敏感。

经药敏试验后，应该选择极度敏感或高度敏感的药物进行治疗。

（三）鸡的投药方法

在养鸡生产中，为了促进鸡群生长、预防和治疗某些疾病，经常需要进行投药。鸡的投药方法很多，大体上可分为三类，即全群投药法、个体给药法和种蛋给药法。

1. 全群投药法

（1）混水给药　混水给药就是将药物溶解于水中，让鸡自由饮用。此法常用于预防和治疗鸡病，尤其是适用于已患病、采食量明显减少而饮水状况较好的鸡群。投喂的药物应该是较易溶于水的药片、药粉和药液，如葡萄糖、高锰酸钾、四环素、卡那霉素、北里霉素、磺胺二甲基嘧啶、亚硒酸钠等。应用混水给药时还应注意以下几个问题。

①对油剂（如鱼肝油等）及难溶于水的药物（如制霉菌素、红霉素），不能采用此法给药。

②对微溶于水且又易引起中毒的药物片剂，要充分研细，然后溶于水中，使之成为悬浮液。

③对水溶液稳定性较差的药物，如青霉素、金霉素、土霉素等，要现用现配，一次配用时间不宜超过 8 小时。为了保证药效，最好在用药前停止给鸡供水 1～2 小时，然后再喂给药液，以便鸡群在较短时间内将药液饮完。

④要准确掌握药物的浓度。用药混水时，应根据“毫克/千克”或“%”首先计算出全群鸡所需药量，并严格按比例配制符合浓度的药液。“毫克/千克”是代表百万分率，例如，125毫克/千克就是百万分之125，等于每千克水中加入125毫克药物或每吨水中加入125克药物。如果将“毫克/千克”换算成“%”（百分数），把小数点向左移4位即可，例如500毫克/千克=0.05%。

⑤应根据鸡的可能饮水量来计算药液量。鸡的饮水量多少与其品种、饲养方法、饲料种类、季节及气候等因素紧密相关，生产中要给予考虑。如冬天饮水量一般减少，配给药液就不宜过多；而夏天饮水量增加，配给药液必须充足，否则就会造成部分鸡只饮水过少，影响药效。

（2）混料给药　混料给药就是将药物均匀混入饲料中，让鸡吃料时能同时吃进药物。此法简便易行，切实可靠，适用于长期投药，是养鸡中最常用的投药方式。适用于混料的药物比较多，尤其对一些不溶于水而且适口性差的药物，采用此法投药更为恰当，如土霉素、复方新诺明、氯苯胍、微量元素、多种维生素、鱼肝油等。应用混药给料时应注意以下几个问题。

①药物与饲料的混合必须均匀，尤其对一些易产生不良反应的药物。如磺胺类药物及某些抗寄生虫药物等，更要特别注意。常用的混合方法是将药物均匀混入少量饲料中，然后将含有全部药量的部分饲料与大批量饲料混合。大批量饲料混药，还需多次逐步递增混合才能达到混合均匀的目的。这样才能保证饲喂时每只鸡都能服入大致等量的药物。

②要注意掌握饲料中药物的浓度。混料的浓度与混水的浓度虽然都用“毫克/千克”或“%”表示，但饲料中的药

物浓度不能当作溶液中的药物浓度，因为混水比混料的药物浓度往往要高。例如北里霉素，混饲浓度为 110～330 毫克/千克，而混水的浓度却为 250～500 毫克/千克。但对鸡易产生毒性的药物，其混水量往往比混料量低，例如磺胺嘧啶，用于治疗时混料浓度为 0.2%，而混水的浓度为 0.1%。

③药物与饲料混合时，应注意饲料中添加剂与药物的关系。如长期应用磺胺类药物则应补给维生素 B_1 和维生素 K，应用氨丙啉时则应减少维生素 B_2 的投放量。

（3）气雾给药 气雾给药是指让鸡只通过呼吸道吸入或作用于皮肤黏膜的一种给药方法。这里只介绍通过呼吸道吸入方式。由于鸡肺泡面积很大，并具有丰富的毛细血管，因而应用此法给药时，药物吸收快，作用出现迅速，不仅能起到局部作用，也能经肺部吸收后出现全身作用。采用气雾给药时应注意以下几个问题。

①要选择适用于气雾给药的药物。要求使用的药物对鸡呼吸道无刺激性，而且又能溶解于其分泌物中，否则不能吸收。对呼吸系统如有刺激性，则易造成炎症。

②要控制气雾微粒的细度。气雾微粒越小进入肺部越深，但在肺部的保留率越差，大多易从呼气排出，影响药效。若气雾微粒较大，则大部分落在上呼吸道的黏膜表面，未能进入肺部，因而吸收较慢。一般来说，进入肺部的气雾微粒的直径以 0.5～5.0 微米为宜。

③要掌握药物的吸湿性。要使气雾微粒到达肺的深部，应选择吸湿性慢的药物；要使气雾微粒分布在呼吸系统的上部，应选择吸湿性快的药物，因为具有吸湿性的药物粒子在通过湿度很高的呼吸道时，其直径能逐渐增大，影响药物到达肺泡。

④要掌握气雾剂的剂量。同一种药物，其气雾剂的剂量与其他剂型的剂量未必相同，不能随意套用。

（4）外用给药　此法多用于鸡的外表，以杀灭体外寄生虫或微生物，也常用于消毒鸡舍、周围环境和用具等。采取外用给药时应注意以下几个问题：

①要根据应用的目的选择不同的外用给药法。如对体外寄生虫可采用喷雾法，将药液喷雾到鸡体、产蛋箱和栖架上；杀灭体外微生物则常采用熏蒸法。

②要注意药物浓度。抗寄生虫药物、消毒药物对寄生虫或微生物具有杀灭作用，但也往往对鸡体有一定的毒性，如应用不当、浓度过高，易引起中毒。因此，在应用易引起毒性反应的药物时，不仅要严格掌握浓度，还要事先准备好解毒药物。如用有机磷杀虫剂时，应准备阿托品等解毒药。

③用熏蒸法杀死鸡体外微生物时，要注意熏蒸时间。用药后要及时通风，避免对鸡体造成过度刺激，尤其对雏鸡更要特别注意。

2. 个体给药法

（1）口服法　若是水剂，可将定量药液吸入滴管滴入喙内，让鸡自由咽下。其方法是助手将鸡抱住，稍抬头，术者用左手拇指和食指抓住鸡冠，使喙张开，用右手把滴管药液滴入，让鸡咽下；若是片剂，将药片分成数等份，开喙塞进即可；若是粉剂，可溶于水的药物按水剂服给，不溶于的药物，可用黏合剂制成丸，塞进喙内即可。

口服法的优点是给药剂量准确，并能让每只鸡都服入药物。但是，此法花费人工较多，而且较注射给药吸收慢。

（2）静脉注射法　此法可将药物直接送入血液循环中，因而药效发挥迅速，适用于急性严重病例和对药量要求准确及药效要求迅速的病例。另外，需要注射某些刺激性药物及高渗溶液时，也必须采用此法，如注射氯化钙、胂剂等。

静脉注射的部位是翼下静脉基部。其方法是：助手用左手抱定鸡，右手拉开翅膀，让腹面朝上。术者左手压住静脉，使血管充血，右手握好注射器将针头刺入静脉后顺好，见回血后放开左手，把药液缓缓注入即可。

（3）肌肉注射法　肌肉注射法的优点是药物吸收速度较快，药物作用的出现也比较稳定。肌肉注射的部位有翼根内侧肌肉、胸部肌肉和腿部外侧肌肉。

①胸肌注射：术者左手抓住鸡两翼根部，使鸡体翻转，腹部朝上，头朝术者左前方。右手持注射器，由鸡后方向前，并与鸡腹面保持45°角，插入鸡胸部偏左侧或偏右侧的肌肉约1～2厘米（深度依鸡龄大小而定），即可注射。胸肌注射法要注意针头应斜刺肌肉内，不得垂直深刺，否则会损伤肝脏造成出血死亡。

②翼肌注射：如为大鸡，则将其一侧翅向外移动，即露出翼根内侧肌肉。如为幼雏，可将鸡体用左手捉住，一侧翅翼夹在食指与中指中间，并用拇指将其头部轻压，右手握注射器即可将药物注入该部肌肉。

③腿肌注射：一般需有人保定或术者呈坐姿，左脚将鸡两翅踩住，左手食、中、拇指固定鸡的小腿（中指托，拇、食指压），右手握注射器即可进行肌肉注射。

（4）嗉囊注射　要求药量准确的药物（如抗体内寄生虫药物），或对口咽有刺激性的药物（如四氯化碳），或对有暂时性吞咽障碍的病鸡，多采用此法。其操作方法是：术者站立，左手提起鸡的两翅，使其身体下垂，头朝向术者前方。右手握注射器针头由上向下刺入鸡的颈部右侧、离左翅基部

1 厘米处的嗉囊内，即可注射。最好在嗉囊内有一些食物的情况下注射，否则较难操作。

3. 种蛋及鸡胚给药法 此种给药法常用于种蛋的消毒和预防各种疾病，也可治疗胚胎病。常用的方法有下列几种：

（1）熏蒸法 将经过洗涤或喷雾消毒的种蛋放入罩内、室内或孵化器内，并内置药物（药物的用量根据每立方米体积计算），然后关闭室内门窗或孵化器的进出气孔和鼓风机，熏蒸半小时后方可进行孵化。

（2）浸泡法 即将种蛋置于一定浓度的药液中浸泡 3～5 分钟，以便杀灭种蛋表面的微生物。用于种蛋浸泡消毒的药物主要有高锰酸钾及碘溶液等。

（3）注射法 可将药物通过种蛋的气室注入蛋白内，如注射庆大霉素。也可直接注入卵黄囊内，如注射泰乐菌素。还可将药物注入或滴入蛋壳膜的内层，如注射或滴入维生素 B_1。

（四）临床用药应注意的问题

1. 药物的概念及应用 凡用于预防、治疗或诊断疾病的物质统称为药物，而用于机体即产生毒害作用或引起动物死亡的物质则称为毒物。二者没有明确的分界线，在应用药物时，如超过了一定剂量或应用方法不当，药物就会呈现毒物作用，引起动物中毒或死亡。而所谓的毒物如果应用的剂量、方法得当，也可呈现药物作用。因此，只有严格掌握药物的剂量及严格遵循药物的使用方法，才能使药物充分发挥出应有的预防、治疗或诊断疾病的效果。否则，将达不到预期目的，甚至引起中毒和死亡。

2. 药物的来源、剂型和保存

（1）药物的来源　药物的来源很广，但主要有天然形成和人工合成两种来源。天然形成的药物叫天然性药物，包括来源于植物、动物、矿物质、微生物的药物；此外，还有应用现代微生物和免疫学技术制成的疫苗、菌苗、血清、抗体等。

应用人工合成的方法合成的药物称为人工合成药，如磺胺类药物、抗生素类药物、抗寄生虫类药物等。本类药物已是目前临床使用药物的主要来源。

（2）药物的剂型　剂型是指药物经过适当加工处理后，制成便于保管、贮存或提高疗效的一种形态。在兽医临床上常用的剂型有固体剂型、半固体剂型及液体剂型。制剂是根据《兽药典》或“兽医药品法规”的规定和要求制成的一定规格的药剂。

（3）药物的保存　药物的保存是一项严肃细致的工作，它与药物的质量和畜禽的安全有着密切的关系。因此，在药物保存工作中必须注意以下几点：

①分类保存：应按药物的理化性质或临床用药分类进行保存。

②根据药物性质保存：根据药物的理化特性可大体分为：易潮解药物、易风化药物、易光化药物、易氧化药物、易酸化药物、不能放置常温下的药物（如疫苗）。对此要进行分类保存。

③根据药品的批号及有效期保存：批号是指生产单位在药品生产过程中，将一次投料、同一生产工艺所生产的药品用一批号表示，根据批号推算出药品的有效期和存放时间的长短，可据此保存药物。

3. 药物的剂量和给药途径 剂量是指药物的用量。剂量直接影响药物作用的强度和性质。在一定范围内，剂量越大，作用越强，超过这个范围即引起作用的改变，往往引起中毒或死亡。因此，只有严格掌握药物应用的剂量，才能充分发挥药物的有利效应，达到用药的目的。

（1）药物的常用剂量

①最小治疗量：也叫限量或最小有效量，是指刚能引起机体呈现药物作用的量。

②极量：也叫最大治疗量，是指应用药物的最大剂量，是临床用药时不能超过的量，一旦超过即会引起动物发生中毒或死亡。

③安全范围：是指最小治疗量和极量之间的剂量范围。

④治疗量：即常用量，临床上是指药物安全范围的1/2～1/3之间的剂量。

⑤突击量：是指药物首次应用时采用的大剂量，它高于第二次或以后用药的剂量。目的是使体内迅速达到有效的高浓度。

（2）药物的计量单位 固体或半固体的药物常用的计量单位为克或毫克。

液体药物常用的计量单位为毫升。

抗生素和维生素常用的计量单位为克、毫克或国际单位IU。

现在有些药物用ppm表示，一个ppm的意思是百万分之一浓度。

亦有用百分浓度或千分浓度表示的，如百分之几或千分之几。

（3）给药途径 即前面讲的投药方法，是指药物进入机体的途径。生产中常用的鸡群群体投药的方法有饮水、拌料、喷雾等，个体投药方法有口服、静脉注射、肌肉注射、嗉囊注射等，种蛋或胚胎投药方法有熏蒸、浸泡、注射等，应用时根据药物的特性及鸡的生理状况或病理状态，选择不同的给药途径。

4. 药物作用及影响药物作用的因素

（1）药物作用　是机体或病原体与药物相互作用后，所呈现的不同反应。

①机体用药后，根据机能改变的程度可分为下列作用：苏醒、兴奋、痉挛与惊厥、抑制、麻醉。

②根据药物作用所表现的范围、呈现方式及药物作用后所达到的目的不同，可出现以下作用：

局部作用：如敌百虫的驱虫作用。

吸收作用：如抗生素药物吸收后的消炎作用。

直接作用：如抗生素的抗菌作用。

间接作用：如可的松类药物的消炎、抗毒素、抗过敏作用是通过神经和体液调节来完成的。

选择作用：是指某些药物只对某些器官呈现明显的作用，如麦角碱对子宫平滑肌的作用。

防治作用：是指应用适当药物剂量时，能产生预防和治疗疾病的作用。

不良作用：是指应用药物后，产生副作用、毒性反应和过敏反应等。

（2）影响药物作用的因素　主要原因有以下三个方面，现将注意事项简要说明。

①药物方面：因养鸡是集约化生产，又具有生长快、周期短的特点，药物的作用更加突出“防重于治”的原则。因

此，消毒及生物药品的应用尤为重要。

• 要注意药物的运输与保管，特别是生物制品更要注意。

• 要了解药物理化特性和化学结构，如酸性助消化等。

• 要了解药物的剂型，它影响药物作用的速度、强度和作用时间。

• 要掌握药物的剂量，它决定药物作用的强度和性质。

②机体方面

• 品种：品种不同，对药物的反应也不同。

• 年龄与性别：年龄、性别不同对药物的反应也不同。

• 个体：不同个体对药物的反应存在差异。

• 病理状态：不同病理状态对药物反应不同。

③给药方面

• 要注意先进行小群试验后，再大群投药。

• 要注意给药途径，尽量采用饮水、拌料方式给药。

• 要注意重复给药的时间，是否需要停药或更换药物。

• 要注意配伍用药时的配伍禁忌。

5. 配伍禁忌 配伍禁忌是指两种或两种以上的药物使用时，所发生的与处方目的相反的现象。根据发生的原因不同，常以三种类型出现。

（1）物理性配伍禁忌

①分离：常见于水溶液与油溶液两种液体药物配合时出现。

②沉淀：常见于溶剂的改变与溶质的增多，如樟脑液与水的混合。

③潮解：含结晶水的固体药物，在相互作用下，结晶水被析出呈半固体。

④液化：两种固体药物混合时，由于溶点降低，而由固体变成液体。

（2）化学性配伍禁忌

①沉淀：由于两种以上药物溶液配伍时，产生一种或多种不溶性溶质的现象。

②产气：药物在配伍应用时，有气体逸出，有此反应时，不能再作药用。

③变色：某些药物应用时，可产生颜色的改变，不能再做药用。

④水解：某些药物在水溶液中易发生水解而失效，如青霉素在水中易水解为青霉二酸，而造成作用的丧失。

⑤燃烧和爆炸：有些药物配伍时，可发生燃烧与爆炸现象，要予以注意。

（3）药性配伍禁忌　本类药物配伍禁忌是由于药物的药理作用相反而呈现的。例如：中枢神经兴奋与中枢神经抑制药配伍、氧化剂与还原剂配伍、泻剂与止泻剂配伍、拟胆碱药与抗胆碱药配伍等等。因此，只有正确掌握药物的药理作用，才能在临床用药时避免配伍禁忌的发生。另外，也必须了解配伍禁忌是根据临床实践总结而来的，有时会转变，它们在某一种防治作用上是配伍禁忌，而当另一药物中毒时，应用药理作用相反的药物就是正确的。当然，此时就不属于配伍禁忌的范畴了。

三、鸡的免疫接种

鸡的免疫接种，是将疫苗或菌苗用特定的方法接种于鸡体，使鸡在不发病的情况下产生抗体，从而在一定时期内对某种传染病具有抵抗力。

疫苗和菌苗是毒力（即致病力）较弱或已被处理致死的病毒、细菌制成的。用病毒制成的叫疫苗，用细菌制成的叫菌苗，含活的病毒、细菌的叫弱毒菌，含死的病毒、细菌的叫灭活苗。疫苗和菌苗按规定方法使用没有致病性，但有良好的抗原性。

（一）疫苗的保存、运输与使用

疫苗的保存、运输和使用方法是否得当，对其效果影响很大，在生产中必须给予重视。

1. 疫苗的保存　各种疫（菌）苗在使用前和使用过程中，必须按说明书上规定的条件保存，绝不能马虎大意。一般活菌苗要保存在 2～15℃的阴暗环境内，但对弱毒疫苗，则要求低温保存。有些疫苗，如双价马立克氏病疫苗，要求在液氮容器中超低温（－190℃）条件下保存。这种疫苗对常温非常敏感，离开超低温环境几分钟就失效，因而应随用随取，不能取出来再放回。一般情况下，疫（菌）苗保存期越长，病毒（细菌）死亡越多，因此要尽量缩短保存期限。

2. 疫苗的运输　疫苗运输时，通常都达不到低温的要求，因而运输时间越长，疫苗中的病毒或细菌死亡越多，如果中途再转运几次，其影响就会更大。所以，在运输疫苗时，一方面应千方百计降低温度，如采用保温箱、保温桶、保温瓶等，另一方面要利用航空等高速度的运输工具，以缩短运转时间，提高疫（菌）苗的效力。

3. 疫苗的稀释 各种疫苗使用的稀释剂、稀释倍数及稀释方法都有一定的要求，必须严格按规定处理。否则，疫苗的滴度就会下降，影响免疫效果。例如，用于饮水的疫苗稀释剂，最好是用蒸馏水或去离子水，也可用洁净的深井水，但不能用自来水，因为自来水中的消毒剂会杀死疫苗病毒。又如用于气雾的疫苗稀释剂，应该用蒸馏水或去离子水，如果稀释水中含有盐，雾滴喷出后，由于水分蒸发，盐类浓度提高，会使疫苗灭活。如果能在饮水或气雾的稀释剂中加入 0.1%的脱脂奶粉，会保护疫苗的活性。在稀释疫苗时，应用注射器先吸入少量稀释液注入疫苗瓶中，充分振摇溶解后，再加入其余的稀释液。如果疫苗瓶太小，不能装入全量的稀释液，需要把疫苗吸出放在另一容器内，再用稀释液把疫苗瓶冲洗几次，使全部疫苗所含病毒（或细菌）都被冲洗下来。

4. 疫苗的使用 疫苗在临用前由冰箱取出，稀释后应尽快使用。一般来说，活毒疫苗应在 4 小时内用完，马立克氏病疫苗应在半小时内用完。当天未能用完的疫苗应废弃，并妥善处理，不能隔天再用。疫苗在稀释前后都不应受热或晒太阳，更不许接触消毒剂。稀释疫苗的一切用具，必须洗涤干净，煮沸消毒。混饮苗的容器也要洗干净，使之无消毒药残留。

总之，疫苗在使用时要勤抽快打，不要拖延时间，以免影响免疫效果。

5. 疫苗质量的测定

（1）物理性状的观察　生物制品使用前应认真检查有无破损，外观是否符合各类制品规定的要求。例如，冻干活菌（疫）苗应是疏松海绵状固体，稀释后团块迅速溶解均匀，无异物和干缩现象。凡玻璃瓶有裂纹、瓶塞松动以及药品色泽等物理性状与说明不相符者，不得使用。

（2）冻干活菌苗、疫苗真空度的测定　测定真空度采取高频火花测定器。测定时瓶内出现蓝色或紫色光者为真空（切勿直对瓶盖），不透光者为无真空。无真空疫苗不得使用，若使用这种冻干菌苗免疫必然失败。

（3）效力检查　效力检查在生产实践中具有重要意义。凡合法生物药品制造厂所生产的菌苗、疫苗，均应为经过检验的合格产品，产品附有批准文号、生产日期、批号、有效期等说明。但在生产实践中，往往由于保存、运输以及使用不当，造成菌苗、疫苗质量下降。为确保免疫效果，疫苗使用前应进行效力检验。检验方法应严格按农业部颁布的规程进行。

例如，检验鸡新城疫Ⅰ、Ⅱ、Ⅳ系苗的效力，应接种鸡胚，做效力检验，直接稀释疫苗测定凝集价不确实。因为疫苗成品已加入各种赋形剂，其滴度一般要比鸡胚接种效果低1～2个滴度，检验结果只能供参考，不能作为判定疫苗效力的标准。

鸡新城疫Ⅰ系苗效力检验的具体方法如下：

1）材料准备

①受检疫苗。

②发育良好的10日龄鸡胚5个（用未经鸡新城疫疫苗

免疫鸡群所产的种蛋）。

2）检测方法：用生理盐水将受检疫苗稀释成 1∶10^5（10 万倍稀释），如为细胞苗，应稀释到 1∶10^6。稀释时，先在原瓶内按实含组织量做 10 倍稀释（如每瓶为 300 只倍，则实含组织量为 0.3 克，即加生理盐水 3 毫升）。再以 10 倍递增稀释法依次稀释到 1∶10^5（细胞苗为 1∶10^6）。将稀释好的疫苗接种 10 日龄的鸡胚，每胚尿囊内接种 0.1 毫升，将接种后的鸡胚放置在 37～38℃的温箱中继续孵化，不再翻动。

3）结果判定：鸡胚应在接种后 24～72 小时内全部死亡，且胚胎病变明显。将 5 个死胚的尿囊液混合，测定其对 1％鸡红细胞的凝集价，应在 1∶80 以上。

符合以上两条标准的疫苗为效力合格，达不到以上两条标准的为效力不合格。

（二）鸡群免疫程序的制订

有些传染病需要多次进行免疫接种，在鸡的多大日龄接种第一次，什么时候再接种第二次、第三次……，称为免疫程序。单独一种传染病的免疫程序，见本书关于该病的叙述；一群鸡从出壳至开产的综合免疫程序，要根据具体情况先确定对那几种病进行免疫，然后合理安排。制定免疫程序时，应主要考虑以下几个方面的因素：当地家禽疾病的流行情况及严重程度；母源抗体的水平；上次免疫接种引起的残余抗体的水平；鸡的免疫应答能力；疫苗的种类；免疫接种的方法；各种疫苗接种的配合；免疫对鸡群健康及生产能力的影响等。各种传染病的免疫程序可参见有关传染病防治部分。生产中鸡群具体综合免疫程序可参见表 3-1、表 3-2、

表 3-3，养鸡场（户）可按实际需要具体选定。

表 3-1　美国 AA 公司提供的种鸡计划免疫程序

接种日龄	疫苗（菌苗）名称	接种方法
1 日龄	马立克氏病冻干疫苗	皮下注射
7 日龄	新城疫、传染性支气管炎二联疫苗	饮水、点眼、滴鼻
3 周龄	传染性法氏囊病疫苗	饮水
3 周龄	鸡痘疫苗	翅膀刺种
4 周龄	新城疫Ⅱ系疫苗	饮水、点眼、滴鼻
8 周龄	新城疫、传染性支气管炎二联疫苗	饮水、点眼、滴鼻
11 周龄	传染性法氏囊病疫苗	饮水
13 周龄	新城疫Ⅰ系疫苗	气雾、饮水
17 周龄	脑脊髓炎、鸡痘二联疫苗	翅膀刺种
20 周龄	新城疫、传染性支气管炎、传染性法氏囊病三联疫苗	肌注
30/30/50 周龄	新城疫、传染性支气管炎二联疫苗	饮水、点眼、滴鼻

表 3-2　一般鸡场商品蛋鸡计划免疫程序

接种日龄	疫苗（菌苗）名称	接种方法及用量	备　注
1 日龄	马立克氏病冻干疫苗	按瓶签说明，用专用稀释液稀释，皮下注射	在孵化场进行
3～5 日龄	传染性支气管炎 H_{120} 苗	滴鼻或加倍剂量饮水	也可在 7～10 日龄使用新城疫、传染性气管炎二联疫苗
7～10 日龄	新城疫Ⅱ系、Ⅳ系疫苗	滴鼻、点眼或喷雾	
14～16 日龄	传染性法氏囊病疫苗（中等毒力）	滴鼻或加倍剂量饮水	
23～25 日龄	传染性法氏囊病疫苗（中等毒力）	滴鼻或加倍剂量饮水，剂量可适当加大	
30～35 日龄	新城疫Ⅳ系疫苗	滴鼻或加倍剂量饮水，剂量可适当加大	

（续）

接种日龄	疫苗（菌苗）名称	接种方法及用量	备注
45～50 日龄	传染性支气管炎 H_{52} 苗	滴鼻或加倍剂量饮水	
60～65 日龄	新城疫Ⅰ系疫苗	肌肉注射。具体可参见瓶签说明	
70～80 日龄	鸡痘弱毒苗	翅膀刺种	发病早的地区可于 21 日龄和产蛋前各刺种 1 次
100～110 日龄	禽霍乱蜂胶灭活苗、新城疫Ⅰ系苗	两种苗同时肌注，于胸肌两侧各 1 针，Ⅰ系苗可用 1.5～2 倍剂量	产蛋前如不用Ⅰ系苗，而用新城疫油乳剂疫苗饮水，则效果更好
120～130 日龄	鸡减蛋综合征油佐剂灭活苗	皮下或肌肉注射。具体可参照瓶签说明	

表 3-3　一般鸡场肉用仔鸡计划免疫程序

接种日龄	疫苗（菌苗）名称	接种方法	备注
1 日龄	马立克氏病冻干疫苗	皮下注射	在孵化场进行
7～10 日龄	新城疫Ⅱ系疫苗	滴鼻、点眼、饮水	
7～10 日龄	传染性支气管炎疫苗	点眼、饮水	
10～12 日龄	鸡痘疫苗	翅膀刺种	视本地区发病情况而定
25～30 日龄	新城疫Ⅱ系疫苗	饮水、点眼、滴鼻	

（三）免疫接种的常用方法

不同的疫苗、菌苗，对接种方法有不同的要求，归纳起来，主要有滴鼻、点眼、饮水、气雾、刺种、肌肉注射及皮下注射等几种方法。

1. 滴鼻、点眼法　主要适用于鸡城新疫Ⅱ系、Ⅲ系、Ⅳ系疫苗，鸡传染性支气管炎疫苗及鸡传染性喉气管炎弱毒疫苗的接种。

滴鼻、点眼可用滴管、空眼药水瓶或5毫升注射器（针尖磨秃），事先用1毫升水试一下，看有多少滴。2周龄以下的雏鸡以每毫升50滴为好，每只鸡2滴，每毫升滴25只鸡，如果一瓶疫苗是用于250只鸡的，就稀释成250÷25＝10毫升。比较大的鸡以每毫升25滴为宜，上述一瓶疫苗就要稀释成20毫升。

疫苗应当用生理盐水或蒸馏水稀释，不能用自来水，以免影响免疫接种效果。

滴鼻、点眼的操作方法：术者左手轻轻握住鸡体，其食指与拇指固定住小鸡的头部，右手用滴管吸取药液，滴入鸡的鼻孔或眼内，当药液滴在鼻孔上不吸入时，可用右手食指把鸡的另一只鼻孔堵住，药液便很快被吸入。

2. 饮水法 滴鼻、点眼免疫接种虽然剂量准确，效果确实，但对于大群鸡，尤其是日龄较大的鸡群，要逐只进行免疫接种，费时费力，且不能在短时间内完成全群免疫，因而生产中采用饮水法，即将某些疫苗混于饮水中，让鸡在较短时间内饮完，以达到免疫接种的目的。

适用于饮水法的疫苗有鸡新城疫Ⅱ系、Ⅲ系、Ⅳ系疫苗，鸡传染性支气管炎H_{52}及H_{120}疫苗、鸡传染性法氏囊病弱毒疫苗等。为使饮水免疫接种达到预期效果，必须注意以下几个问题：

（1）在投放疫苗前，要停供饮水3～5小时（依不同季节酌定），以保证鸡群有较强的渴欲，能在2小时内把疫苗水饮完。

（2）配制鸡饮用的疫苗水，需在用时按要求配制，不可事先配制备用。

（3）稀释疫苗的用水量要适当。在正常情况下，每500份疫苗，2日至2周龄用水5升，2～4周龄7升，4～8周龄10升，8周龄以上20升。

（4）水槽的数量应充足，可以供给全群鸡同时饮水。

（5）应避免使用金属饮水槽，水槽在用前不应消毒，但应充分洗刷干净，不含有饲料或粪便等杂物。

（6）水中须不含有氯和其他杀菌物质。盐、碱含量较高的水，应煮沸、冷却，待杂质沉淀后再用。

（7）要选择一天当中较凉爽的时间用苗，疫苗水应远离热源。

（8）有条件时可在疫苗水中加5%脱脂奶粉，对疫苗有一定的保护作用。

3. 翼下刺种法 主要适用于鸡痘疫苗、鸡新城疫Ⅰ系疫苗的接种。进行接种时，先将疫苗用生理盐水或蒸馏水按一定倍数稀释，然后用接种针或蘸水笔笔尖蘸取疫苗，刺种于鸡翅膀内侧无血管处。小鸡刺种一针即可，较大的鸡可刺种两针。

4. 肌肉注射法 主要适用于接种鸡新城疫Ⅰ系疫苗、鸡马立克氏病弱毒疫苗、禽霍乱 $G_{190}E_{40}$ 弱毒疫苗等。使用时，一般按规定倍数稀释后，较小的鸡每只注射0.2～0.5毫升，成鸡每只注射1毫升。注射部位可选择胸部肌肉、翼根内侧肌肉或腿部外侧肌肉。

5. 皮下注射法 主要适用于接种鸡马立克氏病弱毒疫苗、鸡新城疫Ⅰ系疫苗等。接种鸡马立克氏病弱毒疫苗，多采用雏鸡颈背部皮下注射法。注射时先用左手拇指和食指将雏鸡颈背部皮肤轻轻捏住并提起，右手持注射器将针头刺入皮肤与肌肉之间，然后注入疫苗液。

6. 气雾法 主要适用于接种鸡新城疫Ⅰ系、Ⅱ系、Ⅲ系、Ⅳ系疫苗和鸡传染性支气管炎弱毒疫苗等。此法是用压缩空气通过气雾发生器，使稀释的疫苗液形成直径为1～10微米的雾化粒子，均匀地悬浮于空气中，随呼吸而进入鸡体内。气雾免疫接种应注意以下几个问题：

（1）所用疫苗必须是高价的、倍量的。

（2）稀释疫苗应该用去离子水或蒸馏水，最好加0.1%的脱脂奶粉或明胶。

（3）雾滴大小适中，一般要求喷出的雾粒在70%以上，成鸡雾粒的直径应在5～10微米，雏鸡30～50微米。

（4）喷雾时房舍要密闭，要遮蔽直射阳光，保持一定的温、湿度，最好在夜间鸡群密集时进行，待10～15分钟后打开门窗。

（5）气雾免疫接种对鸡群的干扰较大，尤其会加重鸡毒支原体及大肠杆菌引起的气囊炎，应予注意，必要时于气雾免疫接种前后在饲料中加入抗菌药物。

（四）常用的疫苗种类及使用

近年来在养鸡生产中，常用的疫苗有鸡新城疫Ⅰ系疫苗、新城疫Ⅱ系弱毒疫苗、新城疫F系（Ⅲ系）弱毒疫苗、新城疫Lasota系（Ⅳ系）弱毒疫苗、新城疫油乳剂灭活疫苗、鸡传染性支气管炎H_{52}弱毒苗、鸡传染性支气管炎H_{120}弱毒苗、鸡传染性支气管炎灭活疫苗、鸡新城疫+传染性支气管炎弱毒冻干二联疫苗、鸡新城疫+传染性支气管炎二联灭活苗、鸡马立克氏病弱毒冻干苗、鸡马立克氏病814弱毒疫苗、鸡传染性法氏囊病弱毒冻干苗、鸡传染性法氏囊病细胞弱毒冻干苗、鸡传染性法氏囊病弱毒鸡胚疫苗、鸡传染性

法氏囊病 D_{78}疫苗、鸡传染性法氏囊病油乳剂灭活疫苗、鸡新城疫＋传染性法氏囊病灭活二联疫苗、鸡痘鹌鹑化弱毒冻干疫苗、鸡痘鹌鹑化弱毒细胞冻干疫苗、鸡新城疫克隆化30 疫苗、鸡新城疫克隆化 79 疫苗、鸡新城疫 V_4疫苗、鸡新城疫＋肾型传染性支气管炎二联油乳剂灭活苗、鸡新城疫＋减蛋综合征异源二联灭活苗、鸡新城疫＋减蛋综合征＋传染性支气管炎三联油剂灭活苗、鸡传染性喉气管炎弱毒苗、B-2 鸡法氏囊病弱毒细胞苗、鸡法氏囊病组织灭活苗、新城疫＋法氏囊病二联冻干苗、新城疫＋肾传支＋变异传支＋腺胃炎四联灭活苗、新城疫＋传染性法氏囊病＋传染性支气管炎三联灭活苗、鸡马立克氏病 SB_1 ＋ HVT 二价苗（Ⅱ＋Ⅲ）、鸡马立克氏病 301B/1＋HVT 二价苗（Ⅱ＋Ⅲ）等。

1. 鸡新城疫Ⅰ系疫苗　本品用于预防鸡新城疫。专供已经用鸡新城疫弱毒力疫苗（如鸡新城疫Ⅱ系、Ⅲ系、Ⅳ系苗）免疫过的 2 月龄以上的鸡使用，不得用于初生雏鸡。

疫苗保存时，湿苗在 0～ 4℃环境中可保存 3 个月，10～15℃中保存 20 天，16～25℃中保存 10 天，26～30℃中保存 7 天；冻干苗在－15℃的环境中可保存两年，0～4℃中保存 8 个月，10～15℃中保存 3 个月，25～30℃保存 10 天。

疫苗使用时，用灭菌生理盐水、蒸馏水或冷开水（不能用热开水或温水）将疫苗稀释成 100 倍（如使用冻干苗，应按每瓶实含组织量稀释）。用灭菌蘸水笔尖蘸取稀释疫苗，刺入鸡翅膀内侧无血管处皮下（蘸、刺疫苗各两下）；或皮下注射 0.1 毫升；也可将疫苗稀释成 1 000 倍，肌肉注射 1 毫升。

疫苗接种后 3～4 天即可产生免疫力，免疫期 1 年以上。

疫苗加水稀释后，应放在冷暗处，必须当天用完，剩下的稀释苗要妥善处理掉，不得隔天再用。

2. 鸡新城疫Ⅱ系疫苗 本品用于预防鸡新城疫。可用于各种日龄的鸡，但一般用于7日龄以上的雏鸡较好。

鸡新城疫Ⅱ系疫苗的保存要求与鸡新城疫Ⅰ系疫苗基本相同。

疫苗使用时，若采取滴鼻免疫，用生理盐水、蒸馏水或冷开水将疫苗稀释10倍，用滴管吸取疫苗，滴入鸡鼻孔内2滴（约0.05毫升）；若采取饮水免疫，用蒸馏水、冷开水或深井水将疫苗稀释，其稀释剂量根据鸡龄大小和饮水量而定，使用疫苗剂量不论鸡龄大小，平均每只鸡饮用实含病毒量为0.01毫升。

疫苗接种后7～9天产生免疫力，免疫期为3～4个月。一般情况下，鸡在7～10日龄和25～30日龄时各免疫1次，2月龄后用新城疫Ⅰ系苗作加强免疫。

3. 鸡新城疫Ⅲ系（F系）**疫苗** 本品用于预防鸡新城疫。对各种日龄的鸡均可使用，但一般用于7日龄以上的雏鸡，如采取气雾法免疫接种，因考虑鸡群可能潜伏支原体病，鸡龄应在1月以上。

鸡新城疫Ⅲ系苗的保存要求与新城疫Ⅰ系苗基本相同，其滴鼻免疫与饮水免疫的用法、用量均与新城疫Ⅱ系苗相同。

疫苗接种后7～9天产生免疫力，免疫期为3～4个月。

4. 鸡新城疫Ⅳ系（Lasota系）**疫苗** 本品用于预防鸡新城疫。一般用于7日龄以上的雏鸡，如采取气雾法免疫接种，鸡龄应在1个月以上。

鸡新城疫Ⅳ系疫苗的保存要求、用法与用量及免疫期均与新城疫Ⅲ系苗相同。

5. 鸡痘鹌鹑化弱毒疫苗 本品用于预防鸡痘疫病。初生雏鸡（6 日龄以上）及育成鸡均可应用。

疫苗保存时，冻干苗在−15℃环境中保存 18 个月，0～4℃保存 12 个月，25℃保存 1 个月；甘油苗在 0～4℃环境中保存 2 个月，25℃保存 7 天。

疫苗使用时，按疫苗实含组织量，用 50%甘油盐水或生理盐水稀释 100 倍或 200 倍，摇匀后应用。用刺种针或灭菌蘸水笔尖蘸取稀释的疫苗，在鸡翅内侧无血管处皮下刺种。6 日龄雏鸡用 200 倍稀释疫苗刺种 1 针，超过 20 日龄的雏鸡用 100 倍稀释疫苗刺种 1 针，1 月龄以上的鸡可用 100 倍稀释疫苗刺种 2 针。接种后 3～4 天刺种部位微观红肿、结痂，2～3 周痂块脱落。

疫苗接种后，其免疫期初生雏为 2 个月，大鸡为 5 个月左右。

疫苗稀释后应当天用完，不得隔天再用。

6. 鸡马立克氏病火鸡疱疹弱毒疫苗（鸡马立克氏病冻干苗） 本品仅能干扰鸡马立克氏病病毒的感染，而无治疗作用，一般用于 1～3 日龄初出壳的雏鸡。

疫苗保存时，在−10℃环境中可保存 1 年，在 4℃中保存 6 个月。

疫苗使用时，按瓶签注明头份和注射剂量，加 SPG（磷酸盐缓冲液）稀释，每只鸡肌肉注射或皮下注射 0.2 毫升（含 1 000 个蚀斑单位）。

疫苗接种后 10～14 天后产生免疫力，免疫期可维持一年半。

疫苗稀释后，周围应放置冰块，并避免日光照射，在 1～2 小时内用完，时间延长影响苗效。

7. 鸡马立克氏病“814”弱毒疫苗 本品用于预防鸡马立克氏病，一般用于1～3日初出壳的雏鸡。

疫苗应放在液氮内，保存期为两年以上。

疫苗使用时，按瓶签注明的头份和剂量，用疫苗稀释液稀释，每只雏鸡肌肉或皮下注射0.2毫升（含1 500个蚀斑单位）。

疫苗接种后8～10天产生免疫力，免疫期可维持一年半。

疫苗稀释后，应避免日光照射，并需在1小时内用完。在免疫注射期间应经常摇动疫苗瓶，使之均匀。

8. 鸡传染性支气管炎弱毒疫苗 本品用于预防鸡传染性支气管炎。本疫苗的毒株有H_{120}及H_{52}两种。H_{120}疫苗用于初生雏鸡。雏鸡用H_{120}疫苗免疫后，至1～2月龄时需用H_{52}疫苗进行加强免疫。

疫苗使用时，若采取滴鼻免疫，用生理盐水、蒸馏水或冷开水将疫苗稀释10倍，每只鸡滴鼻1滴（约0.03毫升）；若采取饮水免疫，用蒸馏水、冷开水稀释疫苗，每只鸡用量含病毒组织量应为0.01克。

疫苗接种后5～8天产生免疫力，免疫期H_{120}疫苗为2个月，H_{52}疫苗为6个月。

疫苗稀释后，应放在冷暗处，必须当天用完。

9. 鸡新城疫、传染性支气管炎弱毒冻干二联苗 本品可同时预防鸡新城疫和鸡传染性支气管炎。主要有下列3个类型。

（1）Ⅱ系（或Lasota系）、H_{120}二联苗 Ⅱ系、H_{120}苗适用于7日龄以上的鸡。它们的用法是：将疫苗用生理盐水、蒸馏水或冷开水稀释10倍，每只鸡滴鼻0.05毫升；若采取饮水免疫接种，每只鸡应按实含病毒组织量 0.01 克混入饮水中。

（2）Ⅱ系（或 Lasota 系）、H_{52}二联苗　适用于 21 日龄以上的鸡。用法、用量与Ⅱ系、H_{120}二联苗相同。

（3）Ⅰ系、H_{52}二联苗　适用于经弱毒苗免疫后 2 月龄以上的鸡，可按每只鸡实含 0.01 克病毒组织量，采用饮水免疫。

10. 鸡传染性法氏囊病弱毒疫苗　本品用于预防鸡传染性法氏囊病。目前，国内生产中应用的鸡传染性法氏囊病弱毒疫苗主要有两种，即鸡传染性法氏囊病细胞弱毒冻干疫苗和鸡传染性法氏囊病弱毒鸡胚疫苗。

鸡传染性法氏囊病细胞弱毒冻干苗系鸡胚细胞弱毒冻干疫苗，为黄白色或黄褐色疏松绵状固体，稀释后溶解成均匀乳白色悬浮液体或微红色溶液。使用时用磷酸盐缓冲液稀释，每瓶 500 只份，将其稀释成 20 毫升。充分摇匀后对1～100 日龄的幼鸡肌肉注射接种 0.04 毫升。口腔滴种或饮水接种剂量应是肌肉注射量的 2 倍。进行口腔滴种或饮水免疫的鸡必须在 28 日龄以上。1～7 日龄雏鸡首次接种后间隔 14 天进行第二次接种。8 日龄以上的雏鸡第二次接种间隔 7 天。注射疫苗后，8～10 天产生免疫力，免疫期为半年。

鸡传染性法氏囊病弱毒鸡胚疫苗，系鸡传染性法氏囊病弱毒，通过鸡胚繁殖、冷冻、真空干燥而成。为淡红或乳白色疏松海绵状固体，稀释成均匀的混悬液。用法如下：

（1）滴鼻（点眼）法　按每 1 000 头份剂量，将疫苗加入 30 毫升生理盐水，每只鸡每次滴入鼻孔内（或眼内）1 滴，约 0.03 毫升。

（2）饮水免疫法　按苗瓶标签注明的剂量，将疫苗加入蒸馏水或冷开水中，充分溶解搅匀，如能加入1%的脱脂乳其效果更佳。疫苗饮水5～10日龄为5～10毫升，20～30日龄为10～20毫升。

(3) 无母源抗体雏鸡，应在1～7日龄内进行第一次免疫，3～4周龄进行第二次免疫。

(4) 对有母源抗体，且较为均匀的鸡群，可在2～3周龄时进行第一次免疫，5周龄时进行第二次免疫。

(5) 对有母源抗体，但很不均匀的鸡群，也可以在1～7日龄时进行第一次免疫，3～4周龄时进行第二次免疫。

11. 鸡新城疫、法氏囊病二联灭活疫苗 新法二联灭活疫苗是采用具有高免疫原性的鸡传染性法氏囊病病毒和鸡新城疫病毒经福尔马林灭活后，与油乳剂混合而成。本品适用于种鸡的加强免疫接种，以预防鸡新城疫病毒的感染，同时免疫种鸡的后代雏鸡通过获得母源抗体，至少在4周龄内可以抵抗鸡传染性法氏囊病病毒的感染。

本品用于接种18～20周龄的种鸡，但至少应在母鸡开产前3周使用。在接种疫苗以前，鸡群应用鸡新城疫和鸡法氏囊病弱毒苗作基础免疫。基础免疫与加强免疫的间隔时间不少于2周，为了获得最佳效果，间隔时间应在5周以上。

本品的贮存温度宜为2～8℃，避免冻结。使用疫苗前将室温达到15～25℃，兑好的疫苗液宜用力摇匀，开启后必须在4小时内用完。

接种方式，可采取腿部或胸部肌肉注射，或颈背部皮下注射，每只鸡0.5毫升。

12. 鸡传染性喉气管炎弱毒疫苗 本品是采用致弱的鸡传染性喉气管炎病毒经鸡胚培养后，与稳定剂一起冻干而成，用于鸡的预防接种和紧急接种。

易感鸡群在4～6周龄时进行疫苗接种，但应在开产前一个月再次滴眼接种。暴发传染性喉气管炎的鸡场，所有未曾接种过疫苗的鸡只（包括看来健康状况良好的鸡只），均应进行疫苗接种。这样，可以控制疾病的传播，减少损失。

本品宜于2～8℃避光贮存，使用时用稀释液稀释，采用滴鼻接种的方式。

稀释后的疫苗容易失效，故应在3小时内用完。采用滴眼法首免后4～5天即可产生免疫力，免疫保护期可维持一年。

13. 鸡减蛋综合征灭活疫苗 本品是采用鸡减蛋综合征病毒经福尔马林灭活后，与油乳剂混合而成。用于蛋鸡及种鸡在开产前的免疫接种，以预防减蛋综合征病毒感染。

鸡群一般应在14～18周龄时接种本疫苗，这样经3～4周后即可产生免疫力。

本品宜于2～8℃避光贮存，避免冻结。接种前应将疫苗回升至室温（20～25℃）；开启后的疫苗应在当天用完，注射器使用后应及时清洗。

本品的接种方式可采取胸部或腿部肌肉注射，每只鸡0.5毫升。

14. 鸡新城疫、减蛋综合征二联灭活苗 本品是采用鸡减蛋综合征-76病毒BC_{14}和具有免疫原性的鸡新城疫病毒经福尔马林灭活后，与油乳剂混合而成。适用于种鸡和蛋鸡开产前接种，以预防鸡减蛋综合征和新城疫。

鸡群开产前均可以接种，但最好在14～18周龄之间进行。在减蛋综合征高发地区，已经产蛋的鸡群接种疫苗仍可以获得保护。免疫力的完全形成需要3～4周的时间。

本品宜于2～8℃贮存，避免冻结，使用前将疫苗达到室温（15～25℃），使用过程中不断振摇使之均匀。疫苗应于开瓶后 24 小时内用完，否则应废弃。

本品的接种方式可采取腿肌或胸肌注射，或颈背部皮下注射，每只鸡 0.5 毫升。

15. 鸡新城疫、法氏囊病、减蛋综合征三联灭活疫苗 本品是采用具有免疫活性的鸡新城疫病毒、传染性法氏囊病病毒和减蛋综合征病毒 BC_{14} 株经福尔马林灭活后，与油乳剂混合而成。适用于种鸡免疫接种，免疫种鸡的后代雏鸡通过获得母源抗体，以预防鸡新城疫、法氏囊病和减蛋综合征病毒的感染。

本品用于接种 16～20 周龄的种鸡，但至少应在母鸡开产前 3 周使用。在接种前，鸡群应使用传染性法氏囊病弱毒灭活苗在 3～4 周龄作基础免疫，或者该鸡群曾经遭受过传染性法氏囊病现场病毒的感染。在后一种情况下，必须通过血清学试验进行测定。同时，鸡群也必须使用鸡新城疫弱毒活疫苗作基础免疫。

正确的免疫接种后，免疫鸡的后代雏鸡通过获得母源抗体，至少在 4 周龄内可以抵抗传染性法氏囊病病毒感染，产蛋后期孵化的雏鸡也同样可以获得保护。

接种后的种鸡群在整个产蛋期内也将获得保护，免受鸡新城疫和减蛋综合征病毒的感染。

本品应于 2～8℃贮存，避免冻结。在使用前，将疫苗达到室温（15～25℃）。疫苗稀释后必须在 24 小时内用完，并不应与其他疫苗混合使用。

本品的接种方式可采取腿肌或胸肌注射，每只鸡 0.5 毫升。

16. 鸡新城疫、传染性支气管炎、减蛋综合征三联灭活苗 本品是采用具有免疫原性的鸡新城疫病毒、传染性支气管炎病毒和减蛋综合征病毒 BC_{14} 株经福尔马林灭活后，与油乳剂混合而成。

本品用于接种 16～20 周龄的蛋鸡和种鸡，但至少应在母鸡开产前 3 周使用。为了获得最好的加强免疫效果，鸡群必须采用传染性支气管炎和新城疫弱毒苗作基础免疫。

在弱毒活疫苗免疫后 6 周或 6 周以上，使用传染性支气管炎灭活疫苗作加强免疫，将会取得最佳的效果。但是在任何情况下，弱毒活疫苗基础免疫与灭活疫苗加强免疫的间隔时间不少于 2 周。

本品应于 2～8℃贮存，避免冻结。在使用前，将疫苗达到室温（15～25℃）。疫苗稀释后必须在 24 小时内用完，并不应与其他疫苗混合使用。

本品的接种方式可采取腿肌、胸肌注射，或颈背部皮下注射，每只鸡 0.5 毫升。

17. 禽霍乱 $G_{190}E_{40}$ 弱毒菌苗　本品用于预防禽霍乱，适用于 3 月龄以上的鸡。

菌苗保存时，将冻干苗置于 25℃下阴暗处，有效期 1 年。

菌苗使用时，将冻干苗用 20%～25%氢氧化铝生理盐水稀释，每只鸡肌肉注射 0.5 毫升（含 2 000 万个活菌）。

菌苗接种后，免疫期为 3 个月。

18. 禽霍乱 731 弱毒菌苗　本品用于预防禽霍乱，适用于 2 月龄以上的鸡。

菌苗保存时，将冻干苗置于 0～4℃的环境中，有效期 7 个月。

菌苗使用时，若采取皮下注射免疫接种，将冻干苗用 20%～25%氢氧化铝生理盐水稀释，每只鸡的注射量为

5 000万个活菌；若采取气雾免疫接种，将冻干苗用5%甘油蒸馏水稀释，每只鸡的免疫量为0.5～1.0毫升，内含5亿个活菌。

菌苗接种后，免疫期为3个月。

（五）疫苗接种的保护率与免疫期

1. 疫苗接种的保护率 鸡群经过某一项免疫接种之后，由于个体差异及接种操作上的疏忽等原因，并不是所有的鸡都能产生较强的免疫力。鸡群接种后能抵抗强毒侵袭的鸡的比率，称为保护率。若保护率在90%以上，说明免疫效果比较好，能避免鸡群严重发病。

2. 疫苗接种的免疫期 不同的疫苗、菌苗接种之后，产生抗体快慢不一样。一般经几天至十几天可达到抵抗强毒为止，称为免疫期。各种疫苗、菌苗的免疫期，厂家均有说明。

（六）免疫反应与干扰

1. 免疫反应 弱毒疫苗、菌苗接种之后，由于病毒、细菌在鸡体内繁殖，在几天内鸡表现轻微的精神不振、食欲减退和产蛋率下降等，这均属正常现象。反应的轻重与弱毒苗、菌苗的种类、接种剂量和鸡的体质有关。在目前常用的弱毒苗中，禽霍乱弱毒菌苗接种后反应较大，往往有个别鸡死亡；鸡新城疫Ⅰ系疫苗用于产蛋鸡时，对产蛋量有一定影响。其他疫苗接种后，一般无明显反应。

由于弱毒苗中的病毒、细菌在鸡体内能够繁殖，所以正常的预防性免疫接种，疫苗的用量只要达到规定的标准，即能收到预期的免疫效果。不要随意加大用量，以免引起不良反应。一般来说，采取注射法接种时，疫苗的用量应按规定掌握。而滴鼻、点眼、饮水等方法，疫苗总会有一些浪费，用量可加大10%～20%，但也不宜太多。

2. 免疫干扰 鸡群接种某种疫苗后，由于受到某些因素的影响，其免疫效果受到一定影响。一般情况下，干扰免疫效果的因素主要有以下几种：

（1）母源抗体 种鸡的免疫抗体可经蛋传递给初生雏，并在雏鸡体内维持一定时期才消失，如在消失前接种抗原，那么接种的抗原将母源抗体中和。解决这一问题的方法有多种，一是母源抗体基本消失后再作首次免疫，例如鸡新城疫首次免疫安排在12日龄以后进行，即出于此种考虑；二是通过两次免疫接种来解决，第一次接种后母源抗体已被中和，第二次接种就不受影响，如雏鸡在7～10日龄接种鸡新城疫Ⅱ系（或Lasota系）疫苗首免，在25～30日龄再用鸡新城疫Ⅱ系（或Lasota系）疫苗进行第二次免疫；三是使用不受母源抗体影响的疫苗，如雏鸡1日龄用鸡新城疫油乳剂灭活苗注射，Ⅳ系苗滴鼻，两苗并用，即可排除母源抗体的干扰，及早产生坚强的免疫力；四是加大疫苗用量，这一方法只适用于鸡马立克氏病的火鸡疱疹苗。

（2）其他疫苗 在目前常用疫苗中，鸡新城疫各系疫苗与鸡传染性支气管炎弱毒疫苗之间相互干扰，主要是鸡新城疫的免疫效果受到影响，但有关研究证实，这两种疫苗同时接种，相互并不干扰，间隔10天以上接种也不出现干扰，只是一前一后接种而又间隔不到10天才发生干扰。此外，在接种鸡法氏囊病疫苗之后，法氏囊常有充血和轻微肿胀现象，功能暂时受到影响，此时若接种其他疫苗，效果不好。所以在接种鸡法氏囊病疫苗的同时及其后1周内，最好不接种其他疫苗。

（3）病理状态　雏鸡的免疫力主要靠法氏囊产生，因而一些可损害法氏囊的疫病，如鸡传染性法氏囊病、鸡马立克氏病和鸡淋巴细胞性白血病等都可使疫苗的免疫效果降低。伴随而来的是对许多传染病的易感性增加，从而又进一步降低疫苗的免疫效果。

（4）其他因素　环境条件、饲料品质等也影响免疫效果。例如饲料中蛋白质与维生素不足，可使疫苗的免疫效果降低。

（七）免疫接种应注意的问题

鸡群的免疫接种应注意下列问题：

1. 在接种前，应对鸡群进行详细了解和检查，注意营养状况和有无疾病。只要鸡群健康、饲养管理和卫生环境良好，就可保证接种的安全并能产生较强的免疫力。相反，饲养管理条件不好，就可能出现明显的接种反应。

2. 给幼雏接种时，应考虑母源抗体的滴度。一般来说，鸡传染性支气管炎的母源抗体可维持2周左右，鸡传染性法氏囊病的母源抗体可持续2～3周，鸡新城疫的母源抗体在3周龄后完全消失。而雏鸡的母源抗体又受种鸡循环抗体的影响。由于种鸡免疫接种经过的时间不同，或者孵化的种蛋来自不同的鸡场，其后代雏鸡的母源抗体水平就有较大的差异，所以就很难规定一个适用于各场的免疫程序。一般来说，对于母源抗体水平低而个体差异又较小的雏鸡，首次接种鸡新城疫疫苗应在早期进行；反之，母源抗体水平高的雏鸡，应推迟接种。对于母源抗体水平参差不齐，而又受到疫情威胁的雏鸡，应早接种，以提高母源抗体水平低的雏鸡的免疫力；以后再接种 1 次，以使原来母源抗体水平较高的雏鸡，也能对疫苗接种有良好的应答。这种重复接种，可根据监测红细胞凝集抑制（HI）抗体的情况而定。如果多数鸡的 HI 抗体下降至 1∶16 以下时，就应进行强化免疫。

3. 在接种弱毒活菌苗前后各 5 天内，鸡群应停止使用各类抗菌药，以免影响免疫效果。

4. 要考虑好各种疫苗接种的相互配合，以减少相互之间的干扰作用，保证免疫接种效果。为了保证免疫效果，对当地流行最严重的传染病，最好能单独接种，以便产生坚强的免疫力。

5. 疫苗的保存、运输、稀释倍数、接种方法要按要求进行，以确保免疫效果。

6. 免疫接种后，要注意观察鸡群接种反应，如有不良反应或发病等情况，应根据具体情况采取适当的措施（如治疗），并通报有关部门。

（八）免疫接种失败的原因

鸡群经免疫接种后，抵挡不住相应特定疫病的流行或抗体滴度检查不合格，均认为免疫接种失败。分析免疫接种失败的原因，可从以下几个方面考虑。

1. 接种时存在母源抗体 如果在雏鸡体内母源抗体未降低或消失时就接种疫苗，母源抗体就会与疫苗抗原发生中和作用，不能产生良好的免疫应答，导致免疫失效。

2. 疫苗失效 疫苗保存、运输不当，或超过有效期，均可造成疫苗失效或减效。

3. 疫苗间干扰 如接种鸡法氏囊病疫苗之后一段时间内。若接种其他疫苗，将影响另一种疫苗的免疫效果。

4. 接种方法不当 疫苗接种方法很多，如注射法，滴鼻、点眼法，刺种法，饮水法及气雾法等，由于鸡的日龄不同、鸡群的组合不同，所需的免疫方法、疫苗种类、稀释浓度、接种剂量均不相同，如果违反了操作规程，就达不到免疫目的。

5. 鸡群隐性感染某些传染病 如接种鸡新城疫疫苗时，若鸡群潜伏传染性法氏囊病、马立克氏病、白血病、传染性支气管炎等。接种的疫苗受到免疫抑制或病毒的干扰，而达不到免疫目的。

（九）疫苗接种后的免疫监测

一般情况下，鸡群免疫接种后，多不进行免疫监测，但在疫病严重污染地区，为了确保鸡群获得可靠的免疫效果，时常在疫苗接种之后，测定其是否确实获得免疫。因为在某些因素的影响下，如疫苗的质量差、用法不当或鸡体应答能力低等，虽然作了疫苗接种，但鸡群没有获得坚强的免疫力，若忽视了再次免疫接种，就不能抵抗一些传染病的侵袭。根据鸡体和疫苗应用情况，可将免疫监测分为四类。

1. 从未免疫的鸡群 疫苗接种后，若鸡群出现阳性血清反应，则认为免疫获得成功，否则认为免疫失败。某些疫病尚要求血清达到一定的效价，才认为是免疫成功。

2. 曾免疫过的鸡群 再次作疫苗接种，需作免疫前和免疫后血清效价升高的比较，若免疫后血清效价有明显的升高时，则认为免疫成功，否则需要重新进行免疫。

3. 观察疫苗在接种部位的反应 疫苗经皮肤刺种后，在刺种部位出现反应时，则认为免疫获得成功。若无反应，需重新接种。

4. 其他监测法　有些菌苗对鸡免疫后，既无局部反应，也不出现阳性血清反应，需要采取其他的特殊监测方法，如鸡伤寒 9R 菌苗即属于此种类型。

凡是经过监测之后，证明未能产生满意的免疫效果，一律需要重新再作免疫，直至获得满意的免疫效果为止。

四、养鸡常用药物及使用

（一）鸡场消毒及常用防腐消毒类药物的使用

1. 鸡场消毒 病原体的存在是养鸡生产的大敌，而要消除和杀灭病原体，就必须搞好卫生消毒。作为一个养鸡场，如果没有完善的卫生消毒制度，就不可能预防和阻止传染病的发生；发生传染病后，若没有确实可靠的卫生消毒措施，就不可能阻止传染病的蔓延，根除传染病的再发生。

（1）消毒的概念及分类　消毒是指杀灭鸡体及其鸡场环境中的各种病原体的过程。病原体主要包括病毒、细菌、霉菌、寄生虫等，生产中按不同的分类方式有多种消毒方法。

1）按采取的方式分类：可分为 3 种。

①生物消毒法：根据生态学的原理，利用微生物间的拮抗作用或杀菌植物进行消毒。一般用于粪便、污水、垫料及其他废弃物的无害化处理消毒。

②物理消毒法：主要通过清扫、洗净、紫外线、焚烧、火焰、煮沸及高压蒸汽等方法进行消毒。

③化学消毒法：是生产中常用的消毒方法，即使用各种化学消毒药品进行消毒以杀灭病原体，主要包括浸泡、喷雾、熏蒸、饮水等消毒方法。

2）按用途分类：可分为 3 种。

①预防消毒：即对场所、鸡舍、用具、饮水等进行的定

期消毒，目的是预防病原体侵入。

②紧急消毒：即在传染病发生流行期对场所、鸡舍、用具、粪便及被污染物的即时性消毒，目的是防止传染病的扩散和蔓延。

③终末消毒：即在疫情后期，疫区即将解除封锁前的消毒，目的是全面彻底消灭疫区可能残留的病原体。

（2）鸡场常用的消毒方法

1）浸泡消毒：消毒对象主要是饲槽、饮水器、蛋盘、粪板等一些小的饲养设备和器具。为了提高消毒效果，消毒对象必须在新配制的消毒液中浸泡数小时，最少不得少于30分钟。

2）喷洒消毒：是养鸡生产中使用频率最高的一种方法。即将消毒药配制成一定浓度的溶液，用喷雾器对消毒对象表面进行喷洒。一般按1 000毫升/米^{2}的量使用。消毒时按照从上至下、从里至外的顺序进行。

3）熏蒸消毒：此法主要用于消毒鸡舍、孵化器、种蛋贮存库等，常用福尔马林配合高锰酸钾进行。此法消毒全面、方便，但要求鸡舍必须密闭。由于甲醛气体的穿透能力弱，熏蒸前应将消毒对象散开，并在舍内洒水，保持相对湿度在70%左右，温度在18℃以上。一般按照每立方米消毒空间，使用福尔马林15～45毫升，高锰酸钾7.5～22.5克，消毒12～24小时后打开门窗，通风换气，若急用，可用氨气中和甲醛气体。

4）火焰喷射：此法主要用于金属笼具、水泥地面、墙壁和消毒。具有方便、快速、高效的特点。

5）发酵消毒：即利用堆积发酵等杀灭病原，主要适用于污染的粪便、饲料、场地的消毒净化。

(3) 选用化学消毒剂的原则

1) 广谱：能够抑制和杀灭多种病毒、细菌、真菌、芽孢等。

2) 高效：可快速杀灭病原体，且效力强大。一般低浓度使用10分钟杀灭率95%以上，30分钟达100%；较长时间使用不产生抗药性。

3) 安全：对人、畜禽无毒、无害、无刺激性，对纤维制品及金属器具（用具）等无腐蚀性。

4) 稳定：不受肥皂、洗涤剂、有机物（粪便、灰尘）、光线、温度、湿度、酸碱度、水的硬度的影响，且不易氧化分解，能长期储存。

5) 使用方便：根据环境需要可采用喷雾、喷洒、冲洗、浸渍、饮水等方法消毒。

6) 成本低：单位杀毒成本低，经济可行。

(4) 常用消毒剂类型

1) 氯化物消毒剂：主要是次氯酸钙、二氯异氰尿酸盐、三氯尿酸盐，其优点是广谱、高效、稳定、腐蚀性小，不受环境有机物（粪便、灰尘）影响，价格便宜，适用于场舍、设备及用具、水、鸡体、粪便及产品消毒，缺点是需酸性消毒环境宜酸性为佳。市场上常见的有氯毒杀、消毒威、消毒灵、威岛消毒剂、华威1号等。

2) 醛类消毒剂：常用的有甲醛和戊二醛，甲醛由于对人和动物有毒和刺激性，已很少直接利用。戊二醛的优点是广谱、高效，性质稳定，速溶于水，低浓度常温即具超强效力且药效持久（2周）、无毒、无腐蚀性，缺点是单位杀毒成本较高，需碱性消毒环境。

3) 季铵盐类：市场上常见的有百毒杀、1210、易克林等。其优点是杀毒力强，作用迅速，性能稳定，无毒、无刺激、无腐蚀性，受外界环境和有机物影响较小，缺点是对杀灭非膜病毒、芽孢效果不佳。

4）碘附类消毒剂：碘是强氧化剂，但不稳定。碘附意指将碘附在载体上，消毒时碘升华、分解、释放出来，起到杀菌作用。其优点是广谱、高效、低毒，能快速杀灭各种细菌、病毒、芽孢及真菌；缺点是易受阳光、碱性及还原物质影响。市场上常见的有威力碘、速效碘等。

5）氧化型消毒剂：它是一种广谱、高效消毒剂，能杀灭各种病原微生物、原虫及藻类，不受环境酸碱度影响，特别适于饮水消毒。其缺点是杀菌效力受环境温度及有机物（粪便、灰尘）影响。市场上常见的有过氧乙酸、过氧化氢等。

6）酚类消毒剂：古老的酚类消毒剂有石炭酸、来苏儿等，其杀毒力强，但具有较强的毒性、腐蚀性和刺激性，只能用于环境消毒，不能用于带鸡消毒，因而逐步被淘汰。目前常见的有菌毒敌、菌毒净、菌毒灭、华威Ⅱ号等。

（5）消毒剂类型的选择　根据消毒目的、消毒对象（场所、设备、用具、饮水、粪便、垫料等）、消毒方式及所要杀灭的病原体（细菌、病毒、真菌、芽孢及寄生虫）等，选择理想的消毒种类、剂型。要认真阅读消毒剂说明书，查清所属类型、使用对象、使用方法及注意事项。如在酸性或碱性环境下应交替使用氧化物类和醛类消毒剂；当发生病毒性、芽孢性疫病时，须使用碘附类或氯化物类消毒剂；饮水消毒应注意稀释浓度和持续时间，过低达不到消毒效果，过高易引起中毒，时间过长引起蓄积中毒或破坏肠道正常菌群平衡。同时还应注意消毒剂的保质期及保存条件，如漂白粉易潮解，过氧乙酸受热和日光照射易分解产生气体，应现用现配，并在当天使用完毕。另外，最好选用 2～5 种不同类型的消毒剂交替使用，以免产生抗药性。

（6）主要通道口和场区的消毒　主要通道口设置消毒池，长度为进出车轮 2 个周长以上。消毒池上方最好建有顶棚，防止日晒雨淋。消毒液常用 2%～4%的氢氧化钠溶液，每周更换 3 次。冬季寒冷地区可加盐防冻或用石灰代替消毒液。大型养鸡场应设有喷淋装置。场区要经常清扫，保持清洁，每月进行 1 次彻底消毒。每栋鸡舍的门前也要设置脚踏消毒槽，并做到每周至少更换 2 次消毒液。工作人员进出鸡舍应换不同的专用橡胶长靴，将换下的靴子洗净后浸泡在另一消毒槽中，并进行洗手消毒。舍内应设消毒间，以便人员进入、消毒工作服，工作服不得带出舍外。

（7）空舍的消毒　为确保消毒效果，空舍消毒应按一定的顺序进行，即清扫→洗净→干燥→消毒→干燥→再消毒。

1）清扫：首先清除饮水器、饲槽的残留物，对风扇、通风口、天花板、横梁、墙壁等部位的尘土进行清理，然后清除所有的垫料、残余粪便、羽毛及废弃物。为了防止尘土飞扬，清扫前可事先用清水或消毒液喷洒。清除的粪便、灰尘、羽毛及废弃物要集中烧毁。通过清扫，可使环境中的细菌含量减少 20%左右。

2）洗净：经过清扫后。用动力喷雾器或高压水枪进行洗净，洗净按照从上至下、从里至外的顺序进行。对较脏的地方，可事先进行人工刮除，要注意对角落、缝隙、设施背面的冲洗，做到不留死角。洗净后，舍内环境中的细菌可减少 50%～60%。

3）消毒：为了提高消毒效果，一般要求鸡舍消毒使用

2～3 种不同类型的消毒药进行 2～5 次消毒。通常第一次使用碱性消毒药，第二次使用表面活性剂类、卤素类、酚类消毒药，第三次常采用甲醛熏蒸消毒。经消毒后，可使舍内环境中的细菌减少 90％。

（8）场内用具、蛋库及种蛋的消毒　蛋箱、料车、粪车、用具频繁出入鸡舍，必须定期严格消毒，塑料或金属用具按照清洗、浸泡、暴晒、干燥、熏蒸顺序进行消毒；纸质蛋箱、蛋托一般只用于运出场外，如在本场周转，应先清除污物，再行熏蒸消毒。种蛋应尽早收集，剔除不合格部分，鸡舍内最好设置专门消毒柜以便及时消毒，也可送到场内专门消毒间集中熏蒸消毒，然后送入蛋库或孵化室。蛋库除应保持适宜的温度、湿度和通风外，也应定期冲洗消毒。

（9）饮水消毒　鸡的饮水必须清洁，无毒、无病原体、符合人的饮用水质标准，生产中使用的自来水、深井水本身是干净的，但可能受到场舍内粉尘、饲料中细菌、病毒的污染。另外，鸡的肠道内有时病原体含量太高，也需进行饮水消毒。饮水消毒必须选用无毒、无味、无刺激性，对人禽无害的药物，且按说明书的饮水浓度使用。目前常用的饮水消毒的药物主要有氯制剂、碘制剂或季铵盐等。但季胺盐类可能对产蛋造成影响，因而产蛋鸡不应使用。

（10）带鸡消毒　是指对鸡舍环境及鸡体表面的定期或紧急喷雾消毒。一般鸡在 10 日龄前不可实施带鸡消毒，否则容易引起呼吸道疾病。育雏期宜每周消毒 1 次，育成期 7～10 天 1 次，产蛋期 15～20 天 1 次。发生疫情紧急消毒时可每天 1 次。据报道，喷雾粒子以 80～100 微米，喷雾距离 1～2 米为最好。冬季带鸡消毒，应提高舍温 3～4℃，且药液温度以室温为宜。消毒剂应选择无毒、无味、无刺激、无腐蚀的药物，药物用量为60～240毫升/米^2，以地面、墙壁、天花板均匀湿润和鸡体表微湿为宜。特别需要指出的是，带鸡消毒必须避开活菌苗接种，即在活菌苗接种的当天、前后各一天不得消毒。

（11）粪便消毒　在感染传染病期间，舍内粪便亦进行消毒，最好使用生石灰粉，既可降低粪便水分、臭味、环境湿度，又可高效消毒。清出舍外后再行堆积发酵。

（12）消毒效果检测　大型养鸡场每次消毒后及在生产过程中，应经常采样进行实验室培养，以检测消毒效果，及时修正消毒方法和程序。

2. 常用防腐消毒类药物的使用　防腐消毒药是指一类杀灭或抑制病原微生物生长的药物。消毒药是一种有迅速杀灭病原微生物的药物，在临床应用时，这类药物达到一定浓度时，对机体细胞有一定的损害作用。主要用于动物厩舍、器具、排泄物和环境消毒。而防腐剂是一种能抑制病原微生物生长繁殖的药物，其作用比较缓慢，对机体没有大的损害。两类药物间没有严格的界限。消毒药在低浓度时仅有抑菌作用，而防腐药在高浓度时可有杀菌作用。

（1）生石灰（氧化钙）

【性状】本品为白色或乳白色块状物，块大小不等，有较强的吸湿性。

【作用与用途】生石灰的主要成分是氧化钙（CaO）。易吸收空气的二氧化碳和水，逐渐形成碳酸钙而失效。加水后放出大量的热，形成熟石灰［主要成分是$Ca(OH)_2$］以氢氧离子起杀菌作用，钙离子也能与细菌原生质起作用而形成蛋白钙，使蛋白质变性。

本品对一般细菌有效，对芽孢及结核杆菌无效。常用于墙壁、地面、粪池及污水沟等的消毒。

【制剂】 粉块剂、乳剂。

配制方法：1千克生石灰加1升水形成熟石灰，再加4升水而成20%石灰乳，加9升水成10%石灰乳。

【用法与用量】 本品使用时，可加水配制成10%～20%的石灰乳剂，进行喷洒房舍墙壁、地面消毒；生石灰粉可作为鸡舍地面撒布消毒，其消毒作用可维持6小时左右。

【注意事项】 本品应在干燥处保存。生石灰吸收空气中水分和二氧化碳后失去消毒效力；石灰乳临用时现配，配成的当天要用完，否则吸收二氧化碳后失效。

（2）漂白粉（含氯石灰）

【性状】 本品为灰白色颗粒状粉末，可在水或乙醇中部分溶解。含有效氯不得少于25%，有氯臭。在空气中吸收水分与二氧化碳缓慢分解；水溶液呈碱性反应。

【作用与用途】 本品与水作用释放氧和氯离子，有强大杀菌作用，不但能杀灭细菌繁殖体，而且能杀灭芽孢和病毒。本品除杀菌外，因能氧化腐败物质，故还有除臭作用。

【制剂】 粉剂。

【用法与用量】 粉剂撒布消毒，5%～20%混悬液喷洒消毒细菌、芽孢及病毒污染的畜舍、场地、车辆等（芽孢需用20%溶液消毒5次，每次间隔1小时）；饮水消毒，每1 000毫升加0.3～1.5克搅拌溶液。

【注意事项】 本品应在密封、干燥凉暗处保存。本品因能腐蚀金属及漂白衣物，故不能消毒金属器械或有色纺织品。混悬液需现用现配。

（3）火碱（氢氧化钠）

【性状】 白色块状、棒状或片状固体。易溶于水及乙醇，极易潮解，水溶液呈强碱性反应，易吸收空气中的二氧化碳而生成碳酸盐。

【作用与用途】对细菌繁殖体和部分病毒及细菌芽孢有较强的杀灭作用，但对机体有腐蚀性。

【制剂】2%～5%溶液。

【用法与用量】2%热水溶液喷洒被病毒（新城疫、禽流感等）或细菌（沙门氏菌）等污染的鸡舍、饲槽、车辆等；3%～5%热水溶液喷洒炭疽芽孢污染的地面等。

【注意事项】应密封保存。

(4) 苯酚

【性状】本品为无色或淡红色细长的针状结晶性块，有特臭，遇光或在空气中色渐变深。有引湿性，水溶液显弱酸性反应。易溶于水、乙醇、乙醚、脂肪或挥发油，略溶于液体石蜡，在20℃时加10%的水即可溶化。

【作用与用途】本品对组织穿透力强，局部应用浓度不宜过高。1%水溶液能杀死大多数细菌，但结核杆菌使用5%浓度时，需24小时才能杀灭，对芽孢、病毒无效。

【制剂】结晶性块状剂。

【用法与用量】喷洒、浸泡消毒，3%～5%溶液喷洒被病原微生物污染的鸡舍、场地及物品；3%～5%溶液消毒外科器械，浸泡30～40分钟；2%～3%溶液消毒手和术部。

【注意事项】本品应避光、密封、阴凉处保存。

(5) 克辽林（臭药水、煤酚皂溶液）

【性状】本品为深棕黑浓乳状液，有煤焦油的特臭。用水稀释呈乳白色或带咖啡乳白色乳剂。

【作用与用途】可作防腐消毒和吸入药。内服能制止胃发酵；外用有除臭、止血作用，还能杀灭皮肤寄生虫。主要用于鸡舍场地、排泄物等消毒，稀释后内服用于胃肠道制酵。

【制剂】乳剂，含酚9%～11%。

【用法与用量】3%～5%溶液消毒鸡舍、场地、用具、排泄物等；2%～3%溶液治疗创伤、溃疡。

【注意事项】本品应避光、密封、阴凉处保存。

（6）乳酸

【性状】本品为澄明或微黄色的糖浆状液体，几乎无臭，味微酸，有引湿性，水溶液呈酸性反应。

【作用与用途】主要用于鸡舍及库房的空气消毒，其蒸气和喷雾可杀灭空气中病毒和革兰氏阳性菌，对库房内霉菌也有一定效果。

【用法与用量】乳酸500毫升（80%）蒸气消毒，每100米^{3}空间，用6～12毫升加水稀释成20%溶液，密闭门窗后加热蒸发，消毒30～60分钟。

（7）来苏儿

【性状】本品是由煤酚、豆油、氢氧化钠、蒸馏水合制成的褐色黏稠液体，有甲酚的臭味，能溶于水和醇。

【作用与用途】本品对一般繁殖型病原菌作用良好，但对芽孢和病毒作用不可靠，主要用于鸡舍、用具与排泄物的消毒。

【用法与用量】本品用于鸡舍、用具消毒时，浓度为3%～5%；排泄物消毒的浓度为5%～10%。

（8）甲醛　40%的甲醛溶液称为福尔马林。

【性状】无色澄明液体，有强烈的刺激性气味，置于冷处（9℃以下）或存放过久，易凝聚成白色的多聚甲醛沉淀，溶于水。

【作用与用途】具有广谱杀菌作用，对细菌、芽孢、病毒、霉菌均有效。主要用于鸡舍、仓库、孵化室及设备消毒，还可用于雏鸡、种蛋的消毒。生产中多采取用福尔马林与高锰酸钾按一定比例混合进行熏蒸消毒。此外还可用于保存标本和生物制品。

【用法与用量】5%甲醛酒精溶液用于术部消毒；4%甲醛配合溶液用于固定和保存标本；1%甲醛溶液用于器械消毒（浸泡 1～2 小时）。

用于鸡舍、孵化室熏蒸消毒时用量：每立方米房舍空间需福尔马林 15～45 毫升，高锰酸钾 7.5～22.5 克，根据房舍污染程度和用途不同，使用不同的药量。用药时，福尔马林毫升数与高锰酸钾克数比例为 2∶1，以保证反应完全。消毒时，先密闭消毒房舍，然后把高锰酸钾放入容器内（容器的容量为福尔马林的 10 倍以上），再倒入福尔马林，两种药品混合后立即反应产生烟雾。消毒时间为 12 小时以上，消毒结束后打开门窗。为消除福尔马林的刺激性气味，可用浓氨水，每立方米容积用 2～5 毫升加热蒸发。熏蒸消毒必须有较高的气温和湿度，一般室内温度不低于 20℃，相对湿度应为 60%～80%。

雏鸡体表消毒用量：每立方米容积用福尔马林 7 毫升、水 3.5 毫升、高锰酸钾 3.5 克，熏蒸 1 小时。熏蒸时可见雏鸡不安、闭眼、走动、甩鼻、张喙、蹦跳，半小时后逐渐安静，消毒后的雏鸡不影响生长发育。

种蛋熏蒸消毒用量：每立方米容积用福尔马林 14 毫升、高锰酸钾 7 克、水 7 毫升。若在孵化器内消毒，药物混合后立即关闭孵化器机门及通气孔道，熏蒸 20 分钟再将残余气体排出。

（9）聚甲醛

【性状】本品为甲醛的聚合物，带有甲醛臭味，系白色疏松粉末，不溶或难溶于水；溶于稀碱和稀酸溶液。

【作用与用途】聚甲醛本身无消毒作用，在常温下缓慢地解聚，释放出甲醛，加热至80～100℃时即产生大量甲醛气体，呈现出强大的杀菌作用。

【用法与用量】本品使用方便，对消毒时的温、湿度要求不严格，一般熏蒸消毒用量为每立方米空间3～5克，消毒时间为10小时。如用于鸡舍、孵化室等大面积消毒，每立方米空间可用10克。相对湿度50%即有效，不需要密闭条件。

（10）碳酸钠

【性状】本品为无色透明结晶或白色粉末。易溶于水，水溶液呈碱性反应。

【作用与用途】主要用于去污性消毒。

【用法与用量】碳酸钠4%水溶液洗刷或浸泡被污染的衣服、用具、车辆或场地等，0.5%～2%溶液用于皮肤清洁等，外科器械煮沸消毒时加入1%的碳酸钠，可促进器械的污物溶解，使灭菌更彻底，并能防止器械生锈。

（11）醋酸

【性状】本品为无色透明的液体，味极酸，能与水、醇或甘油任意混合。

【作用与用途】本品对伤寒杆菌、大肠杆菌、葡萄球菌和链球菌具有杀灭和抑制作用，它的蒸气或喷雾用于空气消毒，能杀死流感病毒及某些革兰氏阳性菌。

【用法与用量】本品用于加热蒸发进行空气消毒时，用量为每100米^{2}空间20～40毫升；如用食醋，每100米^{2}空间为 300～1 000 毫升。

(12) 过氧乙酸（过醋酸）

【性状】 纯品为无色透明液体，带有很强的刺激性醋酸味，呈弱酸性反应。有腐蚀性，易挥发，易溶于水及有机溶剂。贮存过程中会逐渐自然分解，过热、遇有机物或金属杂质分解更甚，高浓度加热（70℃以上）易发生爆炸。

【作用与用途】 本品为广谱、高效、快效消毒剂，对细菌的繁殖体、芽孢、真菌及病毒均有杀灭作用。作为消毒防腐剂，应用范围广，毒性低，使用方便。除金属制品外可用于大多数物品，并可用于皮肤消毒和术前消毒。

【制剂】 30%～40%溶液。

【用法与用量】 0.04%～0.2%溶液用于用具和皮肤的浸泡消毒；0.2%的溶液用于术前的消毒。空气消毒，可直接使用 20%溶液的成品，每立方米空间 1～3 毫升，并密封 1～2 小时，最好采用 3%～5%溶液，加热熏蒸，因湿度提高可增强杀菌效力，一般以相对湿度 60%～80%时效果最佳。喷雾消毒用 0.01%～0.5%溶液，对室内空气和墙壁、门窗、地板、家具等物体表面消毒，消毒后室内要密闭 30 分钟至 1 小时。饮水消毒每 1 000 毫升加入本品 1 毫升放置 30 分钟。

【注意事项】 市售 20%的水溶液，性质不稳定，须密闭避光贮存在低温（3～4℃）处。有效期半年，一般临用时现配。

(13) 二氯异氰尿酸钠（优氯净）

【性状】 本品为白色或微黄色粉末，易溶于水（1∶5），1%溶液 pH5.8～7.0，含有效氯 60%左右。

【作用与用途】 本品具有去污、除臭、漂白等功能。因无残留而广泛用于饮水、车辆、鸡舍及饲养用具的消毒。

【用法与用量】消毒浓度（以有效氯含量计算）饮水0.5微克/毫升；鸡舍、用具、车辆用50～100微克/毫升。

（14）氯胺-T

【性状】本品为白色或淡黄色晶粉，有轻微氯臭，易溶于水，性质稳定，含有效氯11%以上。

【作用与用途】本品接触空气后，慢慢释放出氯而生成次氯酸。次氯酸分解释放出氯原子和氧原子而起杀菌作用。氯胺本身亦有直接杀菌作用，但由于缓慢释放氯，作用缓慢持久，但杀菌效力不强。主要用于用具、饮水消毒和创口及黏膜冲洗。

【用法与用量】用于饮水消毒时浓度为4毫克/升；木质和搪瓷器具消毒时浓度为0.5%～0.1%。此外，还可用于化脓创的冲洗消毒等。

（15）威岛

【性状】本品为白色粉末，含有效氯20%左右，可溶于水。

【作用与用途】本品抗菌谱广，对细菌、病毒、真菌及部分原虫均有很强的杀灭作用，如0.012 5%水溶液2分钟可杀灭鸡新城疫病毒，5分钟可杀灭鸡传染性法氏囊病病毒和葡萄球菌；0.02%水溶液2分钟可杀死大肠杆菌和巴氏杆菌；0.05%水溶液2分钟可杀灭鸡白痢沙门氏菌，常用于鸡舍及用具的喷洒消毒。

【用法与用量】本品使用时，水溶液浓度为0.02%～0.05%。

（16）农福

【性状】深褐色，有醋酸和煤焦油气味。易溶于水。

【作用与用途】 有抗菌、抗病毒作用。用于鸡舍及器具的消毒。

【用法与用量】 农福1%～1.3%溶液用于鸡舍及喷洒消毒；1.7%用于器具、车辆洗涤消毒。

(17) 百毒杀

【性状】 无色无味液体，能与水互溶，性质稳定。

【作用与用途】 对各种细菌、病毒、霉菌、某些虫卵均有一定的作用。可用于鸡体、饮水和传染病发生时的紧急消毒。

【用法与用量】 本品有含量50%和10%的百毒杀。两剂型适应范围相同，但后者剂量是前者的5倍。

50%百毒杀，带鸡消毒（鸡舍、环境、饮水器具、笼栏），3毫升加入10千克水中喷雾或冲刷；饮水消毒，0.5～1.5毫升加入10千克饮水中；传染病发生时紧急消毒（鸡舍、笼具、器具等），10毫升加入10千克水中浸泡或冲洗。

(18) 新洁尔灭（苯扎溴铵）

【性状】 无色或淡黄色胶状液体，易溶于水，无挥发性，对金属、橡胶和塑料制品无腐蚀作用，耐光，水溶液耐热，可长期保存而效力不变。

【作用与用途】 本品抗菌谱广，对多种革兰氏阳性和阴性菌（如葡萄球菌、大肠杆菌等）有杀灭作用，对阳性菌的杀菌效果显著强于阴性菌。对多种真菌也有一定作用，但对芽孢作用很弱。不能杀死结核杆菌。由于杀菌作用强而快，毒性低，对组织刺激性小，不腐蚀金属制品，不污染衣物，性质稳定，易于保存，广泛用于皮肤、黏膜、器械及深部感染创口的消毒。

【用法与用量】 1%溶液用于术部皮肤消毒；0.1%溶液用于术前器械消毒；0.01%～0.05%溶液用于黏膜冲洗；0.5%～1%溶液可用于食品工厂生产用具的消毒。

【注意事项】 禁忌与碘、碘化钾、过氧化物、肥皂等配伍应用，不适用于粪池、污水等消毒。

（19）洗必泰（双氯苯双胍己烷）

【性状】 本品为白色或几乎白色的结晶性粉末，无臭、味苦，略溶于水，溶于乙醇，微溶于甘油。

【作用与用途】 本品抑菌、杀菌作用强而广，对革兰氏阳性菌比阴性菌的抗菌作用强，对真菌也有效，但对耐酸菌、芽孢和病毒无效。对组织无刺激性，用于皮肤消毒、冲洗伤口、手术器械的浸泡及消毒。

【制剂】 粉剂：规格为每瓶装 50 克；片剂：规格为 5 毫克/片。

【用法与用量】 洗必泰 0.5 克加酒精（70%）至 100 毫升配成酊剂，用于手术前术部消毒；用 0.05%水溶液冲洗创伤、伤口；用 0.1%水溶液消毒器械；贮存器械用 0.02%水溶液加入 0.11%亚硝酸钠防锈，每 2 周换一次。

【注意事项】

①本品遇肥皂、碱、金属物质和某些阴离子药物能降低其活性。

②与碘、甲醛、重碳酸盐、碳酸盐、氯化物、硼酸盐、磷酸盐等配伍，可生成低溶解度盐类而沉淀。

③本品水溶液应贮存于中性玻璃容器，避光，密封保存。

（20）碘酊（碘酒）

【性状】 本品为红棕色液体，有碘的特臭，易挥发。

【作用与用途】碘能使蛋白质变性，故有强大的杀菌作用，与酒精配成碘酊，不仅能杀死细菌繁殖体，而且能杀死芽孢、病毒和霉菌，局部外用还有消炎作用。

【制剂】5%碘酊：取碘化钾 10 克，加水 10 毫升溶解后，加碘 50 克与适量的酒精，待完全溶解后，再加 75%酒精至 1 000 毫升。

【用法与用量】5%碘酊涂搽术部及注射部位消毒；2%碘酊涂搽创伤消毒；10%～20%碘酊涂搽治疗慢性肌炎、腱炎、腱鞘炎、关节炎及骨膜炎等。

【注意事项】碘易挥发，置避光的玻璃瓶内密封保存。

(21) 乙醇（酒精）

【性状】本品为无色透明液体，易挥发、燃烧，能与水、有机溶剂任意配合。

【作用与用途】为常用的消毒防腐药。能使蛋白质变性或沉淀，因而具有杀菌作用。可杀死繁殖型细菌，但对细菌芽孢无效。

【用法与用量】常用 70%或 75%浓度消毒器械或皮肤，30 分钟可起消毒作用。以 70%的酒精杀菌作用最强，浓度低于 70%或高于 75%时杀菌作用均降低。

【注意事项】避免接触眼睛。本品易燃。

(22) 杜米芬

【性状】本品为白色或微黄色片状结晶，能溶于水和乙醇（1∶2）。

【作用与用途】用于皮肤消毒、外伤感染消毒和外科器械消毒。

【用法与用量】0.02%～0.1%用于皮肤、黏膜消毒及局部感染湿敷；0.05%溶液用于手术器械及饲养用具的消毒。

（23）消毒净

【性状】本品为白色晶粉，微有刺激性，易溶于水和乙醇。易受潮，但杀菌效力不变。

【作用与用途】用于皮肤黏膜、器械消毒。

【用法与用量】0.1%水溶液浸泡手臂、皮肤（5～10分钟）及手术器械（30分钟以上，内加0.5%亚硝酸钠防锈）；0.1%的酒精溶液涂搽术部皮肤；0.02%以下水溶液冲洗腔道黏膜。

（24）硼酸

【性状】本品为无色微带珍珠光泽的结晶或白色疏松的粉末，有滑腻感，无臭。水溶液显弱酸性反应，在沸水、沸乙醇或甘油中易溶，在水或乙醇中溶解。

【作用与用途】本品为弱酸，有抑菌作用，对绿脓杆菌作用较强。

【制剂】粉剂，每瓶装500克。

【用法与用量】外用：2%～4%的溶液，治疗眼创伤及各种黏膜炎。涂敷：硼酸甘油（31∶100）；5%硼酸软膏（硼酸5克，凡士林95克），治疗溃疡、湿疹及烧伤等。

【注意事项】本品应密封保存。忌与碱类药物合用。

（25）高锰酸钾

【性状】本品为黑紫色长棱形结晶或颗粒，带蓝色金属光泽，无臭。与有机物或氧化物接触易发生爆炸。溶于水，易溶于沸水。

【作用与用途】为强氧化剂，遇有机物即放出新生态氧，杀菌作用较强，低浓度有收敛作用，高浓度有刺激与腐蚀作用。用于腔道黏膜和皮肤创伤的冲洗，治疗烧伤、湿疹、皮炎、化脓创等。内服用于肠道防腐消毒和某些生物碱的中毒。

【制剂】粉剂。

【用法与用量】腔道冲洗与洗胃 0.05%～0.1%溶液；创伤冲洗 0.1%～0.2%溶液。

【注意事项】本品应密封保存。遇福尔马林或甘油发生剧烈燃烧，与活性炭共研会爆炸。

（26）雷佛奴尔（利凡诺）

【性状】本品为黄色结晶性粉末，无臭、味涩苦，溶于水、微溶于乙醇、不溶于乙醚。其水溶液呈黄色，并有荧光，遇光不稳定，易变褐色。

【作用与用途】能抑制革兰氏阳性菌与某些阴性菌，主要对链球菌所引起的感染有抗菌作用。毒性很小，不刺激组织。有蛋白质血清存在时，效力不减。本品水溶液用于各种创伤、皮肤与黏膜等细菌感染的洗涤与湿敷，亦用于球菌性结膜炎。

【制剂】粉剂，根据需要配成溶液。

【用法与用量】外用：配成 0.2%～0.5%溶液冲洗或纱布引流；0.1%～0.5%溶液消毒纱布、绷带，浸泡 1 小时。

【注意事项】本品应密封，避光保存。溶液遇光能分解而形成毒性较大的褐绿色物质，忌与碘制剂配合应用。

（27）过氧化氢（双氧水）

【性状】本品为无色澄明液体。无臭或有类似臭氧的臭味，味微酸；呈酸性反应。遇多数氧化物或还原物即迅速分解并产生泡沫，加热或遇光分解变质。

【作用与用途】本品为强氧化剂，有消毒、防腐、除臭的作用。当与组织中过氧化氢酶相遇时立即分解放出氧而发生作用，但时间短，且易受有机物的影响，故作用很弱。用于治疗化脓创、瘘管及不洁净创口，清除其脓液、血块与黏液。

【制剂】溶液剂：含 H_2O_2 2.5%～3.5%（W/V）。

【用法与用量】3%溶液清洗创伤和冲洗去除痂皮；0.3%～1%溶液冲洗口腔或阴道。

【注意事项】本品遇高锰酸钾、碱和有机物立即失效；应避光、密封保存，遇光、热或放置过久，易分解失效。

（28）碘仿（三碘甲烷）

【性状】本品为黄色有光泽的叶状结晶或结晶性粉末，有特殊的臭味。在常温中，微能挥发，水溶液显中性。在乙醇、甘油中略溶，在水中几乎不溶。

【作用与用途】能持久抑菌和除臭，有收敛组织和刺激肉芽组织生长作用。用于治疗创伤、溃疡、湿疹、化脓创、瘘管等。

【制剂】粉剂。

【用法与用量】碘仿磺胺撒粉：由 9 份碘仿和 1 份磺胺混合均匀而成，用于新鲜感染性创伤。碘仿硼酸撒粉：由 9 份碘仿和 1 份硼酸混合均匀而得，用于创伤、溃疡等。碘仿甘油：由碘仿 15 克，甘油 70 毫升，加蒸馏水 120 毫升制成，用于化脓创。碘仿乙醚溶液：含碘仿 10%，用于分泌较多的创伤，可滴于创面或入创腔内。

【注意事项】置避光容器内，密封，凉暗处保存。忌与碱、硝酸银等配合。

（29）甲紫（龙胆紫，晶紫）

【性状】本品为深绿紫色颗粒性粉末或绿紫色有金属光泽碎片，略溶于水，溶于乙醇或氯仿，不溶于乙醚。

【作用与用途】本品对革兰氏阳性菌和霉菌有强而持久

的抑菌作用，用于治疗创伤、烧伤、溃疡、湿疹、擦伤和脓性皮炎等。

【制剂】溶剂（1%～3%）取甲紫 10～30 克加适量酒精使其溶解，待完全溶解后，加蒸馏水 1 000 毫升，滤过即成。软膏剂（2%～10%）取甲紫 2～10 克，凡士林 90～98 克混合即成。

【用法与用量】外用，徐敷患处。

【注意事项】本品应密封、避光保存。

（30）碘甘油

【性状】碘为灰黑色有金属光泽的片状结晶或块状物，有特臭。在常温中能挥发。

【作用与用途】本品作用比碘酒弱，但持久，同时对组织刺激小，用于涂搽或引流，治疗各黏膜炎症及瘘管等。

【制剂】碘甘油溶液：100 毫升内含碘 5 克、碘化钾 10 克、甘油 20 毫升。

【用法与用量】涂擦患处，每日 2～3 次。

【注意事项】应避光，阴凉密封保存。

（31）硝酸银

【性状】本品为无色透明结晶或白色粉末，无臭、味苦、有金属性。与有机物共存时，遇光即渐渐变为灰色或灰棕色。易溶于水和乙醇。

【作用与用途】有抑菌及收敛作用，能使菌体蛋白凝固而产生杀菌作用。稀溶液对黏膜和皮肤有收敛作用，高浓度溶液有腐蚀作用。

【制剂】粉剂：规格有每瓶装 25 克、250 克。

硝酸银滴眼剂：规格为硝酸银 1 克（或 0.5 克）、硝酸钠 0.8 克（或 1.1 克）加蒸馏水至 100 毫升。

硝酸银棒：由硝酸银 9 份和硝酸钾 5 份熔制而成。

【用法与用量】硝酸银滴眼剂：治疗结膜炎（滴后用于生理盐水冲洗）。

硝酸银（或 10%溶液）：用于创伤防腐、腐蚀过剩肉芽组织及皮肤赘生物。

【注意事项】本品应避光、密封保存。

（二）常用抗菌类药物及使用

1. 抗生素类药物

（1）青霉素 G（苄星青霉素）

【性状】临床上常用的有青霉素钠盐和青霉素钾盐。青霉素钠、钾盐溶于水，临用时溶于注射用水中，水溶液不稳定、不耐热，温室中 24 小时大半被分解失效，故随用随配。

【作用与用途】青霉素 G 为窄谱抗生素，主要对革兰氏阳性菌和少数革兰氏阴性菌有抑菌和杀菌作用，如链球菌、葡萄球菌、丹毒杆菌、李氏杆菌、炭疽杆菌等。常用于防治链球菌病、葡萄球菌病、李氏杆菌病、螺旋体病、坏死性肠炎、禽霍乱、支原体病、球虫病的并发感染及各种呼吸道感染等。

【用法与用量】雏鸡饮水 2 000～5 000 国际单位/只・次；成鸡肌肉注射 2 万～5 万国际单位/只・次，每日 2～3 次。

【注意事项】青霉素不宜与四环素、土霉素、卡那霉素、庆大霉素、多黏菌素 E、磺胺药钠盐及碳酸氢钙、维生素 C、去甲肾上腺素、阿托品、氯丙嗪等混合使用。

（2）氨苄青霉素（氨苄西林）

【性状】本品为白色结晶性粉末。内服片剂为氨苄青霉素的水合物。注射剂为钠盐，易溶于水，极不稳定，遇碱性物质能迅速分解失效。

【作用与用途】本品为广谱抗生素。虽然其抗革兰氏阳性菌不如青霉素G，但对革兰氏阴性菌作用强大，对金黄色葡萄球菌作用弱，对绿脓杆菌无效。常用于治疗鸡白痢、鸡伤寒等。此外，临床上常将本品与庆大霉素、链霉素、卡那霉素等合并应用，对治疗大肠杆菌病、腹膜炎、输卵管炎、气囊炎等有效。

【用法与用量】治疗用量：每千克体重5～20毫克，每日2次。肌肉注射一次量，每千克体重2～7毫克，每日2次。

【注意事项】本品使用时，遇酒精、高锰酸钾、四环素、磺胺类药物等失效或减效。

（3）先锋霉素（头孢菌素）

【性状】先锋霉素是近年来发现的具有较大价值的抗细菌感染药物，其合成药品有先锋霉素Ⅰ、Ⅱ、Ⅲ、Ⅳ等。先锋霉素Ⅰ、Ⅱ为白色结晶性粉末，Ⅳ为白色或淡黄色结晶性粉末，都能溶于水。

【作用与用途】先锋霉素为广谱抗生素，对革兰氏阳性菌作用较强，包括对青霉素耐药的菌株，对葡萄球菌、链球菌、肺炎球菌有效，对革兰氏阴性菌如李氏杆菌、多杀性巴氏杆菌、大肠杆菌和沙门氏菌属也有效，但对绿脓杆菌、结核杆菌、真菌和原虫无效。临床上先锋霉素Ⅰ常用于葡萄球菌和大肠杆菌感染。

【用法与用量】治疗用量：先锋霉素针剂（0.5克/支），鸡每千克体重肌肉注射20毫克/次，每日1～2次。

【注意事项】本品使用时，应避免与酒精、高锰酸钾、四环素、磺胺类药物等配合或接触，以防止失效或减效。

（4）红霉素

【性状】本品为白色或类白色的结晶或粉末，与酸结合的盐类药品易溶于水。

【作用与用途】本品的抗菌谱与青霉素相似，对革兰氏阳性菌如金黄色葡萄球菌、链球菌、肺炎球菌、丹毒杆菌、李氏杆菌等作用强，对立克次体、钩端螺旋体、支原体也有作用，但对革兰氏阴性菌作用较弱。临床上主要用于治疗鸡慢性呼吸道病、传染性鼻炎、溃疡性肠炎、坏死性肠炎、传染性滑膜炎、葡萄球菌病、链球菌病及呼吸道炎症等。

【用法与用量】本品使用剂量，红霉素片（0.125 克/片或 0.25 克/片），混水，按 100 毫克/千克浓度，连饮 3～5 日；混料，按 20～50 毫克/千克，如用于缓解应激反应，用 5～10 毫克/千克浓度为宜。乳糖酸红霉素注射液（0.25 克/支或 0.3 克/支），鸡每千克体重肌肉注射 10～40 毫克/次，每日 2 次。

（5）高力霉素（硫氰酸红霉素）

【性状】本品为白色粉末，可溶于水，但其水溶液性质不稳定，因而需现用现配。

【作用与用途】本品对革兰氏阴性菌及支原体有较强的抑制或杀灭作用。临床上常用于防治鸡慢性呼吸道病、传染性鼻炎、肠炎、下痢、葡萄球菌感染、链球菌感染等，还可以防治因环境变化引起的应激。

【用法与用量】本品使用剂量，混水，按 2 000～5 000 毫克/千克浓度，连饮 3～5 天。

（6）泰乐菌素

【性状】 本品为白色结晶，与酸结合的盐类药品易溶于水。

【作用与用途】 本品系畜禽专用抗生素，对革兰氏阳性菌及一些阴性菌有抗菌作用，如对金黄色葡萄球菌、化脓性链球菌、肺炎双球菌、化脓棒状杆菌等有抗菌作用，对支原体特别有效，对螺旋体也有效。临床上常用于防治鸡慢性呼吸道病、坏死性肠炎、溃疡性肠炎等。

【用法与用量】 本品使用剂量，育成鸡内服量为每千克体重 25 毫克/次，每天 1 次；混水浓度为 500～800 毫克/千克，连饮 5 天；混料浓度为 20～50 毫克/千克；缓解应激反应的混料浓度为 5～10 毫克/千克；预防慢性呼吸道病，可用 1 500～2 000 毫克/千克的水溶液浸泡种蛋。育成鸡注射量每只每次不得少于 62.5 毫克，每日 1 次。

（7）螺旋霉素

【性状】 本品为白色或淡黄色的结晶性粉末，其盐酸盐药品易溶于水。

【作用与用途】 本品的抗菌谱与红霉素相似，对革兰氏阳性菌及一部分革兰氏阴性菌有抗菌作用，如对葡萄球菌、链球菌、肺炎球菌、大肠杆菌等有效，并对支原体、钩端螺旋体、立克次氏体也有效。临床上常用于治疗鸡慢性呼吸道病、各种肠炎等。

【用法与用量】 本品使用剂量，混水，按 400 毫克/千克浓度给药 3 天；内服，每千克体重 50～100 毫克，颈部皮下注射，每千克体重 25～55 毫克。

速诺威为含 50%螺旋霉素的可溶性口服粉剂，其用量为螺旋霉素的 2 倍。

（8）北里霉素（柱晶白霉素）

【性状】 本品为淡黄色粉末，可溶于水。

【作用与用途】 本品是一种广谱抗生素，对革兰氏阳性菌、部分革兰氏阴性菌、钩端螺旋体、立克次氏体、支原体及衣原体有效，特别是对支原体作用强，临床上常用于防治鸡的慢性呼吸道病。

本品使用剂量，用于预防鸡慢性呼吸道病时，混水浓度为250～500毫克/千克，1～3日龄雏鸡连用3天，以后遇有应激时，每次用药1～2天，或间隔4周定期用药1～2天；混料浓度为110～330毫克/千克，用药时间与混水相同，但每次可连续用药5～7天。

（9）洁霉素（林可霉素）

【性状】 本品为白色结晶粉末，其盐酸盐药品易溶于水。

【作用与用途】 本品抗菌作用与红霉素很相似，对大多数革兰氏阳性菌如金黄色葡萄球菌（包括耐青霉素菌株）、白色葡萄球菌、链球菌、肺炎双球菌、破伤风杆菌、梭状芽孢杆菌等有较强的抑制作用，对支原体也有显著作用。临床上常用于治疗鸡的慢性呼吸道病、葡萄球菌感染、链球菌感染等。

【用法与用量】 本品使用剂量，混水，按31.5毫克/千克浓度，连饮4～7天；口服，每千克体重15～30毫克/次，日服2次；肌肉注射，每千克体重10～30毫克。

洁霉素与壮观霉素按1∶2配合，其商品名称为利高霉素。利高霉素的口服量为每千克体重150毫克；颈部皮下注射，1日龄雏鸡每只7.5～10毫克，成鸡每千克体重30毫克，连用3天。

（10）新生霉素

【性状】 本品的钠盐为白色结晶性粉末，可溶于水。

【作用与用途】本品的抗菌谱与青霉素G、红霉素相似。对大多数革兰氏阴性菌也有一定效果，但对革兰氏阳性菌效力很差。临床上常用于治疗鸡的葡萄球菌病及巴氏杆菌病、坏死性肠炎、细菌性呼吸系统疾病等。

【用法与用量】本品使用剂量，混料浓度为260～350毫克/千克；口服，每千克体重10～25毫克/次，日服2次。

（11）杆菌素

【性状】本品为类白色或淡黄色粉末，易溶于水。

【作用与用途】本品的抗菌谱与青霉素G相似，对大多数革兰氏阳性菌作用强，并与多种抗生素（如青霉素G、链霉素、新霉素等）有协同作用。临床上常用于耐青霉素G的葡萄球菌及链球菌所致的各种感染及坏死性肠炎等。

【用法与用量】本品使用剂量，内服，雏鸡为20～50单位/只，青年鸡100～200单位/只，成鸡200单位/只。

（12）泰乐霉素

【性状】本品为白色结晶。

【作用与用途】是畜禽专用抗生素。对支原体属特别有效，主要用于鸡支原体病（慢性呼吸道病），也可用于治疗革兰氏阳性菌和钩端螺旋体引起的疾病。

【用法与用量】泰乐霉素片，内服每千克体重1日量20～30毫克，分2～3次服；泰乐霉素注射液，皮下注射1次量，每千克体重25毫克。出口肉鸡禁用。

（13）替米考星

【性状】本品是由泰乐霉素半合成的畜禽专用抗生素，为白色结晶。

【作用与用途】本品对革兰氏阳性菌和部分革兰氏阴性菌、支原体、螺旋体均有抑制作用。对巴氏杆菌、支原体、各类致病菌的抗菌活性均强于泰乐霉素。

【用法与用量】 混水混料浓度为200毫克/千克。

（14）泰牧霉素

【性状】 本品是一种半合成抗生素，为白色或淡黄色无臭结晶粉末。

【作用与用途】 本品对革兰氏阳性菌（特别是金黄色葡萄球菌、链球菌）、多种支原体和某些螺旋体具有较强作用。临床常用于治疗鸡支原体病、伴发性呼吸道病和葡萄球菌性滑膜炎等。

【用法与用量】 本品使用剂量，用于预防时，混水，按125毫克/千克浓度，连饮3天。用于治疗时，混水，按250毫克/千克浓度，连饮3天；皮下注射，每千克体重25毫克。

（15）链霉素

【性状】 本品属碱性苷，常用其盐类硫酸链霉素，为白色或类白色粉末，易溶于水。

【作用与用途】 本品的抗菌谱较广，对结核杆菌、大多数革兰氏阴性菌有抑制和杀灭作用，对鸡沙门氏菌、大肠杆菌、痢疾杆菌、副伤寒杆菌、巴氏杆菌及支原体等也有效。临床上常用于治疗禽霍乱、鸡伤寒、传染性鼻炎、溃疡性肠炎、雏鸡白痢、大肠杆菌病及慢性呼吸道病等。

【用法与用量】 本品使用剂量，口服，每千克体重0.05克（5万国际单位）；喷雾，每100米^{3}空间20克；肌肉注射，1月龄小鸡每次2万～4万国际单位/只，2～4月龄的鸡每次5万～10万国际单位/只，成鸡每次10万～20万国际单位/只，每日2次。

（16）庆大霉素

【性状】 本品为碱性化合物，常用其硫酸盐。硫酸庆大霉素为白色或类白色粉末，易溶于水，其水溶液性质稳定。

【作用与用途】 本品为广谱抗生素，对葡萄球菌、链球菌、肺炎球菌等革兰氏阳性菌有效，对绿脓杆菌、变形杆菌、大肠杆菌、沙门氏菌等革兰氏阴性菌也有杀菌和抑菌作用，还对结核杆菌、支原体有较强作用。临床上常用于治疗敏感菌引起的呼吸道、肠道等部位的感染、鸡白痢、大肠杆菌病、葡萄球菌病、慢性呼吸道病、坏死性皮炎和肉髯水肿等。

【用法与用量】 本品使用剂量，用于预防时，混水，每升水中加入 2 万～4 万国际单位，连饮 3 天；用于治疗时，肌肉注射，小鸡每次 5 000 国际单位/只，成鸡每次 1 万～2 万国际单位/只，每天 3～4 次。

(17) 卡那霉素

【性状】 本品性质稳定，其硫酸盐为白色结晶性粉末，易溶于水。

【作用与用途】 本品对很多革兰氏阴性菌如大肠杆菌、变形杆菌、沙门氏菌、多杀性巴氏杆菌等有强大的抗菌作用。对金黄色葡萄球菌和结核杆菌也有效，但对其他革兰氏阳性菌则作用较弱，临床上常用于治疗多数革兰氏阴性杆菌和部分耐青霉素的金黄色葡萄球菌所引起的疾病，如呼吸道、肠道等感染。此外，还可用于治疗禽霍乱、鸡白痢、大肠杆菌病、慢性呼吸道病等。

【用法与用量】 本品使用剂量，混水内服，每升水中加入 30～120 毫克，混料内服，每千克体重 40 毫克；肌肉注射，每千克体重 10～30 毫克。

(18) 新霉素

【性状】本品为碱性物质，常用其硫酸盐，为白色或类白色粉末。

【作用与用途】本品对葡萄球菌、大肠杆菌、变形杆菌、沙门氏菌、布氏杆菌、亚利桑那菌等有较强的抑制作用，对链球菌、肺炎双球菌、绿脓杆菌、巴氏杆菌及结核杆菌也有一定效力，但对真菌、病毒、立克次氏体无效。临床上常用于治疗鸡细菌性肠炎、沙门氏菌病、亚利桑那病及呼吸道感染等。

【用法与用量】本品使用剂量，混料浓度为 70～140 毫克/千克，混水浓度为 35～70 毫克/千克。

（19）四环素

【性状】本品为四环素类药物，为黄色晶粉，易溶于水。

【作用与用途】本品为广谱抗生素，对革兰氏阳性菌和革兰氏阴性菌均有效。如对革兰氏阳性菌的肺炎球菌、溶血性链球菌、部分葡萄球菌、炭疽杆菌、破伤风杆菌、梭状芽孢杆菌等作用较强，对革兰氏阴性菌如大肠杆菌、产气杆菌、肺炎杆菌、布氏杆菌、巴氏杆菌等有作用。些外，对衣原体、支原体、立克次氏体、螺旋体、放线菌及某些原虫（如球虫）等也有抑制作用。临床上常用于防治鸡伤寒、白痢、霍乱、传染性滑膜炎、传染性鼻炎、慢性呼吸道病、链球菌病、葡萄球菌病、李氏杆菌病、螺旋体病及球虫病等。

【用法与用量】本品使用剂量，盐酸四环素片剂（0.05 克/片、0.125 克/片、0.25 克/片），混水浓度为 100 毫克/千克，混料浓度为 0.02%～0.06%；盐酸四环素针剂（12.5 万国际单位/支、25 万国际单位/支、50 万国际单位/支），肌肉注射，每千克体重 2 500 国际单位。

（20）金霉素

【性状】 本品属四环素类药物，为黄色晶粉，易溶于水。

【作用与用途】 本品的抗菌谱与四环素相同，但对葡萄球菌等革兰氏阳性球菌的作用强于四环素。临床上常用于防治鸡葡萄球菌、链球菌病、伤寒、白痢、霍乱、慢性呼吸道病及球虫病等。

【用法与用量】 本品使用剂量，盐酸金霉素片剂（0.125 克/片、0.25 克/片）混料浓度为 200～600 毫克/千克；盐酸金霉素针剂（10 万国际单位/支、20 万国际单位/支），肌肉注射，每千克体重 400 国际单位。

（21）土霉素

【性状】 本品属四环素类药物，为黄色晶粉，易溶于水。

【作用与用途】 本品的抗菌谱与四环素相同，对一般细菌的作用略差于四环素，但对绿脓杆菌、梭状芽孢杆菌和立克次氏体的作用都较好。临床上常用于防治鸡伤寒、白痢、霍乱、传染性鼻炎、慢性呼吸道病、链球菌病、葡萄球菌病、螺旋体病及球虫病等。此外，作为饲料添加剂，还具有减轻应激反应、增加产蛋量、提高孵化率等效力。

【用法与用量】 本品使用剂量，盐酸土霉素片剂（0.5 克/片、0.25 克/片、0.125 克/片），混水浓度为 100 毫克/千克，混料浓度为 200～400 毫克/千克，盐酸土霉素针剂（12.5 万国际单位/支、25 万国际单位/支、50 万国际单位/支），肌肉注射，每千克体重 2 500 国际单位。

（22）强力霉素（脱氧土霉素）

【性状】 本品是土霉素的衍生物，为淡黄色或黄色结晶粉末，其盐酸盐药品易溶于水。

【作用与用途】 本品对溶血性链球菌、葡萄球菌等革兰氏阳性菌及多杀性巴氏杆菌、沙门氏菌、大肠杆菌等革兰氏阴性菌，以及支原体均有较强的抑制作用。其作用效力要比四环素、土霉素强，而且对它们已耐药的细菌对本品仍然敏感。临床上常用于治疗鸡慢性呼吸道病、大肠杆菌病、沙门氏菌病及巴氏杆菌病等。

【用法与用量】 本品使用剂量，口服，每只 10～20 毫克，混料浓度为 100～200 毫克/千克，混水浓度为 50～100 毫克/千克。

（23）壮观霉素

【性状】 本品白色，易溶于水，性质稳定。

【作用与用途】 本品对革兰氏阳性菌及阴性菌，如肺炎双球菌、多杀性巴氏杆菌、金黄色葡萄球菌、链球菌等均有效，对支原体也有作用。临床上常用于防治鸡慢性呼吸道病、大肠杆菌病、沙门氏菌病、肠炎、滑膜炎等。

【用法与用量】 本品使用剂量，肌肉注射，每千克体重 30 毫克，每天 1 次，连用 3 天；混水，浓度为 31.5 毫克/千克，连用 4～7 天。

（24）制霉菌素

【性状】 本品为黄色或棕黄色粉末，不溶于水。

【作用与用途】 本品对烟曲霉菌、白色念珠菌、麦格氏毛癣菌等真菌有效，对球虫也有作用，但对细菌无效。临床上常用于治疗鸡曲霉菌病、念珠菌病、冠癣及球虫病等。

【用法与用量】 本品使用剂量，治疗雏鸡曲霉菌病时，每只鸡口服 5 000 国际单位/次，每日 2～4 次，连用 2～3 天；治疗鸡念珠菌病时，每千克饲料添加 50 万～100 万国际单位，连用 1～3 周。

2. 磺胺类药物 磺胺类药物是人工合成的氨基苯磺胺（氨苯磺胺）的衍生物，是一类广谱慢效抑菌药，其与抗菌增效剂 TMP、DVD 合用可呈现杀菌效果，对革兰氏阳性菌和阴性菌及衣原体、某些原虫（如球虫）均有效。抗菌机制是抑制菌体或虫体的二氢叶酸合成酶，阻断其核酸的合成而发挥抗菌作用。

磺胺类药物的用药原则是：首次量加倍，坚持使用维持量，蛋鸡产蛋期禁用，肉鸡出栏前禁用，以防止药物残留影响蛋、肉品质。

（1）磺胺噻唑（ST）

【性状】本品为白色或淡黄色的结晶颗粒或粉末，无臭，遇日光色渐变深，微溶于水。

【作用与用途】是合成的抑菌药，对大多数革兰氏阳性和某些阴性菌均有效，临床上用于败血症、肺炎、子宫内膜炎、禽霍乱和雏鸡白痢的治疗。

【用法与用量】本品使用剂量，肌肉注射 1 次量，每千克体重 0.05～0.07 克，隔 12 小时 1 次；混料浓度为 0.2%，连用 3 日为 1 疗程。

（2）磺胺嘧啶（SD）

【性状】白色或类白色结晶粉末，遇光色渐变暗，易溶于碱性溶液，微溶于乙醇或丙酮，不溶于水。

【作用与用途】抗菌作用同 ST，特点是与血清蛋白的结合率低，容易透过血脑屏障，是在脑脊髓液中浓度最高的磺胺药，更适用于脑与脊神经感染如球菌性脑膜炎与脑脊髓炎等。临床上常用于治疗禽霍乱、鸡伤寒、白痢、大肠杆菌病、卡氏住白细胞原虫病等。

【用法与用量】本品使用剂量，混料，浓度为 0.2%，连用 3 天；混水，浓度为 0.1%～0.2%，连用 3 天；口服，育成鸡每只每次 0.2～0.3 克，每天 2 次；肌肉注射，可用

1%针剂，每千克体重1毫升，每天2次。

（3）磺胺二甲嘧啶（SM_2）

【性状】白色或微黄色结晶粉末，味微苦，遇光色渐变深，在热乙醇中溶解，在水或乙醚中不溶，稀酸或稀碱溶液中易溶。

【作用与用途】抗菌作用同ST，但疗效比ST稍弱，对球虫有抑制作用。临床上用于治疗巴氏杆菌病、消化道和呼吸道感染、球虫病等。

【用法与用量】本品使用剂量，肌肉注射1次量，每千克体重0.05～0.07克，隔12小时1次；混料浓度为0.2%，连用3日为1疗程。

【注意事项】肉鸡出栏上市前禁用。

（4）磺胺甲基异恶唑（SMZ，新诺明）

【性状】白色结晶性粉末，味微苦。在水中不溶，在稀盐酸、氢氧化钠溶液中易溶。

【作用与用途】抗菌谱与磺胺嘧啶相似，但抗菌作用较强。与甲氧苄氨嘧啶联合应用，可明显增强其抗菌作用，抗菌范围与用途也相应扩大。临床上主要用于禽霍乱、禽副伤寒、鸡慢性呼吸道病的防治。

【用法与用量】本品使用剂量，内服一次量，每千克体重首次0.1克，维持量0.05克，每日1～2次。混料浓度为0.2%，连用3日为1疗程。

（5）磺胺间甲氧嘧啶（SMM，制菌磺）

【性状】白色或类白色结晶粉末，遇光色渐变暗。丙酮中略溶，乙醇中微溶，水中不溶，稀盐酸或氢氧化钠溶液中易溶。

【作用与用途】是抗菌作用最强的磺胺药，对细菌感染效果较好，对弓形虫、球虫病疗效也较强，与甲氧苄氨嘧啶合用可增强疗效。

【用法与用量】成年鸡内服一次量，每只首次 0.1～0.2 克，维持量 0.05～0.1 克，24 小时 1 次，连用 3～5 日为 1 疗程。

【注意事项】肉鸡出栏上市前禁用。

（6）磺胺对甲氧嘧啶（SMD，消炎磺）

【性状】白色或微黄色结晶粉末，无臭，味微苦。在乙醇和稀酸中微溶，水中几乎不溶。

【作用与用途】抗菌作用比 SMM 弱，从尿中排泄缓慢，能维持有效血药浓度近 24 小时，临床上主要用于生殖道和呼吸道感染，与二甲氧卡啶（DVD）按 25∶5 合用（复方敌菌净）内服或加入饲料防治肠道感染、菌痢和球虫病。

【用法与用量】磺胺对甲氧嘧啶（SMD）+二甲氧苄啶（DVD）的片、粉与预混剂（复方敌菌净），内服 1 次量，每千克体重 33 毫克；混饲，每千克饲料加本品 1 克，连续喂用 7 日为 1 个疗程（球虫病）。

【注意事项】肉鸡出栏上市前禁用；产蛋鸡禁用。

（7）磺胺喹恶啉（SQ）

【性状】白色或类白色结晶粉末，微溶于水。

【作用与用途】本品有较好的抗球虫作用和抑菌作用，而且不影响宿主对球虫的免疫力，主要用于防治球虫病，也可治疗鸡住白细胞原虫病。

【用法与用量】防治鸡球虫病，按每千克饲料添加 0.125 克。

治疗鸡住白细胞原虫病，混水，50 毫克/升；混料，50 毫克/千克。

【注意事项】

①为克服球虫抗药性，宜与氨丙啉或增效剂 DVD 合用。

②连续用药不得超过 10 天，否则易引起与维生素 K 缺乏有关的出血和组织坏死及红细胞、淋巴细胞减少症。

③出口肉鸡禁用。

(8) 磺胺氯吡嗪（ESB_3）

【性状】白色或淡黄色粉末，难溶于水。

【作用与用途】本品有较好的抗球虫作用，主要用于防治球虫病，多在球虫病暴发时使用；对禽霍乱、伤寒、副伤寒病也有一定疗效。

【用法与用量】磺胺氯吡嗪钠盐（三字球虫粉，含 ESB_3 30%）混水饮为 0.03%；混料喂为 0.06%。

【注意事项】肉鸡出栏上市前禁用。

(9) 磺胺脒（SG，磺胺胍）

【性状】白色或类白色结晶。

【作用与用途】内服后在肠道内不易吸收，故在肠道内能保持较高浓度，对葡萄球菌、巴氏杆菌、大肠杆菌、李氏杆菌等作用较强。临床上主要用于鸡细菌性肠炎、白痢、球虫病等。

【用法与用量】本品使用剂量，混料，浓度为 0.5%～1%，连用 3～4 天，最多不超过 1 周；口服，每千克体重 0.05～0.15 克/次，每天 2～3 次。

3. 喹诺酮类药物　本类药物的第二、第三代产品都是具有 6-氟-7 哌嗪-4-喹诺酮环结构的人工合成抗菌药，称为氟喹诺酮类。其产品有诺氟沙星、环丙沙星、氧氟沙星、恩诺沙星、培氟沙星及沙拉沙星等。本类药对革兰氏阴性菌和阳性菌有显著抗菌作用，抗菌浓度低，可制成多种剂型（水溶性粉、预混剂、胶囊剂、注射剂、液饮剂），用于大肠杆菌、沙门氏菌、巴氏杆菌、丹毒杆菌、链球菌、金黄色葡萄球菌、绿脓杆菌和支原体感染。其作用机制是抑制细菌的DNA螺旋酶，阻断菌体DNA的合成而导致细菌死亡。

本类药不宜与利福平、土霉素、四环素及大环内酯类抗生素（红霉素、高力米先）β-内酰胺类（青霉素类、头孢菌素）合用，因能导致氟喹诺酮类抗菌活性丧失或降低。

长期或大剂量使用本类药易使敏感菌产生耐药性或交叉耐药性，并可引起消化机能紊乱与神经系统症状，损害幼龄动物软骨发育。环丙沙星能使雏鸡关节肿大、生长停滞，肝细胞变性或坏死，所以雏鸡应慎用。以上不良反应可随剂量加大或用药时间延长而加重，因此诺氟沙星、恩诺沙星、沙拉沙星等，只适用于短期治疗药，而不宜用作长期使用的饲料添加剂（美国于2001年已停止使用作饲料添加剂）。本类药的神经系统毒性在临床上表现为中枢神经兴奋甚至出现惊厥，甾体类消炎镇痛药（可的松类合成皮质激素）可加重这种神经毒性，与之合用要慎重。因此，在应用氟喹诺酮类的良好抗菌、抗感染效果时，要重视合理用药，预防不良作用的产生。然而临床上将本类药与氨基甙类抗生素（庆大霉类、卡那霉素）合用或交替使用，可以减缓其耐药性。

（1）诺氟沙星

【性状】本品系类白色或淡黄色晶粉，在醋酸、盐酸溶液中易溶。

【作用与用量】

①氟哌酸粉或胶囊，内服1次量，每千克体重10毫克，每日2～3次。混饲，按每千克饲料0.25～0.1克；混饮，

每升水加药 0.05 克。

②烟酸诺氟沙星（有含量 34％和 5％两种），对大肠杆菌和沙门氏菌的效果尤佳，混饮，按每升水 0.05 克浓度。盐酸或乳酸诺氟沙星的作用、应用与之相同。

③诺氟沙星注射液（氟哌酸注射液），剂量按厂家产品说明书指示使用。

（2）环丙沙星

【性状】本品系类白色粉末，味苦。

【作用与用途】是氟喹诺酮类抗菌最强的一种制品，对厌氧菌、支原体有强大作用，主要用于畜禽肠道和慢性呼吸道疾病及混合感染。

【用法与用量】

①盐酸环丙沙星（可溶性粉），混饮：按每升水 50 毫克浓度，连用 3～5 日为 1 个疗程。

②乳酸环丙沙星注射液，肌肉注射，按每千克体重 2.5～5 毫克。

③乳酸环丙沙星原粉，混饮按每升水 25 毫克浓度，连用 3～5 天。

（3）氧氟沙星（商品名为泰利必妥）

【作用与用途】本品是一种新的氟喹诺酮类抗菌药，其抗菌谱广，对革兰氏阴性菌、阳性菌、某些厌氧菌、绿脓杆菌、支原体和衣原体均有抗菌作用，口服吸收良好，血药浓度高，药效维持时间长（近 24 小时），组织渗透性强及不良反应少，临床适用于其敏感菌引起的呼吸道、泌尿道、肠道和皮肤软组织的感染性疾病如慢性喉炎、支气管炎、肺炎、子宫内膜炎、肠炎和菌痢的治疗。据报告，对人工合并感染鸡败血支原体和大肠杆菌的治疗有显著的效果，在控制死亡率、治愈率、有效率以及减少阳性反应、气囊损伤率、病原分离数量方面甚至优于恩诺沙星。

【用法与用量】

①氧氟沙星粉，混饲，每千克饲料加药 50～100 毫克；混饮，按每升水 50～100 毫克浓度。

②氧氟沙星可溶性粉（盐酸氧氟沙星），混饮，按每升水 0.5 克浓度，连饮 3 天。

③氧氟沙星注射液，肌肉注射 1 次量，每千克体重禽 3～5 毫克，每日 2 次，连用 3～5 天。

（4）恩诺沙星

【作用与用途】是动物专用氟喹诺酮类广谱抗菌药，对霉形体亦有效，用于大肠杆菌、巴氏杆菌、丹毒杆菌、沙门氏菌、葡萄球菌、链球菌、支原体感染病。例如禽霍乱、慢性呼吸道病、肠炎、皮肤与软组织感染病的治疗。

【用法与用量】

①恩诺沙星钠盐和盐酸恩诺沙星，混饲，按每千克饲料加药 100 毫克浓度；混饮，按 50 毫克/升水浓度。

②5%或 10%恩诺沙星注射液，肌肉注射 1 次量，每千克体重 5 毫克，每日 2 次。

4. 咪唑类药物

（1）甲硝唑（灭滴灵）

【性状】本品为白色或乳白色品粉，溶于水。

【作用与用途】本品有强大的杀灭滴虫的作用，也可抑制厌氧菌感染，具有高效低毒的特点，主要用于治疗鸡滴虫病。

【用法与用量】本品使用剂量，混水，按 0.05%浓度连饮 7 天，停药 3 天，再饮用 7 天。

（2）地美硝唑（二甲硝唑）

【性状】本品为白色或微黄色粉末，微溶于水。

【作用与用途】是新型抗组织滴虫药，具有广谱抗菌和抗原虫作用。临床上主要用于防治滴虫病、盲肠性肝炎、螺旋体病等。

【用法与用量】二甲硝唑预混剂，按纯品计每千克饲料添加量，预防用 0.075 克，治疗用 0.5 克。

5. 二氨基嘧啶类药剂（抗菌增效剂）

（1）甲氧苄啶（TMP）

【作用与用途】抗菌作用与磺胺药相似，单用易产生细菌抗药性，故少单用。本品内服或注射易吸收，主要用作抗菌增效剂，即按 1∶5 与磺胺类药（SD、SM_2、SMM、SQ 等）或抗生素（青霉素、红霉素、庆大霉素、多黏菌素）及其他合成抗菌药（如氟哌酸硫酸黄连素）合用或制成复方增效剂在临床应用于细菌感染。

【用法与用量】

①甲氧苄啶片，内服 1 次量，每千克体重 10 毫克，12 小时 1 次。

②甲氧苄啶注射液，肌肉静脉注射参照片剂用量。

③复方磺胺嘧啶片、复方磺胺甲噁唑片（复方新诺明片）、复方磺胺间甲氧嘧啶片、复方磺胺对甲氧嘧啶片，内服 1 日量，每千克体重 30 毫克。

④复方磺胺嘧啶钠注射液、复方磺胺甲噁唑钠注射液（复方新诺明针剂）、复方磺胺对甲氧嘧啶钠注射液、复方磺胺邻二甲氧嘧啶钠注射液，肌肉注射 1 日量，按每千克体重 20～25 毫克。

（2）二甲氧苄啶（DVD，敌菌净，二甲氧苄氨嘧啶）

【作用与用途】抗菌作用与 TMP 相同，但较弱，为动物专用的抗菌增效剂。内服吸收少，在肠内浓度高，故主要用于肠道细菌感染和球虫病的治疗，常用作为增效剂与磺胺药（SQ、SMZ、SMM、SMD）和抗生素（四环素）按 1∶5（DVD∶抗菌药）合用配成片剂或预混剂，用于治疗鸡球虫病和畜禽细菌肠道感染引起的肠炎与下痢。

【用法与用量】复方敌菌净粉或片剂，用法详见磺胺对甲氧嘧啶（SMD）制剂。

6. 喹恶啉类和吡啶类制剂

（1）痢菌净（乙酰甲喹）

【性状】本品为黄色晶粉，微溶于水。

【作用与用途】本品是一种合成的广谱抗菌剂，对革兰氏阴性菌的作用比对革兰氏阳性菌强。用于大肠杆菌、巴氏杆菌、霍乱、沙门氏菌感染引起的肠炎和痢疾。

【用法与用量】0.5%痢菌净注射液，肌肉注射 1 次量，每千克体重 4～8 毫克，每日 2 次，连用 3 天。

（2）喹乙醇（快育灵）

【性状】本品为浅黄色晶粉，在热水中易溶解。

【作用与用途】德国的商品名原为倍育诺，本品为抗菌促长剂、对革兰氏阳性菌如巴氏杆菌、大肠杆菌、鸡白痢沙门氏菌、流感嗜血菌作用强，因而临床上可用于治疗禽霍乱、腹泻和肠道感染。

【用法与用量】

（1）喹乙醇粉，作为肉鸡生长促进剂，每吨饲料添加量 50～100 克。

（2）喹乙醇片（每片 25 毫克）。防治禽霍乱按每千克体重 20 毫克，内服，每日 2 次，连用 3 天。

【注意事项】鸡对本品敏感。因此，本品作为鸡饲料添加剂应慎用。

(3) 喹胺醇　由中国农业科学院兰州畜牧与兽药研究所研制的喹恶啉类化合物。

【作用与用途】本品对大肠杆菌、沙门氏菌有明显抑制作用，用于预防雏鸡白痢和大肠杆菌病。本品毒性较喹乙醇低。小鼠半数致死量（LD_{50}）测定为9 000毫克/千克体重；鸡用制成10%喹胺醇-羧甲纤维素钠混悬液，试验LD_{50}为4 949.94毫克/千克体重。

(4) 二氢吡啶

【性状】本品化学名2，6-二甲基-3，5-二乙酯基-1，4二氢吡啶，为淡黄色晶粉，微溶于水，能溶于热乙醇、无味、无毒。

【作用与用途】能抑制酯类化合物的过氧化过程，对细胞膜起保护作用，具有如维生素E的抗氧化功能，除可作食油的抗氧化剂外，还用作畜禽的促生长与促生产（奶、蛋）剂，能提高饲料报酬和家禽产蛋率。雄性小鼠LD_{50}为10 000毫克/千克体重（口服），属无毒品。饲料添加量，鸡为0.15%。

（三）常用抗寄生虫类药物及使用

1. 磺胺喹恶啉

【作用与用途】本品主要用于防治鸡球虫病。

【用法与用量】应用本品时多采用间歇用药，即用药与停药交替进行。用于治疗时，可用0.1%浓度连续饲喂3天，停药3天后，改用0.05%饲喂2天，然后又停药3天，再用0.05%浓度饲喂2天；若需要时还可停药3天，再按原剂量喂 2 天。用于预防时，可按 0.012%混料或 0.05%混水，或用 0.05%浓度在 5 天期间连续饲喂。本品在鸡体内排泄甚慢，休药期为 10 天。

2. 磺胺二甲氧嘧啶

【作用与用途】本品具有较好的抗球虫作用，临床上常用于球虫病暴发时的治疗。

【用法与用量】本品使用剂量，14 日龄雏鸡感染球虫，可用 500 毫克/千克浓度混水，连用 3 天，停药 3 天，再用 3 天；用于预防时，混水浓度为 125 毫克/千克。

3. 磺胺间甲氧嘧啶

【作用与用途】本品防治鸡球虫病，控制鸡脆弱艾美尔球虫的效果好于磺胺二甲氧嘧啶。

【用法与用量】本品使用剂量，混饲治疗浓度为 200 克/千克；混水浓度为 250～500 克/升。

4. 二甲氧甲基苄氨嘧啶

【作用与用途】本品能防止布氏艾美尔球虫、脆弱艾美尔球虫、毒害艾美尔球虫、堆型艾美尔球虫、巨型艾美尔球虫等单独或混合感染，并使鸡体产生自然免疫功能。

【用法与用量】本品使用时常与磺胺二甲氧嘧啶配合，用量：磺胺二甲氧嘧啶 125 毫克/千克，二甲氧甲基苄氨嘧啶 75 毫克/千克。一般宰前 2 天停药，并限制应用于 16 周龄以上的鸡。

5. 莫能霉素

【性状】莫能霉素钠为淡褐色或橙黄粉末，不溶于水。

【作用与用途】本品对鸡多种艾美尔球虫有抑制作用，而且球虫对本品不易产生耐药性。

【用法与用量】本品使用剂量，用 125 毫克/千克混料，可预防球虫病，并能促进幼鸡生长发育。一般宰前 3 天停药，产蛋鸡限制使用。

6. 盐霉素（沙利霉素）

【性状】本品为白色粉末，难溶于水。

【作用与用途】本品对堆型艾美尔球虫、巨型艾美尔球虫、脆弱艾美尔球虫等有效。此外，对大多数革兰氏阳性菌和与鸡球虫有密切关系的厌氧梭状芽孢杆菌有杀灭作用，对某些霉菌也有作用。但对革兰氏阴性菌、酵母和另一些霉菌则无效。

【用法与用量】本品使用剂量，按 60～70 毫克/千克浓度混饲。优素精，含盐霉素 10%。

7. 青霉素

【作用与用途】用于治疗鸡球虫病。

【用法与用量】治疗用量：混水，雏鸡每只 4 000～5 000国际单位/次，1 月龄以后鸡每只 0.8 万～1.0 万国际单位/次，每天 2 次，连用 3 天。

8. 土霉素

【作用与用途】用于治疗鸡球虫病。

【用法与用量】治疗用量：雏鸡每只每天有 2～4 毫克，连用 2～3 天。

有报道认为，青霉素、土霉素并无抗球虫作用，但能治疗球虫病的并发感染，故在发生球虫时应用，能收到较好的效果。

9. 氨丙啉

【性状】本品为白色或淡黄色结晶性粉末，易溶于水。

【作用与用途】本品用于防治鸡球虫病，尤其对脆弱艾美尔球虫和堆型艾美尔球虫效果良好。

【用法与用量】本品用于预防和控制鸡球虫病时，用量为125～250毫克/千克，混料连喂2周。

10. 敌灭素

【作用与用途】用于治疗鸡球虫病。有效成分为二甲硫胺，其用途与氨丙啉相同。

【用法与用量】以125毫克/千克浓度混饲。

11. 球痢灵（二硝苯酰胺）

【性状】本品为黄褐色粉末。

【作用与用途】本品对球虫有效，特别对寄生于小肠的毒害艾美尔球虫有效，主要抑制第一代裂殖体的增殖阶段。

【用法与用量】本品的预防量为125毫克/千克，治疗量为250毫克/千克，连喂3～5天，可治疗暴发性球虫病。

12. 氯苯胍

【作用与用途】本品用于防治鸡球虫病，对鸡的各种球虫都有较强的抑制作用，而且还能抑制卵囊的发育，使卵囊的排出数减少。

【用法与用量】本品的治疗量为30～33毫克/千克拌料，连喂3～5天。

13. 灭滴灵（甲硝基羟乙唑）

【作用与用途】本品有强大的杀灭滴虫的作用，也可抑制厌氧菌感染，用于治疗鸡滴虫病。

【用法与用量】本品使用剂量，混水，按0.05%浓度连饮7天，停药3天，再饮用7天。

14. 哌嗪

【作用与用途】本品主要对鸡的蛔虫有效，一般对其成虫效果较好，对未成熟的虫体效果较差，故常用驱除鸡蛔虫的成虫。

【用法与用量】国内常用的哌嗪制剂有枸橼酸哌嗪及磷酸哌嗪。

枸橼酸哌嗪（驱蛔灵）为白色晶体粉末，可溶于水。片剂，0.5 克/片。

磷酸哌嗪为白色晶状粉末，难溶于水。片剂，0.5 克/片。

两种药品的使用剂量，混料，每千克体重 0.2～0.3 克；亦可按 0.4%～0.8%浓度混水。

15. 左旋咪唑

【性状】本品的盐酸盐剂为白色或淡黄色晶体粉末，易溶于水。

【作用与用途】本品为广谱、高效、低毒、使用方便的驱虫药，对鸡多种线虫有效，如鸡蛔虫、异刺线虫、气管线虫等，对蛔虫的效果更好。

【用法与用量】本品驱蛔虫饮服量为每千克体重 24 毫克，驱虫率达 100%；驱异刺线虫饮服量为每千克体重 36 毫克，驱虫效果较好。

16. 甲苯咪唑

【性状】本品为淡黄色无定形粉末，微溶于水。

【作用与用途】本品为广谱驱虫药，对线虫、绦虫等肠道蠕虫均有疗效。

【用法与用量】治疗量为每千克体重 30 毫克或按 125 毫克/千克浓度混料给药。

17. 氯酚

【作用与用途】本品对鸡赖利绦虫有效。

【用法与用量】治疗量为每千克体重 300 毫克。

18. 灭绦灵（氯硝柳胺）

【性状】本品为淡黄色粉末，味苦，难溶于水。

【作用与用途】本品对多种绦虫和吸虫有效，特别对绦虫效果好。

【用法与用量】本品使用剂量，片剂，0.5 克/片，每千克体重 50～65 毫克。

19. 槟榔

【作用与用量】将植物槟榔的种子研成细末，鸡每千克体重 0.25～0.5 克，可驱绦虫节片并可驱绦虫。

20. 蝇毒磷

【性状】本品是硫代磷酸酯类化合物，纯品为白色晶状粉末，不溶于水。

【作用与用途】本品是优良“内吸毒剂”，杀虫范围广，对鸡的刺皮螨、新勋恙螨、秋恙螨以及跳蚤、软蜱、鸡虱等体外寄生虫的成虫和幼虫有效，对鸡蛔虫也有驱除作用。

【用法与用量】本品使用剂量，16％蝇毒磷乳油，用时配成各种浓度。如治疗鸡鳞足螨病，应配成 0.03％乳剂逐只浸洗鸡脚、鸡冠和鸡髯，再用 0.03％乳剂喷栖架、地面等处。也可用 0.05％浓度的砂浴杀灭鸡体外寄生虫。

21. 敌百虫

【性状】本品为白色结晶粉末，可溶于水。

【作用与用途】本品杀虫范围广，对体内外寄生虫都有效，其杀虫作用较有机氯制剂强。

【用法与用量】本品使用剂量，用 0.1％～0.15％溶液洗浴或喷洒杀灭鸡膝螨；用 0.1％～0.5％溶液喷洒可杀死虱、蚤、蜱、蚊、蝇等体外寄生虫。

22. 马拉硫磷

【作用与用途】本品为有机磷杀虫剂，作用与蝇毒磷相似，可用以驱除鸡体外寄生虫。

【用法与用量】本品使用剂量，用于喷雾剂，浓度为1.25%；用于撒粉剂，浓度为4%。

23. 除虫菊

【作用与用途】本品为白花除虫菊的干燥花序，其有效成分除虫菊酯约含1%，常用于杀灭蝇、蚊、蜱、虱及治疗疥螨病。

【用法与用量】除虫菊花序干粉复方制剂（干粉0.37～0.75克加煤油1.8升）或0.2%除虫菊酯煤油溶液，可杀灭各种昆虫。

1%～3%除虫菊花序干粉乳剂可治疗鸡疥癣。

24. 溴氰菊酯（敌杀死）

【作用与用途】本品可杀灭鸡蜱、虱、螨，还可用于杀蟑螂、蚂蚁等。其残效期较短，可隔10～15天再用1次。

【用法与用量】本品有2.5%乳剂、2.5%可湿性粉剂。常用浓度为50～80毫克/千克。

（四）常用其他类药物及使用

1. 作用于消化系统的药物

（1）乳酶生

【性状】本品为乳酸杆菌的干燥制剂，每克含活乳酸杆菌1 000万个以上。为白色粉末，无臭无味，难溶于水，受热后效力降低。

【作用与用途】本品内服后，在肠内能分解糖类而产生乳酸，增高肠内酸度，从而抑制腐败性细菌的繁殖，制止蛋白质发酵，减少产气。临床上常用于鸡消化不良等胃肠疾病。

【用法与用量】本品使用剂量，乳酶生片（0.3克/片），内服，每只鸡 0.5～1 克。

（2）干酵母

【性状】本品为大麦酵母菌的干燥菌体，为淡黄白色或淡黄棕色的薄片、颗粒或粉末。

【作用与用途】本品内含有多种 B 族维生素，它们参与体内代谢过程，促进机体各系统、器官的生理机能。因而常用于鸡消化不良和维生素 B 缺乏所引起的各种疾病。另外，对雏鸡嗉囊积食有助消化作用，还可用于促进雏鸡生长发育。

【用法与用量】本品使用剂量，干酵母片（0.2 克/片、0.3 克/片、0.5 克/片），内服，每只鸡 0.1 克。

（3）硫酸镁（泻盐）

【性状】本品为无色细小的针状结晶。

【作用与用量】本品可用于内服治疗鸡大肠便秘，鸡中毒时可排除肠内毒物，如配合驱虫药应用可排除虫体。鸡的内服量为 1～5 克/只。

（4）硫酸钠（芒硝）

【性状】本品为无色透明柱形结晶或颗粒性粉末。

【作用与用量】本品用途与硫酸镁相同，但作用较硫酸镁弱。鸡的内服量为 1～5 克/只。

2. 中枢兴奋药、安定药及醒抱药

（1）安钠咖

【性状】本品为白色粉末，易溶于水。

【作用与用量】本品可作为鸡中毒及其他原因产生中枢神经系统抑制、呼吸及循环衰竭的兴奋药。用于治疗时，皮下注射量为 0.1～0.2 毫升/只。

（2）巴比妥

【性状】本品为白色结晶性粉末，难溶于水，可溶于乙醚或酒精，多制成易溶于水的巴比妥钠使用。

【作用与用量】本品能抑制中枢神经系统，大剂量起催眠和抗惊厥作用，小剂量起镇静作用，鸡因中毒或其他原因而引起的兴奋性症状，可用本品作镇静药。

本品使用剂量，巴比妥片（0.3 克/片），内服，鸡每千克体重 0.03 克。

（3）溴化物（溴化钠、溴化钾、溴化铵）

【性状】本品为无色透明、不透明的结晶或白色颗粒状粉末，易溶于水。

【作用与用量】当鸡因毒物或其他原因引起中枢神经兴奋时，可用溴化物作镇静剂。

本品使用剂量，三溴片（每片含溴化钾 0.12 克、溴化钠 0.12 克、溴化铵 0.06 克），内服，每只鸡 0.5～1 片。

（4）硫酸铜

【性状】本品为深蓝色三斜系结晶或蓝色结晶性颗粒、粉末。

【作用与用量】本品可用于就巢母鸡的醒抱。使用时，用 2%硫酸铜溶液，给就巢鸡肌肉注射 1 毫升/只。

（5）盐酸麻黄碱

【作用与用量】本品用于就巢母鸡醒抱时，每只鸡 1 次用 2 片，每片含 25 毫克，上、下午（间隔 7～8 小时）各投 1 次。

3. 解毒类药物

（1）有机磷中毒的解毒药

①阿托品

【性状】本品为颠茄中的生物碱，其盐类为无色结晶或白色结晶性粉末。

【作用与用途】本品主要作用是阻断 M-胆碱受体，故能松弛内脏平滑肌，解除平滑肌痉挛，抑制腺体分泌，散大瞳孔，解除迷走神经对心脏的抑制与血管痉挛，对呼吸中枢也有轻度作用。

本品用于有机磷中毒的解毒，但只能解除轻度中毒的毒性，故在中毒严重时，应与解磷定反复应用，才能有效。

【用法与用量】本品使用剂量，硫酸阿托品注射液（0.5 毫克/支、5 毫克/支），皮下注射，鸡每只用 0.1～0.25 毫克；硫酸阿托品片（0.3 毫克/片），内服，鸡每只用 0.1～0.2 毫克。

②碘磷定（解磷定）

【性状】本品为黄色结晶性粉末，略溶于水，在碱性溶液中不稳定，忌与碱性药物配伍。

【作用与用途】本品的作用是能迅速复活已经磷酸化但未老化的胆碱酯酶，能将结合在酶上的磷酸基夺过来，使胆碱酯酶与结合物分离而且恢复活性。本品还能在体内直接与有机磷化合物起作用，生成无毒的磷酰化碘磷定由尿排出。

由于碘磷定不能通过血脑屏障，对中枢神经症状几乎无效，故与阿托品合并应用效果更好。

【用法与用量】本品使用剂量，碘磷定注射液（0.4 克/支），肌肉注射，鸡每只 0.2～0.5 毫升（每支 10 毫升，每毫升含碘磷定 40 毫克）。

（2）金属与类金属中毒的解毒药

①二巯基丙醇

【性状】本品的注射剂为无色或淡黄色的澄明油状液体，有类似蒜的臭味。

【作用与用途】本品多用于铜、砷等金属中毒的解毒。它是一种竞争性解毒剂，在体内与金属离子结合成无毒、离解度低的金属化合物，并能将已与酶系统结合的金属离子夺取，从尿中排出而起解毒作用。

【用法与用量】本品使用剂量，二巯基丙醇注射液（0.1克/支、0.2克/支），肌肉注射，鸡每千克体重2.5～5毫克。

②硫代硫酸钠

【性状】本品为无色透明或结晶性粉末，无臭，在干燥空气中有风化性，在湿空气中有潮解性，水溶液显微弱的碱性反应。

【作用与用途】本品作用是具有还原剂特性，能与金属、类金属形成无毒的硫化物由尿排出。但其疗效不及二巯基丙醇。

【用法与用量】本品使用剂量，硫代硫酸钠注射液（0.5毫克/支、1毫克/支），肌肉注射，每鸡每只0.32克。

（3）有机氟中毒的解毒药及其他解毒药

①乙酰胺（解氟灵）

【性状】本品为白色晶粉，易潮解。

【作用与用途】本品的作用是在体内争夺酰胺酶，使之不产生对机体三羧酸循环有毒性作用的氟乙酸，从而解除有机氟中毒。因此，用本药解毒时宜早期应用，并给足剂量；严重中毒病例必须配合使用巴比妥类镇静药。

【用法与用量】本品使用剂量，乙酰胺注射液（2.5克/支），肌肉注射，鸡每千克体重0.1克。

②葡萄糖

【性状】本品为无色结晶或白色结晶性粉末，无臭，味甜。

【作用与用途】本品常用于鸡的药物中毒及饲料中毒的解救。

葡萄糖为营养药物，可供给能量，补充体液，增强心肌力量。高渗葡萄糖可增高渗透压，使组织脱水，有利尿作用，还具有解毒作用。因葡萄糖在肝脏中可氧化成葡萄糖醛酸与毒物结合从尿排出，也可以通过糖代谢中间的产物乙酰基起乙酰化作用而解毒。

【用法与用量】本品使用剂量，5%葡萄糖注射液，皮下注射，每只鸡每次 20～50 毫升；内服，每只鸡每次 50 毫升。25%高渗葡萄糖注射液，腹腔注射，每只鸡每次 5～10 毫升。

③氯化钠

【性状】本品为无色澄明晶体，无臭，味咸。

【作用与用途】本品多用于鸡的药物中毒及饲料中毒的解毒。

本品为电解质补充液，静脉注射后，可使鸡体恢复血压、增强代谢，并促进毒物自体内排出。

【用法与用量】本品使用剂量，0.68%氯化钠注射液皮下及静注，每只鸡每次 20～50 毫升，内服，每只鸡每次 50 毫升。

④维生素 C

【性状】本品为白色结晶性粉末，无臭，味酸，久置色渐变微黄，水溶液呈酸性反应。

【作用与用途】本品多用于重金属离子中毒及药物中毒的解毒。

维生素 C 参与体内多种代谢，如参与叶酸代谢，刺激造血机能；促进铁的吸收，对血红蛋白和红细胞的成熟有影响；参与胶原纤维的合成，加速伤口的愈合，促进机体内抗体形成，增强白细胞吞噬作用，增强机体抗感染能力；同时还参与体内氧化还原反应，具有解毒作用。对重金属离子的解毒，就是利用维生素C的氧化还原能力。因重金属离子能在机体内与含巯基酶结合而使其失活，引起中毒。而维生素C可使氧化型谷胱甘肽转化成还原型，还原型谷胱甘肽与重金属结合排出体外，从而起到解毒作用。

【用法与用量】本品使用剂量，维生素C片（25毫克/片、50毫克/片、100毫克/片），口服，鸡每只25～50毫克；维生素C注射液，（0.1克/支、0.25克/支、0.5克/支、2.5克/支），肌肉注射，鸡每只0.05～0.125克。

4. 抗病毒病药物

（1）吗啉胍（病毒灵）

【作用与用途】本品能通过阻止病毒粒子核酸的合成而抑制其繁殖，对流感病毒增殖周期的各个阶段都有抑制作用。但对游离病毒颗粒无直接作用。可用于防治流感、疱疹、滤过性结膜炎、鸡痘、鸡传染性喉气管炎与支气管炎、鸡新城疫等病毒性感染。

（2）病毒唑

【性状】本品为无色结晶，易溶于水。

【作用与用途】本品为广谱抗病毒药，对鸡新城疫病毒、流感病毒、流行性乙型脑炎病毒、疱疹病毒、腺病毒及部分肠道病毒等均有抑制作用，临床用于治疗病毒性流感、腺病毒肺炎、疱疹性角膜炎、急性流行性角膜炎、疱疹口腔炎等。

（3）金刚烷胺

【作用与用途】本品能阻止病毒进入宿主细胞，并能抑制病毒的复制，对人甲型流感病毒有特异性抑制作用，还具有解热和提高体液免疫力的功能，可用于病毒性肺炎、败血症、畜禽流感等的治疗。与抗生素合用能提高疗效。金刚烷胺片及复方金刚烷胺片，鸡呼吸道感染内服1次量，每千克体重0.025克。

（4）黄芪多糖

【作用与用途】本品为豆科植物蒙古黄芪或荚膜黄芪的有效成分提取物。其作用能使动物体诱生内源性干扰素，作用于细胞，使产生抗病毒蛋白而抑制病毒蛋白合成，产生抗病毒感染的作用。可用于治疗鸡传染性法氏囊病、流感等病毒性传染病。它通过诱导机体产生的干扰素还能抗肿瘤，并有调节机体免疫功能，促进抗体生成的作用。

黄芪多糖注射液（抗病毒1号注射液），为黄色或褐色液体，肌肉注射、鸡皮下注射1次量2毫升，每日1次，连用2天。

（5）抗病毒病中草药　抗病毒中草药剂多数兼有抗病毒、清热、解毒、抗菌和提高机体免疫功能的多种性能，比合成的抗病毒药具有更多的药理作用优势。

据介绍，下列中草药有抗病毒作用。多数人或动物的抗病毒方剂都含有下列抗病毒中草药组分。

①抗流感病毒中草药：丹皮、大青叶、板蓝根、黄连、黄芩、黄柏、连翘、青黛、金银花、虎杖、大黄、鱼腥草、茵陈、苍术、贯众、野菊花、柴胡、罗布麻、夏枯草、大蒜、桂皮、防风、紫苏、石韦、赤芍、五味子、黄精、一枝黄花、芫花、海藻、诃子、艾叶、槟榔、鸭跖草、侧柏叶、生甘草、大叶桉、紫菀、佩兰、橄榄、葱、食醋等。

②抗腺病毒的中草药：大青叶、青黛、板蓝根等。

③抗疱疹病毒的中草药：马齿苋、射干、紫花地丁、侧柏叶、赤芍、黄精、金银花、虎杖等。

④抗艾可病毒的中草药：射干、大青叶、板蓝根、贯众、金银花、蒲公英、穿心莲、鱼腥草、青蒿、麻黄、四季青、夏枯草、茵陈等。

(6) 抗病毒病中草药的作用　据报道，黄芩、大青叶、板蓝根对呼吸道感染的病毒有效，连翘、黄柏、黄连对胃肠道感染的病毒效果好，鱼腥草、黄柏能抗雏鸡肝炎病毒，它们都能干扰病毒的增殖；金银花、紫花地丁、野菊花有抗支原体的作用；蒲公英、鱼腥草能减轻病毒引起的病变，亦都有诱生干扰素、提高机体免疫功能的作用。

5. 杀鼠药

(1) 磷化锌

【性状】本品为暗灰色带金属光泽粉末。

【作用与用法】本品杀鼠能力强、收效快，鼠食后多在24小时内死亡。鼠类吞食药饵后，由于在胃内受胃酸影响，使本品产生气体磷化氢，出现更快的毒杀效果。

本品在空气中放置数天即会失效，故应临用时配制。由于有蒜味，小家鼠容易接受，而其他鼠类有时会避而不食。

本品首次使用效果良好，但连续使用鼠类有明显拒食现象，故应与其他杀鼠药交替使用。

本品对人、畜、禽的毒力均与鼠类近似，人误食2～3克有致死可能，哺乳动物中毒后48～72小时死亡，家禽一般中毒后24小时死亡。

本品常用其粉剂，配成2%～5%毒饵应用。

(2) 毒鼠磷

【性状】本品为白色粉末或结晶。

【作用与用法】本品为有机磷杀鼠剂，杀鼠能力强。鼠类对本品接受较好，再遇其拒食性不明显。

本品毒理是抑制胆碱酯酶活力，鼠食后 4～6 小时后出现症状，0.5～1 天内死亡。

本品对鸡的毒力很弱，但鸭、鹅敏感。一般毒饵浓度为 0.5%～1%。

(3) 安妥

【性状】本品为白色结晶。

【作用与用法】本品杀鼠能力强，特别是对褐家鼠，但对屋顶鼠效果很差。鼠类食后体温下降，产生肺水肿及胸膜渗出，导致呼吸困难，致死时间为 1～2 天。

鼠类对本品易产生短时期的抗药性，特别是幼鼠比成鼠抗药性大几倍，重复应用效力不佳，而且鼠类还会产生拒食现象，故一般在一年内只能使用安妥 1 次。

安妥常用其粉剂，含 α-萘硫脲 84%以上，配成 1%～5%毒饵应用，不宜用有酸味的食物作饵料。

(4) 氟乙酸钠

【性状】本品为白色针状结晶。

【作用与用法】本品是一种有机氟杀鼠剂，杀鼠能力强。

鼠类对本品接受性好，但连续给予毒饵 3 次以上，部分鼠可产生一定的拒食性。本品作用较快，约 0.5～1 小时出现中毒症状，多在 1 天内死亡。

本品对各种动物都有毒性，易发生二次或三次中毒。

本品毒饵配制浓度，家鼠用 0.2%～0.4%，野鼠用 0.3%～0.6%。

(5) 华法令（杀鼠灵）

【性状】本品为白色粉末。

【作用与用法】本品是一种香豆素类抗凝血剂，对褐家鼠较敏感，对小家鼠敏感性差。鼠类对本品毒饵一般乐于接受，故灭鼠效果良好。

本品对人、畜及家禽的毒性很小，但对犬、猫、猪较敏感，能发生二次中毒。

本品常用粉剂，配成0.025%～0.05%毒饵应用。

（五）产蛋鸡应忌用的药物

目前，兽药市场上品种繁多，功能各异，但其中有一些药物在防治鸡病的同时会产生副作用，必须给予注意。尤其是某些药物对鸡群整个产蛋期间均有影响，应用时要特别慎重。

根据笔者实践体会和一些资料介绍，在鸡群产蛋期，下列药物应禁止使用。

1. 磺胺类及磺胺增效剂 磺胺类药物、硫酸链霉素均能使蛋鸡血钙水平降低、产蛋率下降、蛋质变差。尤其是磺胺类药物，是兽医临床上广泛应用的人工合成抗菌药物，具有抗菌范围广、效力稳定、使用方便、价格低廉等特点。常用的磺胺类药物有磺胺二甲嘧啶、磺胺甲氧嘧啶、周效磺胺、磺胺脒、复方新诺明、复方敌菌净等。以上药物常用于防治鸡白痢、球虫病和其他细菌性疾病。但这些药物都有抑制鸡产蛋的副作用，因而对产蛋鸡必须禁用。如果应用于雏鸡或青年鸡也必须严格控制剂量和给药天数，以免引起中毒。

2. 金霉素 本品属于四环素类广谱抗生素，主要起抑菌作用，高浓度时有杀菌作用。除对革兰氏阳性和阴性菌有抑制作用外，还对支原体病、鸡白痢、鸡伤寒、禽霍乱等有疗效。但是，由于该药物被吸收后，能与血中的钙结合，形成难溶的钙盐排出体外，因而阻碍了蛋壳的合成，使鸡群产蛋率下降，故产蛋鸡群应禁止应用。

3. 氨茶碱 本品具有松弛平滑肌的作用，可以缓解支气管平滑肌痉挛而产生的哮喘，应用于鸡呼吸道传染病引起的呼吸困难。但本品应用于产蛋鸡群后，可使鸡群产蛋率下降。

4. 丙酸睾丸素、甲基睾丸素 二者系雄性激素，能抑制下丘脑分泌促性腺激素，使机体内分泌紊乱而影响产蛋，主要用于抱窝鸡的醒抱，但醒抱后应立即停用，若反复使用，会抑制母鸡排卵，甚至发生雄性化而影响产蛋。

5. 拟胆碱药物 如新斯的明、氨甲酰胆碱和巴比妥类药物，均可影响子宫的机能而使产蛋提前，造成产蛋周期异常，蛋壳变薄、产软壳蛋等。

6. 乳糖 鸡不耐乳糖，尤其产蛋鸡对乳糖敏感，饲料中含乳糖15％时产蛋会受到明显抑制，超过20％则产蛋停滞，严重者泻痢。

7. 某他药物 某些抗球虫药，如克球粉、球虫王等，一些肾上腺皮质激素，如地塞米松、可的松等，这些药物的不合理使用也会影响鸡的产蛋性能。

五、鸡病毒性传染病

（一）鸡新城疫（ND）

鸡新城疫，又称亚洲鸡瘟，在我国民间俗称鸡瘟，是由鸡新城疫病毒引起的一种急性、烈性传染病，其特征为呼吸困难，排绿便，扭颈，腺胃乳头及肠黏膜出血等。本病分布广泛，传播快，死亡率高，是危害养鸡业的最严重疾病之一。

【病原特性】鸡新城疫病毒属于禽副黏病毒科副黏病毒属Ⅰ型新城疫病毒（NDV），完整病毒粒子近似圆形，直径为120～300纳米，有囊膜，在囊膜的外层呈放射排列的突起物称纤突，具有能刺激宿主产生抑制红细胞凝集素和病毒中和抗体的抗原成分。病毒核酸类型为单股RNA。

病毒存在于病鸡的所有组织器官、体液、分泌物和排泄物中，以脑、脾、肺含病毒量最高，骨髓含毒时间最长。

鸡新城疫病毒具有凝集鸡、火鸡、鸭、鹅等禽类以及某些哺乳动物（人、豚鼠）红细胞的特性，这种特性可以被新城疫特异性抗体所抑制。因此，实践中常用血凝试验和血凝抑制试验来诊断新城疫、监测疫苗质量，对免疫鸡群抗体含量以及与禽流感病毒的区分。

新城疫病毒的抵抗力不强，对乙醚、氯仿敏感。易被日光、腐败、热及常用消毒剂杀灭。如粪便中的病毒经72小时失去活力，夏天直射阳光30分钟死亡。60℃30分钟使病毒死亡。常用的消毒剂如2%的氢氧化钠、5%漂白粉、70%酒精、抗毒威、百毒杀等在5～20分钟内即可将病毒杀死。但毒株对低温有很强的抵抗力，0～4℃可保存半年至1年不死。

新城疫病毒的抗原性是一致的，但不同的毒株致病力有较大的差异。有的毒株可在72小时致死成鸡，而有的毒株则不能引起雏鸡明显症状。根据毒力，可将病毒分为3型：低毒力型（缓发型）、中等毒力型（中发型）和强毒力型（速发型）。

【流行病学诊断】所有鸡科动物都可能感染本病。不同类型鸡的感受性稍有差异，一般轻型蛋鸡的感受性较高。各种年龄的鸡均可感染，2年以上老鸡的感受性较低，幼鸡的感受性较高，但1周龄之内的幼雏由于母源抗体的存在很少发病。在没有免疫接种的鸡群或接种失败的鸡群一旦传入本病，常在4～5天内波及全群，死亡率可达90%以上，而在免疫不均或免疫力不强的鸡群多呈慢性经过，死亡率一般不超过40%。珍珠鸡和火鸡自然感染的情况较少，鸭、鹅虽可感染，但抵抗力较强，很少引起发病。人可引起急性结膜炎，类似流感症状。

本病可发生在任何季节，但以春秋两季多发，夏季较少。

本病的主要传染源是病鸡，通过病鸡与健康鸡接触，经消化道和呼吸道感染。病鸡的分泌物和粪便中含有大量病毒，被病毒污染的饲料、饮水、用具、运动场等都能传染。除经口感染外，带毒的飞沫、尘埃可以进入呼吸道。病毒也可经眼结膜、泄殖腔等进入鸡体内。屠宰病鸡时乱抛鸡毛、污水，常是造成疫情扩大蔓延的主要原因。另外，接触病鸡或屠宰病鸡的人和污染的衣物等也可散布病毒传染给健康鸡。鸭、鹅，特别是麻雀、鸽子等，是本病的机械传播者。猫、狗等吃了病死鸡的肉或接触病鸡后，也可能传播本病。

【临床诊断】本病自然感染的潜伏期一般为 3～5 天。根据临床表现和病程长短，可分为以下三型。

（1）最急性型　发病急，病程短，一般除表现精神萎靡以外，无特征症状而突然死亡。此种类型多见于流行初期和雏鸡。

（2）急性型　发病初期体温升高，一般可达 43～44℃。突然减食或废食，饮欲增加。精神萎靡，不愿走动，全身无力，羽毛松乱，闭目缩颈，离群呆立，反应迟钝，头下垂或伸进翅膀下，尾和翅无力、下垂，腿呈轻瘫状，甚至呈昏眠状态。冠、髯呈暗红色或紫黑色，偶见头部水肿。口腔和鼻腔内分泌物增多，积聚大量黏液，由口腔流出挂于喙端（图 5-1），为了排出黏液，鸡时时摇头，作不断吞咽动作。当把鸡倒提时黏液就从口内大量流出。呼吸困难，常见伸头

图 5-1　病鸡半张开的嘴里流出黏液

图 5-2　病雏呼吸困难

颈，张口呼吸（图5-2）。同时，喉部发出“咯咯”的声音，有时打喷嚏，嗉囊胀气，积有黏液，常拉黄色、绿色和灰色恶臭稀便。母鸡发病后停止产蛋，病后期体温下降至常温以下，不久即死亡。病程多为2～3天，如不采取紧急免疫等措施，死亡率常达90%。少数耐过未死的鸡，由于病毒侵害中枢神经，可引起非化脓性脑脊髓炎，使病鸡表现出各种神经症状，如扭头、翅膀麻痹，转圈、倒退等（图5-3）。如此日久，多数鸡消瘦死亡或被淘汰，也有个别鸡可完全康复。

图5-3　病鸡神经症状

1月龄以下雏鸡的急性型新城疫，症状不典型，病程2～3天，紧急免疫效果较差，死亡率常达90%～100%。

（3）亚急性型与慢性型　一般见于免疫接种质量不高或免疫有效期已到末尾的鸡群。主要表现为陆续有一些鸡发病，病情较轻而病程较长。亚急性型新城疫，幼龄鸡感染后可发生死亡，成年鸡则只有呼吸道症状，食欲减退，产蛋量下降，出现软壳蛋，流行持续1～3周可以停息，致死率很低；慢性型新城疫，成鸡感染后没有明显的临床症状，雏鸡有时出现呼吸道症状，但一般很少引起死亡，只是在并发其他传染病时才出现大量死亡，致死率可达30%～40%。最常见的并发传染病为大肠杆菌病和支原体病，血清学检查可证明其感染。

近些年来，在免疫鸡群中发生新城疫，往往表现亚临床症状或非典型症状，发病率较低，一般在10%～30%，病死率在15%～45%。主要表现呼吸道症状和神经症状，呼吸道症状减轻时即趋向康复。少数病鸡遗留头颈扭曲，产蛋鸡主要表现产蛋率下降和呼吸道症状。

【病理诊断】鸡新城疫的主要病理变化是全身黏膜、浆膜出血。病死鸡剖检可见口腔、鼻腔、喉气管有大量混浊黏液，黏膜充血、出血，偶尔有纤维性坏死点。嗉囊水肿，内部充满恶臭液体和气体。食管黏膜呈斑点状或条索状出血，腺胃黏膜水肿，腺胃乳头顶端出血，在腺胃与肌胃或腺胃与食管交界处有带状或不规则的出血斑点（图5-4），从腺胃乳头中可挤出豆渣样物质。肌胃角质膜下出血，有时见小米粒大出血点。十二指肠及整个小肠黏膜呈点状、片状或弥漫性出血，两盲肠扁桃体肿大、出血、坏死。泄殖腔黏膜呈弥漫性出血。脑膜充血或出血。气管内充满黏液，黏膜充血，有时可见小血点。肺脏有时可见淤血或水肿、小的灰红色坏死灶，心包内有少量浆液，心尖和心冠脂肪有针尖状小出血点，心血管扩张，心肌浊肿，肝脏有时稍肿大或见黄红相间的条纹。脾脏呈灰红色。胆囊肿大，胆汁黏稠，呈油绿色。肾有时充血、水肿，输尿管常有大量白色尿酸盐。产蛋鸡卵泡充血、出血，有的卵泡破裂使腹腔内有蛋黄液。

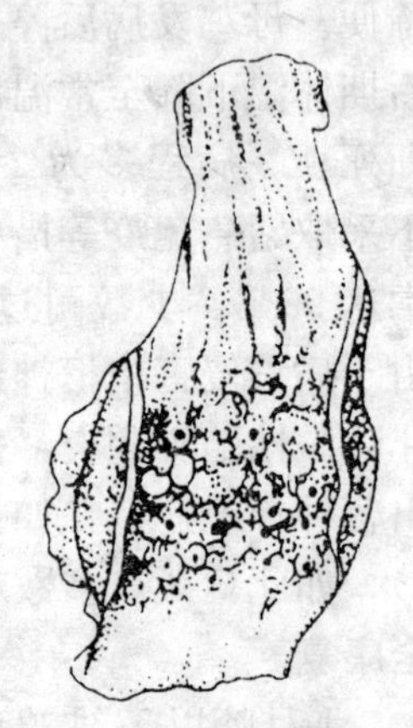

图5-4　病鸡腺胃乳头顶端出血

【实验室诊断】根据流行特点、临床症状和剖检变化可做出对鸡新城疫的初步诊断，但最后确诊还需要做血凝试验、血凝抑制试验或琼扩试验。

【防治措施】本病迄今尚无特效治疗药物，主要依靠建立并严格执行各项预防制度和切实做好免疫接种工作，以防本病的发生。

（1）定期预防接种疫苗　生产中可参考如下免疫程序。即7～10日龄采用鸡新城疫Ⅱ系（或F系）疫苗滴鼻、点眼进行首免；25～30日龄采用鸡新城疫Ⅳ系苗饮水进行二免；70～75日龄采用鸡新城疫Ⅰ系疫苗肌肉注射进行三免；135～140日龄再次用鸡新城疫Ⅰ系疫苗肌肉注射接种免疫。

（2）做好免疫抗体的监测　上述免疫程序，是根据一般经验制订的，如果饲养规模较大，并且有条件，最好每隔1～2个月在每栋鸡舍中随机捉20～30只鸡采血，或取同一天产的20～30个蛋，用血清或蛋黄作红细胞凝集抑制试验，测出抗体效价。根据鸡群抗体效价的高低，决定是否需要再进行免疫接种。一次免疫接种后，鸡群抗体效价持续上升，当达到一定水平后又缓慢下降，当抗体效价下降到8倍时，很难抵抗野毒感染，应立即再次进行免疫接种。

（3）发病后可进行紧急接种　鸡群一旦暴发了鸡新城疫，可应用大剂量鸡新城疫Ⅰ系苗抢救病鸡，即用100倍稀释，每只鸡胸肌注射1毫升，3天后即可停止死亡。对注射后出现的病鸡一律淘汰处理，死鸡焚毁，并应严密封锁，经常消毒，至本病停止死亡后半月，再进行一次大消毒，而后解除封锁。

（4）据报道，仙人掌中含抗鸡新城疫病毒物质，故可将仙人掌捣碎，让鸡采食，喂3～5次。

（二）鸡马立克氏病（MD）

鸡马立克氏病（MD），是由B群疱疹病毒引起的鸡淋巴组织增生性传染病。其主要特征为外周神经、性腺、内脏器官、眼球虹膜、肌肉及皮肤发生淋巴细胞浸润和形成肿瘤病灶，最终导致病鸡受害器官功能障碍和恶病质而死亡。

【病原特性】 本病病原属于疱疹病毒科 B 亚群的马立克氏病病毒。该病毒在鸡体组织内有两种状态：一种是没有发育成熟的无囊膜的裸病毒，称为不完全病毒，存在于肿瘤细胞和其他一些细胞内，该病毒不能离开活细胞在自然界独立生存，病鸡死后随着细胞的崩解很快失去感染性；另一种是在羽毛囊上皮中的有囊病毒，其外面有一层保护性囊膜，称为完全病毒，可以脱离细胞而存活。它们随同鸡的皮屑及灰尘等，经空气扩散，造成马立克氏病的传染。本病毒能在刚孵出的幼雏、细胞培养以及鸡胚中发育繁殖并产生病变。本病毒在 25℃下，2 天仍有感染性，4 天可灭活。56℃经 30 分钟可灭活；60℃经 10 分钟病毒全部死亡。在室温下，病鸡粪便和垫草中的病毒可保存 16 周。在干燥羽毛中的病毒在室温下其感染性可达 8 个月之久。甲醛及烧碱对其杀灭力较强，一般消毒药可在 10 分钟内使其失去活性。

【流行病学诊断】 本病主要发生于鸡，此外，火鸡、野鸡、鹌鹑等也有一定的易感性，一般哺乳动物不感染。

有囊膜的完全病毒自病鸡羽囊排出，随皮屑、羽毛上的灰尘及脱落的羽毛散播，飘浮在空气中，主要由呼吸道侵入其他鸡体内，也能伴随饲料、饮水由消化道入侵。病鸡的粪便和口鼻分泌物也具有一定的传染力。

由于本病的疫苗并不能阻止感染，也就是说不能阻止入侵的病毒在鸡体内繁殖与排出，只能阻止发病（发生肿瘤），因而在本病流行地区，排毒的鸡很多，被感染的鸡也很多，一群鸡生长到开产前可能全部被感染，但感染后是否发病则取决于许多因素。

（1）感染时的日龄　感染时日龄越小，发病率越高。

（2）免疫力　通过疫苗接种使鸡群获得免疫力，可在很大程度上阻止发病。鸡群如有法氏囊炎病史，由于免疫功能的缺陷，发病率较高。

（3）鸡的体质　如果管理不当，特别是饲养密度过大，维生素 A 缺乏，使鸡的体质减弱，感染后易于发病。零星散养的鸡较少发病。

（4）品种　不同品种的鸡对本病的抵抗力及感染力和发病率有一定差异。如乌鸡感染后发病比较严重。

（5）性别　母鸡发病率高于公鸡。

（6）病毒的强弱与数量　感染强毒而且入侵数量多的，发病率高。

本病在 3 周龄即可发生，但蛋鸡发病大多在 2～5 月龄，170 日龄之后仅偶有个别鸡发病。各鸡群的发病率高低不等，有的仅个别鸡发病，一般为 5%～30%，严重的可达 60%。发病的鸡全部死亡。

【临床诊断】本病的潜伏期长短不一，一般为 3 周左右，根据发病部位和临床症状可分为四种类型，即神经型、眼型、内脏型和皮肤型，有时也可混合发生。

（1）神经型　20 世纪初最早发现的马立克氏病就是此型，所以又称为古典型。主要发生于 3～4 月龄的青年鸡，其特征是鸡的外周神经被病毒侵害，不同部分的神经受害时表现出不同的症状。当一侧或两侧坐骨神经受害时，病鸡一条腿或两条腿麻痹，步态失调，两条腿完全麻痹则瘫痪。较常见的是一条腿麻痹，当另一条正常的腿向前迈步时，麻痹的腿跟不上来，拖在后面，形成“大劈叉”姿势，并常向麻痹的一侧歪倒横卧（图 5－5）。当臂神经受害时，病鸡一侧或两侧翅膀麻痹下垂（图 5－6）。支配颈部肌肉的神经受害时，引起扭头、仰头现象。颈部迷走神经受害时，嗉囊麻痹、扩张、松弛，形成大嗉子，有时张口无声喘息。

图 5－5　病鸡一侧坐骨神经受害，呈“大劈叉”姿势

此型病程比较长。病鸡有一定的食欲，但行动、采食困难，最后因饥饿、饮水不足、衰弱或被其他鸡踩踏而死亡。

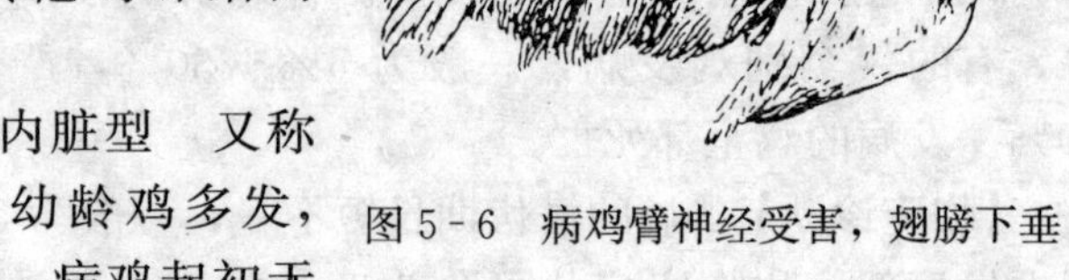

图 5－6　病鸡臂神经受害，翅膀下垂

（2）内脏型　又称急性型。幼龄鸡多发，死亡率高。病鸡起初无明显症状，逐渐呈进行性消瘦，冠髯萎缩，颜色变淡，无光泽，羽毛脏乱，行动迟缓。病后期精神萎靡，极度消瘦，最终衰竭死亡。

（3）眼型　单眼或双眼发病。表现为虹膜（眼球最前面的部分称为角膜，角膜后面是橘黄色的虹膜，虹膜中央是黑色瞳孔）的色素消失，呈同心环状（以瞳孔为圆心的多层环状）、斑点状或弥漫的灰白色，俗称“灰眼”或“银眼”。瞳孔边缘不整齐，呈锯齿状，而且瞳孔逐渐缩小，最后仅有粟粒大（图 5－7），不能随外界光线强弱而调节大小。病眼视力丧失，双眼失明的鸡很快死亡。单眼失明的病程较长，最后衰竭死亡或被淘汰。

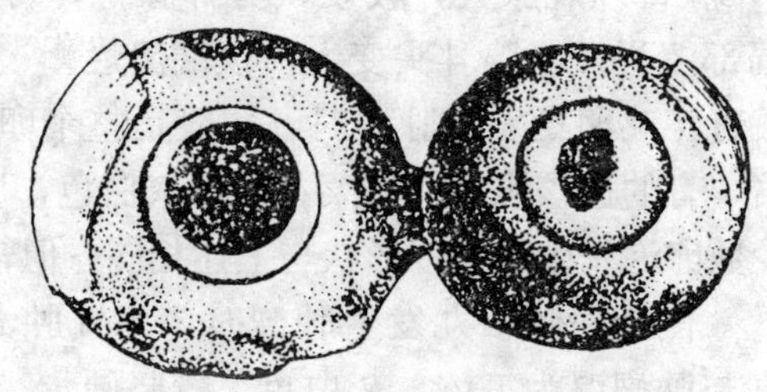

图 5－7　病鸡眼睛受害（右），瞳孔缩小

（4）皮肤型　肿瘤大多发生于翅膀、颈部、背部、尾部上方及大腿的皮肤，表现为个别羽囊肿大，并以此羽囊为中心，在皮肤上形成结节，约有玉米粒至蚕豆大，较硬，少数溃破。病程较长，病鸡最后瘦弱死亡或被淘汰。

【病理诊断】

（1）神经型　病变主要发生在外周神经的腹腔神经丛、坐骨神经、臂神经丛和内脏大神经。有病变的神经显著肿大，比正常粗 2～3 倍，外观灰白色或黄白色，神经的纹路消失。有时神经有大小不等的结节，因而神经粗细不均。病变多是一侧性的，与对侧无病变的或病变较轻的神经相比较，易做出诊断。

（2）内脏型　几乎所有内脏器官都可发生病变，但以卵巢受侵害严重，其他器官的病变多呈大小不等的肿瘤块，灰白色，质地坚实。有时肿瘤组织浸润在脏器实质中，使脏器异常增人。不同脏器发生肿瘤的常见情况是：

心脏：肿瘤单个或数个，芝麻粒至南瓜籽大，外形不规则，稍突出于心肌表面，淡黄白色，较坚硬。正常鸡的心尖常有一点脂肪，不要误以为是肿瘤。

腺胃：通常是肿瘤组织浸润在整个腺胃壁中，使胃壁增厚2～3倍，腺胃外观胀大，较硬，剪开腺胃，可见黏膜潮红，有时局部溃烂；胃腺乳头变大，顶端溃烂。

卵巢：青年鸡卵巢发生肿瘤时，一般是整个卵巢胀大数倍至十几倍，有的达核桃大，呈菜花样，灰白色，质硬而脆。也有的是少数卵泡发生肿瘤，形状与上述相同，但较小。

睾丸：一侧或两侧睾丸发生肿瘤时，睾丸肿大十余倍，外观上睾丸与肿瘤混为一体，灰白色，较坚硬。

肝脏：一般是肿瘤组织浸润在肝实质中，使肝脏成灰白色，质硬，挤在肋窝或胸腔中。肺的其他部分常硬化，缺乏弹性。

胰脏：胰脏发生肿瘤时，一般表现发硬，发白，比正常稍大。

（3）眼型与皮肤型　剖检病变与临床表现相似。

【实验室诊断】根据本病的流行特点、典型症状和剖检变化进行综合诊断，一般可在现场判定，对症状不典型或剖检病变不明显的病例需进行实验室诊断。本病最简单的实验室诊断是琼脂扩散试验。

【防治措施】本病目前尚无特效治疗药物，主要做好预防工作。

（1）建立无马立克氏病鸡群　坚持自繁自养，防止从场外传入该病。由于幼鸡易感，因而幼鸡和成年鸡应分群饲养。

（2）严格消毒　发生马立克氏病的鸡场或鸡群，必须检出淘汰病鸡，同时要做好检疫和消毒工作。

（3）预防接种　雏鸡在出壳24小时内接种马立克氏病火鸡疱疹疫苗，若在2～3日龄进行注射，免疫效果较差，连年使用本苗免疫的鸡场，必须加大免疫剂量。

（4）加强管理　要加强对传染性法氏囊病及其他疾病的防治，使鸡群保持健全的免疫功能和良好的体质。鸡群发病后，在饲料中添加0.002%～0.005%氨苯磺脲（AUS）可减少死亡。

（三）鸡传染性法氏囊病（IBD）

鸡传染性法氏囊病（IBD），又称传染性法氏囊炎或腔上囊炎。是由法氏囊病病毒引起的一种急性、高度接触性传染病，其特征是排白色稀便，法氏囊肿大，浆膜下有胶冻样水肿液。鸡感染后法氏囊受到严重侵害，发生可逆和不可逆的免疫抑制，导致多种疫苗免疫失败，并使鸡只对许多疾病抵抗力降低，给养鸡生产造成严重损失。

【病原特性】本病的病原是双股RNA病毒科的病毒。病毒无囊膜，呈球形，主要存在于病鸡的法氏囊、肾脏、脾脏等器官，高度接触传染。本病毒已知有两种血清型，Ⅰ型对鸡有致病力，Ⅱ型对鸡无致病力。本病毒对乙醚和氯仿具有抵抗力，耐热耐酸，不耐碱。在56℃可存活5小时，60℃90分钟不被灭活，70℃30分钟可灭活病毒；在pH2时不受影响，pH12时可被灭活。1%来苏儿、1%石炭酸、1%甲醛、70%酒精60分钟才能灭活。3%来苏儿、2%过氧乙酸、5%漂白粉、3%石炭酸、3%甲醛、0.1%升汞可在30分钟内灭活病毒。酚和硫柳汞无效。

【流行病学诊断】本病只有鸡感染发病，其易感性与鸡法氏囊发育阶段有关，2～15周龄易感，其中3～5周龄最易感，法氏囊已退化的成年鸡只发生隐性感染。

本病的主要传染源是病鸡和隐性感染鸡，传播方式是高度接触传播，经呼吸道、消化道、眼结膜均可感染，病鸡舍清除病鸡后 54～122 天内放入易感鸡仍可发病；被污染的饲料、饮水、粪便至 52 天仍有感染性。

本病一旦发生便迅速传播，同群鸡约在 1 周内都可被感染，感染率可达 100%。如不采取措施，邻近鸡舍在 2～3 周后也可被感染发病。发病后 3～7 天为死亡高峰，以后迅速下降。死亡率一般为 5%～15%，最高可达 40%。此外，本病发生后常继发球虫病和大肠杆菌病。

【临床诊断】本病的潜伏期很短，一般为 2～3 天。主要表现为鸡群发病突然，且病势严重。病鸡精神萎靡，闭眼缩头，畏冷挤堆，伏地昏睡，走动时步态不稳，浑身有些颤抖。羽毛蓬乱，颈肩部羽毛略呈逆立，食欲减退，饮水增加。排白色水样稀便，个别鸡粪便带血。少数鸡掉头啄自己的肛门，这可能是法氏囊痛痒的缘故。发病初、中期体温高，可达 43℃，临死前体温下降，仅 35℃。发病后期脱水，眼窝凹陷，脚爪与皮肤干枯，最后因衰竭而死亡。

本病病程较短，其症状有一过性的特点。一般到发病后约第 7 天，除少数鸡已死亡外，其余鸡的症状迅速消失。

经过法氏囊病疫苗免疫的鸡群，有时也会有个别鸡发病，症状不典型，比较轻，经隔离治疗一般可以康复。

【病理诊断】该病病毒主要侵害法氏囊。病初法氏囊肿胀，一般在发病后第 4 天肿至最大，约为原来的 2 倍左右。在肿胀的同时，法氏囊的外面有淡黄色胶样渗出物，纵行条纹变得明显，法氏囊内黏膜水肿、充血、出血、坏死。法氏囊腔蓄有奶油样或棕色果酱样渗出物。严重病例，因法氏囊大量出血，其外观呈紫黑色，质脆，法氏囊腔内充满血液凝块。发病后第 5 天法氏囊开始萎缩，第 8 天以后仅为原来的 1/3 左右。萎缩后黏膜失去光泽，较干燥，呈灰白色或土黄色，渗出物大多消失。

胸腿肌肉有条片状出血斑，肌肉颜色变淡。腺胃黏膜充血潮红，腺胃与肌胃交界处的黏膜有出血斑点，排列略呈带状，但腺胃乳头无出血点。病后期肾脏肿胀，肾小管因蓄积尿酸盐而扩张变粗，胸腺与盲肠扁桃体肿胀出血，脾肿胀，胰脏呈白垩样变性，心冠脂肪呈点状出血，肠腔内黏液增多。

以上病理变化，在诊断上比较重要的是法氏囊、胸腿肌及腺胃病变，肾脏等器官的病变因为其他鸡病也常出现，只能作为综合分析的参考。

【实验室诊断】根据流行特点、临床症状和剖检变化可做出对鸡法氏囊病的初步诊断，但最后确诊还需要进行实验室诊断。本病最简单的实验室诊断是琼脂扩散试验。

【预防措施】

（1）疫苗接种　法氏囊病弱毒苗对本病虽有一定的预防作用，但由于母源抗体的影响及亚型的出现，其效果不理想。最好是在种鸡产蛋前注射一次油佐剂苗，使其雏鸡在 20 日龄内能抵抗病毒的感染。雏鸡分别于 14 日龄和 32 日龄用弱毒苗饮水免疫。为了解决母源抗体在一个鸡群中不平衡问题，据报道可间隔 4～5 天采用多次免疫。

（2）加强消毒工作　在本病流行期间要经常对舍内地面及房舍周围进行严格消毒，并用含有效氯的消毒剂对饮水和饲料消毒。

(3) 加强管理，减少应激　在饲料中可添加0.75%的禽菌灵粉（由穿心莲、甘草、吴萸、苦参、白芷、板蓝根、大黄组成）进行预防。

【治疗方法】

(1) 全群注射康复血清或高免卵黄抗体0.5～1毫升，效果显著。

(2) 法氏囊病F_{143}治疗剂：由浙江省余姚市食品公司研制，雏鸡、中鸡每只肌肉注射0.5～1毫升，或按说明书使用。并发鸡新城疫的，于注射血清或F_{143}的次日注射鸡新城疫Ⅳ系苗。

(3) 据报道，发病后，取法氏囊病弱毒苗的双倍剂量，选用庆大霉素或氨苄青霉素加维生素C针剂稀释，进行肌肉注射或滴嘴疗法，同时添加葡萄糖和多维素。第1天临床症状减轻，第2天基本痊愈。

(4) 禽菌灵粉拌料，每千克体重0.6克/天，连用3～5天。

(5) 用紫草50克、甘草50克、茜草30克、绿豆500克煎汁拌料喂服（总体重50千克的鸡量），对重症鸡灌服，连用3天。

此外，对病鸡要加强护理。寒冷季节适当提高舍温，舍内保持安静，鸡群密度过大的要疏散，饲料中适当增加多维素，尤其是维生素C。由于病鸡采食减少，饮水中可加4%～5%的葡萄糖，以补充热能，改善体质，并且要注意防止大肠杆菌病等疾病的感染。

（四）禽流感（AI）

禽流感（AI），又称真性鸡瘟或欧洲鸡瘟，是由A型禽流感病毒引起的一种急性、高度致死性传染病。其特征为鸡群突然发病，表现精神萎靡，食欲消失，羽毛松乱，成年母鸡停止产蛋，并发生呼吸道、肠道和神经系统的病状，皮肤水肿呈青紫色，死亡率高，对鸡群危害严重。

【病原特性】禽流感病毒是正黏病毒科流感病毒属的一个成员。流感病毒由特异的不具交叉反应的核糖核蛋白抗原区分为三个不同的抗原型，即 A、B、C 三型。其中 B、C 两型仅能对人致病，A 型可对人、猪、马和禽致病。禽流感病毒具有 A 型抗原，属于 A 型流感病毒，列为禽流感病毒类。本病毒颗粒呈球形、杆状或长丝状，为多形性。其直径为 80～120 纳米，表面有一层棒状和蘑菇状的纤突，前者对红细胞有凝集性，称血凝素（HA），后者有能将吸附在细胞表面上的病毒粒子解脱下来的作用，称神经氨酸酶（NA）。依据病毒表面的两种糖蛋白血凝素（HA）和神经氨酸酶（NA）可将 A 型流感病毒分成若干亚型，目前已有 15 种 HA 和 9 种 NA，不同的 H 抗原或 N 抗原之间无交叉反应，A 型禽流感各亚型毒株对禽类的致病力是不同的，历史上高致病性的禽流感都是由 H5 和 H7 引起的。A 型流感病毒的抗原性不断发生变异（抗原性转移和抗原性漂流），这种变异是由 HA 和 NA 引起的，尤其是 HA 的变异最为常见。病毒的这一特征，加之感染动物复杂，使本病的防治难度加大，这也是流行了一个世纪的禽流感至今仍无良好的治疗和防治措施的主要原因。

本病毒在 pH7～8 时稳定，在 pH3 时不稳定。对乙醚、氯仿、丙酮等脂溶性溶剂敏感。对热也比较敏感，56℃加热 30 分钟，60℃加热 10 分钟，65～70℃加热数分钟即丧失活性；对低温抵抗力较强，在有甘油保护的情况下可保持毒力

1 年以上；直射阳光下 40～48 小时即可灭活本病毒。用紫外线直接照射，可迅速破坏其感染性。常用的消毒药容易将其灭活，如甲醛、过氧乙酸、羟胺、氨离子、漂白粉等均能迅速破坏其传染性。

本病毒存在于病禽的所有组织、体液、分泌物和排泄物中。能凝集鸡和某些哺乳动物的红细胞，并能被特异的抗体血清所抑制。被凝集的红细胞种类与鸡新城疫病毒有所不同，可用于鉴别。

【流行病学诊断】 本病对许多家禽、野禽、哺乳动物及人类均能感染，在禽类中鸡与火鸡有高度的易感性，其次是珍珠鸡、野鸡和孔雀，鸽较少见，鸭和鹅不易感染。

本病的主要传染源是病禽和病尸，病毒存在于尸体血液、内脏组织、分泌物与排泄物中。被污染的禽舍、场地、用具、饲料、饮水等均可成为传染源。病鸡蛋内可带毒，当孵化出壳后即死亡。病鸡在潜伏期内即可排毒，一年四季均可发病。

本病的主要传染途径是消化道，也可从呼吸道或皮肤损伤和黏膜感染，吸血昆虫也可传播本病毒。由于感染的毒株不同，鸡群发病率和死亡率有很大差异，一般毒株感染，发病率高，死亡率低，但在高致病力毒株感染时发病率和死亡率可达 100%。

【临床诊断】 本病的潜伏期为 3～5 天。急性病例病程极短，常突然死亡，没有任何临床症状。一般病程 1～2 天，可见病鸡精神萎靡，体温升高（43.3～44.4℃），不食，衰弱，羽毛松乱，不爱走动，头及翼下垂，闭目呆立，产蛋停止。冠、髯和眼周围呈黑红色，头部、颈部及声门出现水肿（图 5－8）。结膜发炎、充血、肿胀、分泌物增多，鼻腔有灰色或红色渗出物，口腔黏膜有出血点，脚鳞出现紫色出血斑。有时见有腹泻，粪便呈灰、绿或红色。后期出现神经症状，头、腿麻痹，抽搐，甚至出现眼盲，最后极度衰竭，呈昏迷状态而死亡。

图 5-8　禽流感

1. 健康鸡　2. 病鸡头、颈水肿　3. 病鸡喉部水肿

【病理诊断】病鸡头部呈青紫色，眼结膜肿胀并有出血点。口腔及鼻腔积存黏液，并常混有血液。头部、眼周围、耳和髯有水肿，皮下可见黄色胶样液体。颈部、胸部皮下均有水肿，血管充血。胸部肌肉、脂肪及胸骨内面有小出血点。口腔及腺胃黏膜、肌胃和肌质膜下层、十二指肠出血，并伴有轻度炎症。腺胃与肌胃衔接处呈带状或球状出血，腺胃乳头肿胀。鼻腔、气管、支气管黏膜以及肺脏可见出血。腹膜、肋膜、心包膜、心外膜、气囊及卵黄囊均见有出血充血。卵巢萎缩，输卵管出血。肝脏肿大、淤血，有的甚至破裂。

【实验室诊断】对本病的诊断，主要是以病原的分离和血清学的检查为依据。

(1) 病毒的分离和鉴定　病毒分离通常用鸡胚来进行。待检材料如系脏器，可用肉汤培养基制成 5～10 倍乳剂，加抗生素制菌，然后接种于 9～10 日龄鸡胚尿囊腔内。如材料中含有病毒时，则接种后 48 小时鸡胚死亡，但在多数情况下，初代分离时鸡胚多不死，为此需将经 72 小时未死的鸡胚置冰箱内冻死后收集尿液并剖检，可用鸡红细胞检查其有无凝集性。初代尿液血凝阴性时，可用尿液作第 2 代接种，如第 2 代接种的鸡胚仍不死亡，即可判定分离病毒为阴性。如接种的鸡胚死亡，其尿液对红细胞有凝集作用，可用已知的鸡新城疫阳性血清作血凝抑制试验，确定是否为新城疫病毒。只有排除新城疫后才能进一步用流感的阳性血清作琼脂扩散试验，进行流感病毒的初步鉴定，出现阳性结果时方能确定为 A 型流感病毒。此外，禽流感红细胞血凝试验马、骡、驴、山羊、绵羊为阳性（鸡新城疫为阴性）。

(2) 血清学检查　它是诊断流感的重要的特异性方法。常用的有琼脂扩散试验、血凝抑制试验和神经氨酸酶抑制试验等。琼脂扩散试验用于流感病毒型的检查，它不受病毒亚型的限制，各个亚毒型株抗体均可对抗原产生阳性反应。血凝抑制试验和神经氨酸酶抑制试验，是用病毒的表面抗原检查流感病毒的亚型。

【防治措施】本病目前尚无有效的治疗方法，抗生素仅可以控制并发或继发的细菌感染。所以入境检疫十分重要，应对进口的各种家禽、鸟类施行严格的隔离检疫，然后才能转至内地的隔离场饲养，再纳入健康鸡场饲养。

鸡场一旦发生本病，应严格封锁，就地扑杀焚烧场内全部鸡群，对场地、鸡舍、设备、衣物等严格消毒。消毒药物可选用0.5%过氧乙酸、2%次氯酸钠、甲醛及火焰消毒。经彻底消毒2个月后，可引进血清学阴性的鸡饲养，如其血清学反应持续为阴性时，方可解除封锁。

（五）鸡痘（FP）

鸡痘（FP）又称白喉，是由鸡痘病毒引起的一种急性、热性传染病。其特征为传播快、发病率高，病鸡在皮肤无毛处引起增生性皮肤损伤形成结节（皮肤型），或在上呼吸道、口腔和食道黏膜引起纤维素性坏死和增生性损伤（白喉型）。

【病原特性】鸡痘病毒为DNA型病毒，一般呈砖形或卵圆形，长约300～325纳米，宽约170～250纳米。

该病毒对乙醚和氯仿敏感，对1%酚和1%福尔马林可抵抗7天，1%火碱、1%醋酸或1%升汞可在5～10分钟内杀死病毒；甲醛熏蒸1.5小时可杀死病毒。加热50℃30分钟、60℃8分钟亦能灭活该病毒。干燥病毒表现出明显的抵抗力，在干燥痂皮中可存活数月或数年。

【流行病学诊断】不同的家禽均由各自禽痘病毒引起，鸭、鹅等水禽易感性较低，也很少见明显症状，鸡和火鸡易感性高，且各种年龄的鸡均易感。一年四季均可发生，但秋季发病率最高。一般在秋季和冬初发生皮肤型鸡痘较多，在冬季则以白喉型鸡痘常见。特别是鸡群密度过大，通风不良，卫生条件差，以及日粮中维生素含量不足时更易发病。

鸡痘病毒随病鸡的皮屑及脱落的痘痂等散布在饲养环境中，经皮肤黏膜侵入其他鸡体，在创伤部位更易于入侵。有些吸血昆虫，如蚊虫能够传带病毒，也是夏、秋季节本病流行的一个重要媒介。

【临床诊断】本病自然感染的潜伏期为 4～10 天，鸡群常是逐渐发病。病程一般为 3～5 周，严重暴发时可持续6～7 周。根据患病部位不同主要分为 3 种类型，即皮肤型、黏膜型和混合型。

（1）皮肤型　是最常见的病型，多发生于幼鸡，病初在冠、髯、口角眼睑、腿等处，出现红色隆起的圆斑，逐渐变为痘疹（图 5－9），初呈灰色，后为黄灰色。经 1～2 天后形成痂皮，然后周围出现瘢痕，有的不易愈合。眼睑发生痘疹时，由于皮肤增厚，使眼睛完全闭合。病情较轻不引起全身症状，较严重时，则出现精神不振，体温升高，食欲减退，成鸡产蛋减少等。如无并发症，一般病鸡死亡率不高。

图 5－9　病鸡冠、肉髯、喙角有痘疹

图 5－10　病鸡口、咽、喉头中有假膜

（2）黏膜型　多发生于青年鸡和成年鸡。症状主要在口腔、咽喉和气管等黏膜表面。病初出现鼻炎症状，从鼻孔流出黏性鼻液，2～3 天后先在黏膜上生成白色的小结节，稍突出于黏膜表面，以后小结节增大形成一层黄白色干酪样的假膜（图 5－10），这层假膜很像人的“白喉”，故又称白喉型鸡痘。如用镊子撕去假膜，下面则露出溃疡灶。病鸡全身症状明显，精神萎靡，采食与呼吸发生障碍，脱落的假膜落入气管可导致窒息死亡。病鸡死亡率一般在 5%以上，雏鸡严重发病时，死亡率可达 50%。

（3）混合型　有些病鸡在头部皮肤出现痘疹，同时在口腔出现白喉病变。

【病理诊断】体表病变如临床所见。除皮肤和口腔黏膜的典型病变外，口腔黏膜病变可延伸至气管、食道和肠。肠黏膜可出现小点状出血，肝、脾、肾常肿大，心肌有时呈实质变性。

【实验室诊断】

（1）组织学检查　制备病变组织的涂片，作瑞氏或吉曼尼兹氏染色。组织切片或白喉型病变组织按常规方法进行固定和脱水，进行包涵体检查。

感染组织的超薄切片进行复染后，用电镜观察病毒粒子和包涵体。

（2）病毒的分离鉴定　取病变组织用生理盐水或缓冲盐水制备 1∶10 乳剂，为了抑制细菌每毫升加青霉素、链霉素各 1 000 国际单位，在 4℃处理 2 小时，取上清液接种易感鸡，冠部划痕或刺种，或在腿部拔毛后涂抹制备的乳剂。如为痘病毒，接种后 3～4 天可见到接种部位或毛囊有明显的痘肿。

实验室常用接种鸡胚分离病毒，用 10～13 日龄的鸡胚，将经离心（2 000 转/分，10 分钟）的乳剂上清液接种到鸡胚绒毛尿囊膜上，每只鸡胚 0.2 毫升，在 35～36℃孵化 5 天，检查鸡胚绒毛尿囊膜上的痘斑。

（3）琼脂扩散试验

【预防措施】

（1）预防接种　本病可用鸡痘疫苗接种预防。10 日龄以上的雏鸡都可以刺种，免疫期幼雏 2 个月，较大的鸡 5 个月，刺种后 3～4 天，刺种部位应微现红肿，结痂，经 2～3 周脱落。

（2）严格消毒　要保持环境卫生，经常进行环境消毒，消灭蚊子等吸血昆虫及其孳生地。发病后要隔离病鸡，轻者治疗，重者扑杀并与死鸡一起深埋或焚烧。污染场地要严格清理消毒。

【治疗方法】

（1）对症治疗　皮肤型的可用消毒好的镊子把患部痂膜剥离，在伤口上涂一些碘酒或胆紫；黏膜型的可将口腔和咽部的假膜斑块用小刀小心剥离下来，涂抹碘甘油（碘化钾 10 克，碘片 5 克，甘油 20 毫升，混合搅拌，再加蒸馏水至 100 毫升）。剥下来的痂膜烂斑要收集起来烧掉。眼部内的肿块，用小刀将表皮切开，挤出脓液或豆渣样物质，使用 2%硼酸或 5%蛋白银溶液消毒。

除局部治疗外，每千克饲料加土霉素 2 克，连用 5～7 天，防止继发感染。

（2）中药治疗　紫草 100 克，龙胆末 50 克，明矾 100 克，清水 5 千克。先将紫草在清水中浸泡 20 分钟，然后文火煎 20 分钟即可。供 100 只青年鸡分早、晚两次饮服，药渣亦拌进饲料服下，每日一剂，有较好疗效。

（六）鸡传染性支气管炎（IB）

鸡传染性支气管炎（IB），是由传染性支气管炎病毒引起的一种急性、高度接触性呼吸道疾病。其特征为气管与支气管黏膜发炎，呼吸困难，发出啰音，咳嗽，张口打喷嚏。成年鸡产蛋量下降，产软壳蛋和畸形蛋。

【病原特性】本病病原为冠状病毒科冠状病毒属成员，是单股正链 RNA 病毒，有囊膜，囊膜表面有花冠状的纤突。纤突蛋白 S_1 片段与诱导产生病毒中和抗体和血凝抑制抗体有关，S_2 片段与病毒吸附细胞有关。本病毒本身没有血凝特性，但经胰酶、卵磷脂酶 C、家兔 A 型魏氏梭菌等处理后具有血凝活性，本病毒能干扰新城疫病毒的增殖，鸡气管上皮细胞对该病毒易感性很高。

本病毒血清型众多，目前至少有 30 种，并且新的血清型和变异毒株仍在不断出现，通过 S_1 基因系列分析，可将病毒株分为 5 个不同类群：荷兰型、美国型、欧洲型、Mass 型和澳大利亚型。H_{120}、H_{52}、M_{41} 为 Mass 型。T 株、Gray 株、Hotel 株为肾型毒株，我国流行的毒株为：Mass、T、Hotel、Gray 株和大量的变异株。一般来说，相同血清型毒株之间具有良好的交叉保护力，而不同血清型毒株之间交叉保护力弱或根本无保护力。

本病不同的病毒株感染后，可出现不同的临床病型（如呼吸型、肾型、腺胃型等），而相同的临诊病型的感染毒株不一定均属于相同的血清型。有人报道，目前肾型毒株至少有 16 个血清型，而呼吸型毒株至少有 11 个血清型。由此可见，引起相同临诊病型的不同病毒株只表现其组织嗜性相同，而与临床保护率相关的血清型可能存在较大差异，因此，在本病防治过程中不能仅仅依据临诊病型来作为选择疫苗的条件。如发生了肾型传染性支气管炎，在未进行血清型鉴定之前，盲目使用所谓肾传染性支气管炎疫苗来控制本病，不一定能起到良好的免疫效果。

【流行病学诊断】本病在自然条件下只有鸡感染，各种年龄、品种的鸡均可发病，以雏鸡最为严重，死亡率也高，成年鸡发病后产蛋率急剧下降，而且难以恢复。发病季节主要在秋末和早春。

本病主要传染源是病鸡和康复后的带毒鸡。病鸡呼吸道分泌物和咳出的飞沫中含有大量病毒，粪便和蛋中也带有病毒，同群鸡之间高度接触传染，户与户、场与场之间主要是人员和空气中的灰尘作传播媒介。在本病的疫区，一般的隔离消毒措施往往不能阻止病源传入，须搞好免疫预防。

对雏鸡来说，饲养管理不良，特别是鸡群拥挤、空气污染、地面肮脏潮湿，湿度忽高忽低、饲料中维生素和矿物质不足等，容易诱发本病。对于成年鸡，饲养管理好坏与发病的相关性不如雏鸡明显，饲养管理较好的也常会发病。

【临床诊断】本病自然感染的潜伏期为 2～4 天。呼吸型、肾病变型及腺胃病变型的症状不尽相同，分述如下：

(1) 呼吸型

①雏鸡：发病日龄多在 5 周龄以内，几乎全群同时发病。最初出现呼吸道症状，如流鼻液、流泪、咳嗽、打喷嚏、呼吸费力，常伸颈张口喘息等。当舍内寂静并有许多鸡聚在一起时，可听到伴随呼吸发出一种嘶哑的声音。随着病情发展，全身症状逐渐加重，精神萎靡，缩头闭目沉睡，两翅下垂，羽毛松乱无光，畏冷挤堆，食欲减退，身体瘦弱，体重减轻。病程 1～2 周或稍长些，如果原来体质较好，无其他疾病，发病后及时用抗菌药物防止继发感染，并加强护

理，死亡率可控制在10%以下，否则死亡率可达20%以上。发病日龄越低，死亡率越高。

②产蛋鸡：首先出现呼吸道和全身症状，继而产蛋量下降，再稍后出现较多的畸形蛋。

呼吸道症状最初见于部分鸡，常在早晨发现，约经1天波及全群。表现稍有鼻液，眼湿润似欲滴泪，呼吸困难，半张口呼吸，不时地有一些鸡咳嗽、打喷嚏，发出“喉喉”的声音。患鸡精神不振，采食减少，部分鸡排黄白色稀粪。但这些症状通常不很严重，若及时用抗生素控制继发感染，约经5天左右症状可逐渐消失。发病的第2天产蛋量开始下降，经2周左右下降到最低点，然后逐渐回升。下降幅度、回升速度及回升水平，主要同鸡的日龄有关。处于产蛋高峰期的年轻母鸡，生殖功能旺盛，如果饲养管理也比较好，产蛋率下降到最低点时约为原来的一半。例如原来产蛋率为80%，要下降到40%或再稍低些，经2个月可恢复到70%或略高些。400日龄以上的老鸡，生殖功能已经衰退，在鸡群发生传染性支气管炎后，产蛋率常由65%左右下降到5%～15%，发病后2个月只能恢复到50%或者还要低一些。对这种鸡在发病初期即应考虑淘汰，但须就地封闭宰杀，然后对被污染的场所进行消毒，以防止病毒扩散。

畸形蛋在刚发病时仅个别出现，到发病后5～6天，病鸡症状开始好转时，畸形蛋才迅速增多，并持续很久。在畸形蛋中，有一部分是严重畸形，即蛋很小，形状似桃、歪瓜、茄等，蛋壳由原来的棕色变为白色，极薄、粗糙、有皱纹（图5-11）。将蛋打开（因蛋壳薄软如纸，常是撕开），倒在玻璃板上，可见外层蛋白稀薄如水，扩散面很大。这些畸形蛋是临床诊断的重要依据。其余的畸形蛋，畸形程度及外层蛋白稀薄程度不等，有的仅是蛋形不正。

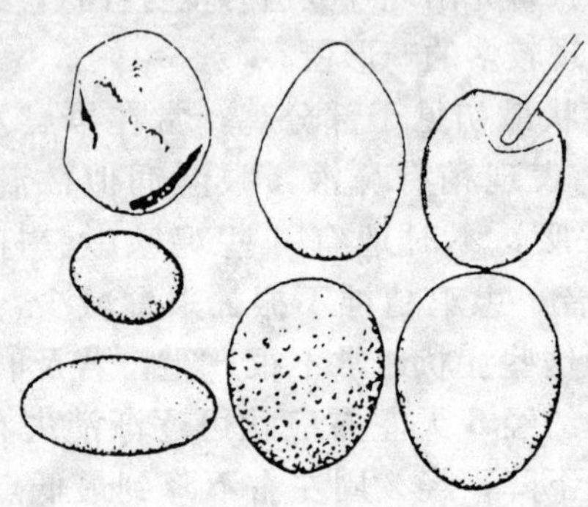

图 5-11　病鸡产的软壳蛋、砂壳蛋、薄壳蛋和畸形蛋

（2）肾病变型　多发生于 20～50 日龄的幼鸡。典型的病程分为两个阶段：第一阶段出现轻微呼吸道症状，往往不被察觉，经 2～4 天症状近乎消失，表面上“康复”；第二阶段是发病后 10～12 天，出现严重全身症状，精神沉郁，厌食，排灰白色稀粪或白色淀粉糊样稀便，失水，脚爪干枯，此时为死亡高峰期。整个病程 21～25 天，死亡率一般为 12%～25%。

（3）腺胃病变型　1995 年以来，我国江苏、山东、北京、河北等地相继发生。多发生于 20～80 日龄育成鸡，病程为 10～25 天。临床症状主要表现为精神沉郁，流泪，眼肿，有时有呼吸道症状，腹泻，极度消瘦，陆续死亡。发病率可达 90%，死亡率一般为 30%左右。

【病理诊断】呼吸型的主要病变在呼吸器官和母鸡的生

殖器官，肾病变型的主要病变在肾脏和输尿管，腺胃型的主要病变在腺胃、胰腺、胸腺、脾脏及法氏囊。

（1）呼吸型

①呼吸器官：病变通常为轻度或中等。气管黏膜给人一种水分比较多的感觉，覆有淡黄色透明的分泌物，并自上而下逐渐充血潮红。有的在气管内有灰白色痰状栓子，肺充血、水肿。气囊混浊，变厚，有渗出物。雏鸡鼻腔至咽部蓄有浓稠黏液。

②生殖器官：成年母鸡正在发育的卵泡充血、出血，有的萎缩变形。输卵管缩短，严重时变得肥厚、粗糙，局部充血、坏死。腹腔内常有大量卵黄浆。雏鸡输卵管萎缩变短，其中段变化最严重，出现肥厚、粗短、充血、局部坏死等。

雏鸡 18 日龄内发病者，输卵管所受损害是永久性的，长大后一般不能产蛋，但外观与正常鸡无异，要通过检查耻骨间距，将其检出淘汰，以免白白浪费饲料。发病的大龄鸡，输卵管的病变轻一些，能有一定程度的恢复，长大后产蛋受一定影响。成年鸡输卵管的变化在病后能有所恢复，有的轻 21 天能恢复正常，但不是所有的鸡都能恢复正常程度。

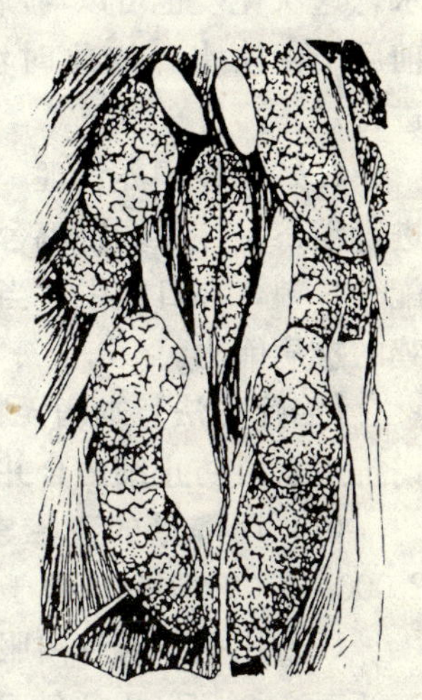

图 5-12　病鸡肾肿大，肾小管、输尿管有尿酸盐沉积

（2）肾病变型病鸡的病理变化　主要表现肾肿大、苍白，肾小管因尿酸盐沉积而变粗（图 5-12），心脏、肝脏表面有时也沉积

尿酸盐，似一层白霜，泄殖腔内常有大量石灰膏样尿酸盐。法氏囊内充血、出血，黏液增多，有的可见呼吸道病变，有的不明显。

（3）腺胃肿大，呈球状，腺胃壁增厚，腺胃乳头出血、坏死、溃疡，胰腺肿大出血，胸腺、脾脏及法氏囊萎缩。

【实验室诊断】在本病流行地区，根据临床症状、产蛋异常及剖检病变可做出初步诊断，但最后确诊还需进行实验室检查。

【预防措施】

（1）预防接种　接种鸡传染性支气管炎弱毒苗或参考以下免疫程序：7～10 日龄用 H_{120} 与新城疫Ⅱ系苗混合滴鼻点眼，或用 H_{120} 与新城疫Ⅳ系苗混合饮水；35 日龄用 H_{52} 饮水，这次免疫也可以与新城疫Ⅱ系或Ⅳ系苗混用；135 日龄前后 H_{52} 饮水。如此时注射新城疫Ⅰ系苗，可在同一天进行。

（2）加强饲养管理　要严格隔离病鸡，鸡舍、用具及时进行消毒。注意调整鸡舍温度，避免过挤和贼风侵袭。合理配合日粮，在日粮中适当增加维生素和矿物质含量，以增强鸡的抗病能力。

【治疗方法】本病无特效治疗方法，发病后应用一些广谱抗生素可防止细菌合并症或继发感染。

（1）用等量的青霉素、链霉素混合，每只雏鸡每次滴 2 000～5 000 国际单位于口腔中，连用 3～4 天。

（2）用氨茶碱片内服，体重 0.25～0.5 千克者，每次用 0.05 克；0.75～1 千克者用 0.1 克；1.25～1.5 千克者用 0.15 克，每天 1 次，连用 2～3 天，有较好疗效。

（3）用病毒灵 1.5 克、板蓝根冲剂 30 克，拌入 1 千克饲料内，任雏鸡自由采食。

（4）用苍术、松针叶各 2 份，石决明、侧柏叶各 1.5 份，陈皮、贯众、食用辣椒各 1 份，研细末，混匀，每千克饲料内加上面合剂 100 克，连喂 3～5 天。

（5）用麻黄、大青叶各 300 克，石膏 250 克，制半夏、连翘、黄连、二花各 200 克，蒲公英、黄芩、杏仁、麦冬、桑皮各 150 克，菊花、桔梗各 100 克，甘草 50 克，煎汁，为 5 000 只雏鸡一天拌料用量。

（七）鸡传染性喉气管炎（ILT）

鸡传染性喉气管炎（ILT），是由疱疹病毒引起的一种急性呼吸道传染病。其特征为病鸡高度呼吸困难，咳嗽，喘气，气管分泌物中混有血液。本病是集约化养鸡场的重要疫病之一，发病率较高，死亡率一般在 10%～20%。

【病原特性】本病病原属甲型疱疹病毒，其核酸为双股 DNA。该病毒分成熟病毒和未成熟病毒两种，成熟病毒粒子直径为 195～250 纳米，有囊膜，囊膜表面有纤突；未成熟病毒颗粒直径约为 100 纳米。

病毒主要存在于病鸡的气管组织及其渗出物中，肝脾和血液中较少见。病毒易在鸡胚中繁殖，病料接种 10 日龄鸡胚绒毛尿囊膜后，2～12 天死亡。病料接种的初代鸡胚往往不死亡，随着鸡胚继代次数的增加，鸡胚死亡时间缩短，并逐渐有规律死亡。死胚变小，绒毛尿囊膜增生和坏死，形成灰白色浑浊的痘斑病灶。

本病毒也易在鸡胚肝细胞、肾细胞上繁殖。接种 4～6 小时，可引起细胞肿胀，核染色质变位、核仁变圆和胞浆融合；12 小时可在细胞核内检出包涵体，30～60 小时包涵体密度最高。36～48 小时后，可成为多核的巨细胞（合胞体）。

该病毒不同毒株在致病性和抗原性上均有差异，但普遍认为只有一个血清型。对鸡和其他常用试验动物的红细胞均无凝集性。病毒对外界抵抗力很弱。加热至 55℃存活 10～15 分钟，37℃存活 22～24 小时，煮沸立即死亡。在低温条件下存活时间较长，在－20～－60℃能长期保存其毒力。

【流行病学诊断】在自然条件下，本病主要侵害鸡，有时也感染火鸡、野鸡、鸭、鹌鹑等。各种年龄的鸡均可感染发病，但通常只有成年鸡和大龄青年鸡才表现出典型症状。

本病的主要传染源是病鸡和带毒鸡。病毒存在于病鸡呼吸道及其分泌物中，约有 2%的康复鸡能带毒 2 年，并具有传染性。因此，本病一旦发生，便难以根除，并呈地区性流行。

病毒由呼吸道、眼结膜、口腔侵入体内。饲料、饮水、用具、野鸟及人员衣物等能携带病毒，扩散传播。病鸡产的蛋，有一部分含有病毒，入孵后，胚胎于出雏前死亡。接种过本强毒疫苗的鸡，在较长时期内可排出有致病力的病毒。

本病一年四季均可发生，但以寒冷干燥的冬季多发。若鸡舍过分拥挤，通风不良，饲养管理不当，寄生虫感染，饲料中维生素 A 缺乏，以及接种疫苗等，都可能诱发本病，并使死亡率增高。

【临床诊断】本病自然感染的潜伏期 6～12 天。症状随发病季节和病鸡不同而有所差异。温暖季节比寒冷季节轻，幼鸡比成年鸡轻。急性病例鼻孔有分泌物，病鸡呼吸困难，当吸气时，头、颈前伸，眼半闭或全闭，尽力吸气（图 5-13），同时可听到咯咯声或啰音。当痉挛咳嗽时，猛烈摇头，试图排出气管内的堵塞物，常咳出带血的黏液。从口腔可以看到喉部黏膜有淡黄色凝固物附着，鸡冠呈青紫色，排绿色稀便，产蛋量急剧下降，也有的病例出现严重的眼炎，大多为单眼结膜充血，眼皮肿胀凸起，眼内蓄积豆渣样物质。病程 5～6 天，多因窒息死亡，耐过 5 天以上者多能康复。症状较轻的病鸡生长迟缓，产蛋减少，流泪，眼结膜充血，轻微地咳嗽，眶下窦肿胀，流鼻液，机体逐渐消瘦。

图 5-13　病鸡吸气时姿势

【病理诊断】病变主要在喉部和气管，由黏液性炎症到黏膜坏死，并伴有出血（图 5-14）。严重病例气管中可见脱落的黏膜上皮、干酪样物质，以及它们二者混合形成的黄白色假膜，也常见血凝块。气管病变在靠近喉头处最重，往下稍轻。此外，还可出现支气管炎、肺炎及气囊炎。病变轻者

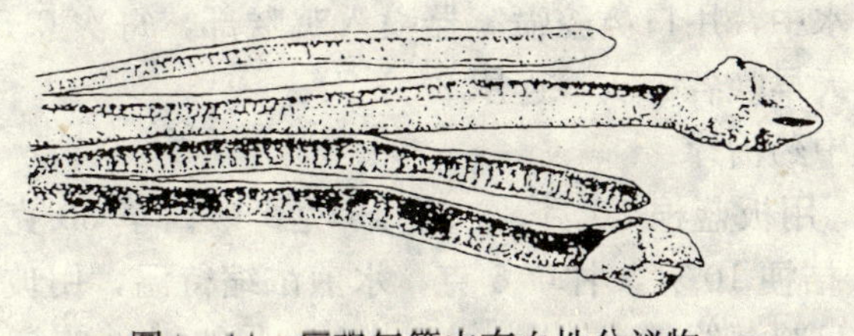

图 5-14　病鸡气管内有血性分泌物；
上面图为正常鸡的气管

可见眼睑及眶下窦充血。

【实验室诊断】本病临床症状及剖检病变均具有特征性，一般可在现场做出初步诊断。进一步确诊，可进行实验室诊断。

【防治措施】本病目前尚无特效疗法，只能加强预防和对症治疗。

（1）坚持严格的隔离消毒防疫措施，易感鸡不可与病愈鸡或来历不明的鸡接触。新购进的鸡必须用少量的易感鸡与其作接触感染试验，隔离观察2周。若不发病，方可合群。

（2）在本病流行的早期如能做出正确诊断，立即对尚未感染的鸡群接种疫苗，可以减少死亡。但接种疫苗可以造成带毒鸡，因而在未发生过本病的地区，不宜进行疫苗接种。疫苗有两种，一种采用有毒的病株制成的，用小棉球将疫苗直接涂在泄殖腔黏膜即可（防止沾污呼吸道组织）。另一种是用致弱的病毒株制成，现已广泛应用，通过接种毛囊、滴鼻或点眼等途径都能产生良好免疫力。

（3）对症治疗

①泰乐菌素：每千克体重3～6毫克，肌肉注射，连用2～3天；或在1 000毫升水中加4～6克，连饮3～5天。

②氢化可的松与土霉素：各取0.5克，溶解在10毫升注射用水中，用口鼻腔喷雾器喷入鸡喉部，每次0.5～1毫升，每天早晚各一次，连用2～3天。

③中药治疗

Ⅰ.用板蓝根30克，二花15克，败酱草30克，连翘10克，桔梗10克，甘草5克，水煎浓缩待温，用玻璃注射器给每只鸡灌服10毫升，每日2次，一般用2剂。

Ⅱ.用二花500克煎汁，给1 000只鸡饮水，每日2次，连用2天。

Ⅲ. 用柴胡45克，黄芩45克，二花60克，板蓝根60克，大青叶60克，蒲公英90克，甘草60克，水煎3次，每次5毫升，每日2次。

Ⅳ. 用蒲公英、柴胡、射干、牛蒡子、山豆根、玄参、桔梗、白芷各15克，杏仁、甘草各10克，煎汁拌料喂服(为15～30只鸡用量)，每日3次。

Ⅴ. 六神丸90粒，加温水100毫升溶化，用毛笔蘸药涂抹于鸡口腔内，每日3次，连用2～3天。再于0.5千克饮水中加10片薄荷喉片饮服。

Ⅵ. 用黄连、青黛、薄荷、僵蚕、白矾、朴硝各15克，用猪胆汁50毫升充分浸泡诸药，置阴凉处晾干制成散剂，装入棕色瓶内备用。用一长10厘米、宽0.5厘米的薄竹片蘸取0.2～0.4克（1月龄以下小鸡用0.1～0.2克），慢慢放到病鸡喉部，6小时1次，大鸡用1次治愈率达94.5%，最多用3次，1月龄内幼鸡用2～3次。

（八）鸡传染性脑脊髓炎（AE）

鸡传染性脑脊髓炎（AE），是由鸡脑脊炎病毒引起的一种中枢神经损害性传染病。其特征为主要损害1月龄以内的雏鸡，病鸡腿软无力，瘫痪，头颈震颤。

【病原特性】 本病病原是禽脊髓炎病毒（AEV），为RNA病毒，属于小RNA病毒科的肠道病毒属。病毒粒子具有六边形轮廓，无囊膜，直径20～30纳米。

该病毒对乙醚、氯仿、酸、胰酶和脱氧核酸有抵抗力。耐热，56℃加热1小时、室温下保存1个月、pH2.8的溶液中处理3小时仍有感染力。在粪便中至少存活4周。福尔马林可迅速使病毒灭活。

该病毒含单一抗原。各分离毒株在理化和血清学特性上无差异，但病毒株的毒力及对器官组织的亲嗜性不同。野外分离株一般嗜肠性，容易经口感染雏鸡，经粪便排毒，进行水平传播。也有一些野毒株嗜神经性，造成中枢神经系统损害，雏鸡出现严重的神经症状。通常野毒株对鸡是非致死性的，需经多次快速传代才能适应鸡胚。

该病毒可于鸡胚成纤维细胞、鸡胚肾细胞生长繁殖。通过鸡胚卵黄囊、尿囊可接种该病毒。

【流行病学诊断】本病主要发生于鸡，各种年龄的鸡均可感染，但一般雏鸡在 1～2 日龄易感，7～14 日龄为最易感期。此外，火鸡、鹌鹑和野鸡也能经自然感染而发病。

本病一年四季均可发生，但主要集中在冬春两季。

本病既可水平传播，又能垂直传播。水平传播包括病鸡与健康鸡同居接触传染、出雏器内病雏与健雏接触传染以及媒介物（如污染的饲料、饮水等）在鸡群之间造成传染。由于该病毒可在鸡肠道内繁殖，因而病鸡的粪便对本病的传播更为重要。垂直传播是成年鸡感染病毒之后、产生抗体之前的短时期内，产生含病毒的蛋，孵出带病雏鸡。但是，康复鸡所产的蛋含有较高的母源抗体，可对雏鸡起到保护作用。

【临床诊断】鸡群流行性脑脊髓炎潜伏期为 6～7 天，典型症状多出现于雏鸡。患病初期，雏鸡眼睛呆滞，走路不稳。由于肌肉运动不协调而活动受阻，受到惊扰时就摇摇摆摆地移动，有时可见头颈部呈神经性震颤。抓握病鸡时，也可感觉其全身震颤。随着病程发展，病鸡肌肉不协调的状况日益加重，腿部麻痹，以致不能行动，完全瘫痪（图 5-15）。多数病鸡有食欲和饮欲，常借助翅力移动到食槽和饮水器边采食和饮水，但许多病重的鸡不能移动，因饥饿、缺水、衰弱和互相践踏而死亡，死亡率一般为10%～20%，最高可达50%。4周龄以上的鸡感染后很少表现症状，成年产蛋鸡可见产蛋量急剧下降，蛋重减轻，一般经15天后产蛋量尚可恢复。如仅有少数鸡感染时，可能不易察觉，然而在感染后2～3周内，种蛋的孵化率会降低，若受感染的鸡胚在孵化过程中不死，由于胎儿缺乏活力，多数不能啄破蛋壳，即使出壳，也常发育不良，精神萎靡，两腿软弱无力，出现头颈震颤等症状。但在母鸡具有免疫力后，其产蛋量和孵化率可能恢复正常。

图5-15 病鸡的腿麻痹不能站立

【病理诊断】一般肉眼可见的剖检变化很不明显。一般自然发病的雏鸡，仅能见到脑部的轻度充血，少数病雏的肌胃肌层中散在有灰白区（这需在光线好并仔细检查才可发现），成年鸡发病则无上述变化。

【实验室诊断】根据本病的流行特点、临床症状及剖检病变可做出初步诊断。进一步确诊，可进行实验室检查。

【防治措施】本病目前尚无有效的治疗方法，应加强预防。

（1）在本病疫区，种鸡应于100～120日龄接种鸡传染性脑脊髓炎疫苗，最好用油佐剂灭活苗，也可用弱毒苗，以免病毒在鸡体内增强了毒力再排出，反而散布病毒。

（2）种鸡如果在饲养管理正常而且无任何症状的情况下产蛋突然减少，应请兽医部门作实验室诊断。若诊断为本病，在产蛋量恢复正常之前，或自产蛋量下降之日算起至少半个月以内，种蛋不要用于孵化，可作商品蛋处理。

（3）雏鸡已确认发生本病时，凡出现症状的雏鸡都应立即挑出淘汰，到远处深埋，以减轻同居感染，保护其他雏鸡。如果发病率较高，可考虑全群淘汰，消毒鸡舍，重新进雏。重新进雏时可购买原来那个种鸡场晚几批孵出的雏鸡，这些雏鸡已有母源抗体，对本病有抵抗力。

（九）鸡病毒性肾炎（AVN）

鸡病毒性肾炎（AVN），也称鸡传染性肾炎，是由鸡肾炎病毒引起的一种以侵害雏鸡肾脏并伴有生长迟滞的传染病。

【病原特性】鸡肾病毒（ANV）为细小核糖核酸科、肠道病毒属成员。病毒粒子呈正20面体的球形，无囊膜，直径25～30纳米。该病毒对乙醚、氯仿等脂溶剂有抵抗力，胰蛋白酶和SDS对其活性无影响，对酸性环境（pH3.0）、1摩尔浓度的氯化镁、反复冻融以及超声波处理均比较稳定，但不耐热，50～56℃30分钟可灭活。在鸡肠道病毒中，ANV是惟一可在鸡的细胞培养物中增殖的病毒，并产生细胞病变。在鸡肾细胞培养物中病毒迅速增殖，接种18小时后感染细胞发生裂解，24小时病毒达到高峰。此时电镜检查可见到细胞浆中病毒呈结晶状排列。

ANV 经卵黄囊途径接种 6 日龄鸡胚可导致接种的鸡胚全部死亡，接种后 2～9 天内死亡的鸡胚全身严重出血和水肿，9 天后死亡者胎儿严重发育不良，明显小于正常胎儿。经绒毛膜接种 10 日龄鸡胚，胎儿则很少发生死亡，可正常孵化，但有的毒株可使胎儿发育不良。

【流行病学诊断】鸡病毒性肾炎的自然宿主是鸡，人工接种可导致火鸡发病。该病呈隐性感染，自然感染或人工感染鸡所表现出临床症状均不明显。该病多发生于 2 周龄以内的雏鸡，2 周龄以上的鸡不易感染，但在感染鸡体内可测出病毒抗体。鸡肾炎病毒可经任何途径感染雏鸡，感染途径不影响该病毒对雏鸡的致病力。由于病毒在鸡粪便中可存活相当长的时间，经口感染而导致该病的广泛流行。

【临床诊断】自然感染和人工感染的鸡均难以观察到明显的临床症状。随着病程的发展，鸡群表现出生长缓慢，增重明显下降和肾脏损害。有时在感染鸡群也可观察到腹泻和肺炎。感染的肉鸡临床上往往表现生长停滞，个体矮小，呈僵鸡状。

【病理诊断】本病的肉眼病变仅限于肾脏，肾脏苍白褪色，但不肿大，偶尔可见肾周围有尿酸盐沉积。此病变主要见于 2 周龄雏鸡。

【实验室诊断】

（1）病毒的分离与鉴定

①病料的采取与处理：取发病鸡的肾脏、肠管或直肠内容物，用 Hank's 液制成 5～10 倍悬液，每毫升悬液中加入青霉素、链霉素和卡那霉素各 1 000 国际单位。反复冻融 3 次后，经 3 000 转/分离心 20 分钟，取上清液即为接种材料。

②鸡胚接种：取上述病料 0.1～0.2 毫升接种于 6 日龄鸡胚的卵黄囊内。接种后 3～6 天死亡的鸡胚，可见到全身出血和水肿；接种后 7～14 天死亡时，胚体短小。用胚胎制备的 50%组织悬液经口接种于 1 日龄雏鸡，感染后 3～7 天检查肾脏出现的病变，可进一步确定本病。

③细胞培养：本病毒可在鸡肾细胞上增殖，受感染的鸡肾细胞培养物于接种病料后 72 小时出现细胞病变和包涵体，细胞分散，单个存在，形态从柳叶形到圆形并有脱落现象，但无血凝素产生和细胞融合现象。

（2）血清学诊断　用于诊断本病的血清学试验有酶联免疫吸附试验、血清中和试验和免疫荧光试验等。酶联免疫吸附试验主要用于鸡群中抗体的检测；免疫荧光试验主要用于检查组织器官如肾、直肠、空肠和法氏囊等切片中的病毒抗原；血清中和试验可检测病毒数量的减少（以空斑作为病毒感染的标志）。

在进行血清学诊断时，应注意区别与肾炎病毒有抗原交叉反应的类肠道病毒，后者不能在细胞培养物中增殖。因此，准确的血清学诊断还辅以细胞培养手段，以排除非特异性。

【预防措施】本病目前尚无特殊疗法，常规的卫生管理及预防各种病原微生物的混合感染是必要的。

（十）鸡白血病（AL）

鸡白血病（AL），是由禽白血病病毒引起的一种慢性传染性肿瘤病。因为鸡白血病病毒与鸡肉瘤病毒具有一些共同的重要特征，所以习惯上把它们放在一起，称之为白血病/肉瘤群。鸡白血病有多种类型，如淋巴细胞性白血病、成红细胞性白血病、成髓细胞性白血病、骨髓细胞瘤、内皮瘤等。其主要特征为病鸡血细胞和血母细胞失去控制而大量增殖，使全身很多器官发生良性或恶性肿瘤，最终导致死亡或失去生产能力。本病流行面很广，其中以淋巴细胞性白血病的发病率最高，其他类型比较少见。

【病原特性】禽白血病病毒（ALV）属反转录病毒科 C 型肿瘤病毒属禽白血病/肉瘤病毒群，原分为 A、B、C、D、E 5 个亚群。但最近在肉种鸡群中又发现了不同于以上 5 个亚群的一种新型禽白血病毒亚群，命名为 ALV-J 亚群，可引发骨髓瘤。

本病毒呈球状，病毒颗粒表面具有特征性结节状凸起，病毒直径 80～120 纳米。

本病毒在鸡胚上生长良好。接种 11 日龄鸡胚绒毛尿囊膜，8 天后在该处产生病变，接种 5～6 日龄鸡胚卵黄囊，可引起肿瘤产生。

本病毒耐低温，－60℃可保存数年而不丧失传染性，但不耐酸碱，不耐热，60℃时 42 秒即失去活力。

【流行病学诊断】在自然感染条件下，本病仅发生于鸡，不同品种、品系鸡的易感性有一定差异。一般母鸡比公鸡易感，鸡的发病年龄多集中于 6～18 月龄以下，特别是 4 月龄以下很少发生，1 岁半以上也很少发生。

发病季节多为秋、冬、春季，这可能与鸡的日龄有关。饲料管理不良、球虫病及维生素缺乏症等，能促使本病发生。

本病的传染源是病鸡和带毒鸡，后者在本病传播中起重要作用。母鸡整个生殖系统都有病毒繁殖，并以输卵管的蛋白分泌部病毒浓度最高。所以，本病主要传播方式是垂直传播，接触传播不太重要。由于带毒鸡所产的种蛋携带病毒，其孵出的雏鸡也带毒，成为重要的传染源。

本病虽污染广泛，但发病率很低，一般呈个别散发，偶尔大量发病。

【临床、病理诊断】

(1) 淋巴细胞性白血病　通常又称大肝病，是常见的一种，潜伏期可达14～30周之久。自然病例常于14周龄后出现，性成熟期发病率最高。本病无特征性症状，仅可见鸡冠苍白、皱缩、偶有发绀，体质衰弱，进行性消瘦，下痢，腹部常增大，有时可摸到肿大的肝脏。肿瘤主要发生于脾脏、肝脏和法氏囊，也见于肾、肺、心、骨髓等。肿瘤可分为结节型、粟粒型、弥漫型和混合型4种。结节型从针尖到鸡卵大，单在或大量分布。肿瘤一般呈球形，也可为扁平型。粟粒型的结节直径在2毫米以下，常大量均匀分布于肝实质中。弥漫型肿瘤使器官均匀增大、增重好几倍，色泽灰白，质地变脆。法氏囊一般肿大，并可见多发性肿瘤。

(2) 成红细胞性白血病　本病有增生型和贫血型两种。增生型较常见，特征是血液中红细胞明显增多；贫血型的特征是显著贫血，血液中未成熟细胞少。两型病鸡早期均全身衰弱，嗜睡，鸡冠苍白或发绀，消瘦，下痢，毛囊多出血。病程从几天到几个月。病鸡全身贫血变化明显，肌肉，皮下组织及内脏器官常有小点出血。增生型的特征为肝、脾广泛肿大，肾肿较轻。病变器官呈樱桃红色。贫血型内脏常萎缩，特别是肝和脾。

(3) 成髓细胞性白血病　临床症状与成红细胞性白血病相似，但病程后者长。其特征变化为血液中的成髓细胞大量增加，每毫升血液中可高达200个。

剖检时，病鸡骨髓坚实，红灰色到灰色。实质器官肿大，严重病例肝、脾、肾常有灰色弥散性浸润，使脏器呈颗粒状外观或有斑状花纹。

（4）骨髓细胞瘤病　病鸡的骨骼上常见由骨髓细胞增生形成的肿瘤，因而病鸡的头部出现异常的突起，胸部与跗骨部有时也见有这种突起。病程一般较长。

（5）脆性骨质硬化型白血病（骨化石病）　病鸡双腿发生不正常的肿大和畸形（图5-16），走路不协调或跛行，发育不良，皮肤苍白，贫血。

图5-16　左图为病鸡的腿下部肿大、畸形，呈“长靴样”；右图为健康鸡

最常见的侵害是肢体的长骨。骨干或干骺端可见均匀或不规则增厚。晚期病鸡，胫骨具有“长靴样”特征。

剖检时，首先是胫骨、跗骨和跖骨骨干出现病变，其次是其他长骨、骨盆、肩胛骨和肋骨，趾骨常无变化，病变常呈两侧对称。病初在正常骨头上可见浅黄色病灶，骨膜增厚，骨呈海绵样，极易切断。逐渐向周围扩散，并进入骨骺端，骨头呈梭形。病变可由轻度外生骨疣，到巨大的不对称增大，乃至将骨髓腔完全堵塞不等，到后期则骨质石化，剥开时就露出坚硬多孔而不规则的骨石。

本病常与淋巴性白血病合并发生，所以内脏器官同时可以发现肿瘤病灶。如病鸡无并发症，内脏器官往往发生萎缩。

（6）血管瘤　用野毒对幼鸡接种，在 3 周到 4 个月可出现血管瘤。多数分离物或病毒株可引起本病，各种年龄的鸡都曾发现过。血管瘤常见单个发生于皮肤中，也常有多发的，瘤壁破溃可导致大量出血，瘤旁羽毛被血污染。病鸡苍白，常死于出血。

剖检时，因属血管系统的瘤，故常波及血管壁各层。皮肤中或内脏器官表面的血管瘤很像血疱，内脏的瘤中常可找到血凝块。海绵状血管瘤的特征是，由内皮细胞组成薄壁的血液腔显著扩张。毛细血管瘤是灰粉红色到灰红色的实心团。血管内皮可增生进入密集的团中，只留很小缝隙作为血液的通路，或者发展为有毛细管腔的格子状，或者成为由胶状囊支持的散在血管腔。值得注意的是血管瘤常与成红细胞性白血病和成骨髓细胞性白血病同时出现。

（7）肾真性瘤　多数病例发生于 2～6 个月龄的鸡。当肿瘤不大，无其他并发症时，不易见到症状。肿瘤长大时，病鸡消瘦，虚弱。一旦压迫坐骨神经，则发生瘫痪。

剖检时，瘤的外观，由埋藏于肾实质内的粉红灰色的结节，到取代大部分肾组织的淡灰色分叶的团块不等。瘤子由一根纤维性有血管的细柄与肾相连着。大瘤子常有囊肿，有时甚至占领两肾。有些瘤主要由增大的上皮内陷的小管与畸形肾小球构成的不规则团块，乃至类立方形只有很少管状结构的大形细胞组成，称之为腺瘤。也有发生囊肿的小管占优势的，称之为囊腺瘤。有的还可见角质化的分层鳞状上皮结构（珠子）、软骨或硬骨，这类生长物称之为肾真性瘤。

（8）结缔组织肿瘤　本病所指以病毒为病原迹象，具有传染性的结缔组织肿瘤。它包括纤维肉瘤和纤维瘤、黏液肉瘤和黏液瘤、组织细胞瘤、骨瘤和骨生成的肉瘤和软骨瘤。这些肿瘤有的是良性的，也有的是恶性的。良性瘤长得慢，不侵犯周围组织；恶性瘤长得快，发生浸润，能转移。

结缔组织肿瘤发展迅速，任何年龄的鸡均可发生。肿瘤可无限制地生长，常因继发细菌感染、毒血症、出血或机能障碍导致死亡。良性者可不致死，恶性者病程急剧的可在数日内死亡。

剖检时，可见纤维瘤、黏液瘤和肉瘤，这些最可能发生于皮肤或肌肉中；软骨或硬骨或混合组成的瘤，可发生于这两种组织中。恶性瘤的转移灶，最常发于肺、肝、脾和肠浆膜中。

【实验室诊断】鸡白血病缺乏特征性症状，故单靠临床诊断难以确诊，必须结合流行特点、病理变化及实验室检验进行综合诊断。

【防治措施】鸡白血病目前尚无有效的疫苗和治疗药物，只有加强预防措施，以杜绝本病的发生。

（1）定期进行种鸡检疫，淘汰阳性鸡，培育无白血病种鸡群。

（2）加强孵化室和鸡场的消毒卫生工作，从而切断包括经种蛋垂直传递传播途径。

（十一）鸡轮状病毒感染

轮状病毒（RTV）是哺乳动物和禽类非细菌性腹泻的

主要病原之一。鸡感染后主要症状为水样下痢，乃至脱水。

【病原特性】 轮状病毒属呼肠孤病毒科。病毒粒子呈圆形，具有双层衣壳，直径约为70纳米。该病毒对环境抵抗力较强，经氯仿处理（1∶9）30分钟不能灭活，pH3.0处理2小时滴度不变，处理8小时降低100倍，56℃加热处理30分钟滴度下降100倍，但继续加热不能使其完全灭活。

轮状病毒的分离最常采用细胞培养法。敏感细胞有鸡肾细胞、鸡胚肝细胞等，并可产生细胞病变。轮状病毒的分离有三个关键条件：①敏感细胞；②胰酶；③适当的培养方式。初次分离时没有细胞病变，但随传代次数的增加，细胞病变明显。到目前为止，在细胞培养物中所分离的轮状病毒全部为A群轮状病毒。分离鹦鹉的一株轮状病毒经卵黄囊接种可致死鸡胚，6～8日龄鸡胚在接种后4～6天引起死亡。

【流行病学诊断】 轮状病毒不仅能感染鸡、鸭等家禽，而且能感染火鸡、鸽、珍珠鸡、雉鸡、鹦鹉和鹌鹑等珍禽，分离自火鸡和雉鸡的轮状病毒可感染鸡。6周龄左右的雏鸡最易感，有时成年鸡也能感染，并发生腹泻。发生于鸡、火鸡、雉鸡的鸭的绝大多数自然感染都是侵害6周龄以下的禽类，肉用仔鸡群和火鸡群常常发生不同电泳群轮状病毒的同时感染或相继感染。病鸡排出的粪便中含有大量的轮状病毒，能长期污染环境，由于病毒对外界的抵抗力很强，所以在鸡群中可发生水平传播。此外，1日龄未采食的雏鸡体内也检测到了该病毒，从而证明它可能在卵内或卵壳表面存在，并发生垂直传播。禽类轮状病毒感染率很高，在作电境检查时可发现大多数发鸡群中存在病毒，死亡率一般在4%～7%左右，但是由此造成的腹泻能严重影响雏鸡的生长发育，并可引起并发或继发感染。

【临床诊断】 禽类轮状病毒感染的潜伏期很短，2～3 天左右就出现症状并大量排毒。病鸡水样腹泻、脱水、泄殖腔炎、啄肛，并可导致贫血，精神萎靡，食欲不振，生长发育缓慢，体重减轻等，有时打堆而相互挤压死亡，死亡率一般为 4%～7%，耐过者生长缓慢。

【病理诊断】 剖检可见肠道苍白，盲肠膨大，盲肠内有大量的液体和气泡，呈赭石色。严重者脱水，肛门有炎症，贫血（由啄肛而致），腺胃内有垫草，爪部因粪便污染引起炎症和结痂。

【实验室诊断】 由于禽类轮状病毒感染十分普遍，故抗体的检测意义不大。最直观快速的方法是直接电镜检查粪便或肠道内容物中的病毒。其方法是用磷酸盐缓冲液制成15%的粪便悬液，与等量的氟碳混合抽提，经 3 000 转/分离心 15～30 分钟，使水相与氟碳分离，吸取水相，12 000 转/分钟离心 1 小时。沉淀物用水悬浮成数滴进行电镜检查。如果见到有典型的轮状病毒粒子时即可确诊。

【防治措施】 鸡轮状病毒感染目前尚无特异的防治方法，病鸡可对症治疗，如给予补液盐饮水以防机体脱水，可促进疾病的恢复。

（十二）鸡减蛋综合征（EDS-76）

鸡减蛋综合征（EDS-76），是由腺病毒引起的使鸡群产蛋率下降的一种传染病。其主要特征为产蛋量下降，蛋壳褪色，产软壳蛋或无壳蛋。本病可使鸡群产蛋率下降30%～50%，蛋的破损率可达 38%～40%，无壳蛋、软壳蛋达15%，给养鸡生产造成了严重的经济损失。

【病原特性】本病病原为腺病毒科禽腺病毒属成员，血清学鉴定将其列于禽腺病毒Ⅲ群。本病毒无囊膜，核酸为双股DNA，病毒粒子直径为 70～80 纳米，呈二十面立体对称。

本病毒能凝集鸡、鸭、鹅、火鸡、鸽的红细胞，血凝素滴度在 4℃可保持很长时间，56℃16 小时后下降 4 倍，8 天消失，70℃很快破坏。鸭胚尿囊液病毒的血凝滴度在 2^{20}，而鸡胚尿囊液的血凝滴度较低。

本病毒具有较强的抵抗力，对乙醚、氯仿不敏感，抗pH 范围广，如在 pH 为 3 的酸性环境中不死；加热至 56℃存活达 3 小时，60℃30 分钟丧失致病性，72℃20 分钟完全灭活，在常温条件下，至少可存活 6 个月以上。0.3%甲醛24 小时才能使该病毒完全灭活，1%甲醛 48 小时才可灭活。

【流行病诊断】本病的易感动物主要是鸡，任何年龄、任何品种的鸡均可感染，尤其是产褐壳蛋的种鸡最易感，产白壳蛋的鸡易感性较低。幼鸡感染后不表现任何临床症状，也查不出血清抗体，只有到开产以后，血清才转为阳性，尤其在产蛋高峰期 30 周龄前后，发病率最高。

本病主要传染源是病鸡和带毒母鸡，既可垂直感染，也可水平感染。病毒主要在带毒鸡生殖系统增殖，感染鸡的种蛋内容物中含有病毒，蛋壳还可以被泄殖腔的含病毒粪便所污染，因而可经孵化传染给雏鸡。本病水平传播较慢，并且不连续，通过一栋鸡舍大约需几周。鸡粪是发病鸡水平感染的主要方式。因而平养鸡比笼养鸡传播快，鸡可以从喉及粪便中排泄病毒，此外，鸡蛋和盛蛋工具经常在鸡场间随便流行，这中间受感染的蛋鸡在产蛋中可能是一种非常重要的水平传播来源。

【临床诊断】发病鸡群的临床症状并不明显，发病前期可发现少数鸡拉稀，个别呈绿便，部分鸡精神不佳，闭目似睡，受惊后变得精神。有的鸡冠表现苍白，有的轻度发紫，采食、饮水略有减少，体温正常。发病后鸡群产蛋率突然下降，每天可下降2%～4%，连续2～3周，下降幅度最高可达30%～50%，以后逐渐恢复，但很难恢复到正常水平或达到产蛋高峰。在开产前感染时，产蛋率达不到高峰。蛋壳褪色（褐色变为白色），产异状蛋、软壳蛋、无壳蛋的数量明显增加。

【病理诊断】本病基本上不死鸡，病死鸡剖检后病变不明显。部检产无壳蛋或异状蛋的鸡，可见其输卵管及子宫黏膜肥厚，腔内有白色渗出物或干酪样物，有时也可见到卵泡软化，其他脏器无明显变化。

【实验室诊断】凡有产无壳蛋、软壳蛋、破壳蛋及褐壳蛋褪色等异常蛋的数量增加，产蛋率突然下降，即可怀疑为本病。确认应进行病毒分离及血清学检查。

【防治措施】本病目前尚无有效的治疗方法，只能加强预防。

（1）未发生本病的鸡场应保持本病的隔离状态，严格执行全进全出制度，绝不引进或补充正在产蛋的鸡，不从有本病的鸡场引进雏鸡或种蛋。注意防止从场外带进病原污染物。

（2）在本病流行地区可用疫苗进行预防，蛋鸡可在开产前2～3周肌肉注射灭活的油乳剂疫苗0.5～1.0毫升。

（十三）鸡包涵体肝炎（IBH）

鸡包涵体肝炎（IBH），是由腺病毒引起的一种鸡肝脏损害性传染病。其主要特征为病鸡皮下、胸肌、大腿肌等处肌肉出血，肝脏损害，其颜色以黄色、褐色、出血和贫血混合存在。

【病原特性】本病病原为腺病毒科禽腺病毒属成员，血清学鉴定将其列于禽腺病毒Ⅰ群。病毒结构为RNA，对热和酸稳定，抗紫外线，对福尔马林和碘敏感。本病毒存在于早期病鸡的肝、脾、肾及腔上囊组织中，有很多不同的血清型，其致病力也有差异。本病毒可能是一种条件性致病，只有当存在其他诱发性因素如传染性法氏囊病时才会致病。

【流行病学诊断】本病多发于鸡3～7周龄，较集中在5周龄前后，感染过法氏囊炎的鸡群易于发病。

本病的主要传染源是病鸡和带毒鸡，主要通过呼吸道、消化道及眼结膜等感染。本病既可垂直传播，又可水平传播。种鸡在开产前不久或产蛋期中感染本病时，在1～2周内种蛋含有病毒，可经孵化传染给雏鸡。感染鸡也可随粪便排出病毒污染环境，并通过各种媒介进行水平传播。一般来说，本病水平传播的速度比较缓慢。

【临床诊断】感染本病的鸡群，初期症状不明显，但出现个别鸡突然死亡，并多为体况良好的鸡。经2～3天后少数鸡精神萎靡，食欲不振，嗜睡，有的鸡头部苍白，冠髯褪色，皮肤呈黄色，并可见皮下出血。有的鸡排水样便。病鸡两腿无力，极度消瘦，不久因衰竭而死亡。轻症鸡数日后即可耐过恢复，多数无症状的感染鸡体重减轻，饲料利用率降低，呈一过性减蛋。

本病在鸡群中可持续1～2周，发病鸡死亡率低。典型发病的鸡群，死亡率在发病后3～5天增加，每天的的死亡率约为0.5%～1.0%，可持续3～5天，以后逐渐停止。本病有时伴发大肠杆菌病、葡萄球菌病、呼吸道传染病、新城疫等，则病程拖长，死亡率较高。

【病理诊断】肝肿大，表面有不同程度的出血点和出血斑，有的病例出血可波及到肝的全部，剖面实质部也可见到出血变化。死亡鸡的肝脏变化颇为明显，有的可见到大小不等的坏死灶，有时坏死灶和出血相混合。肝表面有凹凸不平之感，肝褪色呈淡褐色至黄色，质脆。病程长的鸡肝萎缩。有细菌感染时可发生肝周炎。无临床症状的感染鸡，有的可见到肝褪色变化。

有的病例可见到骨髓病变，大腿骨的骨髓多呈桃红色或粉红色，病毒侵犯骨髓的病鸡多表现贫血。胸肌、腿部的骨骼肌、皮下组织、内脏的脂肪组织、肠的浆膜面可见到明显的出血。骨髓的变化及全身的出血性变化与磺胺类药物中毒的变化极其相似。

另外，剖检还可见到法氏囊萎缩、脾肿大、肾肿大和输尿管扩张等病变。

【实验室诊断】在本病流行地区，根据发病特点及剖检病变可做出初步诊断，最后确诊还需进行实验室检查。

【防治措施】由于本病病原的血清型较多，目前尚无良好的疫苗用于预防。

（1）加强卫生消毒，防止腺病毒侵袭鸡群，并预防其他传染源的混合感染，特别要注意传染性法氏囊炎的预防。

（2）发生本病的鸡场，在饲料中可添加复合维生素以增强鸡的抵抗力，也可在饲料中添加抗生素以防止细菌的混合感染。

（十四）鸡病毒性关节炎（VA）

鸡病毒性关节炎（VA），又称鸡病毒性腱鞘炎，是由呼肠孤病毒引起的一种传染病。其主要特征为病鸡腿部关节肿胀，腱鞘发炎，继而使腓肠腱断裂，从而导致鸡行动不便，采食困难，甚至不能行动。

【病原特性】本病病原体为呼肠孤病毒，无囊膜，有双层衣壳，核心为双股 RNA。本病毒耐热性较强，在卵黄囊中的病毒 60℃能存活 8～10 小时，56℃下生存 22～24 小时，22℃下可保存 48～51 周，4℃下能存活 3 年。70％乙醇、2％～3％氢氧化钠均可灭活病毒。

【流行病学诊断】本病只发生于鸡，5～7 周龄的鸡易感。病毒可通过呼吸道或消化道侵入鸡体，在鸡群中迅速传播，一般多为隐性感染，不表现明显症状。

【临床诊断】雏鸡感染后发病多在 3～4 周龄以后，初期步态稍见异常，逐渐发展为跛行，跗关节肿胀，病鸡喜坐在关节上，驱赶时才跳动。患肢不能伸张，不敢负重，当腱断裂时，趾屈曲，病程稍长时，患肢多向外扭转，步态蹒跚，这种症状多见于大雏或成鸡。病鸡发育不良，贫血，消瘦，有时排白色稀便，体况长时间内不能恢复。

【病理诊断】病变主要表现在患肢的跗关节，关节上下周围肿胀，切开皮肤可见到关节上部腓肠腱水肿，关节腔充满淡红色透明滑膜液，如无细菌混合感染时，见不到脓样渗出物，趾曲腱和腓肠腱周围水肿，根据病程的长短，有的周围组织可与骨膜脱离。大雏或成鸡易发生腓肠腱断裂。由于腱断裂，局部组织可见到明显的血液浸润。如发生在换羽时期，可在皮肤外见到皮下组织呈红紫色，关节液增加。慢性病程的鸡（主要是成鸡）腓肠腱增厚、硬化，和周围组织黏着、纤维化，有的在切面可见到肌腱交接部发生的不全断裂和周围组织粘连，失去活动性，关节腔有脓样、干酪样渗出物。

【实验室诊断】病毒性关节炎的初期诊断较为困难，跗关节肿胀病变与关节炎型大肠杆菌病、支原体病、关节炎型葡萄球菌病等引起的症状与病变不易区分，也极易与这些病混合感染。因此，必须靠实验室检查做出确诊。

【防治措施】本病目前尚无有效疗法，只能加强预防。

(1) 加强环境卫生管理，定期消毒鸡舍，以防止病毒侵袭。

(2) 接种疫苗：接种疫苗主要用于种鸡，可在开产前2～3周肌肉注射油乳剂灭活苗，使雏鸡获得较多的母源抗体。此外，雏鸡也可在2周龄时先接种一次弱毒疫苗，在开产前再注射一次油乳剂灭活苗。

(十五) 鸡传染性生长障碍综合征 (ISS)

鸡传染性生长障碍综合征（ISS）是由病毒（该病毒至今未确认，一般认为是一种呼肠孤病毒）引起的一种传染病，其主要特征为病鸡身体弱小，精神不振，羽毛生长差，腿部软弱无力而表现瘸腿等。

【病原特性】本病的病原至今尚未最后定，一般认为是一种呼肠孤病毒感染所引起，因为已有一些研究报告，从病鸡的肠道组织匀浆的滤过物和内脏器官分离出呼肠孤病毒，将分离的病毒接种鸡胚肾细胞能产生细胞病变。用分离的病毒口服接种1日龄易感鸡，或是用通过鸡胚细胞的病毒足垫接种或脑内接种1日龄雏鸡，均能引起接种雏鸡生长和增重迟缓，内脏器官产生类似自然发病鸡的病变。

也有人认为，本病的发生是由于缺乏微量元素所致，这是因为病鸡发生的一些病理变化，如脑软化、胰腺萎缩等，与缺硒引起的病变相同。但目前认为，缺硒并不是生长迟缓综合症的启动因子，体内硒含量的变化可能是病鸡吸收不良造成的继发现象。

【流行病学诊断】本病主要发生于鸡，对肉鸡危害严重，而对蛋鸡不产生明显影响，不同品系的肉鸡对本病的易感性稍有差异。

本病既可水平传播，又能垂直传播。子代鸡群发病可能与产蛋时种鸡的年龄有关。据报道，发病鸡群多是青年母鸡的后代，种母鸡的年龄通常在 24～30 周龄。雏鸡感染后 4 日龄即可发病，8～12 日龄死亡率开始增加，最高可达 12%～15%。

【临床诊断】病鸡身体弱小，精神不振，羽毛粗乱，无光泽，颈部常留有绒羽，少数病鸡有许多断裂的羽毛。腿软无力或瘸腿，喙、腿颜色苍白，腹部胀满，腹泻，排出黄褐色黏液性粪便。3 周龄病鸡骨骼的发育呈佝偻病变化，长骨质脆或易弯曲，这种变化在 4 周龄时特别明显。

病鸡在 1 周龄后明显小于健康鸡，在 2～4 周龄时其活重只及正常鸡的 50%～70%，少数病鸡只及正常鸡的 1/3 大小，严重病鸡在 4～8 周龄的活重甚至不到 200 克。

【病理诊断】大腿部位肌肉色素消失，大腿骨骨质疏松，大腿骨头坏死和断裂。腺胃增大，并伴有腺胃胀满和肌胃缩小，可能有糜烂和溃疡。肠道肿胀，肠壁薄脆，有出血性和卡他性肠炎；肠道可见有消化很差的饲料，在下部肠管中含有消化很差的特征性的橘红色黏液性物质。几乎所有病鸡都有局灶性心肌炎，心包液增加，胆囊空虚，法氏囊、胸腺和胰腺萎缩。许多病鸡的盲肠内充满黄色带气体、泡沫和液体性的消化物。

【实验室诊断】由于病变对小肠危害严重，干扰了肠细胞分化，从而降低了小肠的消化吸收能力，致使一些必需的营养成分如钙、磷、维生素 D_3、维生素 A 和维生素 E 等吸收不良。因此，在临床上病鸡表现为腹泻，生长迟缓，羽毛松乱，以及由于骨质疏松而引起的腿软无力或瘸腿等症状。根据这些特征性症状，结合剖检所见的肠道及大腿骨特征性病变，就可做出初步诊断。为了进一步确诊，可做病原分离和电镜检查。目前据一些研究报告，从病鸡的肠组织匀浆的过滤物和内脏器官中分离出呼肠孤病毒，将分离的病毒接种鸡胚肾细胞能产生细胞病变。用分离的病毒口服接种 1 日龄易感雏鸡，或是用通过鸡胚细胞的病毒足垫接种或脑内接种 1 日龄雏鸡，均能引起接种雏鸡生长和增重迟缓，内脏器官产生类似自然发病鸡的病变。

由于引起本病的病毒种类尚未澄清，所以目前还未能进行血清学检查。

【防治措施】本病目前无特效的防治方法，故应采取综合性预防措施。

（1）加强鸡场的卫生防疫工作　每批鸡饲养结束后，必须更换垫料，并进行清扫消毒。不用病鸡蛋作种用，孵化室及其用具认真进行清理消毒，对控制本病的发生亦有重要意义。

（2）接种疫苗　种鸡和肉用仔鸡均应接种传染性法氏囊病疫苗，以保护法氏囊这一免疫器官，增强鸡的抗病能力。

（3）增加日粮营养，投药治疗　在肉用仔鸡的日粮中添加 0.05%硫酸铜，每千克饲粮中添加维生素 E 100 国际单位、硒 0.25 毫克可减少该病的发生和死亡，适当提高饲料的能量水平和增加含硫氨基酸水平，使用新霉素（混料比例为 70～140 毫克/千克，混水浓度为 35～70 毫克/千克）和杆菌肽（每只雏鸡内服量为 20～50 单位，肉用仔鸡 40～100 单位，青年鸡 100～200 单位，成年鸡 200 单位，每天用药 1 次）。可获一定的效果。

（十六）鸡网状内皮增生病（RE）

鸡网状内皮增生病（RE）是由网状内皮组织增生病毒引起的一种肿瘤性传染病，其特征为病鸡贫血，生长缓慢。

【病原特性】本病病原为逆转录病毒科 C 型肿瘤病毒属的禽 C 型肿瘤病毒亚属，有 1 个血清型，3 个亚型。本病毒不同于禽白血病肉瘤群病毒的另一类禽肿瘤 RNA 病毒，称为 T 株病毒。

本病毒可在鸡胚和鸡胚成纤维细胞、火鸡和鹌鹑的细胞培养物中增殖，除了很少一部分病毒株外，不见有细胞病变。据报道，某些病毒株在急性感染期可能引起轻度的细胞病变，见到合胞体形成，但未见到细胞病变的培养物，可用间接免疫荧光染色法检测病毒，以作为病毒测定的标准。在病毒分离时，接毒的材料的选择很重要，白细胞是分离病毒的较好来源，分离率高于其他样品，哺乳类的细胞无易感性。病毒接种鸡胚可引起死亡，并在绒毛尿囊膜上形成病斑，胚的肝和脾肿大。

本病毒各毒株间致病性有一些差异，但也与接种病毒的量或感染宿主以及日龄等有关。此病毒用细胞培养物连续传代后，可能使致病力降低，所以最好用本动物继代保存毒株以维持其毒力。

本病毒对乙醚和热（56℃ 30 分钟）敏感，不耐酸（pH3.0），氯化镁对病毒没有保护作用，对外界抵抗力不强，在37℃20分钟后，感染率丧失50%；1小时后感染性丧失90%，但在4℃时比较稳定，在−70℃下可长期保存不失去活性。

【流行病学诊断】本病可发生于鸡、鸭、火鸡和其他鸟类。病毒可在鸡群中传播，但传播能力比较弱，接触的鸡只有一部分产生抗体和发病，有人认为鸡自然感染可能是由火鸡或水禽传播引起的。

本病在鸡群中的发病率和死亡率不高。

【临床诊断】急性病例很少表现明显的症状，死前只见有嗜睡。病程较长的呈现衰弱，生长迟缓或停滞，精神沉郁，羽毛稀少，冠髯苍白，个别鸡表现运动失调，肢体麻痹等。

【病理诊断】在病变上可分为3种类型，即内脏增生型，神经增生型和坏死性病变型。内脏增生型多发生于肝脏和脾脏，也见于肠道。肝脏肿大，见有斑驳状的网状内皮增殖性的发白区域，脾脏肿大显著，也有斑驳状细胞增殖性区域和坏死病变，肠壁增厚，有网状细胞浸润区及坏死灶，法氏囊萎缩。坏死性病变型主要见于脾脏。神经增生型可见翼神经、坐骨神经、颈神经肿大变粗。

【实验室诊断】本病特征性症状不明显。如果病死鸡的剖检病变是典型的，则有可能对本病做出诊断，但确诊还需进一步证明网状内皮组织增生病毒及其抗体的存在。

【防治措施】本病目前尚无有效的防治方法，故应采取综合性的预防措施。

（十七）鸡传染性贫血病（CIA）

鸡传染性贫血病（CIA），是由病毒所引起的，其主要特征为病鸡表现再生障碍性贫血和淋巴组织萎缩，导致严重的免疫抑制，从而易继发细菌、病毒和真菌感染。

【病原特性】鸡传染性贫血病病毒（CIAV）为圆环病毒科，电镜下观察为单链负股环状DNA病毒，无囊膜，外观正二十面体，直径18～24纳米，可通过25纳米的微滤膜。目前已知的传染性贫血病病毒均为同一血清型，各毒株之间仅存在毒力差异。

病毒存在于感染鸡的多种组织器官内，以胸腺和肝脏含毒量最高，以脑和肠内容物中病毒维持时间最长。

本病毒耐热，耐酸。加热56℃或70℃30分钟使部分灭活，100℃15分钟完全灭活。对酸（pH3）作用3小时仍然稳定。常用1%碘酊、福尔马林、两性肥皂等消毒。

【流行病学诊断】雏鸡对本病易感，其易感性的高低与母源抗体的存在密切相关。母源抗体对雏鸡有保护作用，即有母源抗体的雏鸡只发生感染并排毒，但不发病。母源抗体一般可持续3周龄。

本病可垂直感染。经垂直感染（种蛋传递）的雏鸡，一般在出壳后2～3周龄发病。

【临床诊断】一般在感染后10天发病，病鸡表现沉郁、衰弱、消瘦和体重减轻。一般在发病后2天，病鸡开始出现死亡，死亡高峰多在发病后的5～6天，然后逐渐下降，再过5～6天恢复正常。濒死鸡有的腹泻，有的全身出血或头颈部皮下出血、水肿。血稀如水，血凝时间延长，血细胞比容值可下降到20%以下，严重者甚至可降到10%以下，红、白细胞数显著减少，可分别降到100万/毫米^{3}和5 000/毫米^{3}以下。

【病理诊断】主要表现为骨髓萎缩，呈黄白色，胸腺和法氏囊显著萎缩，心变圆，肝、脾、肾肿大、褪色。有时肝黄染，有坏死灶，质脆。骨髓肌和腺胃固有层黏膜出血，严重贫血鸡可见肌胃黏膜糜烂或溃疡。部分病鸡有肺实质病变，心肌、真皮及皮下出血。

【实验室诊断】血细胞的比容显著降低和骨髓变成黄白色是本病的最突出特征，所以根据临床症状和剖检变化可做出初步诊断，最后确诊可进行实验室诊断。

【防治措施】本病目前尚无有效的治疗方法，平时加强饲养管理，搞好环境卫生，及时接种法氏囊病疫苗和马立克氏病疫苗，以防止环境因素影响和其他传染病的免疫抑制。CAIV 活疫苗，可通过饮水免疫对种鸡在 13～15 周龄进行免疫接种，能有效防止子代发病。减毒的 CAIV 活疫苗，可通过肌肉、皮下或翅膀对种鸡进行接种。如果后备鸡群血清学呈阳性反应，则不宜进行免疫接种，加强检疫，防止带毒鸡进入健康鸡群。

（十八）鸡蓝翅病（BWD）

鸡的蓝翅病（BWD）是由呼肠孤病毒和鸡传染性贫血症病毒协同作用所引起的一种传染病。其主要特征为病鸡翅膀下皮肤出现深蓝色。

【流行病学诊断】本病主要发生于肉用仔鸡群，公母鸡均易感染，产蛋鸡和肉种鸡很少发病。一年四季均可发生，一般在 11～16 日龄开始发病，17～26 日龄达到死亡高峰。传播途径是垂直传播，目前尚未发现水平传播的报道。

【临床诊断】病鸡翅膀下皮肤呈现深蓝色，精神沉郁，以胸着地，闭目，羽毛松乱，颤抖，在 2 小时内死亡。

【病理诊断】病变最明显的特征是皮内、皮下和肌肉内有斑点状出血和水肿。有时继发细菌感染，发生坏疽性皮炎。脾脏肿大，颜色变浅，胸腺和法氏囊萎缩，有轻度的坏死性肝炎。

【实验室诊断】根据本病的典型症状及剖检变化可做出初步诊断，最后确诊应进行实验室检查。在实施实验室诊断时，从病鸡的心、肝、脾、法氏囊、皮肤、肌肉以及肾脏等器官组织中分离病毒，经鸡胚肝细胞培养后，本病原可产生细胞融合型的细胞病变。

【防治措施】本病目前尚无特效药物治疗，一旦发病，要严格消毒，在饮料中加适量的抗生素，以防继发感染。

在养鸡的日常工作中，要采取一些综合性防治措施。

（1）定时对鸡群尤其是种鸡群进行监测，淘汰阳性鸡，减少垂直传播的威胁。

（2）试用人工致弱的呼肠孤病毒和传染性贫血症病毒对种鸡群作联合免疫，或对种鸡注射灭活的油佐剂二联苗，使其子代获得较高的母源抗体水平。

（十九）鸡肿头综合征（SHS）

肿头综合征是一种传染性疾病，其主要特征为病鸡头、脸部肿胀。

【病原特性】本病的病因目前尚无统一的认识。以前认为病的发生与大肠埃希氏杆菌有密切关系，将大肠杆菌以各种方式人工接种给易感鸡时，试验鸡可出现轻微的症状。也能从患病部位分离到金黄色葡萄球菌、类链球菌、传染性法氏囊病毒、传染性支气管炎病毒以及火鸡鼻气管炎病毒等，在这些病原体的诱导下，致病性大肠杆菌通过鼻甲骨黏膜侵入皮下组织、呈现致病作用。近年来广东省兽医防疫站的研究发现，在病初和病后以及人工接种前、后所采的病鸡双相血清中检测到了肺病毒抗体，从而认为本病是由肺病毒所引起。

【流行病学诊断】本病常见于4～7周龄的商品肉鸡，也见于成年蛋鸡，传播迅速，2日内可波及全场各鸡群。根据饲养管理和治疗情况的不同，发病率一般为10%～50%、死亡率为1%～20%，病程为10～14天。

环境因素对本病的发生影响很大，潮湿、浓氨、通风不良和鸡密度过高，常是促使本病发生和流行的主要因素。

【临床诊断】病初出现喷嚏或发生咯咯声。一天内可见结膜潮红和泪腺肿胀。接着可见少数鸡眼睑、眼周围及头部水肿，2～3天后，头、眼睑显著水肿，结膜发炎，因泪腺肿胀，内眼色呈卵圆形隆起，眼睛闭合。有的下颌、颈上部和肉髯也出现水肿。少数鸡出现斜颈、转圈、共济失调和角弓反张。常见有腹泻，粪便呈绿色、恶臭。病鸡常因无法采食或由某些条件性致病菌导致的败血症而死亡。蛋鸡产蛋量仅在几天内略有下降，如果条件改善很快恢复正常。

【病理诊断】病死鸡剖检可见眼结膜炎，头、面部及眼睑周围皮下组织严重水肿，切开时可见胶冻样浸润。泪腺、结膜囊和面部皮下组织中有数量不等的干酪样渗出物。气管下部有小出血点。死鸡多伴发卵黄性腹膜炎。

【实验室诊断】根据临床症状和病理变化可做出初步诊断，欲进一步确诊必须进行实验室诊断。

（1）病毒培养　使用患病鸡鼻甲骨黏膜、气管组织对10日龄SPE鸡胚尿囊接种，可分离到冠状病毒，再用该病毒分离物通过呼吸道感染SPF雏鸡，接种的雏鸡可出现喷嚏、结膜炎、鼻炎、搔抓面部等症状，还能再次从中分离到该病毒，则可确诊。

（2）细菌学检查　如果能分离到大肠埃希氏菌，并对SPE鸡进行眼结膜或眼部皮肤划痕感染，经24～36小时后出现面部严重水肿，即可诊断。

【防治措施】 对本病目前尚无特异的免疫和治疗方法。必须采取综合措施，改善饲养管理，加强防疫卫生，在保证鸡舍内适宜温度的条件下应做好通风换气。对发病鸡群可给予抗生素或磺胺类药物以控制并发性细菌感染。此外。有报道认为，本病连用3天氟甲喹效果较好。

（二十）鸡心包积水综合征（AD）

鸡心包积水综合征（AD）首先发现于巴基斯坦卡拉奇靠近安卡拉的地方，故又称安卡拉病，是一种新发现的传染病。

【病原特性】 目前初步认为本病的病原是一种病毒。有人发现病鸡肝细胞内有嗜碱性核内包涵体，肝脏匀浆经无菌处理后，可复制出相同的病症。在电镜下从病鸡肝中观察到病毒，并分离到血清型不同的多株腺病毒。但有人研究发现除腺病毒外，还有其他因子与本病有关。这些因子必须与腺病毒共同作用才能复制出典型症状。许多学者调查研究表明，本病毒与饲料、饲养管理、饮水中含盐量、疫苗及其免疫程序、抗生素、生长促进剂和抗球虫药无关，亦排除了细菌感染的可能性。

【流行病学诊断】 本病多发生于3～6周龄的肉鸡，也可见于种鸡和蛋鸡。发病鸡群大多数从3周龄开始死亡，4～5周龄达死亡高峰，高峰期约持续4～8天，5～6周龄死亡减少。病程6～15天，死亡率达到20%～80%。

【临床诊断】病鸡无明显预兆而突然倒地，两腿划空，数分钟内死亡。

【病理诊断】病死鸡心肌柔软，心包积有淡黄色透明的渗出液。肝脏肿胀、充血、质地变脆，色泽变暗，并出现坏死。肾苍白或呈黄色。

【实验室诊断】一般根据典型的心包积水及肝脏切片中见到嗜碱性核内包涵体可确诊。

【防治措施】据报道，应用病鸡的肝组织匀浆经超声波处理后，用福尔马林灭活制成的灭活苗，有较好的免疫效果。以此苗用于鸡群的紧急接种，能明显地降低死亡率。疫苗注射后 5 天能产生免疫力，但免疫期不长，某些鸡群注射 4～5 周后仍可发病。但巴基斯坦肉鸡多在 6 周龄上市，因此认为，在 15～18 日龄免疫注射效果较好，或在 10 日龄和 20 日龄进行 2 次免疫效果更佳。

（二十一）鸡喘咳症

以喘咳症状为主的呼吸困难的疾病，称为鸡喘咳症。其病程长短不一，有的几天、10 多天，有的延续到出栏，降低了养成鸡的经济效益。

【致病因素】

（1）代谢病引起的喘咳　肉仔鸡腹水症，往往因大量浆液性液体充满腹腔，压迫肺脏而引起喘咳；胸囊肿往往因腹式呼吸而出现喘咳。

（2）细菌性疾病引起喘咳　副鸡嗜血杆菌和鸡败血霉形体能直接引起喘咳，大肠杆菌、巴氏杆菌、曲霉菌等细菌混合感染后，出现综合征状，并伴有喘咳症。

（3）病毒性疾病引起喘咳　主要有鸡新城疫、传染病性支气管炎、传染性喉气管炎、传染性法氏囊炎、禽流感等。

（4）饲养管理不当引起喘咳　饲养时，使用不去毒的毒棉籽饼或用量过大，或食盐用量过大，或饮用高浓度的高锰酸钾水等，均可侵害鸡的咽、嗉囊、胃、肠、肝、肺等导致鸡喘咳出现。在管理方面，鸡的饲养密度过大，通风不良，垫草过厚或潮湿，或更换不及时，不同日龄的鸡混养，甲醛气体中毒等，也是致病因素。

【临床诊断】病鸡呈现伸颈、摇头、咳嗽，有时咳血，气管啰音，发出异呼吸声，流鼻液，有的伴有下痢。剖检还可见上呼吸道出血炎症，消化道出血性炎症，胸肌、腹肌、腿肌出血，肝肿大，心包炎，肾脏肿大充血。

【防治措施】本病主要采取对症治疗。关键是采用综合性的防治措施。

（1）精心饲养　首先要保证雏鸡质量，应从非疫区引进健康雏鸡；其次，饲料品种齐全，营养标准合理；再次之，棉籽饼去毒后方可使用，在饲料中比例一般为3%～5%。

（2）加强管理　首先，要保证育雏的一定温度、湿度和良好的通风换气；其次，雏鸡开食、饮水后，饲喂次数要固定，不要轻易变动，以免造成人为应激；再次之，要保证鸡群的整齐度和一定的密度。要贯彻全进全出制度，不同品种、不同目的的鸡群要避免混养；最后，还应根据实际制定科学的防疫程序，既做到按时接种，又要做到疫苗接种各环节的正确，避免因防疫不当而继发疫病。

六、鸡细菌性传染病

（一）禽霍乱

禽霍乱又称禽巴氏杆菌病或禽出血性败血病，是由多杀性巴氏杆菌引起的一种接触传染性烈性传染病。其特征为传播快，病鸡呈最急性死亡，部检可见心冠状脂肪出血和肝有针尖大的坏死点。

【病原特性】本病病原是禽型多杀性巴氏杆菌，为革兰氏阴性、两极染色的卵圆形小杆菌，常单独或成双呈短链状或丝状存在，无鞭毛，不形成芽孢。用美兰、瑞氏及革兰氏等染色均易着色。在麦康凯琼脂上不生长、在普通琼脂上生长不良或不生长，在血液琼脂上生长良好，为透明、光滑、湿润、边缘整齐的露滴状小菌落，直径 1～2 毫米，初分离菌有荚膜，在培养基上继代后荚膜消失。

本菌对理化因素的抵抗力较低，在 5%石灰乳、1%～2%漂白粉、3%～5%煤酚皂溶液中，经数分钟即被杀灭；在 60℃10 分钟即可灭活；在直射阳光下很快死亡；在干燥空气中可存活 2～3 天；在血液分泌物和排泄物中能存活6～10 天，在腐败尸体中能存活 3 个月。本菌对青霉素、链霉素、土霉素、磺胺嘧啶等多种药物较敏感。

【流行病学诊断】各种家禽及野禽均可感染本病，鸡、鸭最易感，鹅的感受性比较低。

本病常呈散发或地方性流行，一年四季均可发生，但以秋冬季节较多见。

本病的主要传染源是病禽和带菌禽，病菌随分泌物和粪便污染环境，被污染的饲料、饮水及工具等是重要的传播媒介，感染的猫、鼠、猪及野鸟等闯入鸡舍，也可造成鸡群发病。其感染途径主要是消化道和呼吸道，也可经损伤的皮肤而感染。

此外，健康鸡的呼吸道内有时也带菌但不发病。在潮湿、拥挤、转群、骤然断水断料或更换饲料、气候剧变、寒冷、闷热、阴雨连绵、通风不良、长途运输、寄生虫感染等应激因素作用下，使鸡的抗病力降低，这时存在于呼吸道内的病原菌则发生内源性感染而造成鸡群发病。

【临床诊断】 本病的潜伏期为1～9天，最快的发病后数小时即可死亡。根据病程长短一般可分为最急性型、急性型和慢性型。

（1）最急性型　常见于本病流行初期，多发于体壮高产鸡，几乎看不到明显症状，突然不安，痉挛抽搐，倒地挣扎，双翅扑地，迅速死亡。有的鸡在前一天晚上还表现正常，而在次日早晨却发现已死在舍内，甚至有的鸡在产蛋时猝死。

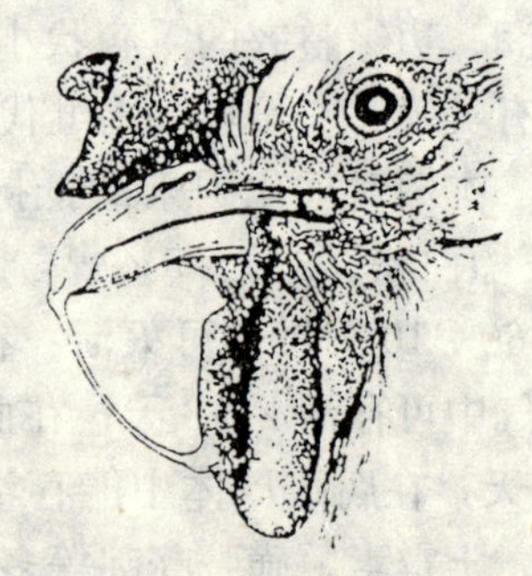

图6-1　病鸡口腔中排出黏液性分泌物

（2）急性型　急性型病鸡最为多见，是随着疫情的发展而出现的。病鸡精神萎靡，羽毛松乱，两翅下垂，闭目缩颈呈昏睡状。体温升高至43～44℃。口鼻常常流出许多黏性分泌物（图6-1），冠、髯呈蓝紫色。呼吸困难，急促张口，常发出“咯咯”声。常发生剧烈腹泻，稀便，呈绿色或灰白色。食欲减退或废绝，饮欲增加。病程1～3天，最后发生衰竭、昏迷而死亡。

（3）慢性型　多由急性病例转化，一般在流行后期出现。病鸡一侧或两侧肉髯肿大（图6-2），关节肿大、化脓，跛行。有些病例出现呼吸道症状，鼻窦肿大，流黏液，喉部蓄积分泌物且有臭味，呼吸困难。病程可延至数周或数月，有的持续腹泻而死亡，有的虽然康复，但生长受阻，甚至长期不能产蛋，成为传播病原的带菌者。

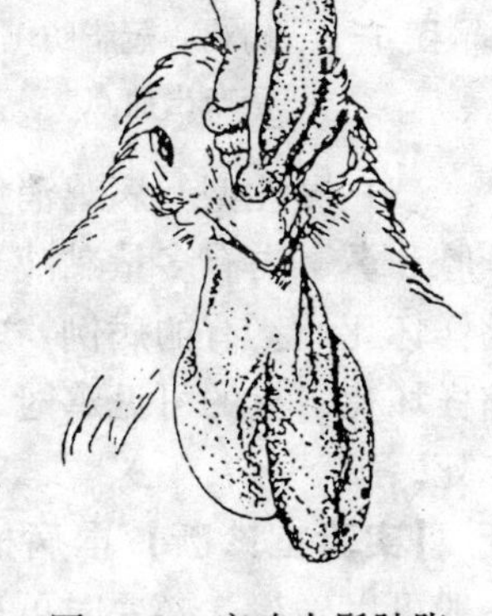

图6-2　病鸡肉髯肿胀

【病理诊断】

（1）最急性型　无明显病变，仅见心冠状沟部有针尖大小的出血点，肝脏表面有小点状坏死灶。

（2）急性型　浆膜出血。心冠状沟部密布出血点，似喷洒状（图6-3）。心包变厚，心包液增加、混浊。肺充血、出血。肝肿大，变脆，呈棕色或棕黄色，并有特征性针尖大或粟粒大的灰黄色或白色坏死灶（图6-4）。脾脏一般无明显变化。肌胃和十二指肠黏膜严重出血，整个肠道呈卡他性或出血性肠炎，肠内容物混有血液。

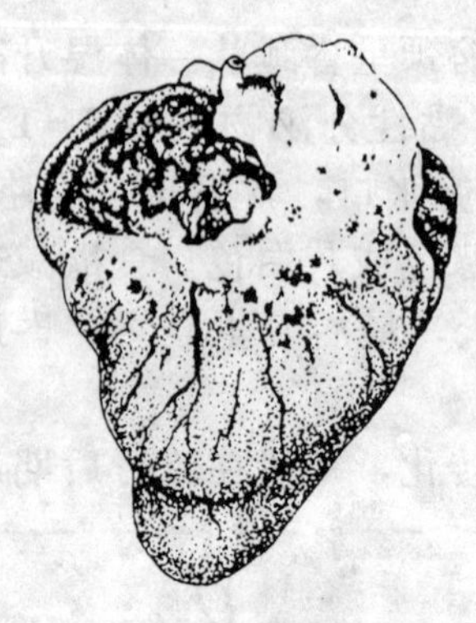

图 6-3　病鸡心冠脂肪密布出血点

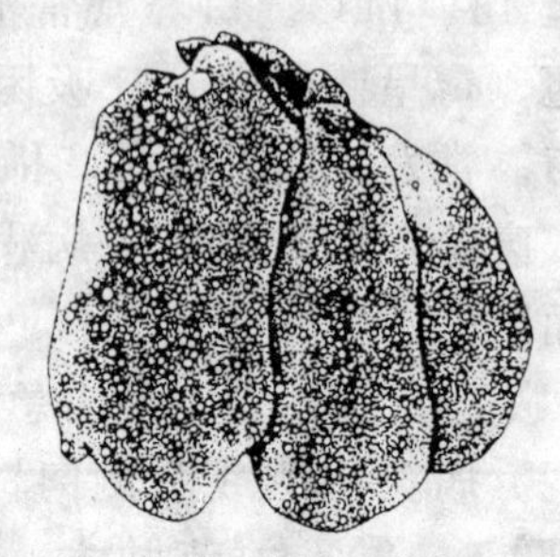

图 6-4　病鸡肝脏布满细小的灰白色坏死灶

（3）慢性型　病鸡消瘦，贫血，表现呼吸道症状时可见鼻腔和鼻窦内有多量黏液。有时可见肺脏有较大的黄白色干酪样坏死灶。有的病例，在关节囊和关节周围有渗出物和干酪样坏死，有的可见鸡冠、肉髯或耳叶水肿，进一步可发生坏死。

【实验室诊断】本病根据流行特点、典型病状和病变，一般可以确诊，必要时可进行实验室检查。

【预防措施】

（1）加强鸡群的饲养管理　减少应激因素的影响，搞好清洁卫生和消毒，提高鸡的抗病能力。

（2）严防引进病鸡和康复后的带菌鸡　引进的新鸡应隔离饲养，若需合群，需隔离饲养 1 周，同时服用土霉素 3～5 天。合群后，全群鸡再服用土霉素 2～3 天。

（3）疫苗接种　在疫区可定期预防注射禽霍乱菌苗。常用的禽霍乱菌苗有弱毒活菌苗和灭活菌苗，如 731 禽霍乱弱毒菌苗、833 禽霍乱弱毒菌苗、G190E40 禽霍乱弱毒菌苗、禽霍乱乳剂灭活菌苗等。

(4) 药物预防　若邻近发生禽霍乱，本鸡群受到威胁，可使用灭霍灵（每千克饲料加 3～4 克）或喹乙醇（每千克饲料加 0.3 克）等，每隔 1 周用药 1～2 天，直至疫情平息为止。

当鸡群正处于开产前后或产蛋高峰期，对禽霍乱易感性高，而且时值秋末冬初，天气多变或连阴，发病可能性大，可用土霉素 2～3 天（每千克饲料加 1.5～2 克），必要时间隔 10～15 天再用一次，对其他细菌性疾病也兼有预防作用。

在长途运输、鸡群搬迁、重新组群时，可服用土霉素 2～3 天，以减缓鸡群的应激反应。

【治疗方法】

(1) 在饲料中加入 0.5%～1%的磺胺二甲基嘧啶粉剂，连用 3～4 天，停药 2 天，再服用 3～4 天；也可以在每 1 000毫升饮水中，加 1 克药，溶解后连续饮用 3～4 天。

(2) 在饲料中加入 0.1%的土霉素，连用 7 天。

(3) 喹乙醇，按每千克体重 30 毫克拌料，每天 1 次，连用 3～5 天。产蛋鸡和休药期不足 21 天的肉用仔不宜选用。

(4) 对病情严重的鸡可肌肉注射青霉素，每千克体重 4 万～8 万国际单位，早晚各一次。

(5) 环丙沙星、氧氟沙星或沙拉沙星，肌肉注射按 5～10 毫克/千克体重，每天 2 次；饮水按 50～100 毫克/千克体重，连用 3～4 天。

(6) 服用禽康灵（巴豆霜、乌蛇、明雄按 4∶2∶1 比例，研末混匀）。3 月龄鸡每 20～50 只用药 1 克，成鸡每 5～10 只用 1 克，均为每天 1 次服，重症者首次可加倍剂量。

（二）鸡白痢

鸡白痢是由鸡白痢沙门氏菌引起的一种常见传染病，其主要特征为患病雏鸡排白色糊状稀便。

【病原特性】其病原体为鸡白痢沙门氏菌，是革兰氏阴性小杆菌，大小为 0.3～0.5 微米×1～2.5 微米。菌体两端钝圆，不形成荚膜和芽孢，亦无鞭毛，不能运动。初次分离的病菌在普通琼脂培养基上生长良好，24 小时后可见细小、透明、圆形和光滑的菌落，培养基不变色，大肠杆菌则为红色菌落，并可抑制革兰氏阳性细菌的生长，故可用于分离培养和鉴别。此外，也可用含有亚硫酸钠的琼脂培养基进行分离培养。沙门氏菌根据生化特性及血清学进行鉴别。

病雏鸡的内脏器官，特别是在肝、脾、肺、卵黄囊和胆汁以及心血均含有病菌。在成年带菌鸡的卵巢、输卵管、睾丸、输精管等生殖器官中常可分离出病菌。

鸡白痢沙门氏菌对热及直射阳光的抵抗力不强，60℃加热数分钟内死亡。但在干燥的排泄物中可存活 4 年，土壤中存活 4 个月以上，粪便中存活 3 个月以上，水中存活 200 天，尸体中存活 3 个月以上。在－10℃低温时 4 个月不死。一般兽医临床上常用的消毒剂均可迅速杀死病菌。

【流行病学诊断】本病主要发生于鸡，其次是火鸡，其他禽类仅偶有发生。据报道，在哺乳动物中，乳兔具有高度的易感性。不同品种鸡的易感性稍有差异，轻型鸡（如来航鸡）的易感性较重型鸡要低一些，这可能与遗传因素有关。母鸡较公鸡易感，其原因可能与其卵泡易于发生局部感染有关。雏鸡的易感性明显高于成年鸡，急性白痢主要发生于雏鸡 3 周龄以前，可造成大批死亡，病程有时可延续到 3 周龄以后。当饲养管理条件差，雏鸡拥挤，环境卫生不好，温度过低，通风不良，饲料品质差，以及有其他疫病感染时，都可成为诱发本病或增加死亡率的因素。

本病的主要传染源是病鸡和带菌鸡，感染途径主要是消化道，既可水平感染，又可垂直感染。病鸡排出的粪便中含有大量的病菌，污染了饲料、垫料和饮水及用具之后，雏鸡接触到这些污染物之后即被感染。通过交配、断喙和性别鉴定等方面也能传播本病。雏鸡感染恢复之后，体内可长期带菌。带菌鸡产出的受精卵有 1/3 左右被病菌污染，从而在本病的传播中起重要作用。卵黄中含有大量的病菌，不但可以传给后代的雏鸡，使之发病而成为同群的传染源，传给同群

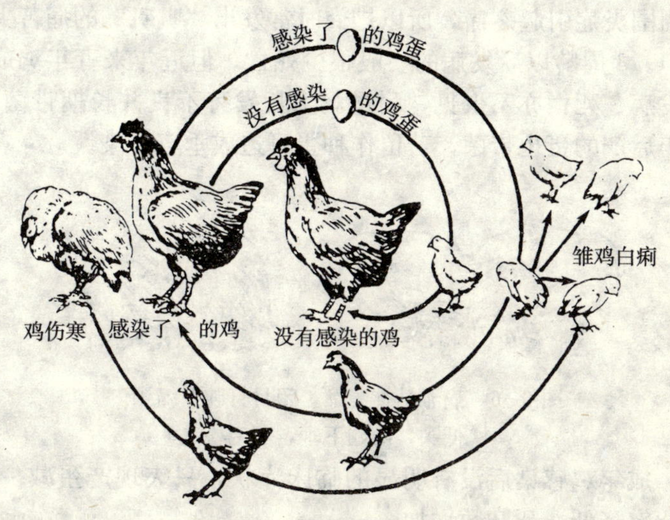

图 6-5　鸡白痢的循环传播

的健康鸡；也可以污染孵化器，通过蛋壳、羽毛等而传给同批或下批的雏鸡，从而将本病传向四面八方，绵延不断（图6-5）。

【临床诊断】本病的潜伏期为4～5天。带菌种蛋孵出的雏鸡出壳后不久就可见虚弱昏睡，进而陆续死亡，一般在3～7日龄发病量逐渐增加，10日龄左右达死亡高峰，出壳后感染的雏鸡多在几天后出现症状，2～3周龄病雏和死雏达到高峰。病雏精神萎靡，离群呆立，闭目打盹，缩颈低头，两翅下垂，身躯变短，后躯下坠，怕冷，靠近热源或挤堆，时而尖叫（见图6-6）；多数病雏呼吸困难而急促，其后腹部快速地收一缩，即呼吸困难的表现。一部分病雏腹泻，排出白色浆糊状粪便，肛门周围的绒毛常被粪便污染并和粪便粘在一起，干结后封住肛门，病雏由于排粪困难和肛门周围炎症引起疼痛，所以排粪时常发出"叽叽"的痛苦尖叫声。3周龄以后发病的一般很少死亡。但近年来青年鸡成批发病、死亡亦不少见，耐过鸡生长发育不良并长期带菌，成年后产的蛋也带菌，若留作种蛋可造成垂直传染。

图6-6　病雏精神萎靡，闭目打盹，缩颈低头，两翅下垂，羽毛松乱

成年鸡感染后没有明显的临床症状，只表现产蛋减少，孵化率降低，死胚数增加。

有时，成年鸡过去从未感染过白痢病菌而骤然严重感染，或者本来隐性感染而饲养条件严重变劣，也能引起急性败血性白痢病。病鸡精神沉郁，食欲减退或废绝，低头缩颈，半闭目呈睡眠状，羽毛松乱无光泽，迅速消瘦，鸡冠萎缩苍白，有时排暗青色、暗棕色稀便，产蛋明显减少或停止，少数病鸡死亡。

【病理诊断】早期死亡的幼雏，病变不明显，肝肿大充血，时有条纹状出血，胆囊扩张，充满多量胆汁，如为败血症死亡时，则其内脏器官有充血。数日龄幼雏可能有出血性肺炎变化。病程稍长的，可见病雏消瘦，嗉囊空虚，肝肿大脆弱，呈土黄色，布有砖红色条纹状出血线，肺和心肌表面有灰白色粟粒至黄豆大稍隆起的坏死结节，这种坏死结节有时也见于肝、脾、肌胃、小肠及盲肠的表面。胆囊扩张，充满胆汁，有时胆汁外渗，染绿周围肝脏。脾肿大充血。肾充血发紫或贫血变淡，肾小管因充满尿酸盐而扩张，使肾脏呈花斑状。盲肠内有白色干酪样物，直肠末端有白色尿酸盐。有些病雏常出现腹膜炎变化，卵黄吸收不良，卵黄囊皱缩，内容物呈淡黄色、油脂状或干酪样。

成年鸡的主要病变在生殖器官。母鸡卵巢中一部分正在发育的卵泡变形、变色、变质，有的皱缩松软成囊状，内容物呈油脂或豆渣样，有的变成紫黑色葡萄干样，常有个别卵泡破裂或脱落。公鸡一侧或两侧睾丸萎缩，显著变小，输精管胀粗，其内腔充满黏稠渗出物乃至闭塞。其他较常见的病变有：心包膜增厚，心包腔积液，肝肿大质脆，偶尔破裂，出现卵黄腹膜炎等。

【实验室诊断】雏鸡急性白痢根据症状与剖检变化一般可以做出初步诊断，但与鸡伤寒、副伤寒较难区别，并有时混合感染，需要进行实验室检查才能区别清楚。在生产中，由于雏鸡白痢、伤寒、副伤寒的治疗药物基本相同，一般可以都按白痢治疗。

【预防措施】

（1）种鸡群要定期进行白痢检疫，发现病鸡及时淘汰。

（2）种蛋、雏鸡要选自无白痢鸡群，种蛋孵化前要经消毒处理，孵化器也要经常进行消毒。

（3）育雏室经常要保持干燥洁净、密度适宜，避免室温过低，并力求保持稳定。

（4）药物预防

①在雏鸡饲料中加入 0.02%的土霉素粉，连喂 7 天，以后改用其他药物。

②用链霉素饮水，每千克饮水中加 100 万国际单位，连用5～7 天。

③在雏鸡 1～5 日龄，每千克饮水中加庆大霉素 8 万单位，以后改用其他药物。

④如果本菌已对上述药物产生抗药性，可采用恩诺沙星从出壳开始到 3 日龄按 75 毫克/升，4～6 日龄按 50 毫克/升饮用。

⑤用苍术 100 克，川椒（花椒也可以）50 克。先将苍术用食醋 50 毫升浸泡 30 分钟，然后加入川椒，加水 2 000 毫升，煮沸后文火煎 15 分钟取出药液，再加水 1 000 毫升左右，每次 500 毫升，再加适量的水供 200 只雏鸡饮用，每日早晚各 1 次，连用 7 天。

治疗时，药量可加倍。

【治疗方法】

（1）用磺胺甲基嘧啶或磺胺二甲基嘧啶拌料，用量为 0.2%～0.4%，连用 3 天，再减半量用 1 周。

(2) 用庆大霉素混水，每千克饮水中加庆大霉素 10 万国际单位，连用 3～5 天。

(3) 用卡那霉素混水，每千克饮水中加卡那霉素 150～200 毫克，连用 3～5 天。

(4) 用强力霉素混料，每千克饲料中加强力霉素 100～200 毫克，连用 3～5 天。

(5) 用新霉素混料，每千克饲料中加新霉素 260～350 毫克，连用 3～5 天。

(6) 用氟哌酸拌料， 每千克饲料中加氟哌酸 100～200 毫克，连用 3～5 天。

(7) 用 5%恩诺沙星或 5%环丙沙星饮水，每毫升 5%恩诺沙星或 5%环丙沙星溶液加水 1 千克（每千克饮水中含药约 50 毫克），让其自饮，连饮 3～5 天。

(8) 对重症鸡肌肉注射先锋霉素，每千克体重 20 毫克，每天 1 次。

(9) 口服活菌制剂——“促菌生”。预防量为每只每天服 65 毫克，连服 5 天，治疗量为每只每天服 125 毫克，连用 3 天。

(10) 把大蒜头充分捣碎，用凉开水配成 20%的大蒜汁，每只雏鸡滴服 0.5～1 毫升，或用该剂量加入饲料内喂给。

(11) 用黄连 30 克，砂仁 20 克，醋炒玄胡索 10 克，加水 5 千克煎服自饮（为 100 只用量）。

（三）鸡伤寒

鸡伤寒是由沙门氏菌引起的 种急性或慢性传染病，其特征为传播快，病鸡下痢，肝、脾等实质器官有明显病变。

【病原特性】其病原体为禽伤寒沙门氏菌，是革兰氏阴性杆菌，无芽孢，不能运动，在四磺酸肉汤等选择性培养基上生长良好。抵抗力不强，60℃10分钟即被杀死，在阳光照射下仅能生存数分钟，但在阴暗处的水中可生存20天。一般的消毒药，如0.1%的石炭酸、2%福尔马林和1%高锰酸钾在数分钟内可将禽伤寒沙门氏菌杀死。

【流行病学诊断】本病主要发生于鸡和火鸡，但其他禽类如鸭、鹅、鸽、鹌鹑等也可自然感染。

各日龄的鸡都能感染发病，但主要发生于成年鸡和3周龄以上的青年鸡。在3周龄以内的雏鸡中也时有发生，但常被当作白痢。

本病的传染源主要是病鸡和带菌鸡，其粪便中含有大量病菌，污染土壤、饲料、饮水、用具、饲料袋、车辆及人员衣物等，不仅使同群鸡感染，而且还会传至邻舍或邻场。此外，野鸟、野生动物及苍蝇等也可机械性带菌，造成传播。病菌主要经消化道感染，也可经眼结膜等途径侵入鸡体。

本病既可水平传播也能垂直传播。病鸡和带菌鸡产的蛋内含有病菌，可通过孵化传染给雏鸡。

本病通常不广泛流行，多呈散发性。在一个鸡群中发生时，由于病菌的毒力和鸡体抵抗力不同，有时是少数或小部分鸡发病，较少情况下也能全群发病。

【临床诊断】本病潜伏期为4～5天，病程为3～10天，多数为5天左右，随着病菌毒力强弱和机体抵抗力不同而有差异。病鸡初期精神不振，不爱活动。随着病情发展，精神萎靡，头、翅下垂，冠髯苍白萎缩，羽毛松乱，食欲废绝，渴欲强烈，频频饮水，体温升高至43～44℃。腹泻，排出淡黄至绿色稀便，污染肛门周围的羽毛。若发生腹膜炎，则后腹部胀大下垂，病鸡呈直立姿势（图 6－7）。急性病例的病程较短，一般为 5 天左右，有些鸡在发病后 2 天内死亡，发病鸡死亡率比较高。在急性发病之后，出现慢性病鸡，表现不同程度的下痢，消瘦，产蛋减少或停止，病程可延续数周，少数死亡，多数可以康复，成为带菌鸡，带菌器官主要是母鸡的卵巢。在饲养条件恶劣时，康复鸡可能再次发病。

图 6－7　病鸡由于腹膜炎而呈直立姿势

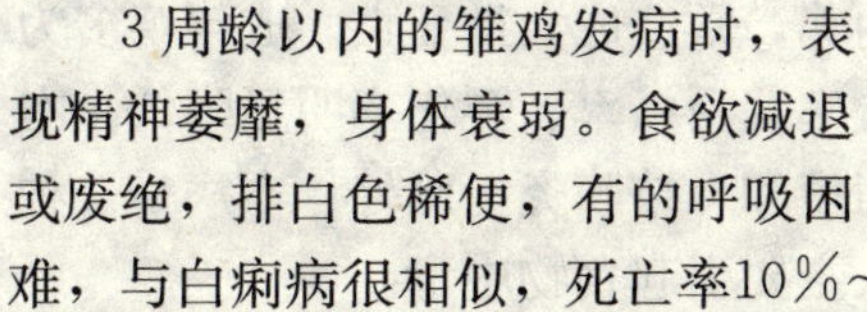

3 周龄以内的雏鸡发病时，表现精神萎靡，身体衰弱。食欲减退或废绝，排白色稀便，有的呼吸困难，与白痢病很相似，死亡率10％～50％或更高些。出壳后不久发病的，死亡率达 90％。

【病理诊断】急性病例，通常无明显病变。病程较长的病例，可见全身可视黏膜及冠髯苍白。肝、脾肿大，充血，棕黄色稍带绿色，在亚急性和慢性阶段，肿大的肝脏呈古铜色。肝与心肌表面散布有灰色小坏死点。胆囊扩张，充满绿色油状胆汁。心包发炎，心包膜增厚与心脏粘连。卵泡出血、变形、变色，母鸡常因卵泡破裂而引起腹膜炎。肠道可见卡他性炎症。肾脏肿大充血，有时见有黄色斑点。心包积水，为浆液性纤维素性渗出物。

3 周龄以下雏鸡发病时，可见心、肺表面有灰白色坏死点或结节，与白痢病相似。

【实验室诊断】根据腹泻、排黄绿色稀便、肝脏显著肿大呈古铜色等具有特征性的症状和病变，结合其他病变及流行特点综合分析，可以对本病做出初步诊断。但本病与鸡白痢、副伤寒较难区别，最后确诊需进行实验室检查。

【防治措施】本病的预防措施与鸡白痢相同，用于防治鸡白痢的药物均可用于鸡伤寒，其用药方法基本相同。

（四）鸡副伤寒

鸡副伤寒是由沙门氏杆菌属中的一种能运动的杆菌引起的一种急性或慢性传染病。由于各种家禽都能感染发病，故广义上称为禽副伤寒。在沙门氏杆菌属中，除鸡白痢和鸡伤寒沙门氏菌外，其他沙门氏菌引起禽病都称为禽副伤寒。

鸡副伤寒主要侵害幼鸡，常造成大批死亡。成年鸡多为隐性或慢性感染，但产蛋率、受精率、孵化率明显降低。本病的特征为病雏下痢、消瘦和患结膜炎。此外，本病是一种人、畜、禽共患病，对人主要引起食物中毒。

【病原特性】本病病原是沙门氏菌属的细菌，种类很多，已分离出有 150 多种。常见的有鼠伤寒沙门氏菌、鸭沙门氏菌等十几种。多为革兰氏阳性小杆菌，无芽孢和荚膜，具有鞭毛，能运动。本病菌的抵抗力不很强，60℃15 分钟即死亡。一般消毒药都能很快杀死病菌。病菌在土壤、粪便和水中的生存时间很长，土壤中的鼠伤寒沙门氏菌至少可生存 280 天，池塘中的鼠伤寒沙门氏菌能存活 119 天，在饮水中也能够生存数周以至 3 个月之久。

【流行病学诊断】各种家禽及野禽对本病均可感染，并能相互传染。雏鸡、雏鸭、雏鹅均十分易感，常出现暴发性流行。鼠类和苍蝇等是副伤寒菌的主要带菌者，是传播本病的重要媒介。家畜感染后可引起肠炎、败血症，是一种细菌性食物中毒。本病的主要传染源是病禽、带菌禽及其他带菌动物，主要通过消化道感染。病禽的粪便中排出病原菌污染周围环境，从而传播疾病。本病也可通过种蛋传染，沾染于蛋壳表面的病菌能钻入蛋内，侵入蛋黄部分。在孵化时也能污染孵化器和育雏器，在雏群中传播疾病。带有病菌的飞沫，可由呼吸道感染而发病。

雏鸡在胚胎期和出雏器内感染本病的，常于4～5日龄发病，这些病雏的排泄物使同居的其他雏鸡感染，多于10～21日龄发病，死亡高峰在10～21日龄。以后随着日龄增大，逐渐有抵抗力，青年鸡和成年鸡很少发生急性副伤寒，一般为慢性或隐性感染。

【临床诊断】本病的潜伏期为12～18小时，有时稍长些，其急性病例（败血症）主要见于幼雏，慢性者多发于青年鸡和成年鸡。在孵化器内感染的急性病例常在孵化后数天内发病，一般见不到明显症状而死亡。10日龄以上的雏鸡发病后，身体虚弱，羽毛松乱，精神萎靡，头、翅下垂，缩颈闭目，似昏睡状。食欲减退或废绝，饮水增加。怕冷，偎近热源或挤堆。下痢，排水样稀便，肛门周围有粪便污染。有的发生眼炎失明，有的表现呼吸困难。病程1～2天，按全群计算，死亡率10%～20%，严重时可达80%。

成年鸡一般不出现急性病例，常为慢性带菌者，病菌主要存在其肠道，较少存在于卵巢。有时可见成年鸡食欲减退，消瘦，轻度腹泻，产蛋量减少，孵化率降低。

【病理诊断】急性病例中往往无明显病变，病程较长的可见肠黏膜充血、卡他性及出血性肠炎，尤以十二指肠段较为严重，肠壁增厚，盲肠内常有淡黄白色豆渣样物堵塞。肝脏肿大，充血，可见有针尖大到粟粒大黄白色坏死灶。脾脏大，胆囊肿胀并充满胆汁。常有心包炎，心内膜积有浆液性纤维素性炎症。

成年鸡慢性副伤寒的主要病变为肠黏膜有溃疡或坏死灶，肝、脾、肾不同程度地肿大，母鸡卵巢有类似慢性白痢的病变。

【实验室诊断】根据本病的流行特点、临床症状及剖检病变可做出初步诊断，但本病无论是雏鸡或成年鸡，与白痢、伤寒都较难区别。不过这三种病的治疗药物基本相同，只要不与其他鸡病混淆，区别不清并不影响治疗。从食品卫生的角度来说，通过实验室检查进行最后确诊具有重要性。

【防治措施】预防本病的两项重要措施：一是严防各种动物进入鸡舍，并防止其粪便污染饲料、饮水及养鸡环境；二是种蛋及孵化器要认真消毒，出雏时不要让雏鸡在出雏器内停留过久，其他预防措施与鸡白痢相同。

庆大霉素、卡那霉素、链霉素、氟哌酸、环丙沙星等药物对本病均有效。育雏时，用药防治雏鸡白痢，也就同时防治了雏鸡副伤寒。

（五）鸡慢性呼吸道病（鸡败血霉形体病）

鸡慢性呼吸道病（CRD）又称鸡呼吸道支原体病或鸡败血霉形体病，是由鸡败血支原体（霉形体）引起一种慢性呼吸道传染病。其特征为病鸡咳嗽，鼻窦肿胀，流鼻液，气喘并有呼吸啰音，幼鸡生长发育不良，母鸡产蛋减少，疾病发展缓慢，病程较长，可在鸡群中长期蔓延，常并发其他细菌性或病毒性传染病而致使病情加剧，死亡率增高。此外，虽然有多种高效药物对本病有较好的疗效，但很难根治，容易复发，往往整个饲养期病情都处于时隐时现、时轻时重的状态，给养鸡生产造成重大损失。

【病原特性】本病的病原为鸡毒支原体。该支原体一般呈球杆状，大小为0.25～0.5微米，呈微弱的革兰氏染色阴性，用姬姆萨染色着色良好。培养要求比较复杂，培养基中需含10%～15%的鸡、猪或马血清，菌落形态的特点为细小（直径不超过0.2～0.3毫米）、光滑、圆形透明和中心区稍稍突出，似乳头状，或如“煎蛋状”菌落形态。

支原体能够在发育鸡胚中生长繁殖。将肉汤培养物或含有致病菌株用7日龄鸡胚经卵黄囊数次继代后可在接种后5～8天引起死亡。接种感染的胚胎发育被抑制，皮肤、尿囊膜及卵黄膜出血，肝肿大及心包炎。14～21日龄感染的鸡胚发育停滞，全身水肿，肝脏坏死。死胚的卵黄囊、卵黄和绒毛尿囊膜中含有支原体的浓度最高。

由于支原体生长条件要求高，操作较复杂，一般实验室不做检查。

支原体对理化因素抵抗力不强，一般消毒药物均能将其迅速杀灭。对外界环境的抵抗力不强，加热45℃1小时，52℃20分钟即可破坏。在室温里可保存6天。在水中很快死亡，鸡粪中在20℃温度下能存活1～2年；种蛋内含有支原体时，孵化加热到45℃经12～14小时处理，可杀死活鸡胚中的支原体。青霉素、磺胺等药物无作用。对链霉素及广谱抗生素如土霉素、金霉素、红霉素及泰乐菌素等敏感。

【流行病学诊断】本病主要发生于鸡和火鸡，其他禽类很少感染。各种年龄的鸡均有易感性，但以1～2月龄的幼鸡易感性最高，发病时表现典型症状，以后随着日龄增长，易感性有所降低。成年鸡发病时症状较轻，很少直接引起死亡。

本病的主要传染源是病鸡和带菌鸡。这些鸡呼吸道内存在大量病原体（霉形体），可通过咳出的飞沫经呼吸道感染健康鸡，也可污染饲料、饮水，经消化道感染。

本病既可水平传染，又可垂直传染。病鸡和带菌鸡的输卵管和输精管中存在病原体，因而可通过种鸡孵化传染给雏鸡。

侵入机体的病原体，可长期存在于上呼吸道而不引起发病，当某种诱因使鸡的体质变弱时，即大量繁殖引起发病。其诱发因素主要有病毒和细菌感染、寄生虫病、长途运输、鸡群拥挤、卫生与通风不良、维生素缺乏、突然变换饲料及接种疫苗等。

本病一年四季都有发生，但以寒冷季节较为严重。在大群饲养中容易流行，而成年鸡多为散发。一般情况下，本病传播较慢，但在新发病的鸡群中传播较快。

【临床诊断】本病的潜伏期为 10～21 天，发病时主要呈慢性经过，其病程常在 1 个月以上，甚至达 3～4 个月，鸡群往往整个饲养期都不能完全消除。病情表现为“三轻三重”，即用药治疗时轻些（症状可消失），停药较久时重些（症状又较明显）；天气好时轻些，天气突变或连阴时重些；饲料管理良好时轻些，反之重些。

幼龄病鸡表现食欲减退，精神不振，羽毛松乱，体重减轻，鼻孔流出浆液性、黏液性直至脓性鼻液。排出鼻液时常表现摇头、打喷嚏等。炎症波及周围组织时，常伴发窦炎、结膜炎及气囊炎。炎症波及下呼吸道时，则表现咳嗽和气喘，呼吸时气管有啰音，有的病例口腔黏膜及舌背有白喉样伪膜，喉部积有渗出的纤维素，因此病鸡常张口伸颈吸气，呼吸时则低头，缩颈。后期渗出物蓄积在鼻腔和眶下窦，引起眼睑、眶下窦肿胀（图 6-8）。病程较长的鸡，常因结膜炎导致浆液性直至脓性渗出，将眼睑粘住，最后变为干酪样物质，压迫眼球并使之失明。产蛋鸡感染时一般呼吸症状不明显，但产蛋量和孵化率下降。

图 6-8　两个眶下窦中蓄积大量渗出物（左），右眼眶下窦中的渗出物被清除之后（右）

2 月龄以内的幼鸡感染发时，其直接死亡率与治疗、护理有很大关系，一般在5%～30%，成年鸡感染时很少出现死亡。

【病理诊断】病变主要在呼吸器官。鼻腔中有多量淡黄色混浊、黏稠的恶臭味渗出物。喉头黏膜轻度水肿、充血和出血，并覆盖有多量灰白色黏液性或脓性渗出物。气管内有多量灰白色或红褐色黏液。病程稍长的病例气囊混浊、肥厚，表面呈念珠状，内部有黄白色干酪样物质。有的病例可见一定程度的肺炎病变。严重病例在心包膜、输卵管及肝脏出现炎症。

【实验室诊断】在本病流行地区，根据临床症状、剖检变化可做出初步诊断，但最后确诊还需进行实验室诊断。

【预防措施】

（1）对种鸡群进行血清学检查，淘汰阳性鸡，以防止垂直传染。

（2）对感染过本病的种鸡，每半月至 1 月用链霉素饮水 2 天，每只鸡 30 万～40 万单位，对减少种蛋中的病原体有一定作用。

（3）种蛋入孵前在红霉素溶液（每千克清水中加红霉素 0.4～1 克，须用红霉素针剂配制）中浸泡 15～20 分钟，对杀灭蛋内病原体有一定作用。

（4）雏鸡出壳时，每只用 2000 单位链霉素滴鼻或结合预防白痢，在 1～5 日龄用庆大霉素饮水，每千克饮水加 8 万单位。

（5）对生产鸡群，甚至被污染的鸡群可普遍接种鸡败血支原体油乳剂灭活苗。7～15 日龄的雏鸡每只颈背部皮下注射 0.2 毫升；成年鸡颈背皮下注射 0.5 毫升。无不良反应，平均预防效果在 80%左右。注射菌苗后 15 日龄开始产生免疫力，免疫期约 5 个月。

【治疗方法】用于治疗本病的药物很多，其中链霉素、北里霉素、泰乐霉素及高力米先等具有较好的效果，可列为首选药物。

（1）用链霉素饮水，每千克饮水中加 100 万单位，连用 5～7 天；重病鸡挑出，每日肌肉注射链霉素 2 次，成鸡每次 20 万单位，2 月龄幼鸡每次 8 万单位，连续 2～3 天，然后放回大群参加链霉素大群饮水。

（2）用北里霉素混水，每千克饮水中加北里霉素可溶性粉剂 0.5 克，连用 5 天。

（3）用卡那霉素混水，每千克饮水中加 150～200 毫克，连用 5 天。

(4) 用强力霉素混料，每千克饲料中加 100～200 毫克，连用 5 天。

(5) 用复方泰乐霉素混水，每千克饮水中加 2 克，连用 5 天。

(6) 用高力米先混水，每千克饮水加 2 克，连用 5 天。

(7) 用螺旋霉素肌肉注射，每千克体重 30～50 毫克，每日 1 次；按 0.04%浓度饮水，连用 3 天。

(8) 用氟罗沙星混水，冬天饮水浓度为 100 毫克/升；夏天为 25～50 毫克/升，连用 5 天，对鸡败血霉形体和大肠杆菌混合感染有较好的治疗效果。

(9) 中药治疗：用柴胡、荆芥、半夏、茯苓、甘草、贝母、桔梗、杏仁、玄参、赤芍、厚朴、陈皮各 30 克，细辛 6 克，研粗粉，用时加沸水焖半小时，取上清液，加水适量供饮服，药渣拌料服，剂量为每千克体重 1 克/日生药。本方称为“百咳宁”，对鸡传染性喉气管炎、传染性支气管炎、传染性鼻炎等多种呼吸道传染病均有疗效（病毒引起的呼吸道传染病减柴胡、荆芥，加夏枯草、贯众、白花、蛇舌草、连翘、黄芩各 3 克）。

（六）鸡大肠杆菌病

鸡大肠杆菌病是由不同血清型的大肠埃希氏杆菌所引起的一系列疾病的总称。它包括大肠杆菌性败血症、死胎、初生雏腹膜炎及脐带炎、全眼球炎、气囊炎、关节炎及滑膜炎、坠卵性腹膜炎及输卵管炎、出血性肠炎、大肠杆菌性肉芽肿等等。

【病原特性】大肠杆菌是一种革兰氏阴性菌，普遍存在于动物和禽类的肠道中，其中大多数不是致病性的，但少数能引起肠道外感染而导致本病的发生。常见的致病菌株有O_2、O_{78}、O_1、O_{35}和O_{36}等血清型。有一些菌株毒力很强，能抵抗吞噬细胞吞噬作用和血清抗体的杀灭作用，并能吸附于呼吸道上皮。这些血清型在特殊培养基上生长时能被刚果红着色，这一特点可用于致病大肠杆菌的鉴定。

通过实验确认，大肠杆菌O_{78}∶K_{80}接种于1日龄和3周龄雏鸡时，有明显的病变再现作用，而对40日龄的雏鸡仅O_2及O_{78}群有特征性病变再现作用。

【流行病学诊断】大肠杆菌在自然界广泛存在，也是畜禽肠道的正常栖居菌，许多菌株无致病性，而且对机体有益，能合成维生素B和维生素K，供寄主利用，并对许多病原菌有抑制作用。大肠杆菌中一部分血清型的菌株具有致病性，或者当鸡体健康、抵抗力强时不致病，而当机体健康状况下降，特别是在应激情况下就表现出其致病性，使感染的鸡群发病。

鸡、鸭、鹅等家禽均可感染大肠杆菌，鸡在4月龄以内易感性较高。本病的传染途径有三种：一是母源性种蛋带菌，垂直传递给下一代雏鸡；二是种蛋本来不带菌，但蛋壳上所沾的粪便等污染物带菌，在种蛋保存期和孵化期侵入蛋的内部；三是接触传染，大肠杆菌从消化道、呼吸道、肛门及皮肤创伤等门户都能入侵，饲料、饮水、垫草、空气等是主要传播媒介。

鸡大肠杆菌病可以单独发生，也常常是一种继发感染，与鸡白痢、伤寒、副伤寒、慢性呼吸道病、传染性支气管炎、新城疫、霍乱等合并发生。

【临床及病理诊断】

（1）大肠杆菌性败血症：本病多发于雏鸡和6～10周龄

的幼鸡，死亡率一般为5%～20%，有时也可达50%。寒冷季节多发，打喷嚏，呼吸障碍等症状和慢性呼吸道病相似，但无面部肿胀和流鼻液等症状，有时多和慢性呼吸道病混合感染。幼雏大肠杆菌病夏季多发，主要表现精神萎靡，食欲减退，最后因衰竭而死亡。有的出现白色乃至黄色的下痢便，腹部膨胀，与白痢和副伤寒不易区分，死亡率多在20%以上。纤维素性心包炎为本病的特征性病变，心包膜肥厚、混浊，纤维素和干酪样渗出物混合在一起附着在心包膜表面，有时和心肌粘连。常伴有肝包膜炎，肝肿大，包膜肥厚、混浊、纤维素沉着，有时可见到有大小不等的坏死斑。脾脏充血、肿胀，可见到小坏死点。

（2）死胎、初生雏腹膜炎及脐带炎：孵蛋受大肠杆菌污染后，多数胚胎在孵化后期或出壳前死亡，勉强出壳的雏鸡活力也差。有些感染幼雏卵黄吸收不良，易发生脐带炎，排白色泥土状下痢便，腹部膨胀，多在出壳后2～3天死亡，5～6日龄后死亡减少或停止。在大肠杆菌严重污染环境下孵化的雏鸡，大肠杆菌可通过脐带侵入，或经呼吸道、口腔而感染。雏鸡多在感染后数日发生败血症，死亡率可达20%。鸡群在2周龄时死亡减少或停止，存活的雏鸡发育迟缓。

死亡胚胎或出壳后死亡的幼雏，一般卵黄膜变薄，呈黄色泥土状，或有干酪样颗粒状物混合。4月龄后感染的鸡雏可见心包炎，但急性死亡的剖检变化不明显。

（3）全眼球炎：本病一般发生于大肠杆菌性败血症的后期，少数鸡的眼球由于大肠杆菌侵入而引起炎症，多数是单眼发炎，也有双眼发炎的。表现为眼皮肿胀，不能睁眼，眼内蓄积脓性渗出物。角膜浑浊，前房（角膜后面）也有脓液，严重时失明。病鸡精神萎靡，蹲伏少动，觅食也有困难，最后因衰竭而死亡。剖检时可见心、肝、脾等器官有大肠杆菌性败血症样病变。

（4）气囊炎：本病通常是一种继发性感染。当鸡群感染慢性呼吸道病、传染性支气管炎、新城疫时，对大肠杆菌的易感性增高，如吸入含有大肠杆菌的灰尘就很容易继发本病。一般 5～12 周龄的幼鸡发病较多。

病鸡气囊增厚，附着多量豆渣样渗出物，病程较长的可见心包炎、肝周炎等。

（5）关节炎及滑膜炎：多发于雏鸡和育成鸡，散发，在跗关节周围呈竹节状肿胀，跛行。关节液混浊，腔内有时出现脓汁或干酪样物，有的发生腱鞘炎，步行困难。内脏变化不明显，有的鸡由于行动困难不能采食而消瘦死亡。

（6）坠卵性腹膜炎及输卵管炎：产蛋鸡腹气囊受大肠杆菌侵袭后，多发生腹膜炎，进一步发展为输卵管堵塞，排出的卵落入腹腔。另外，大肠杆菌也可由泄殖腔侵入，到达输卵管上部引起输卵管炎。

（7）出血性肠炎：主要病变为肠黏膜出血、溃疡，严重时在浆膜面即可见到密集的小出血点。病鸡除肠出血外，在肌肉皮下结缔组织、心肌及肝脏多有出血，甲状腺及腹腺肿大出血。

（8）大肠杆菌性肉芽肿：在小肠、盲肠、肠系膜及肝、心肌等部位出现结节状灰白色至黄白色肉芽肿，死亡率可达 50%以上。

【实验室诊断】 本病常缺乏特征性表现，其剖检变化与鸡白痢、伤寒、副伤寒、慢性呼吸道病病、毒性关节炎、葡萄球菌感染、新城疫、霍乱、马立克病等不易区别，因而根据流行特点、临床症状及剖检变化进行综合分析，只能做出初步诊断，最后确诊需进行实验室检查。

【预防措施】

（1）搞好孵化卫生及环境卫生，对种蛋及孵化设施进行彻底消毒，防止种蛋的传递及初生雏的水平感染。

（2）加强雏鸡的饲养管理，适当减小饲养密度，注意控制舍内温、湿度、通风等环境条件，尽量减少应激反应，在断喙、接种、转群等造成鸡体抗病力下降的情况下，可在饲料中添加抗生素，并增加维生素与微量元素的含量，以提高营养水平，增强鸡体的抗病力。

（3）在雏鸡出壳后 3～5 日龄及 4～6 周龄时分别给予 2 个疗程的抗菌类药物可以收到预防本病的效果。

【治疗方法】用于治疗本病的药很多，其中恩诺沙星、先锋霉素、庆大霉素可列为首选药物。由于致病性埃希氏大肠杆菌是一种极易产生抗药性的细菌，因而选择药物时必须先做药敏试验并需在患病的早期进行治疗。因埃希大肠杆菌对四环素、强力霉素、青霉素、链霉素，卡他霉素、复方新诺明等药物敏感性较低而耐药性较强，临床上不宜选用。在治疗过程中，最好交替用药，以免产生抗药性，影响治疗效果。

（1）用 5%恩诺沙星或 5%环丙沙星饮水、混料或肌肉注射。每毫升 5%恩诺沙星或 5%环丙沙星溶液加水 1 千克（每千克饮水中含药约 50 毫克），让其自饮，连饮 3～5 天；用 2%的环丙沙星预混剂 250 克均匀拌入 100 千克饲料中（即含原药 5 克），饲喂 1～3 天；肌肉注射，每千克体重注射 0.1～0.2 毫升恩诺沙星或环丙沙星注射液，效果显著。

（2）用庆大霉素混水，每千克饮水中加庆大霉素 10 万单位，连用 3～5 天；重症鸡可用庆大霉素肌肉注射，幼鸡每次 5 000 单位/只，成鸡每次 1 万～2 万国际单位，每天 3～4 次。

（3）用壮观霉素按 31.5 毫克/千克浓度混水，连用 4～7 天。

（4）用强力抗或灭败灵混水。每瓶强力抗药液（15 毫升）加水 25～50 千克，任其自饮 2～3 天，其治愈率可达 98%以上。

（5）用 5%氟哌酸预混剂 50 克，加入 50 千克饲料内，拌匀饲喂 2～3 天。

（6）中药治疗：用白术、茯苓、桑皮、泽泻、大腹皮、茵陈、龙胆草各 30 克，白芍、木瓜、姜皮、青木香、槟榔、甘草各 25 克，陈皮、厚朴各 20 克，煎汁加水适量，供 40 只鸡饮服。预防时用其 1/2 量。

（七）鸡布氏杆菌病

鸡布氏杆菌病是由牛、羊、猪布氏杆菌引起的一种慢性传染病。

【病原特性】布氏杆菌各种属，形态上相近，均为细小的短杆菌或球杆菌，不产生芽孢，不能运动，革兰氏染色阴性。该菌对热非常敏感，70℃ 10 分钟即可死亡，阳光直接照 1 天死亡，在腐败病料中，则迅速失去活力。一般常用消毒药能很快将其杀死。

【流行病学诊断】本病传染源来自病禽或患病动物，主要通过消化道传播，也可通过生殖道和皮肤感染。布氏杆菌的易感动物很广，如鸡、鸭、牛、羊、猫、狗等均可感染发病。

【临床及病理诊断】病鸡表现精神沉郁，食欲减退，腹泻和虚脱，关节肿胀发炎，产蛋量下降或产无壳蛋，间或有麻痹症状。

剖检可见肠和输卵管黏膜充血、出血，肝、脾肿大，伴有灰白色小的坏死灶，脾和心脏有时有出血。

【实验室诊断】由于本病临床症状及剖检变化缺乏特征性，因而主要依靠实验室进行诊断。根据致病菌分离出的布氏杆菌是一种小的、革兰阴性、不运动的杆菌。

（1）细菌学诊断：可采取有病变的肝、脾组织作涂片，用沙黄美蓝鉴别染色法染色：①涂片自然干燥后用火焰固定；②滴加2%沙黄水溶液将标本覆盖，在酒精灯火上加温至产生小气泡为度；③水洗后再用碱性美蓝溶液染色0.5～1分钟；④水洗、干燥后在油镜下检查。布氏杆菌被染成红色，其他细菌为蓝色。

（2）血清学诊断：布氏杆菌病的血清学诊断，有凝集反应、补体结合反应、荧光抗体试验和酶联免疫吸附测定试验等，均具有敏感、特异高的优点，可根据具体情况选择应用。

【预防措施】

（1）必须坚持从无本病的鸡场进雏。

（2）必须将鸡群和感染布氏杆菌的哺乳动物分开，并且也不能用流产的胎儿喂鸡。

（3）加强饲养管理，及时清除病死鸡，彻底消毒用具。

【治疗方法】可采用链霉素、土霉素等药物进行治疗，有一定疗效。

（1）用链霉素混水，每千克饮水中加100万单位，连用5～7天。重症鸡挑出，每日肌肉注射链霉素2次，成鸡每次20万单位，2月龄幼鸡每次8万单位，连续2～3天，然后放回大群参加链霉素大群饮水。

(2) 用土霉素按0. 2%浓度混料，连用5～7天。

(3) 用强力霉素混料，每千克饲料中加100～200毫克，连用5天。

(八) 鸡李氏杆菌病

鸡李氏杆菌是由一种单纯细胞增生性李氏杆菌引起的多种禽类和哺乳动物的败血性疾病。许多哺乳动物和人类也可感染。

【病原特性】 本病病原为单核细胞增多性李氏杆菌，是革兰氏染色阳性、细小的球杆菌，无芽孢，能运动。长1～2.5微米，宽0.5微米，有时可长达4微米（呈菌丝状）。本菌可单独存在或成U形，或并立，或间有3～6个菌体相连成短链状。在青贮饲料、干草和土壤中均可长期存活。对热的抵抗力较低。58℃10分钟即可杀死，一般消毒药有效。

【流行病学诊断】 鸡、鸭、鹅、火鸡以及金丝鸟、鹦鹉等禽类均可感染。病原菌由感染禽的鼻腔分泌物和粪便中排出。传播途径主要是呼吸道和消化道感染。

【临床诊断】 病鸡多半突然死亡，急性病例常在1～2天内死亡，一般出现急性败血症状。病雏行走时两翅下垂，腿软，消瘦，下痢，粪便呈白绿色。病后期斜颈或仰头，共济失调，痉挛。出现神经症状的病雏死亡率可达90%以上。

【病理诊断】 剖检可见肝脏肿大，呈土黄色或绿色，有黄白色坏死点和深紫色淤斑，胆囊肿大充满胆汁。脾肿大，呈斑驳状，颜色深。心包液增多，心肌变性和坏死，血管充血明显。肌胃角膜出血。

【实验室诊断】本病临床诊断比较困难，主要根据实验室检查进行确诊。

【预防措施】

(1) 加强鸡群的饲养管理，定期消毒鸡舍，搞好鸡舍环境卫生。

(2) 鸡群切勿与牛、羊同舍饲养。

【治疗方法】

(1) 对轻症病雏，每只用2万国际单位青霉素拌料饲喂，出现神经症状的病鸡可每只肌肉注射1万单位青霉素，每天2次，连用2～3天。

(2) 高浓度的四环素对本病疗效显著。

(3) 亦可选用卡那霉素、磺胺类药物治疗。

(九) 鸡丹毒杆菌病

鸡丹毒杆菌病是由丹毒杆菌引起的一种败血性传染病。

【病原特性】丹毒杆菌属革兰氏阳性菌，不形成荚膜和芽孢，不运动。其大小为0.2微米×1～1.2微米，呈平直或微弯曲，在病料内单个、成对或成丛，在白细胞内一般成丛存在。丹毒杆菌菌落呈圆形，边缘整齐半透明。初次分离为光滑型，继续分离培养可出现粗糙型菌落，色暗，表面不平，边缘不整齐，有融合趋势。

本菌能产生硫化氢，不能产生靛基质，也不能液化筋胶，沿穿刺线生长呈试管刷样。本菌是在无芽孢的细菌中抵抗力最强的。但对热抵抗力很低，50℃加热15～20分钟，70℃5分钟可被杀死。粪便堆积发酵超过50℃可杀死。

【流行病学诊断】鸡、鸭、鹅、火鸡等均可感染本病，火鸡的易感性最强。在哺乳动物中以猪发病最多，称为猪丹毒。

病原菌广泛存在于腐败的物质和土壤中，污染的房舍、场地均可成为传染源。病原菌通过破损的黏膜、皮肤感染。鸡在自然发病中多为散发，但有时在雏鸡中可造成大批流行。若发育不良，卫生条件不好，鸡舍拥挤、潮湿、寒冷以及气候剧变等，均可成为发病的诱因。

【临床诊断】病鸡食欲减退或废绝，精神萎靡，羽毛松乱，排黄绿色稀便，冠和髯呈现青紫色或紫蓝色，多为急性经过，有的不显症状而突然死亡。慢性病鸡生长停滞，有时关节肿大。

【病理诊断】雏鸡仅见脾脏肿大和卡他性肠炎；成鸡可见皮肤、肌肉、胸膜、腹膜、气囊膜、心包膜、心内膜、心外膜、肝、脾、肺均有出血点。脾肿大，有小坏死点，肺水肿，出血性肠炎。慢性病例可见关节肿大和皮肤坏死性病变。

【实验室诊断】对本病的诊断，主要依靠实验室检查。

【防治措施】

（1）猪、鸡应分开饲养，发现病鸡应立即隔离治疗，彻底消毒，并可用猪丹毒氢氧化铝菌苗给鸡进行免疫。

（2）青霉素、链霉素、四环素、红霉素均有效。一般可用青霉素每只 5 万～20 万国际单位肌肉注射，每天 2 次，连用 2 天。

（十）鸡传染性鼻炎

鸡传染性鼻炎是由鸡嗜血杆菌引起的一种急性上呼吸道疾病。其主要特征为病鸡鼻黏膜发炎，在鼻孔周围黏附污物，打喷嚏，流泪，面部及眼睛周围肿胀，引起幼雏生长停滞，成年母鸡产蛋率下降。

【病原特性】本病病原为鸡副嗜血杆菌。该菌是革兰氏阴性、两端钝圆的短小杆菌，菌体大小为 1.3 微米×0.4～0.8 微米，不形成芽孢，无荚膜、鞭毛，不能运动，以美蓝染色时，两极浓染。在病鸡新分离或培养初期的菌体有荚膜。

鸡副嗜血杆菌对培养要求严格，是兼性厌氧菌，在含有Ⅴ因子（辅酶Ⅰ）或鸡血清的培养基中生长繁殖，在普通培养基中不生长，在含有 5%～10%二氧化碳中，37℃培养时，可生长出圆形、光滑、凸起、灰白色的半透明露珠状小菌落。在血液培养基上与金黄色葡萄球菌交叉接种培养时，在好氧条件下经 48 小时培养，可观察到露珠状的菌落，在葡萄球周围生长，菌落又大又密，呈“卫星现象”这是鉴别嗜血杆菌的重要方法。

液体培养时，不需要二氧化碳的环境，在肉汤液培养基培养中呈一致混浊生长，在离液面数厘米处生长较浓。

目前，国际上公认鸡副嗜血杆菌有 A、B、C 3 个血清型。各型无交叉保护作用。

鸡副嗜血杆菌对外界理化因素抵抗力很弱，在自然环境中数小时可死亡。如在污染的水中，常温下，4 小时失去感染性，排泄物中 37℃时，2 小时失去感染性，4℃时感染性保持数日；病原菌在培养基上，5℃时存活 5～7 天，45～55℃下 2～10 分钟，死亡；感染的卵黄在 5℃时存活 1 个月；对热的抵抗力差，但在低温条件下，存活时间稍长，－20℃存活 1～3 个月，－40℃存活 1～2 年；兽医实际中常用的消毒药都有消毒作用。

【流行病学诊断】本病仅发生于鸡，各种日龄的鸡均有易感性，但以4～12周龄的青年鸡发病率较高，生产中年轻的产蛋鸡发病也较多见，老龄鸡感染时潜伏期短而病程较长。秋、冬、春季发病较多，夏季较少，病情也较轻。

本病康复鸡可长期带菌，其传染源主要是康复后的带菌鸡、隐性感染鸡和慢性病鸡。这些鸡咳出的飞沫及鼻、眼分泌物均散布病源菌。主要经呼吸道传染，也可通过被污染的饲料或饮水经消化道传染，麻雀等野鸟也能带菌传播。一些应激因素，如鸡舍寒冷潮湿、通风不良、空气污浊、鸡群拥挤、维生素A缺乏、患慢性呼吸道病或寄生虫病等，都可促使本病的发生和流行。

【临床诊断】本病自然感染的潜伏期为1～3天，也有的长达2周。病情较轻的鸡仅表现鼻腔流出稀薄的液体；在严重的病例中，最明显的症状是病鸡鼻窦发炎，先是流出稀薄的水样液体，以后逐渐成为浓稠的黏液并有难闻的臭味。这种鼻腔分泌物干燥后，就在鼻孔周围凝结成淡黄色的结痂。病鸡由于鼻孔内有异物感，常摇头或以脚爪搔鼻部。眼结膜发炎，流泪，继而出现本病的特征性症状—眼皮及其周围的颜面部肿胀（图6-9）。有时上呼吸道的炎症可以蔓延到气管和肺部，发病鸡呼吸困难并有啰音。病鸡精神不振，食欲减退，体重减轻，有的排稀便。其病程较长，常延续数周，冬季发病比较严重。死亡率高低与病情轻重及治疗、护理有密切关系，幼鸡发病后死亡率约为5%～

图6-9　病鸡眼皮及其周围的颜面部肿胀

20%，成年鸡一般只有少数死亡，但产蛋量可下降10%～40%。若有慢性呼吸道病等并发症，则病程延长，死亡率增加。产蛋量进一步下降。

【病理诊断】 鼻腔和鼻窦的黏膜充血和肿胀，表面有多量黏液和分泌物的凝块，严重时可见气管黏膜也有同样的炎症，眼结膜充血发炎，面部和肉髯的皮下组织水肿。病程较长的病鸡，可见鼻窦、眶下窦和眼结膜囊内蓄积有干酪样物质；如蓄积过多时，常使病鸡的眼部显著肿胀和向外突出，严重的引起巩膜穿孔和眼球萎缩，以致失明。

【实验室诊断】 根据本病的流行特点、临床症状及剖检变化可做出初步诊断，但最后确诊还需进行实验室检查。

【预防措施】

（1）加强鸡群的饲养管理，增强鸡体质，并防止病原菌传入。

（2）本病发生后，要加强消毒、隔离和检疫工作。淘汰病愈鸡，更新鸡群。

（3）接种疫苗：应用鸡嗜血杆菌灭活菌苗效果良好。第一次给8周龄以上的鸡，在颈背皮下注射0.5毫升，间隔3～4周后重复注射一次。

【治疗方法】 治疗药物可减轻症状和缩短病程，但目前的药物尚不能根治本病，停药后能复发，而且也不能消除带菌状态。为缓解病情，可选用下列药物。

（1）在饲料中添加0.5%磺胺噻唑或磺胺二甲基嘧啶，连喂5～7天。

（2）用磺胺二甲基异噁唑按0.05%浓度混水，连用6天。

（3）本病对链霉素高度敏感。可用链霉素混水，6周龄以内的雏鸡每千克饮水中加 70 万单位，6 周龄以上的青年鸡或成年鸡每千克饮水中加 100 万单位，连用 5 天。对重症鸡，每千克体重肌肉注射链霉素 8～10 万单位，每天 2 次，连用 2～3 天。

（4）用土霉素按 0.2%浓度混料，连用 5～7 天。

（5）用庆大霉素混水，每千克水加 8 万～10 万单位，连用 3 天；肌肉注射，每千克体重 6 000～10 000 单位。

（6）用红霉素按 0.1%浓度混水，连用 3～5 天。

（7）用高力霉素按 0.02%浓度混水，连用 3～5 天。

（8）用复方泰乐菌素按 0.2%浓度混水，连用 5 天。

（9）用恩诺沙星或环丙沙星，效果较好。5%恩诺沙星或 5%环丙沙星，每毫升药液加水 1 千克饮服，连用 3～5 天；肌肉注射，每千克体重 0.1～0.2 毫升；混料饲喂，可用 2%环丙沙星预混剂 250 克，均匀拌入 100 千克饲料内，连喂 3～5 天。

（10）用菌克星或一服灵治疗，菌克星每瓶加水 25 千克，一服灵每瓶加水 50 千克，任其自饮 3～5 天。

（11）可用中药“百咳宁”治疗，具体方法参见“鸡慢性呼吸道病”有关部分。

（十一）鸡葡萄球菌病

鸡葡萄球菌病是由金黄色葡萄球菌引起的一种人畜共患传染病。鸡感染本病后，其特征为：幼雏常呈急性败血症，青年鸡和成年鸡多呈慢性型，表现关节炎和翅膀坏死。

【病原特性】本病病原是一种金黄色葡萄球菌，为革兰氏阳性的圆形或卵圆形球菌。本菌对外界环境的抵抗力较强，在干燥的脓液或血液中可存活 2～3 个月，加热至 80℃

经 0.5～1 小时才能将病菌杀灭。一般常用消毒药均可将其杀灭，以 3%～5%石炭酸或 75%酒精的杀菌效果最好。

【流行病学诊断】金黄色葡萄球菌在自然界分布很广，在土壤、空气、尘埃、饮水、饲料、地面、粪便及物体表面均有本菌存在。鸡葡萄球菌病的发病率与鸡舍内环境存在病菌量成正比。其发生与以下几个因素有关：①环境、饲料及饮水中病原菌含量较多，超过鸡体的抵抗力。②皮肤出现损伤，如啄伤、刮伤、笼网创伤及带翅号、刺种疫苗等造成的创伤等，给病原菌侵入提供了门户。③鸡舍通风不良、卫生条件差、高温高湿，饲养方式及饲料的突然改变等应激因素，使鸡的抵抗力降低。④由鸡痘等其他疫病的诱发和继发。

本病的发生无明显的季节性，但北方以 7～10 月份多发，急性败血型多见于 40～60 日龄的幼鸡，青年鸡和成年鸡也有发生，呈急性或慢性经过。关节炎型多见于比较大的青年鸡和成年鸡，鸡群中仅个别鸡或少数鸡发病。脐炎型发生于 1 周龄以内的幼雏。其他类型比较少见。

【临床及病理诊断】由于感染的情况不同，本病可表现多种症状，主要可分为急性败血型、关节炎型、脐炎型、眼型、肺型等。

（1）急性败血型：病鸡精神不振或沉郁，羽毛松乱，两翅下垂，闭目缩颈，低头昏睡。食欲减退或废绝，体温升高。部分鸡下痢，排出灰白色或黄绿色稀便。病鸡胸、腹部甚至大腿内侧皮下浮肿，积聚数量不等的血液及渗出液，外观呈紫色或紫褐色，有波动感，局部羽毛脱落；有时自然破裂，流出茶色或浅紫红色液体，污染周围羽毛。有些病鸡的翅膀背侧或腹面、翅尖、尾、头、背及腿等部位皮肤上有大小不等的出血、炎症及坏死，局部干燥结痂，呈暗紫色，无毛。

剖检可见胸、腹部皮下呈出血性胶样浸润。胸肌水肿，有出血斑或条纹状出血。肝肿大，淡紫红色，有花纹样变化。脾肿大，紫红色，有白色坏死点。腹腔脂肪、肌胃浆膜、心冠脂肪及心外膜有点状出血。心包发炎，心包内积有少量黄红色半透明的心包液。

急性败血型是鸡葡萄球菌病的常见病型，病鸡多在 2～5 天死亡，快者 1～2 天呈急性死亡。在急性病鸡群中也可见到呈关节炎症状的病鸡。

（2）关节炎型：病鸡除一般症状外，还表现蹲伏、跛行、瘫痪或侧卧。足、翅关节发炎肿胀，尤以跗、趾关节肿大者较为多见，局部呈紫红色或紫褐色，破溃后结污黑色痂，有的有趾瘤，脚底肿胀（见图 6-10）。

剖检可见关节炎和滑膜炎。某些关节肿大，滑膜增厚，充血或出血，关节囊内有或多或少的浆液，或有黄色脓性纤维渗出物，病程较长的慢性病例，变成干酪样坏死，甚至关节周围结缔组织增生及畸形。

（3）脐炎型：它是孵出不久的幼雏发生葡萄球菌病的一种病型，对雏鸡造成一种危害。由于某些原因，鸡胚及新出壳的雏鸡脐带闭合不严，葡萄球菌感染后，即可引起脐炎。病雏除一般症状外，可见脐部肿大，局部呈黄红、紫黑

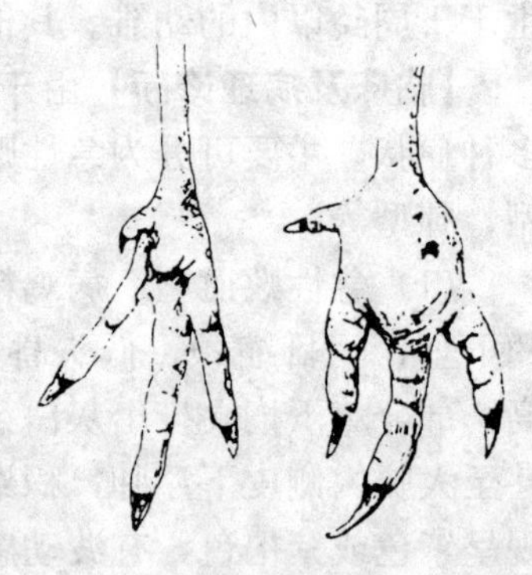

图 6-10　病鸡脚底脓肿

左图为正常的鸡脚

色，质稍硬，间有分泌物。饲养员常称之为“大肚脐”。脐炎病雏可在出壳后2～5天死亡。

剖检可见脐内有暗红色或黄红色液体，时间稍久则为脓样干涸坏死物，肝脏表面有出血点。卵黄吸收不良，呈黄红色或黑灰色，液体状或内混絮状物。

（4）眼型：此型葡萄球菌病多在败血型发生后期出现，也可单独出现。病鸡主要表现为上下眼睑肿胀，闭眼，有脓性分泌物粘闭，用手掰开时，则见眼结膜红肿，眼角有多量分泌物，并见有肉芽肿。病程较长的鸡眼球下陷，以后出现失明。

（5）肺型：病鸡主要表现为全身症状及呼吸障碍。剖检可见肺部淤血、水肿，有的甚至可以见到黑紫色坏疽样病变。

【实验室诊断】根据本病的临床症状与剖检变化可做出初步诊断，但最后确诊需进行实验室检查。

【预防措施】

（1）搞好鸡舍卫生和消毒，减少病原菌的存在。

（2）避免鸡的皮肤损伤，包括硬物刺伤、胸部与地面的摩擦伤、啄伤等，以堵截病原菌的感染门户。

（3）发现病鸡要及时隔离，以免散布病原菌。

（4）饲养和孵化工作人员皮肤有化脓性疾病的不要接触种蛋，种蛋入孵前要进行消毒。

（5）用葡萄球菌菌苗进行注射接种，可收到一定预防效果。

【治疗方法】对葡萄球菌有效的药物有青霉素、广谱抗生素和磺胺类药物等，但耐药菌株比较多，尤其是耐青霉素的菌株比较多，治疗前最好先作药敏试验。如无此条件，首选药物有新生霉素、卡那霉素和庆大霉素等。

(1) 用青霉素 G，雏鸡饮水 2 000～5 000 国际单位/(只·次)；成年鸡肌肉注射 2 万～5 万单位/(只·次)，每天 2～3 次，连用 3～5 天。

(2) 用红霉素按 0.01%浓度混水，连用 3～5 天。

(3) 用卡那霉素按 0.015%～0.02%深度混水，连用 5 天。

(4) 用庆大霉素混水，每千克饮水中加 10 万单位，连用 3～5 天。

(5) 用土霉素按 0.05%浓度混料，连喂 5 天。

(6) 用螺旋霉素按 0.04%浓度混水，连用 3 天。

(7) 用新生霉素按 0.035%浓度混料，连喂 5～7 天。

(8) 用新诺明按 0.2%浓度混料，连喂 3～5 天。重症鸡可肌肉注射，每千克体重 20～30 毫克/次，每天 1 次，连用 3 天。

(9) 用 5%恩诺沙星混水，每毫升加 1 千克水，连服 3～5 天。

(10) 用 2%环丙沙星预混剂拌料，在 100 千克饲料中加环丙沙星预混剂 250 克，连喂 2～3 天。

(11) 用菌克星混水，每瓶混水 25 千克，任其自饮 2～3 天。

(12) 用强力抗混水，每瓶（15 毫升）加水 25～50 千克，连饮 3～5 天。

（十二）鸡链球菌病

鸡链球菌病又称鸡睡眠病，是由荚膜链球菌引起的一种急性败血性传染病，其特征为病鸡消瘦、嗜睡，胸部皮下呈黄绿色。

【病原特性】本病病原是禽链球菌，通常是由兰氏血清群C群和D群的链球菌引起。

本属细菌的菌体呈球形或卵圆形，菌体直径为0.2～1.0微米，革兰氏染色阳性。不形成芽孢，不能运动，呈单个、成对或短链排列。在老龄培养物中有时呈阴性。

本菌为兼性厌氧菌，在普通培养基上生长不良，在含鲜血或血清的培养基上生长较好。培养最适温度为37℃，pH为7.4～7.6。

在血液琼脂培养基上37℃培养24小时，生长成无色透明、圆形、光滑、隆起的露滴状小菌落，直径可达0.5～1.0毫米。C群兽疫链球菌能产生明显的β型溶血（完全溶血），形成草绿色环；D群链球菌呈α型溶液血（不完全溶血）或不溶血。培养物中细菌涂片、染色、镜检，呈双球状或短链状，菌体周围有荚膜。在液体培养基中培养时，不形成菌膜，血清肉汤培养基中，上清液清亮，多数管底生长呈绒毛状（或絮状）或呈颗粒沉淀物。

禽源链球菌可发酵甘露醇、山梨醇和L-阿拉伯糖。除兽疫链球菌外，均可在麦康凯培养基上生长和发酵糖类，通常能产酸，接触酶试验阴性。

【流行病学诊断】本病主要发生于鸡，各种年龄的鸡均可感染，尤以2月龄以内的幼鸡发病较多，也可感染鸭、鹅、火鸡等。本病一度流行后，病鸡和带菌鸡的分泌物及排泄物中含有大量病原菌，经呼吸道或消化道传染给其他易感鸡群。一些应激因素，如气候突变、温度过高、密度过大、卫生条件太差、饲养管理不良等，均可促使本病发生。病鸡死亡率可达5%～50%。

【临床诊断】急性败血型病例，精神萎靡，体温升高，黏膜发绀，腹泻，有时肉髯和喉头水肿，一般于12～24小时死亡。慢性型病例，常表现精神不振，羽毛松乱，食欲减退，逐渐消瘦，离群呆立，闭目嗜睡。冠、髯苍白或呈紫色。有的病鸡下痢，且粪中带血，严重者胸部皮下呈黄绿色。少数鸡发现有结膜炎，腿、翅轻瘫。局部感染可发生脚底皮肤和组织坏死。

【病理诊断】皮下水肿、出血，有的胸部皮下有黄绿色胶胨样渗出物。胸肌和腿部肌肉出血。肝、脾淤血、肿大，表面有出血点和粟粒大灰黄色坏死灶，质地柔软，切面结构模糊。肺充血、出血，某些病例出现突变。心包积液，心肌和心冠脂肪有出血点。胸腺肿胀、出血，严重的有坏死灶。小肠黏膜增厚，有出血点，严重病例盲肠内容物混有多量血液，盲肠壁也有出血。肾肿大，充血。病程较长者常见关节感染、输卵管炎、卵黄性腹膜炎及肝周炎等。

【实验室诊断】根据本病的临床症状和剖检变化较难确诊，需要进行实验室检查。

【预防措施】要加强鸡群的饲养管理，搞好鸡舍环境卫生和消毒，避免应激因素袭扰鸡群。鸡群发病后，要及时隔离淘汰病鸡。

【治疗方法】由于链球菌的抗药菌株较多，用药前最好进行药敏试验，以选择对病原菌敏感的药物。

(1) 用红霉素按0.01%浓度混水，连用3～5天；对重症鸡，可肌肉注射红霉素，每千克体重30毫克，每天2次，连用3天。

(2) 用青霉素G肌肉注射，每只鸡2～5万单位，每天2～3次，连用3天。

(3) 用先锋霉素肌肉注射，每千克体重 20 毫克，每天 1 次，连用 3 天。

(4) 用螺旋霉素按 0.04%浓度混水，连用 3 天。

(5) 用洁霉素按 0.003 5%浓度混水，连用 4～7 天；对重症鸡，可肌肉注射洁霉素，每千克体重 10～30 毫克，每天 2 次，连用 3 天。

(6) 用新生霉素按 0.015%浓度混料，连用 3～5 天。

(7) 用 2.5%恩诺沙星肌肉注射，每千克体重 0.1 毫升，多数病鸡一次治愈。尚未痊愈的可于第二天再注射一次，疗效更为显著。

(8) 用强力抗混水，每瓶（15 毫升）加水 25～50 千克，连饮 3～5 天。

（十三）禽念珠菌病

禽念珠菌病又称鹅口疮或消化道霉菌病，是由白色念珠菌的酵母状霉菌引起的一种家禽上消化道霉菌性传染病。其特征是在上部消化道，如口腔、咽、食管和嗉囊的黏膜生成白色的假膜和溃疡。

【病原特性】 本病的病原体为念珠菌，该菌为类酵母菌，在沙氏琼脂平板上形成奶油色凸起的圆形菌落，表现湿润光滑、有光泽，边缘整齐，不透明，较黏稠略带酒酿味。涂片镜检可见革兰氏阳性、两极钝圆或卵圆形的粗大菌体。病鸡粪便中含有大量病原菌，可由病鸡的嗉囊、腺胃、肌肉、胆囊以及肠道内分离出念珠菌。

【流行病学诊断】 各种禽类均易感，尤其鸡、鸽更甚。幼鸡的易感性比成年鸡高，在鸡群中发病的大多数是 2 月龄以内的幼鸡。

病鸡的粪便中含有多量病原菌，其传染途径主要是消化道，也可经蛋壳传染。此外，若饲养管理不良，饲料配合不当，维生素缺乏，天气湿热等，都可促使本病的发生和流行。

【临床诊断】病鸡精神萎靡，羽毛松乱，食欲减退。嗉囊胀大，触摸时有柔软松弛感，用力挤压时有酸臭气体和内容物从口腔流出（大嗉子病）。病鸡日渐消瘦以至死亡。

【病理诊断】口腔、咽部、上颚、食管尤其是嗉囊有小白点，病程稍长者白点扩大形成灰白色、黄色或褐色干酪样物或伪膜，剥离时可见糜烂或溃疡。腺胃黏膜肿胀、出血，表面附有脱落的上皮细胞和黏液。

【实验室诊断】根据本病的临床症状及剖检变化可做出初步诊断，但最后确诊需进行实验室检查。

【预防措施】

（1）要注意改善饲养管理和卫生条件，饲养密度要适宜，不应过分拥挤，对鸡舍环境经常进行消毒。

（2）种蛋孵化前要用消毒液浸洗，切断病原菌经蛋壳传染途径。

（3）发现病鸡要及时隔离，防止散布病原菌。

（4）受本病威胁的鸡群，可用制霉菌素混料，每千克饲料加50万～100万单位，连用1～3周。

【治疗方法】

（1）对发病鸡只，剥除口腔中伪膜或干酪样物，溃疡部用碘甘油或5％甲紫涂擦，嗉囊内灌入适量的2％硼酸溶液。

（2）用硫酸铜按0.05％浓度混水，连用1周。

（3）用结晶紫按0.01％浓度混水，连用5天。

（4）用制菌霉素混料，每千克饲料加100万单位，连用

1～3 周。

（十四）禽绿脓杆菌病

鸡绿脓杆菌病是由绿脓杆菌引起的一种传染病，其主要特征为病鸡眼周围及肉髯肿胀，排水样稀便，死前出现神经症状。

【病原特性】本病病原是绿脓杆菌，属假单胞杆菌，为革兰氏染色阴性、需氧菌。本病菌在潮湿环境中可存活 2～3 周，在干燥条件下 2～3 天死亡，加热至 55℃经 1 小时可灭活。一般消毒剂均可将其杀死。

【流行病学诊断】各种年龄的鸡均可感染发病，从零星死亡到死亡率高达 90％，2 月龄以内的幼鸡常为暴发。种蛋孵化过程中污染绿脓杆菌是雏鸡暴发绿脓杆菌病的重要原因。另外，长途运输、温度突变、饲养管理和卫生条件太差，均可促使本病的发生。本病可继发于慢性呼吸道病、传染性鼻炎、球虫病等。刺种疫苗和药物注射造成的创伤也可成为绿脓杆菌侵入的门户。

【临床诊断】发病初期常无明显症状而突然死亡。病程稍长者表现精神萎靡，羽毛松乱，喜卧，嗜睡，食欲减退乃至废绝，排水样稀便，眼周围和肉髯水肿。有的病鸡口流黏液，站立不稳，颤抖，抽搐，最后死亡。

【病理诊断】2～3 日龄病雏，部分可见颈部皮下（马立克氏病疫苗注射部位）有少量淡色胶样液体，脑膜水肿，脑实质有点状出血，多数无明显的眼观病变。年龄较大的病鸡可见肝、脾肿大，肝脏表面有大小不一的出血点和灰黄色小米粒大小的坏死灶。心包膜增厚，有的雏鸡心包内积聚胶胨状液体，心外膜有出血点。气囊膜混浊，增厚。肠黏膜呈卡他性到出血性炎症。有的病鸡可见肝周炎和肺炎病变。

【实验室诊断】 根据本病的流行特点、临床症状及剖检变化，可做出初步诊断，但最后确诊需进行实验室检查。

【预防措施】 本病的发生主要是因种蛋及孵化过程中卫生消毒不严，或出壳雏鸡接种马立氏病疫苗不消毒或消毒不严造成的。因此，预防本病的最根本的方法是消除环境污染，严格进行各环节的消毒。

绿脓杆菌广泛存在于自然界，如动物体表、空气、粪便及土壤中均含有病原菌。因此，要切实做好种蛋收集、贮存、入孵、孵化期中及出雏中的消毒工作，防止病原菌污染。同时要加强鸡群的饲养管理，减少应激反应，增强鸡的抗病能力。

【治疗方法】 绿脓杆菌对许多抗菌药物敏感，但也极易产生抗药性，因而使用药物前最好作药敏试验。若不具备药敏试验条件，庆大霉素可列为首选药物。

（1）用庆大霉素混水，每千克饮水中加 10 万国际单位，连用 3～5 天。对重症鸡可肌肉注射庆大霉素，小鸡 5 000 单位/只，成年鸡 1 万～2 万国际单位/只，每天 2～3 次，连用 3 天。

（2）用链霉素肌肉注射，雏鸡 2 万～4 万国际单位/只，育成鸡 5 万～10 万国际单位/只，成年鸡 10 万～20 万国际单位/只，每天 2 次，连用 3 天。

（3）用磺胺喹噁啉按 0.05％～0.1％浓度拌料或按 0.025％～0.05％浓度混水，连用 3～5 天。

（4）用环丙沙星混料。环丙沙星是目前市场上最强的抗绿脓杆菌药物，按 25～50 毫克/千克比例混料或饮水，连用

3天。

(5) 用氟哌酸混料。氟哌酸对绿脓杆菌的作用优于庆大霉素，按0.005%～0.01%浓度混料，连用3～5天；饮水浓度为0.02%～0.04%。

(6) 用菌克星混水，每瓶加水25千克，连用2～3天；必要时也可肌肉注射，用量按药品商标说明。

(7) 肌肉注射强力抗注射液。每瓶加注射用水250毫升稀释，每千克体重0.1～1毫升，每日1次，酌情确定注射次数。

(十五) 鸡奇异变形杆菌病

鸡奇异变形杆菌病是奇异变形杆菌引起的一种急性传染病。其主要特征为病鸡肢体瘫痪，排水样稀便，发病率和死亡率均较高，耐过鸡生长发育严重受阻，失去饲养价值。

【病原特性】 本病病原为奇异变形杆菌。它是变异杆菌属中的一个种，属肠道杆菌科，周身有鞭毛，革兰氏阴性，形态有球状、球杆状、杆状或长丝状，大小不一，单在或成对排列。在固体培养基上呈扩散生长，形成迁徙生长现象。若在培养基中加入0.1%石炭酸或0.4%硼酸可以抑制其扩散生长，形成一般的单个菌落。在SS平板上可以形成圆形、扁薄、半透明的菌落，易与其他肠道致病菌混淆。培养物有特殊臭味，在血琼脂平板上有溶血现象。能迅速分解尿素。

【流行病学诊断】 本病主要发生于7周龄以内的雏鸡，而以3～4周龄最易感，死亡率最高。7周龄以上的青年鸡可耐过，但严重影响其生长发育。温度骤变、饲料突变、卫生条件差及转群等应激因素，都可促使本病的发生。

在自然条件下，本病既可经内源传染，也可经污染的饲料、饮水而经消化道感染。吸入污染的空气及尘埃后也可经呼吸道感染。

【临床诊断】病鸡精神萎靡，羽毛蓬乱，翅膀下垂，低头缩颈，不食不饮，排黄绿色或灰白色水样稀便，部分鸡的跗关节肿胀，多数为一侧或两侧肢瘫痪不能站立。个别鸡有神经症状，头向左上方偏转。多数鸡在病后 1～3 天内死亡。

【病理诊断】脾脏、胸腺、法氏囊、心脏、肾脏、盲肠、扁桃体和小肠黏膜散在有出血点。肝脏肿大，呈紫红色，表面有暗红色或黄色相间的条纹，有的在肝叶间有凝血块。

【实验室诊断】根据本病的流行特点、临床症状及剖检变化可做出初步诊断，进一步确诊需进行病原菌的分离和鉴定。

【预防措施】预防本病的措施主要是加强饲养管理，搞好鸡舍的清洁卫生，防止鸡群过于拥挤和温度过高或过低。

河南省豫西农业科学校曾用分离的菌株，制成甲醛菌苗和灭活油乳剂菌苗免疫鸡群，取得较好的免疫效果，其中以油乳剂灭活苗免疫效果更理想。免疫时共注射 2 次，每次每雏 0.5 毫升，间隔 11 天，二免后经 28 天可抵抗强毒活菌的攻击。

【治疗方法】氟哌酸、庆大霉素等对鸡奇异变形杆菌较敏感，可用以治疗。由于病鸡食欲不振，应先肌肉注射庆大霉素，用量为每雏 5 000 国际单位，每天 1 次，3 天为一疗程，注射后病情得到控制，采食量很快恢复正常，改用氟哌酸拌料喂饲，每雏每天 29 毫克，连喂 3 天，停 2 天，再喂一个疗程，鸡群很快恢复正常。

（十六）鸡曲霉菌病

鸡曲霉菌病又称鸡霉菌性肺炎，是由多种霉菌引起的一种呼吸道疾病。其特征为病鸡呼吸道（尤其是肺和气管）发生炎症和形成霉菌性小结节。

【病原特性】本病的主要病原是烟曲霉菌，是病原性霉菌中最常见、致病力最强的一种。其孢子广泛存在于自然界中，常污染垫料及饲料等。此外，还有黄曲霉、黑曲霉、白曲霉菌等也会引起发病。烟曲霉菌为需氧菌，其繁殖菌丝的分生孢子柄顶端为膨大有顶囊，呈特征性的烧瓶状，顶囊上部的小梗产生球形分生孢子。孢子呈灰、绿或蓝绿色。曲霉菌对外界的抵抗力很强，120℃干热 1 小时或煮沸 5 分钟方可杀死。一般消毒药液（如 5%甲醛、0.3%过氧乙酸及含氯消毒剂）需要 1～3 小时方能杀死。

【流行病学诊断】引起鸡曲霉菌病的曲霉菌有多种。其中致病力最强、起主要作用的是烟曲霉菌（胭脂颜色，即其孢子呈熏烟色），其次是黄曲霉菌、黑曲霉菌、土曲霉菌等。这些霉菌的孢子在外界环境中分布很广泛，如垫草、谷物、木屑、发霉的饲料，以及墙壁、地面、用具和污染的空气中都可能存在，在适宜的温度和湿度中就可以生长繁殖。幼鸡对烟曲霉菌最易感，因而本病主要发生于幼鸡，常呈急性爆发和群发，其发病率和死亡率都比较高。雏鸡出壳后，在严重污染烟曲霉菌的环境或容器内被感染，2～3 天后即开始发病和死亡，5～12 日龄是流行本病的高峰，以后逐渐减少，到 3～4 周龄时基本停止死亡。成年鸡表现个别散发。

本病流行的主要传染媒介是污染的垫草、木屑、土壤、空气及饲料，经呼吸道和消化道而感染发病，在育雏阶段饲养管理及环境卫生条件不良，如育雏室内昼夜温差大、过分拥挤、阴暗潮湿、通风换气不好等，均可促使本病的发生和流行。此外，在孵化过程中，如果孵化器被严重污染，霉菌可穿透蛋壳而感染胚胎，以致刚孵出的幼雏即可出现症状。

【临床诊断】本病自然感染的潜伏期为2～7天。急性型病例多出现于雏鸡。病雏精神不振，食欲减退或废绝，渴欲增加，羽毛蓬乱，两翅下垂，对外界反应淡漠，嗜睡，病雏逐渐消瘦。随着病程发展，病雏呼吸困难，常伸颈张口吸气，细听有气管啰音，有时摇头，连续打喷嚏。病后期发生腹泻，冠髯发绀，精神萎靡，闭目昏睡，最后窒息死亡。少数病例有神经症状，摇头，头向背仰，运动失调。有的病雏眼睛受感染，可见结膜充血肿胀，眼睑下可能有干酪样凝块。急性病例通常在出现症状后2～7天死亡。

【实验室诊断】根据本病流行特点、临床症状、剖检变化，综合分析饲料、垫草、舍内环境病原菌存在情况，可以做出初步诊断。进一步确诊可进行实验室检查。

【预防措施】不使用发霉的垫料和不喂发霉的饲料是预防本病的主要措施。垫料应经常翻晒，有条件的最好采用网上育雏。要保持鸡舍通风、干燥，防止潮湿。

【治疗方法】目前对本病尚无特效的治疗方法，下列药物具有一定的防治作用，可控制病情的发展。

（1）用制霉菌素混水，每100只雏鸡用50万单位，每天2次，连用2天。

（2）用克霉唑口服，每千克体重20毫克/次，每日3次。

（3）用硫酸铜按1∶3 000的比例混水，连用3～5天。

（4）中药治疗：取鱼腥草、蒲公英各60克，筋骨草15克，山海螺30克，桔梗15克，加水煎汁，共作饮水，连服7～10天，有一定防治效果（此方为100只5～10日龄雏鸡1天用量）。

（十七）鸡结核病

鸡结核病是由结核杆菌引起的一种慢性传染病，其主要特征为病鸡日渐消瘦，在体内形成结核结节与脓疮，严重影响产蛋。

【病原特性】 本病的病原体是禽结核杆菌。该菌最大特点是具有抗酸染色性，并具有多形性，有时很短，几乎呈球状，有时呈长杆状，大小为 1.5～4.0 微米×0.3～0.5 微米。

本菌为好氧菌，在 25～45℃温度中均能生长，而最适宜的温度为 39～40℃。它能在含有全蛋或蛋黄的培养基上、在凝固的血清和血清琼脂或甘油琼脂上、在马铃薯培养基上生长形成多种形状的菌落。在甘油肉汤中禽结核菌形成黏附在瓶壁上的颗粒，在液体表面只有个别菌株形成柔薄的、几乎不皱起的菌膜，肉汤不混浊，长期培养可变成金黄色，并有特殊气味。

禽结杆菌的抵抗力与其他型结核杆菌相仿，65℃的湿热可于 15 分钟内杀死，82℃2 分钟即可杀死。

结核菌在培养基中能保存 2 年，粪便土壤中能保持 7～12 个月，在掩埋的尸体中能保存 3～12 个月

【流行病学诊断】 本病主要发生于鸡，火鸡、鸭、鹅、鸽及猪、牛等畜禽也均能感染。鸡的易感性与其年龄有关，雏鸡易感，成年鸡的抗病力较强。

本病的主要传染源是病鸡和带菌鸡，其感染途径主要是消化道和呼吸道，也可经皮肤创伤侵入。病鸡、带菌鸡的分泌物和排泄物含有大量病原菌，污染土壤、垫草、用具、饲料和饮水，健康鸡吞食后而受感染。鸡蛋、野禽也能传染本

病。运输工具和管理人员也能成为本病的传染媒介。饲养管理条件差、鸡群密度大、重复感染等都能促进本病的发生。由病鸡蛋孵出的雏鸡患病，多半为病程较短的全身性结核病而死亡。

【临床诊断】鸡结核病的潜伏期较长，一般须经几个月才逐渐表现出明显的症状。病鸡精神沉郁，身体衰弱，不爱活动，日渐消瘦，体重减轻，特别是胸肌萎缩明显，胸骨突出、变形。随着病程发展可见羽毛松乱，皮肤干燥，冠、髯苍白。多数病鸡呈单侧性跛行和特异性痉挛，呈跳跃式的步态，偶有一侧翅膀下垂，肿胀的关节有时破溃，流出干酪样的分泌物。成年鸡产蛋量减少或停产。腹部可触摸到结节状或块状物及肝脏上的结节。如果在肠道有结核性溃疡，可导致病鸡严重腹泻或间歇性腹泻。最后病鸡多因全身衰竭而死亡。病程可长达数月乃至一年以上。

【病理诊断】病死鸡常是极度消瘦，肌肉萎缩。多在肝、脾、肠系膜淋巴结及肺脏等器官形成粟粒大至豌豆大的灰黄色或灰白色的结核结节，大多为圆形，有的几个结节融合在一起呈不规则状，将结节切开，可见结节外面包裹一层纤维性的包膜，里面充满黄白色干酪样物质。在肠壁和腹壁上也常有许多大小不等的灰白色结核结节。此外，在骨骼、卵巢、睾丸、胸腺以及腹膜等处，也可见到结核结节。这些结核结节的特点通常是界限明显，坚韧如软骨，但具有中心柔软或干酪化的病灶，如完全钙化时则质如沙砾。

【实验室诊断】根据剖检病鸡的特征性结核结节，结合鸡群病史与症状可做出初步诊断，但最后确诊需进行实验室检查。

【防治措施】本病药物治疗价值不大，主要做好防疫工作。

（1）发现病鸡应及时隔离淘汰，死鸡不能随意乱扔，必须烧毁或深埋，以防传播疫病。

（2）对鸡舍和饲养用具要彻底清洗消毒，最好闲置几个月，淘汰老的旧设备。

（3）鸡群要进行定期检疫，发现阳性反应鸡立即淘汰，鸡场彻底消毒。6 个月以后，再进行第二次检疫，检查有无新的病鸡出现，直到所有的阳性鸡全部检出时为止。

（4）病鸡群所产的蛋，不能留作种用。

（十八）鸡伪结核病

鸡伪结核病是伪结核棒状杆菌引起的一种地方流行性或散发性传染病。其特征是发病初期表现为急性败血症，继而在各器官形成结核性病变。

【病原特性】伪结核棒状杆菌为多形性的球杆菌，无芽孢，无荚膜，大小为 0.6～1.7 微米×0.4～0.8 微米，在 18～22℃的培养物中，细菌能运动，而在 37℃培养时，运动微弱或不运动，革兰氏染色为阴性，在组织抹片中多表现为两极染色，为非抗酸染色性。在普通琼脂平板上生长为圆形、凸起、光滑、边缘整齐、黏稠、半透明、灰黄色、中央混浊边缘较透明的菌落。粗糙型菌落表面不平整，边缘呈锯齿状。肉汤中培养微混浊，管底有黏稠的沉淀，老龄培养物液面形成菌膜。在马铃薯培养基上形成一层黄棕色菌落，很瘠薄。

本菌不液化明胶，不还原美蓝，牛乳不变化，石蕊乳清起初变红色几天后变蓝色。不产生靛基质，可形成硫化氢，分解尿素。M·R 试验为阳性，V·P 试验为阴性，能还原硝酸盐为亚硝酸盐。能分解葡萄糖、麦芽糖、果糖、单乳糖、伯胶糖、鼠李糖、甘露醇，产酸不产气。不能分解乳糖、卫矛醇、山梨醇、棉实糖、糊精。

本菌抵抗力不强，60℃ 40 分钟，80℃ 10 分钟可杀死。0.1%升汞 15～20 分钟、5%石炭酸 5～10 分钟、0.4%福尔马林 60 分钟可杀死本菌。

【流行病学诊断】本病火鸡易感，发病率特别高，鸡、鸭、鹅、鸽、山鸡及一些哺乳动物也可感染。主要通过被病禽、病畜污染的土壤、饲料和饮水传播，皮肤创伤也可感染。一般雨季发病的较多。当饲养管理不当，营养不良和受凉或患寄生虫病，可诱发本病。

【临床诊断】一般潜伏期急性者 3～6 天，慢性者 2 周以上，病程表现差异较大。最急性病例可能不见任何症状而突然死亡。病程延续 2～3 天的病例突然下痢，并出现急性败血症症状。病程更长时表现为精神不振，呼吸困难，消瘦，虚弱，麻痹。

【病理诊断】最急性病例只可见脾脏肿大和肠炎。较慢性病例，肝、脾、肺肿大，在肝、脾、肺和胸肌中有粟粒大黄白色病灶，切面可见有干酪样变性。与结核病灶不同者，显微镜下可见渗出主要是增生性的，开始时为淋巴细胞，而后有粥样坏死物质形成层状结构，病灶的外周有结缔组织包围。

【实验室诊断】由于本病的临床症状、剖检病变与其他种疾病如霍乱、伤寒、副伤寒、结核病、白血病、李氏杆菌病、螺旋体病相似，确诊需经实验室检查。

【防治措施】对本病尚无有效疗法，发病后采取隔离、消毒和淘汰病鸡的办法。预防本病宜采取有效的综合性措施。

（十九）鸡坏死性肠炎

鸡坏死性肠炎是由产气荚膜杆菌引起的一种肠道传染病，其主要特征为病鸡腹泻，排红褐色乃至黑褐色煤焦油样稀便。

【病原特性】本病的病原体为魏氏梭菌，属革兰氏阳性菌。魏氏梭菌系粗大杆菌，直或微弯，两端钝圆，单个或成对排列，形成偏端芽孢。

【流行病学诊断】本病多发于温度和温度较高的 4～9 月份，以 2～5 周龄的肉鸡和 5 周龄以上的蛋鸡尤其是 3 周龄的肉鸡发生较多，平养比笼养多发。以突然发病和急性死亡为特征。

【临床诊断】急性病例表现精神沉郁，体温升高到 43.5℃以上。羽毛松乱，翅膀下垂，呈蹲坐姿势。皮肤出血、坏死，部分关节肿大，食欲减退或废绝，腹泻，排红褐色乃至黑褐色煤焦油样稀便，有时混有肠黏膜组织。发病后迅速死亡。慢性病例症状不明显，仅见肛门周围玷污粪便，病鸡生长发育不良。

【病理诊断】病变主要在小肠，特别是小肠的后 1/3 部分。小肠腔内因存在大量气体而明显膨胀，肠壁有的部位黏膜脱落而菲薄，有的部位附有黄褐色伪膜而增厚。肠内含有白色、灰白色或黄白色渗出物，有的为血样、黑红色或褐色泥状。慢性病例多在小肠黏膜上形成伪膜。病鸡肌肉苍白并有出血点，腹腔内积有血液。肝、脾肿大 2～3 倍，肝脏有黄色坏死条纹，脾脏有出血点，表面有点状气泡。心脏表面有突出的芝麻大黄白色结节，呈砂粒状。肺脏气肿，有大小不等、颜色不一的坏死灶。

【实验室诊断】根据本病的临床症状和剖检变化，尤其是小肠病变，可以做出初步诊断，但最后确诊需进行实验室检查。

【预防措施】

（1）加强鸡群的饲养管理，搞好鸡舍的清洁卫生，减少病原菌的污染。

（2）鸡群发病后，对病鸡应及时隔离，并全面彻底清扫和消毒鸡舍，避免病原菌扩散。

（3）药物预防：产气荚膜杆菌对金霉素、土霉素、四环素、青霉素、杆菌肽素等均比较敏感，在鸡的易感期连续不断地使用杆菌肽素、土霉素或青霉素等混料，能有效地控制鸡坏死性肠炎的发生。

【治疗方法】

（1）用庆大霉素拌料或混水，每千克水中加 2 万单位，每天 2 次，连用 5 天。

（2）用青霉素混水，每只雏鸡每次 5 000 单位，在 1～2 小时内用完，每天 2 次，连用 5 天。

（3）用四环素按 0.01%浓度混水，连用 5～7 天。

（4）用杆菌肽素拌料，雏鸡 100 单位/只，青年鸡 200 单位/只，每天用药 1 次，连用 5 天。

（5）用林可霉素混料，每吨饲料添加 2.2～4.4 克，连用 5～7 天。

（6）用环丙沙星混料或饮水，每千克饲料或饮水中添加 25～50 毫克，连用 3～5 天。

（二十）鸡溃疡性肠炎

鸡溃疡性肠炎是由肠道梭菌引起的一种急性肠道传染

病，以消化道溃疡、出血，肝脏坏死为特征。因本病最早发现于鹌鹑，故又称鹌鹑病。

【病原特性】本病的病原体是一种嫌氧性产气荚膜梭菌。革兰氏阴性，耐热性强，80℃温度下能活 1 小时，100℃下尚能存活 3 分钟。一般消毒液能杀灭本菌。

【流行病学诊断】本病多发于 60～80 日龄的鸡，一年四季均可发生，除肉鸡外，蛋鸡也可发生，鸭不易感染。发病率 5%～70%不等，死亡率有时高达 70%～80%。发病诱因主要是卫生条件不好，如潮湿、拥挤、通风不良、营养缺乏和继发于禽霍乱、鸡慢性呼吸道病等。病禽和带菌禽是本病的主要传染源；苍蝇也是本病的传播媒介。

【临床诊断】急性病例通常不见明显症状而突然死亡，病程稍长的可表现食欲减退，精神不振，远离大群，独居一隅，蹲腿缩颈，羽毛松乱而无光泽。排出的粪便常附有黏液，多呈黄绿色或淡红色的稀便，常具有一种恶臭味。随着病程的延长而引起鸡体逐渐消瘦。有时肛门周围的羽毛也被黄色混有颗粒状粪便污染。

【病理诊断】十二指肠肿胀，肠壁增厚出血，肠黏膜明显发黑，有时因肠黏膜脱落而呈现不规则的块状或附有麦麸状黄色坏死物，有时黏膜上出现暗紫色出血点或小坏死点，周围有一暗红色出血圈，从浆膜上即可看出。有时有粟粒大的小突起，中央呈喷火口样凹陷，其色稍发黑或无变化，突起内蓄有灰白色浆液状或有灰白色豆腐渣样坏死物。有的病例则出现边缘不整的溃疡，其上附有黄色片状坏死，高于表面，溃疡表面有时出血。

肝脏肿大呈砖红色或紫褐色，有时呈暗绿色。肝表面有粟粒大到黄豆粒大的灰白色坏死点，有时呈现几种染色不一的花斑坏死区则为本病特征性的肝坏死病变。脾脏亦多肿大呈黑褐色，有时因淤血出现深浅不同的紫黑花斑状，如同“雪花尼布”一样病变。偶有粟粒大或高粱粒大的坏死点。

【防治措施】

（1）及时隔离病鸡，加强平时的消毒卫生工作是防治本病的有效措施。

（2）用链霉素防治，口服量每千克体重 5 万单位，7～8 天后可见死亡减少。

（3）用杆菌肽素治疗，每只雏鸡内服量为 20～50 单位，小鸡 40～100 单位，青年鸡 100～200 单位，成年鸡 200 单位，每天用药 1 次，连用 3 天，也有一定疗效。

（4）用环丙沙星混料，每千克饲料添加 50 毫克，连喂 3～5 天，疗效理想。

（二十一）鸡弧菌性肝炎

鸡弧菌性肝炎又称鸡弯杆菌性肝炎，是由弧菌引起的一种传染病。其特征为发病率高，死亡率低，病程缓慢，产蛋量下降，日渐消瘦，肝脏坏死。

【病原特性】本病的病原为弧菌。该菌可在含鸡血清的鸡肉汤中生长，也可在 10％CO_2环境中用鸡肉浸液琼脂培养基培养。培养物涂片染色为革兰氏阴性，逗号点状或 S 形杆状，偶见有螺旋体形。姬姆萨染色着色最好。幼龄肉汤培养物中以弧菌为主，老的培养物，大部分为球形，能运动。该菌在 5～7 日龄的鸡胚中能分离到。孵化 4～5 天后可引起鸡胚死亡。主要病变为胚胎和卵黄囊充血，10～14 天接种的鸡胚主要是肝脏坏死，脾脏肿大。

该菌对小剂量的链霉素、土霉素、金霉素和醋酸铊敏感，而对多黏菌素B、杆菌肽、青霉素有抵抗力，采用大剂量方可产生抑菌作用。

本菌能通过Selas02滤器及0.45微米多孔性胶膜滤器。被感染的鸡胚卵黄或肝组织保存于－25℃冰箱中至少存活2年，在冻干病料中保存20个月仍有活力，在37℃环境中仅能存活2周。

【流行病学诊断】本病仅发生于鸡，多见于比较大的青年鸡和产蛋鸡，在雏鸡中也偶有发病，常呈散发或地方性流行。

本病的主要传染源是病鸡和带菌鸡。病鸡的肠道内存在大量病原菌，随粪便排出后污染饲料、饮水及环境，主要通过消化道传染，也可以种蛋传染。饲养管理不良、应激、球虫病及其他消耗性疾病，经常滥用抗生素破坏了肠道内正常菌群等，都可促使本病的发生。

【临床诊断】本病在鸡群中缓慢发生，持续较久。病鸡精神不振，鸡冠皱缩干枯并带皮屑，身体消瘦，青年母鸡开产推迟，成年鸡产蛋减少（有时减少20%～30%）。个别比较肥胖的病鸡可能因严重肝炎而突然死亡。

【病理诊断】主要病变在肝脏。肝脏肿胀、充血，表面可见有坏死区，肝脏也可能有许多出血点而呈现斑驳状。由于肝脏膜囊下血红细胞聚集而引起了泡沫状的病变，导致大量出血，以致造成死亡。泡沫状的囊可破裂，使血液流到腹腔内。受侵害的肝脏呈黄褐色，其表面隆起，呈菜花状。此外，在肝脏内部也可充满黏性的脓状物。这些病变不一定全部肝脏均受损害，经常只有部分肝叶表现病变。

患病雏鸡的心脏遭受损害较成年鸡严重，心脏呈灰白色而松软，可见有大面积的病变，在心脏及其周围可见有稻草色的渗出液。心包充满液体，有时可使心包膨胀。

慢性型病例出现肝硬化、肝萎缩和腹水。脾肿大偶见易碎的大梗死灶。卵巢表面卵泡萎缩，退化，仅见一丛豌豆大的卵泡。

【实验室诊断】根据本病的临床症状和特征性剖检变化可做出初步诊断，进一步确诊可进行实验室检查。

【预防措施】本病目前尚无有效的免疫制剂，预防本病主要是加强综合性兽医卫生措施。要做好鸡舍的清洁卫生和消毒，防止寄生虫病（毛细线虫病、肠道球虫病等）和某些传染病（大肠杆菌病、马立克氏病、支原线虫病、肠道球虫病等）的发生，保证鸡群健康，增强其抗病能力。

【治疗方法】

（1）用磺胺二甲基嘧啶 0.2％浓度混料，连喂 3 天。

（2）用金霉素按 0.05％浓度混料，连喂 3 天。

（3）用土霉素按 0.1％浓度混料。连喂 3 天。

（4）用链霉素肌肉注射，每千克体重 10 万单位，每天 2 次，连用 3 天。

（5）用强力抗混水，每瓶药加水 25～50 千克，连用3～5 天。

（6）用强力霉素混料，每千克饲料添加 0.5 克，连用 3～5 天。

（7）用恩诺沙星混料，每千克饲料添加 50 毫克，连喂 3～5 天。

（8）用氟哌酸按 0.01％浓度混料，连喂 3～5 天。

（9）用菌克星混水，每瓶药加水 25 千克，连用 3～5 天。

（二十二）鸡空肠弯曲菌病

鸡空肠弯曲菌病是由空肠弯曲菌引起的一种人畜共患传染病，其主要特征为食源性腹泻。

【病原特性】本病的病原为空肠弯曲杆菌。该菌为革兰氏阴性，能运动，菌体大小为0.2～0.5微米×0.2～5.0微米，有一个或多个螺旋，长者可达8微米。多形性，呈弧状或逗点状、螺旋状，当两个细胞连成短链时，可呈S形或海鸥展翅型。在老龄培养物中，可形成球形或类球状体。细菌的一端或两端着生单根鞭毛。该菌对微需氧条件要求高，也可在细胞培养中增殖。

【流行病学诊断】鸡、火鸡、鸭、鹅、鹌鹑、鸽及鸟类均易感染本病。感染途径为消化道，一年四季均可发病，但以夏季为发病高峰。

【临床诊断】病鸡主要表现消瘦、腹泻和血便。精神不振，减食，呆立似企鹅状。腹泻，肛门周围羽毛潮湿，常沾有少量脓汁样粪便。濒死期呈昏迷态，或出现似游泳样动作。

【病理诊断】肝脏肿大，呈暗红色，表面有小点出血，边缘黄褐色，并有少量坏死病灶。脾脏肿大，肠道充血、出血，并有大量黏液在肠腔内。腹腔内常有黄褐色积液。

【实验室诊断】本病主要根据实验室检查进行诊断。

（1）取新鲜粪便用暗视野检查或相差显微镜检查，可见有旋转运动或梭镖样快速运动的弯曲杆菌。

（2）对新鲜粪便样品进行潜血试验和粪便涂片瑞氏染色镜检，如潜血阳性并带有中性粒细胞，即可疑为本病。

【预防措施】预防本病主要是加强综合性兽医卫生措施。

严格控制病鸡粪便污染，经常消毒，注意鸡舍卫生；在屠宰家禽过程中应注意屠宰卫生，尤其是清理屠体内脏时更应小心，防止禽肉污染。工作人员在操作期间应加强个人防护及认真做好有关清洁卫生消毒工作。

【治疗方法】

（1）用四环素混料，每千克饲料添加 0.1～0.6 克，连喂 3～5 天。

（2）用强力抗或一服灵混水，每瓶药加水 50 千克，连用 3～5 天；预防时药量减半。

（3）用菌克星混水，每瓶药加水 15 千克，连用 3～5 天；预防时剂量减半。

（二十三）鸡弧菌性肠炎

鸡弧菌性肠炎是由麦氏弧菌引起的雏鸡的一种急性传染病。其主要特征为严重腹泻，粪便呈黄绿色，并混有血液。

【病原特性】本病的病原为麦氏弧菌。该菌是菌体细小、弯曲，末端圆形的逗点状杆菌，其大小为 0.5 微米×2 微米。在老龄培养物中，弧菌可能呈球菌状及螺旋状，菌体顶端带有一根鞭毛，能运动，很活泼，无芽孢及荚膜，革兰氏染色为阴性。

该菌在普通培养基上生长良好，在琼脂培养上生长菌落很小、圆形、淡灰色、羽毛状、湿润、有闪光。在肉汤中生长混浊，并有细薄的菌膜，在筋胶穿刺培养基中能液化呈漏斗状。能产生硫化氢、靛基质。

【流行病学诊断】鸡、火鸡、鹅、鸽、山鸡及鸟类均易感染本病。感染途径为消化道，被病禽排泄物污染的饮水、饲料及用具为传染源。

【临床诊断】病雏精神萎靡，头冠淡白，体况消瘦，严重腹泻，粪便呈绿色，并混有血液。

【病理诊断】病鸡剖检可见消化道充血、出血，内含黄绿色液体和少量血液。脾呈灰色，体积缩小。

【实验室诊断】本病主要根据实验室进行诊断。

（1）病菌的分离培养：用无菌方法，从病死鸡内脏及肠道采取病料，接种于5%血液琼脂，可分离到麦氏弧菌。

（2）人工感染试验：将病料培养物接种于鸽子，采取肌肉注射，24～48小时引起死亡。

【防治措施】

（1）预防本病的重要措施是加强鸡舍的环境卫生，经常进行鸡舍环境消毒，严格控制病鸡粪便污染环境，切断传染途径。

（2）用金霉素按0.05%浓度混料，连喂3天。

（3）用土霉素按0.1%浓度混料，连喂3天。

（4）用氟哌酸按0.01%浓度混料，连喂3～5天。

（5）用恩诺沙星混料，每千克饲料添加50毫克，连喂3～5天。

（二十四）鸡传染性滑膜炎

鸡传染性滑膜炎又称鸡滑液囊支原体病，是由滑液支原体引起的一种传染病。其主要特征为病鸡关节肿大，滑液囊和肌腱鞘发炎。鸡群中一旦感染本病，不易彻底清除，且易混合感染其他疾病，使病情复杂化。

【病原特性】本病病原为滑液支原体。该支原体只有一个血清型，不同菌株间几乎没有差异。可发酵葡萄糖，不水解精氨酸，不利用尿素。在体外培养时，培养基内必须加入烟酰胺腺嘌呤二核苷酸（辅酶Ⅰ）。

滑液支原体对外界环境的抵抗力与败血支原体相似，不耐热，在低温条件下能够存活很长时间，如卵黄囊中的支原体在－20℃下能存活 2 年，肉汤培养物在－70℃条件下，或冻干的培养物在 4℃条件下均可稳定保存数年。

【流行病学诊断】本病主要发生于鸡和火鸡。鸡急性发病大多在 9～12 周龄，同群鸡发病率一般为 5%～15%，死亡率 1%～10%，另外有些病鸡因下肢残废被淘汰。成年鸡也有时发病，表现为慢性感染。

本病可通过直接接触和经蛋传播，也可通过污染的空气及饲料经呼吸道、消化道传播。母鸡感染后所产的蛋中就存在支原体，随孵化过程而大量增殖，并引起鸡胚死亡，或孵出不能脱壳的雏鸡，此种带有支原体的幼雏，可成为传染源。

【临床诊断】本病自然感染的潜伏期比较长，通常为 11～21 天。病鸡最初表现羽毛松乱，失去光泽，腹泻物常呈硫磺色，粪便内还含有多量白粉状物质，采食减少，饲料消耗量下降。随着病情发展，跗关节和趾踵部肿大，跗关节红肿，可达鸽蛋大，出现跛行，行走时呈八字步。病重较久的关节变形，甚至不能行走，卧地不起，嗜睡。病重时可波及其他关节，如翅关节、胯关节等多处出现肿胀。有些病例可引起胸部囊肿，有时囊肿破裂而在胸部羽毛处形成污垢。有些病例出现呼吸道症状，呼吸困难，呼吸时有啰音。

成鸡发病时，全身症状不明显，仅关节轻微肿胀，体重减轻，产蛋量明显减少。

【病理诊断】病鸡剖检可见受害关节肿胀，关节腔内及周围组织有灰白色渗出物或变干成为豆渣物质（见图 6－

11)，有时关节腔内干燥无滑液，趾踵部有时溃破、结痂。有些病例胸部有囊肿。有些病例气囊混浊增厚，囊内充满液体或干酪样渗出物。病程较长的肝、脾、肾肿大。

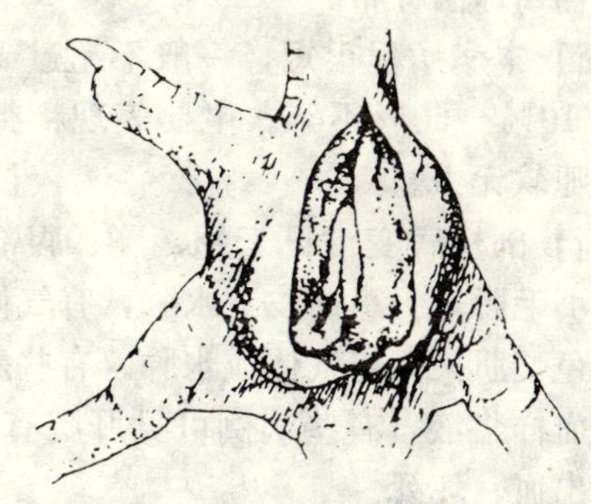

图 6-11 切开脚垫，可见脓性分泌物

【实验室诊断】根据本病的特征性临床症状和剖检变化可做出初步诊断，进一步确诊可进行实验室检查。

【防治措施】其药物治疗可参见“鸡慢性呼吸道病”有关部分。

由于本病能经种蛋传播，对种鸡最好也进行血清学检查，方法与慢性呼吸道病的血清学检查相同，并可以使用慢性呼吸道病诊断液，但滑膜支原体诊断液不能用于检查慢性呼吸道病。

（二十五）鸡坏疽性皮炎

鸡坏疽性皮炎是由腐败梭菌、A 型魏氏梭菌及金黄色葡萄球菌引起的一种传染病，其特征是病鸡患部皮下水肿，肌肉呈灰白色或褐色。

【流行病学诊断】本病可发生于鸡和火鸡，自然感染情况下多发生于鸡，一般多发生在2～20周龄，肉鸡多在4～8周龄，产蛋鸡多在6～20周龄，肉用种鸡多为20周龄。土壤、粪便、灰尘、污染的垫料和饲料以及肠道内容物中均有梭菌和金黄色葡萄球菌分布。

【临床诊断】本病病程很短，一般不超过1天。急性死亡，死亡率在10%～60%不等。主要表现精神萎靡，共济失调，厌食，腿软无力。

【病理诊断】剖检病变常见于翅、胸、腹部及腿部，皮肤黑色湿润区羽毛脱落。患部皮下水肿，有气体产生，肌肉呈灰白色或褐色，肌束间有气体或水肿。有些病例皮下组织水肿，并伴有血样浆液，有些病例可见肝脏有白色坏死灶，骨骼肌充血、出血、坏死。

【实验室诊断】根据本病临床症状和剖检变化可做出初步诊断，进一步确诊可进行实验室检查。

【防治措施】

（1）加强饲养管理，注意环境消毒，及时清除病死鸡。

（2）据报道，一日龄注射梭菌混合苗可减少本病造成的损失。

（3）饮水中加适量的土霉素、青霉素、硫酸铜、环丙沙星等药物可有效地控制本病的流行。

（二十六）鸡爱荷华支原体病

鸡爱荷华支原体病是由鸡爱荷华支原体引起的一种传染病。其主要特征是病鸡跗关节、趾屈肌腱肿大，外观肿大，足趾屈曲能力丧失。

【病原特性】爱荷华支原体（MI）在血清学上与已知的禽败血支原体、鸡支原体、滑液囊支原体、火鸡支原体以及惰性支原体等变种不同，能在常规支原体培养皿汤以及平板上生长，也能在分离病毒用的细胞培养物中生长，并产生病变。该支原体除具有大多支原体所具有的对青霉素和醋酸铊有抵抗力外，对硫酸链霉素也有很强的抵抗力，甚至能在其含量度 100 微克/毫升的培养基中生长。MI 比其他支原体对抗生素有较强的抵抗力。MI 具有凝集鸡和火鸡红细胞的能力。能发酵葡萄糖，不能还原四氯化氮。能利用精氨酸，不利用尿素，醋酸酶阴性，不产生薄层和斑点，在 0.5%～1%胆盐存在的条件下可以生长。MI 染色后检查呈球杆状，有的呈多形性，电镜下多形性明显，其细胞由三层膜包裹，缺乏细胞壁。从组织分离该支原体直接接种琼脂平板比接种肉汤分离率高。其生长需要胆固醇。37℃条件下，有氯或含二氧化碳的环境下均可生长。

MI 经卵黄囊接种鸡胚和火鸡胚，能在其肠道系统增殖，并致死鸡胚和火鸡胚。而且还能在火鸡经卵传播。由于其能在肠道系统增殖，表明该生物体能干扰肠道的吸收功能。因此，胚胎、雏鸡及青年鸡的生长受到影响。

MI 用常规方法可制成平板凝集原用于血清快速凝集试验，但绝大部分感染禽不出现凝集反应，可能需要更为敏感的检测方法，如 ELISA 等进行检测，也有人曾用血细胞凝集抑制试验来检测抗体。该生物体可能并不引起良好的体液反应。人工感染鸡、火鸡病后一天，能出现短暂的免疫抑制现象。

【流行病学诊断】本病主要感染鸡和火鸡，未见有感染鸭、鹅的报道。可进行垂直传播，也可通过交配传播，被感染的精液在传播上起重要作用。

【临床诊断】发病鸡畏冷，挤成一团，反应迟钝，不愿活动。感染2周后，病鸡拱背、嗜睡、不愿运动或蹲伏，运动失调，个别鸡单脚或双脚的爪趾失去屈曲能力，头向下垂，黏液流出口外；感染后约4周，病鸡身体羽毛明显减少，并变得粗乱，同时在身体各部位留有初生时的羽毛鞘；感染后约6周时，发病鸡的跗关节肿大，趾屈肌腱肿大，外观红肿。

由于肉用仔鸡对爱荷华支原体有较高的易感性，所以还会出现严重程度的抑郁症，羽毛稀少，运动失调，肌腱和关节损害的发生率和严重程度要比轻型蛋鸡高得多。轻型杂交鸡并不引起全身性疾病，少数鸡体重相对减轻，一些鸡失去趾屈曲能力。肉用仔鸡表现生长严重受阻，青年鸡出现脱羽症，并表现出新陈代谢障碍。营养的缺乏不平衡，加重了生长发育迟缓和羽毛异常，包括初生羽和再生羽有“调羹样羽”出现，这是一种异常的长羽干滞留现象。

【病理诊断】感染胚胎早期病变包括胚胎发育受阻，肝充血、水肿，不同程度的肝炎和脾肿大。1日龄雏鸡感染后可引起发育迟缓，腿部畸形，腿软骨营养不良，胫骨旋转，脚趾错位，有时可见跗关节的关节软骨糜烂。发病严重的鸡跗屈肌腱水肿，跗关节周围环绕的肌腱有黏液性的或轻微的出血渗出物。许多肌腱肉眼可见肿大，并被胶冻样层所包裹。不少发病鸡趾曲腱断裂，并出现特征性的肌腱弯曲状松弛，有的伴有轻度的出血。有的鸡为两侧性断裂，也有的鸡一条腿有2根屈肌腱断裂。大部分发病鸡跗关节软骨面颜色变淡，并在中央部分出现凹陷。跗关节腔内常有黏液样、血色的渗出物。关节面上有时有出血斑点。

【实验室诊断】本病主要根据实验室检查结果进行确诊。

用荧光抗体试验可以从所有急性发病鸡的分离物中检查

到爱荷华支原体，但时间通常局限于感染后1～2周内，随着感染时间的延长，分离成功的次数逐渐减少，偶有感染后6周仍能用常规肉汤和琼脂平板培养技术生长出该支原体的。

该支原体能发酵葡萄糖，不能还原氯化四氮。能利用精氨酸，不利用尿素；磷酸酶阴性，不产生薄膜和斑点，染色镜检菌体呈球杆状，有的呈多形性，缺乏细胞壁。

【防治措施】爱荷华支原体比其他种类的支原体对抗生素具有更强的抗药性，故在作实验性治疗时应注意这一点，选用比较敏感的药物如林肯霉素、环丙沙星。鉴于该病能经蛋垂直传播，故种蛋应在孵化前进行消毒。发病鸡群的种蛋不宜留作种用。

（二十七）鸡疏螺旋体病

鸡疏螺旋体病是由鸡疏螺旋体引起的一种急性败血性传染病，其主要特征为病鸡高热、贫血、黄疸、肝脏肿大及内脏出血。

【病原特性】本病的病原为鸡疏螺旋体。该疏螺旋体为螺旋体属的一个成员，长3～15微米，宽0.2～0.5微米，螺旋弯曲疏松而不规则，易于着染，厌氧，属于寄生菌。在含鸡蛋白和马或兔血的特殊培养基和鸡胚中易于生长。

该菌抵抗力不强，在尸体中迅速死亡。但在鸡胚或血液中的螺旋体在普通冰箱中可保存1～2个月之久。－70℃至少可保存14个月，而在－20℃仅一周即失去活力，在液氮中贮存，可长期保持活力。对一般消毒药、砷制剂及青霉素、土霉素、金霉素、链霉素、卡那霉素、泰乐霉素等敏感，用0.1％醛溶液、1％碳酸在50℃下处理，15～30分钟灭活。

【流行病学诊断】本病多见于热带和亚热带蜱繁息地区，多呈跳跃式流行，每年的6～7月份前后多发。

本病由蜱和吸血昆虫叮咬传播，蜱还可通过卵将本菌垂直传递给后代。鸡螨和鸡虱则能机械传播。除鸡外，火鸡、鹅、鸭、麻雀和乌鸦等均有自然感染性。病鸡康复后具有免疫力，其子代获得的被动免疫力可持续数周。不同日龄的鸡均易感，老龄鸡有较强的抵抗力。饲料中缺乏维生素的幼龄鸡多易患病，死亡率也高。

【临床诊断】本病潜伏期为5～9天。感染鸡表现突然发病，体温升高至43℃以上，精神沉郁，羽毛松乱，呆立，头下垂，闭目嗜睡。食欲不振或废绝，渴欲增加，排出带有浆液性包层的绿色粪便，粪便中有白色块状物。鸡冠在病初保持红润，后期出现贫血和黄疸，或苍白松弛。

本病按其病程发展和临床症状可分为急性型、亚急性型和一过型。

（1）急性型：病的来势凶猛，在体温升高的同时血液中出现多量螺旋体，体温下降则虫体减少或消失，随病程（3～5天）的发展可出现腹泻而突然死亡。

（2）亚急性型：此型病鸡最为多见，体温呈弛张热，随体温升高，血液中连续数日出现螺旋体。病程可持续2周以上，不予治疗死亡率也比较高。

（3）一过型：此型病鸡比较少见，在轻微出现上述症状后1～2天，体温下降，血液内螺旋体消失，病情好转，不予治疗可自行痊愈。

【病理诊断】急性病鸡内脏器官出血、黄疸，血液稀薄呈咖啡色。脾脏肿大，因淤斑性出血而呈斑点状，切面呈

“槟榔”样外观。肝肿大，表面有出血点和白色坏死点。肾脏肿大苍白，肠道可见卡他性或坏死性肠炎变化。亚急性病鸡变化与之相似，但肝、脾损害不如上述变化显著和典型。

【实验室诊断】根据本病的流行特点、临床症状和剖检变化可做出初步诊断，但最后确诊需进行实验室检查。

（1）直接镜检：取发热期病鸡的血液或肝、脾等实质器官组织涂片，经姬姆萨或瑞氏染色后镜检。螺旋体弯曲稀疏不规则，可呈弓形、马蹄形和S形，有的则围绕在红细胞表面。病初螺旋体多散在，后期多成团或呈束状。

（2）分离培养与鉴定：以病鸡血液接种于鸡胚尿囊腔，孵育2～3天，可自尿囊液中检出螺旋体。将器官病料接种于加有血清的培养基，可见本菌生长。

【防治措施】为预防本病，在流行地区需实行防蚊、灭脾及消灭鸡螨和鸡虱等措施。对新引进的鸡群应做好检疫。加强饲养管理，在饲料中补充足量的多种维生素，可增强鸡的抵抗力。

采集感染鸡的血液、器官悬液或感染的鸡胚材料，以1%福尔马林或1%的石炭酸在50℃下处理30分钟，制成灭活菌苗，肌肉或皮下注射接种，能产生良好的持久免疫力。

对病鸡应用各种抗生素、新胂凡纳明（九一四）或锥胂胺等药物治疗，均有疗效。据报道，用硫酸链霉素肌肉注射，4月龄以内的鸡用30～50毫克，成年鸡100毫克，每天2次，经2～4天治疗可痊愈。

（二十八）鸡顶辐孢霉病

鸡顶辐孢霉病是由顶辐孢霉（是一种嗜热性真菌）引起

的一种传染病。

【流行病学诊断】 本病主要发生于雏鸡和幼火鸡，亦见于雏鹅。1～5 周龄的鸡和火鸡发病率很高，死亡率多在 5%～20%，高的可达 30%。病菌经呼吸道感染，通过血液循环进入脑中，引起脑炎和组织坏死，造成死亡。雏鸡的垫料是传染本病的主要媒介。

【临床诊断】 病鸡表现为不同程度的中枢神经系统障碍。运动失调，角弓反张，头颈歪斜，肢体麻痹，身体失去平衡倒向一侧，软弱无力，最后衰竭死亡。

【病理诊断】 大脑的各部分呈现大小不等的脓肿状坏死肉芽肿，颜色各异，从白色、淡黄色到淡红棕色。有的病例可见气囊混浊，有针尖状干酪样坏死灶。肝也偶见粟粒大小的坏死灶。

【实验室诊断】 本病主要根据实验室检查结果进行确诊。在载玻片上加一滴 10%氢氧化钾溶液，将大脑中的坏死组织放入少许，涂均，盖上盖玻片，酒精灯微微加热，镜检，可见本菌特征性菌丝—菌丝细长，形态规则，不见分枝。

【防治措施】 预防本病需加强育雏舍的清洁卫生，垫料要干燥，并经常更换、消毒，以减少霉菌污染的机会。同时保持鸡舍清洁通风，干燥是控制本病发生的主要措施。

本病治疗时可用硫酸铜 1∶2 000 倍饮水，或每千克饲料加 150 万单位制霉菌素拌和饲喂，有一定疗效。

（二十九）鸡衣原体病

鸡衣原体病又称鸟疫或鹦鹉热，是由鹦鹉衣原体引起的一种高度接触性传染病。其主要特征为结膜炎、鼻炎及下痢，严重时可发生流行。

【病原特性】本病病原为鹦鹉衣原体，属裂殖菌纲、衣原体目、衣原体科。它们介于病毒和立克次氏体之间，衣原体为大小不同的球状微生物，其菌体直径 0.2～1 微米。

许多年来，衣原体被称“大病毒”，因为它们大得足以在光学显微镜下清晰可见，但又只能在活细胞内培养。但是，有关形态学、增殖方式、化学和新陈代谢的大量研究都充分证明了它们的非病毒性质。

鹦鹉衣原体在宿主体内进行一定阶段的发育和分裂繁殖。它们在周围环境中有较强的抵抗力，80℃经 30 分钟灭活，室温下经 36 小时，真空冻干状态下存活一年以上。它对磺胺、抗生素，特别是四环素的作用敏感。对 5～7 日龄鸡胚进行卵黄囊接种时，很容易培养。鸡胚在感染后第 7～9 天开始死亡。用其他途径感染鸡胚，效果较差。

【流行病学诊断】本病能感染很多种鸟类，在家禽中常见的有鸡、鸭、鹅、火鸡和鸽。由于人也容易感染，所以，兽医工作者及实验室人员应特别注意。因为家禽和很多野禽都能互相传染，所以，本病的传染源很难确定。

本病的传染方式，主要是通过吸入了含有病原体的尘土。病禽的排泄物中含有大量病原体，干燥后可随风飞扬，传播本病。另一传染途径是从皮肤伤口侵入禽体，鸡螨和鸡虱等吸血昆虫可能是本病的传染媒介。

本病常呈无症状感染，但在逆境条件下和有并发症时，可导致严重发病和较高的死亡率。如饲养密度过大、通风不良、受寒、营养不良，以及并发沙门氏菌病、多杀性巴氏杆菌病、大肠杆菌病等，易造成本病流行。

【临床诊断】发病鸡群的初期症状不明显，仅见食欲不振，饲料消耗量减少。随着病情发展，病鸡羽毛松乱，少数病鸡昏睡，呼吸困难，咳嗽，排出黄绿色稀便，眼内及鼻腔中分泌物增加，有时在眼周围羽毛上有脓性分泌物干燥凝结成的痂块。病鸡所产的种蛋孵化率、受精率明显下降，产蛋量下降20%～60%。

【病理诊断】剖检可见气囊、肝包膜、心包膜明显增厚，有纤维蛋白性渗出物积聚。肝脏肿大并部分坏死，脾脏明显肿大2～3倍。

【实验室诊断】本病的确诊主要以实验室检查为依据，从感染鸡病变组织中分离和鉴定病原体，或者测定感染鸡抗衣原体群抗原或特殊细胞壁抗原的循环抗体（增高4倍）。这些阳性指标还需配合有肉眼或显微镜病变以及衣原体病的临床症状。

【预防措施】要确实加强鸡群的饲养管理，注意鸡舍、饲喂用具的清洁卫生，经常消毒。对粪便、垫草和脱落的羽毛要堆积发酵，进行无害化处理。引进鸡群，应首先做好检疫，以免把病原体带进鸡场。

对发病鸡场进行检疫，淘汰病鸡，销毁被污染的饲料，用2%漂白粉或石炭酸溶液处理鸡舍，并要防止尘土飞扬，加强个人防护，防止人员感染。

【治疗方法】

（1）在饲料中添加0.05%的四环素或土霉素，连喂7～14天，或以0.02%浓度饮水，连用4天。

（2）用环丙沙星混料或饮水，每千克饲料或饮水添加25～50克，连用3～5天。

（3）用强力抗混水，每瓶药加水25～50千克，连用3～5天。

（三十）鸡肉毒梭菌中毒

鸡肉毒梭菌中毒是肉毒梭菌的毒素引起的一种食物中毒性疾病，其特征是病鸡肌肉麻痹并迅速死亡。肉毒梭菌中毒在禽类、畜类以及人类中均可发生。

【病原特性】鸡肉毒梭菌中毒的主要病原 C 型肉毒梭菌。肉毒梭菌有 A、B、C_a、C_b、D、E、F、G 8 型，毒素也分 8 型。A 型常见于肉、鱼、果、蔬菜和罐头食品，毒性最强，能使人、猴、禽、马、貂、鱼类中毒。B 型见于肉类及其制品，能使人、牛、马中毒，禽有较低的易感性。C_a 型常见于蝇蛆和腐烂水草中，主要侵害禽。C_b 型常见于变质饲料和肉品类，禽、牛、马、羊、貂、人都易感。D 型常见于腐败鱼，主要侵害人、猴和禽，F 型主要使人中毒。

肉毒梭菌是一种腐生性的革兰氏阳性菌，易形成芽孢。细胞壁中的溶解酶能使菌体迅速自溶，释放出毒素、鸡、鸭、雉和火鸡的中毒主要由本菌（C 型菌）所致。

肉毒梭菌毒素是迄今所知的几种毒性最强的毒素之一。是已知神经毒性最强的一种毒物。该毒素对胃酸、胃蛋白酶和胰蛋白酶有很强的耐受性，在消化道不被破坏，较耐热，在液体中 100℃经 15～20 分钟、固体中 2 小时才能被破坏。

一般认为肉毒梭菌本身不能直接感染引起发病，只有误食有毒素的饲料才致病。

【流行病学诊断】肉毒梭菌是一种厌气性革兰氏阳性有芽孢的大杆菌，广泛存在于土壤中，在正常动物的消化道内也可分离到。病禽、病畜死亡时，消化道内的肉毒梭菌可能侵入肌肉，在无氧情况下生长繁殖并产生毒素。毒素可以在蝇蛆的体内和体表聚积，鸡及其他禽类食入引起中毒。肉毒梭菌也可以在死鱼、烂虾、腐败饲料中产生毒素。

本病各种年龄的禽均可发生，常发生于鸡、锦鸡和野鸭，多流行于夏秋季节，除秃鹫以外，大多数鸟类是易感的。在垫草中，某些甲虫已被检测到肉毒梭菌毒素，可能是某些肉用仔鸡场反复发生的缘故。

【临床诊断】本病潜伏期长短不一，主要取决于食入毒素的数量，一般由采食到症状出现约需 1～3 天，如食入大量毒素，可在几小时之内出现明显的临床症状。病鸡精神萎靡，食欲废绝，羽毛松乱，步态不稳，翅膀拖地，颈肌软弱麻痹，头下垂或把头搁在地上，头颈曲转，严重的病例倒地，头颈伸直，所以又叫“软颈病”（见图 6－12）。病后期可见羽毛振颤及羽毛脱落，下痢，死前出现昏迷。

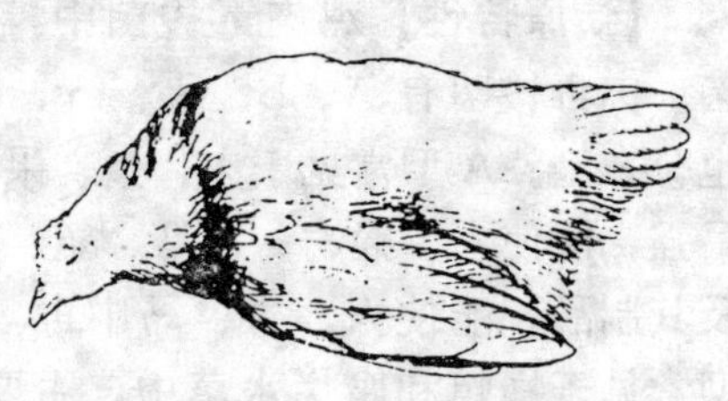

图 6－12　病鸡的软颈症状

【病理诊断】尸体剖检不见特征性变化，一般可见轻度的卡他性肠炎和肠黏膜出血。心包积水，心肌出血。肝、脾、肾充血，脑组织出血。嗉囊和胃内有不消化的食物和腐败物。

【实验室诊断】根据本病的麻痹症状、羽毛脱落、缺乏肉眼可见的特征性病变和吃入腐败性食物等可做出诊断。通过测定肉毒梭菌毒素，或经抗毒素治疗有效可以进一步确诊。

毒素检查方法：检查毒素在诊断上具有临床意义。取被检材料（饲料、胃内容物）放入灭菌乳钵中研碎，加生理盐水或灭菌蒸馏水（按 1∶2 的比例）在室温中浸泡 1～2 小时，过滤至透明。取滤液喂豚鼠 2 只（每只 1～2 毫升），如有毒素，经 3～4 天发生麻痹症状死亡（有时因毒素量少而延长到 10～12 天）。

对照组豚鼠 2 只取滤液加热 100℃ 30 分钟，同样喂饲，因加热后毒素被破坏而存活。

【防治措施】注意不喂腐败性饲料，死亡的动物尸体应焚烧、深埋，有条件的可用肉毒梭菌抗毒剂治疗。也可应用泻剂，加速毒素排出。另外，据介绍，用焦四仙 200 克、苍术 75 克、砂仁 35 克、青皮 35 克、枳壳 40 克、皂角 40 克（500 只 50 日龄鸡的量），加水 1.5 千克，煎之灌服，有很高疗效。

（三十一）鸡冠癣

鸡冠癣是由鸡头癣菌引起的一种慢性皮肤霉菌病，又称头癣或黄癣。其特征是病鸡头部无羽毛部位，特别是鸡冠上形成黄白色、鳞片状的癣痂。严重病例，病变也可扩展到有羽毛处。

【病原特性】本病病原系麦格氏毛癣菌，或称鸡头癣菌，它具有真菌的一般特性。在沙保氏琼脂上生长良好，长成白色天鹅绒状，中央隆起，表面具有放射状沟痕的圆形菌落，并有一种玫瑰红色素弥漫扩散于整个培养基中。显微镜下还可见分枝并缠绕的菌丝，宽度为 3～5 微米，有隔膜将菌丝分成一节一节（节间距离不等），孢子呈团状排列。

【流行病学诊断】本病主要发生于鸡，体型大的品种易感，鸡冠初长成的青年鸡易感。其他禽、畜和人也偶尔感染。

本病多发于夏、秋高温多雨季节，传播途径主要经皮肤伤口，如蚊虫咬伤或擦伤而传染。鸡只接触也可相互传染。鸡群密度过大、拥挤和环境卫生不良，更易促使本病的发生和传播。

【临床及病理诊断】病初在鸡冠上形成灰白色圆形斑点，这些小白点的表面脱落，好像冠上撒一层面粉样的鳞屑。随着病程的发展，鳞屑状沉淀物变厚，形成表面皱缩的痂皮。病变可逐渐扩大到整个冠部、肉髯、眼睑及耳部、头部，甚至体表有毛部的皮肤，致使羽毛成片脱落，皮肤增厚并覆盖鳞屑和痂皮。病鸡由于皮肤痛痒而表现不安，精神萎靡，瘦弱，贫血，黄疸，母鸡蛋量下降。严重病例病原菌可引起上呼吸道和消化道黏膜的点状坏死、小结节和黄色干酪样沉淀物。偶见肺脏及支气管发生炎症病变。

【实验室诊断】根据本病的病变部位及特征，可以做出诊断，必要时可采取病料作镜检或分离培养。

【防治措施】本病的预防措施主要是严防病鸡传入，平时应加强饲养管理，避免鸡群过于拥挤，保持鸡舍的清洁卫生、通风干燥。发现病鸡应严格检查及时隔离，重症病鸡立即淘汰，轻症病例应在隔离条件下治疗，通常涂擦碘酊或碘甘油或5%石炭酸溶液、福尔马林软膏（福尔马林1份、凡士林溶在瓶内，加入福尔马林后盖紧塞充分振荡，直至凡士林凝固为止）。上述药物均有疗效，一般于患部涂擦1～2次即愈。

七、鸡的胚胎病

(一) 鸡胚胎疾病的诊断

鸡的胚胎病往往不具有明显的症状和典型的病变，只有在大规模生产情况下，孵化率降低，才能引起注意。因此，只有掌握胚胎发育的规律，熟悉孵化生产过程，充分系统地调查研究、照蛋和死胚的检查等方法，最后做出正确的诊断。

1. 病史调查 孵化率的高低主要取决于种蛋的质量、种蛋贮运和孵化过程的各种因素，因此，调查的内容应包括种鸡的饲养管理状况、健康状态、种蛋贮运、孵化等各个环节。

2. 照蛋 照蛋可检查胚胎发育状况，及时检出死胎。检出死胎后，不但要作好记录，而且要计算各胚龄段死胚的发生率。鸡胚通常在孵化第 3～5 天和第 18～19 天的死亡率最高，第一个高峰死亡的胚胎占全部死亡胚胎的 15%，第二高峰约为 50%。若蛋内维生素和其他营养物质缺乏时，孵化中期死亡率也会增高，如种鸡缺乏维生素 B_2 时，胚胎死亡率高峰集中在孵化 9～14 天。

3. 死胚的检查 照蛋时检出的死胚和出雏后未出雏的蛋（俗称毛蛋）均含有大量有助于诊断胚胎病的信息，应该打开检查。尤其重要的是检查“毛蛋”。在检查时，首先应确定胚胎死亡的时间（即胚龄），然后再检查其病变来分析胚胎死亡的原因。

此外，还可利用化学、免疫学、微生物学等检验方法，从病原上诊断胚胎病，其准确性会更高。

（二）鸡营养性胚胎病

鸡营养性胚胎病的发病原因主要是亲代的不合理饲养，也包括一些遗传因素，如维生素缺乏、氨基酸缺乏、矿物质和微量元素缺乏、饲粮营养不平衡等。

本病具有骨骼软骨早期发生变性，因而产生胚胎肢体缩短，骨的生长发育受阻等特征性临床症状。同时其他器官组织也相应发生一些不良现象。常见的营养性胚胎病主要有以下几种：

1. 维生素A缺乏症 由维生素A缺乏引起的胚胎营养不良一般无明显症状。在孵化的早期可出现较多的死胚和雏鸡生长发育迟缓。出壳时间推迟，一日龄雏鸡可见轻度的皮肤及羽毛色素沉着，有时还出现眼干燥病。死胚肾脏肿胀，并有结晶盐类。病胚较多的情况是蛋黄有血斑，胚胎错位，胚胎死亡率增高等。

2. 维生素 B_1 缺乏症 当种母鸡饲料中的糠麸、豆饼、花生饼及青饲料不足，又未足量添加人工合成的维生素 B_1，常导致不同程度的维生素 B_1 缺乏症。若用缺乏维生素 B_1 的种蛋进行孵化，在孵化过程中可能出现死胚，有些胚胎在孵化期满时能够啄壳，但无法孵出而死亡。

3. 维生素 B_2 缺乏症 因缺乏维生素 B_2 的胚胎一般在孵化的9～14日内死亡率最高。死胚往往表现皮肤结节状绒毛，躯体短小、水肿、贫血，肾脏变性，轻度短肢，关节明显变形，颈部弯曲等病理变化。

4. 维生素 B_{11} 缺乏症 维生素 B_{11} 缺乏症将导致幼雏出壳时间延长，一般只能将蛋啄一小孔而无力破壳，最后闷死在蛋内。

5. 维生素 B_{12} 缺乏症 患维生素 B_{12} 缺乏症的胚胎往往在孵化 17 天左右死亡。生长发育迟缓，肝脏脂肪变性、出血，腿肌萎缩，心脏扩张、变形、出血等是患病胚胎的临床症状。

本病主要发生于笼养鸡和网上养鸡。

6. 维生素 D 缺乏症 胚胎维生素 D 缺乏症的特征性病变是皮肤出现极为明显的浆液性大囊泡水肿，皮下结缔组织呈弥漫性肿胀。基本上在孵化 10～16 天内死亡。发生水肿的胚胎发育不良，胚体矮小，足肢短，肝脏脂肪浸润。本病发生的原因主要是种母鸡日粮中缺乏维生素 D 以及钙磷不足或钙磷比例不当，光照不足等。

7. 维生素 E 缺乏症 本病在孵化 1～7 天内胚胎死亡率最高。发生本病时蛋黄的中胚层肿大，因而导致胎盘内血管受压萎缩，出现血郁积或出血现象。在孵化后期，眼晶状体混浊，角膜出现斑点。

饲养管理条件极差时，致使种母鸡所产的种蛋缺乏维生素 E，从而导致本病的发生。

8. 微量元素缺乏症 本病的主要特征是胚胎躯体短小，肢短而弯曲，喙形成鹦鹉嘴状，同时还表现卵黄高度浓稠，有多量未被吸收的卵清。

9. 肌胃角质炎（抗肌胃腐蚀素缺乏） 本病发生胚胎发育后期或刚出壳的雏鸡，其病变常出现在肌胃，有时也见于十二指肠。病变表现为肌胃角质层表面有裂痕、损伤及出血，有时发生溃疡；严重时，炎症的角质易于剥落。

在种母鸡饲粮中缺乏维生素K、C、A和胆碱及其他一些物质时，便可引起角质炎。若在饲粮中加入苜蓿粉、三叶草、甘蓝等青绿饲料时，可预防本病。

10. 锌缺乏症 因锌缺乏而引起的胚胎病表现出骨骼异常，可能无翼和无腿，绒羽呈簇状。

11. 硒缺乏症 因硒缺乏引起的胚胎病往往出现孵化率下降，皮下积液，渗出性素质。

12. 硒过量 若种鸡饲粮中硒含量过高，可导致胚胎出现弯趾、水肿，孵化率降低甚至为零。

【防治措施】预防鸡营养性胚胎病的根本措施是加强种鸡的饲养管理，供给全价饲料，保证蛋白质、维生素、矿物质等营养物质的供给。同时，通过选择、淘汰，消除导致发病的一些遗传因素。

（三）鸡传染性胚胎病

鸡传染性胚胎病按其病原类型可分为细菌性、病毒性和霉菌性几类。这些病原体有以内源性途径侵入蛋内和通过破损（或没有破损）的蛋壳以外源性途径侵入蛋内两种。内源性进入蛋内的病原体引起胚胎发病的传染病有鸡白痢、副伤寒、巴氏杆菌病、结核、传染性喉气管炎、马立克氏病、败血支原体病、病毒性肝炎等。

1. 白痢 若用患鸡白痢杆菌病的母鸡所产的蛋进行孵化，则胚胎死亡率增加，一般在孵化19天左右为死亡高峰。早期死亡的胚胎可见肝、脾肿大，心肺表面有细小的坏死结节，直肠末端蓄积白色尿酸盐。多数病胚可出壳，但在10日龄内陆续发生白痢，并成为重要的传染源。

2. 副伤寒 本病多为卵子在母鸡卵巢内已被污染，少数为污染蛋壳、病菌侵入蛋内。胚胎大多在孵化后期死亡。病变主要是尿囊肿胀和充血，肝脏有灰白色的小点，脾肿大，胆囊充满胆汁，心脏和肠道有点状出血。

3. 慢性呼吸道病 鸡慢性呼吸道病的败血支原体可引起蛋内源性感染，病胚生长发育迟滞，严重者在出壳时即死亡，孵出的雏鸡大量带菌而可能发病，形成重要的传染源，造成严重的危害。病胚常见关节化脓肿大，肝脾肿大坏死，心包炎，部分胚体水肿，气管、气囊有豆渣样渗出物。

4. 巴氏杆菌病 本病是由巴氏杆菌引起。种母鸡感染后，有些无异常表现，但其所产的蛋在孵化后期鸡胚出现死亡，死亡率约为30%，最高可达50%。

因本病死亡的鸡胚大小不一，胎毛易脱落，体表有弥漫性出血点或出血斑，尿囊液呈血红色、土黄色、淡绿色或红棕色，卵黄囊膜有出血点或出血斑及坏死灶。心脏表面有出血点或斑，腺胃乳头个别有出血点，肌胃表面有的有坏死灶，肠道无大变化。

5. 支原体病 患病的胚胎体型短小，呼吸道有干酪样渗出物，全身水肿，关节化脓肿大，肝脾肿大，肝坏死，心包炎等，胚胎往往在孵化8～21天内死亡。

6. 卵黄囊炎和脐炎 本病的病原菌主要是大肠杆菌、葡萄球菌、沙门杆菌、变形杆菌等。大部分病菌是由蛋壳侵入的，大肠杆菌和沙门杆菌可来源于种鸡。患病胚胎卵黄囊囊膜变厚，血管充血，卵黄呈青绿色或污褐色，吸收不良。脐部发炎肿胀。出雏时死雏及残弱雏较多，其后腹部胀大，皮肤很薄，颜色青紫，脐孔破溃污秽，有时脐环覆盖有痂皮、未封闭的脐孔有凝乳状物堵塞，大部分患病雏鸡在7日龄内死亡。

7. 曲霉菌病 曲霉菌可从蛋壳的微细小孔进入蛋内，被感染蛋的壳膜呈黑色；蛋内容物出现蓝绿色斑点；胚胎感染后出现水肿，有时出血，内脏器官有浅灰色结节。

【防治措施】

（1）加强种鸡的饲养管理，做好种鸡群的防疫、免疫和净化工作，防止一些传染病传入鸡群。

（2）禁止用急性疾病痊愈不久或有慢性传染病的种鸡所产的蛋进行孵化。

（3）做好种蛋的卫生消毒工作，减少外源性胚胎传染病的发生。尤其在种蛋收集、贮存、运输和孵化过程中，做好清洁、消毒工作，避免蛋壳污染。产蛋箱必须保持清洁干燥，增加每天的集蛋次数，严重污染的蛋不宜孵化。收集起来的种蛋应及时进行消毒，贮蛋库必须清洁、温、湿度适宜、通风换气良好。种蛋入孵前必须严格消毒，孵化场的场地、孵化设备和工具必须清洁，做到批批消毒。此外，还可用抗生素采取特殊方法对种蛋进行处理，杀死种蛋内部的病原微生物。

（四）孵化条件造成的鸡胚胎病

孵化条件不当而导致的胚胎病主要有以下几种：

1. 种蛋长时间贮存引起的胚胎病 贮存5～7天以上的种蛋，首先是蛋内水分减少，导致蛋白pH的改变，引起卵带和卵黄膜变脆。因孵化时胚盘生长大大减慢，故组织与器官的分化明显延缓，使孵化率降低。

2. 短时间急剧过热引起的胚胎病 在孵化期的温度短时间急剧过高时，由于血管破裂而引起胚胎死亡，其特征为尿囊血管高度充血，皮肤充血，脑和肝脏点状出血或大块出血。

3. 长时间过热引起的胚胎病 在整个孵化期温度过高，使胚胎发育加快，导致尿囊早期萎缩，出现过早啄壳现象。孵出的雏鸡比较瘦小，绒毛生长不良，卵黄吸收不好，脐带愈合不良和出血。雏鸡出壳后，蛋壳内常有蛋白黏附。

在孵化后期温度过高时，胚胎生长受到抑制，并使蛋内的营养贮备物利用停滞，还可使酶的活性降低，其结果使胚雏无力啄壳与出壳。温度过高，还可使心搏加快，因而导致心肌麻痹和出血。所以，孵化期胚胎遭受过高的温度，由于热的代谢紊乱，致使蛋内温度升高，最后引起死亡。

4. 低温引起的胚胎病 孵化温度过低时，可抑制胚胎的生长发育。尿囊不能闭合，蛋白利用也很缓慢，雏鸡出壳时间拖延且体质较弱，常常不能站立，腹部膨大，有的可能发生下痢。出壳后可见蛋壳里面污染并有红色水肿液。半出壳的雏鸡，可在蛋壳内存在较长时间，其尿囊并不萎缩，表面的血管内还充满血浆，很少出现畸形。最常见的病变为颈部黏膜水肿，残留液状蛋白，卵黄黏稠，呈暗绿色或略黄色。肠管充盈，其后段明显。肝脏肿大，胆囊膨胀。尿囊有血液潴留，心脏弛缓和肥大，有时出现肾水肿。低温时，由于呼吸机能抑制，使幼雏不能孵出。

5. 翻蛋不当引起的胚胎病 在孵化过程中，若不翻蛋，或翻蛋次数太少，或翻蛋角度不够（一般为 90 度），则可引起胚胎病。完全不翻蛋，蛋黄和胚胎偏向蛋壳时间较长，就易黏附在收壳上而变干，引起胚胎大批死亡。翻蛋角度不够或垂直放置孵化，尿囊沿蛋壳表面生长，蛋白不能完全被包住，也能引起胚胎死亡。

6. 湿度过大引起的胚胎病　孵化时湿度过大，妨碍蛋内水分蒸发，导致尿囊的液体蒸发缓慢和出壳时间不一致，孵出的幼雏体弱，体表常为黏液性液体所污染，且腹部常肿胀，许多幼雏在破壳时闷死，喙和体表常黏附于蛋壳上。其病变表现为：尿囊湿润，胚胎液体黏稠呈胶冻状。嗉囊、肌胃和肠充满气体。有时在气管与支气管内充满黏性液体。湿度过大，还有利于各种霉菌繁殖，并对胚胎造成感染。

7. 外源性窒息　胚胎在生长发育过程中需要不断地进行气体交换（尤其在中后期），若通风换气不足，就会引起胚胎窒息或氨血症而死亡。胚胎皮肤、内脏充血或出血，心脏残缺。胚胎胎位不正，往往因为慢性缺氧而死亡，这是由于胚体对进行气体交换部位（气室）压迫的缘故。

发生窒息的原因很多，有些可见尿囊出血，更多是由于在出雏期，胚蛋的钝端被先出壳胚留下的残蛋壳套住或者气孔被尘埃堵塞。

【防治措施】预防本病发生的主要措施是提高孵化技术，采取必要措施，严格按照孵化要求进行孵化。

八、鸡寄生虫病

（一）鸡球虫病

【病原及生活史】球虫属原生动物，虫体小，肉眼看不见，只能借助显微镜观察。一般认为，寄生于鸡肠道内的球虫9种，均属于艾美耳属，其中，以柔嫩艾美耳球虫和毒害艾美耳球虫致病性最强。球虫生活史包括3个发育阶段，即在宿主体内进行的裂体增殖阶段和配子生殖阶段及在外界环境中完成的孢子增殖阶段。在鸡粪中见到的球虫叫卵囊，是球虫的一个发育阶段。用显微镜检查卵囊呈无色或黄色，圆形或椭圆形有两层轮廓的卵囊壁。随鸡粪排到外界的卵囊，内含一团球形的原生质球。卵囊在适宜的温度、湿度条件下，进行孢子增殖，形成含有4个孢子囊，每个孢子囊内含有两个子孢子的感染性卵囊（见图8-1）。鸡吞食了这样的卵囊便被感染。在肌胃内卵囊壁被破坏，孢子囊脱出，然后进入小肠，在胆汁和胰蛋白酶的作用下，子孢子游离出来侵入肠上皮细胞进行裂体增殖。裂体增殖进行若干世代后，开始进行有性配子生殖，大、小配子结合为合子，合子的外壁增厚成为卵囊，随粪便排出体外。

【流行病学诊断】球虫有严格的宿主特异性，鸡、火鸡、鸭、鹅等家禽都能发生球虫病但各由不同的球虫引起，不相互传染。

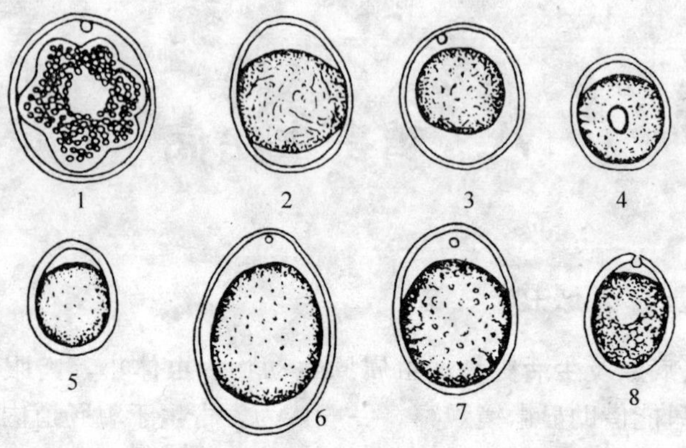

图 8-1　鸡各种球虫卵囊形态

1. 柔嫩艾美耳球虫　2. 早熟艾美耳球虫　3. 毒害艾美耳球虫
4. 和缓艾美耳球虫　5. 变位艾美耳球虫　6. 巨型艾美耳球虫
7. 布氏艾美耳球虫　8. 堆型艾美耳球虫

11 日龄以内的雏鸡由于有母源免疫力的保护，很少发生球虫病。4～6 周龄最易发生急性球虫病，以后随着日龄增长，鸡对球虫的易感性有所降低（日龄免疫），同时也从明显或不明显的感染中积累了免疫（感染免疫），发病率便逐渐下降，症状也较轻。成年鸡如果从未感染过球虫病，缺乏免疫力，也很容易发病。例如将某些预防球虫病的药物从几日龄连用到开产前，在突然停药后常暴发球虫病。

发病季节主要在温暖多雨的春夏季，秋季较少，冬季很少。肉用仔鸡由于舍内有温暖和比较潮湿的小气候，发病的季节性不如蛋鸡明显。本病的感染途径主要是消化道，只要鸡吃到可致病的孢子卵囊，即可感染球虫病。凡是被病鸡和带虫鸡粪便污染的地面、垫草、房舍、饲料、饮水和一切用具，人的手脚以及携带球虫卵囊的野鸟、甲虫、苍蝇、蚊子等均可成为鸡球虫病的传播者。病鸡痊愈后数月之内，盲肠黏膜里的球虫卵囊仍可存活，因而在相当长的时间内这种带虫鸡仍然是重要的传染源。

由于球虫卵囊能附着在细微的尘土上随风飞散到数千米之外，野鸟、苍蝇、蚊子等也能携带球虫卵囊传播，加之鸡舍门前消毒池对卵囊无效，所以一般农村养鸡场、养鸡户很难避免球虫卵囊的入侵，但采取网上或笼内饲养，鸡接触卵囊较少，感染较轻。

另外，鸡群过分拥挤，卫生条件差，阴热潮湿，饲料搭配不当，缺乏维生素 A、K 等，均可促使球虫病的发生。

【临床及病理诊断】 由于多种球虫寄生部位和毒力不同，对鸡肠道损害程度有一定差异，因而临床上出现不同的球虫病型。

(1) 急性盲肠球虫病：由柔嫩艾美耳球虫引起，雏鸡易感，是雏鸡和低龄青年鸡最常见的球虫病。鸡感染（吃进卵囊）后第 3 天，盲肠粪便变为淡黄色水样，量减少（正常盲肠粪便为土黄色糊状，俗称溏鸡粪，多在早晨排出），第 4 天起盲肠排空无粪。第 4 天末至第 6 天盲肠大量出血，病鸡排出带有鲜血的粪便，明显贫血，精神呆滞，缩头闭眼打盹，很少采食，出现死亡高峰。第七天盲肠出血和便血减少，第 8 天基本停止，此后精神、食欲逐渐好转。剖检可见的病变主要在盲肠。第 5～6 天盲肠内充满血液，盲肠显著肿胀，浆膜面变成棕红色（见图 8-2）。第 6～7 天盲肠内除血液外还有血凝块及豆渣样坏死物质，同时盲肠硬化、变脆。第 8～10 天盲肠缩短，有时比直肠还短，内容物很少，整个盲肠呈樱红色。重度感染的病死鸡，直肠有灰白色环状坏死。

(2) 急性小肠球虫病：本病多见于青年鸡及初产成年鸡，由毒害艾美耳球虫引起。病鸡也是在感染（吃进卵囊）后第4天出现症状：粪便带血色稍暗，并伴有多量黏液，第9～10天出血减少，并渐止，由于受损害的是小肠，对消化吸收机能影响很大并易于继发细菌和病毒性感染。一部分病鸡在出血后1～2天死亡，其余的体质衰弱，不能迅速恢复，出血停止后也有零星死亡，产蛋鸡在感染后5～6周才能恢复到正常产蛋水平，有继发感染的，在出现血便后3～4天（吃进卵囊后7～8天）死亡增多，死亡率高低主要取决于继发感染的轻重及防治措施。剖检可见的变化，主要是小肠缩短、变粗、臌气（吃进卵囊后第6天开始，第10天达高峰），同时整个小肠黏膜呈粉红色，有很多粟粒大的出血点和灰白色坏死灶，肠腔内滞留血液和豆渣样坏死物质。盲肠内也往往充满血液，但不是盲肠出血所致，而是小肠血液流进去的结果。将盲肠用水冲净可见其本质无大变化。其他脏器常因贫血而褪色，肝脏有时呈轻度萎缩。

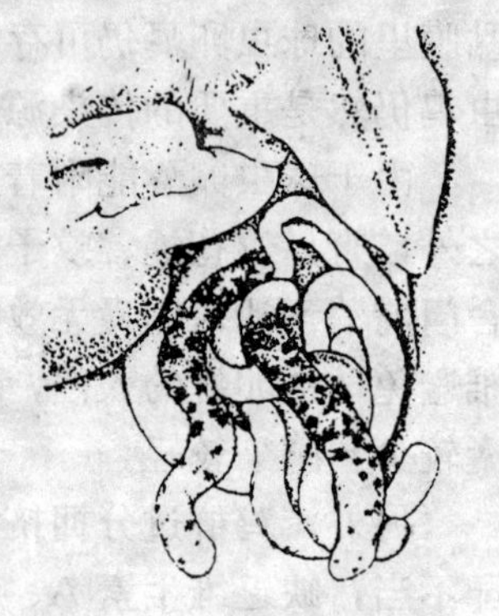

图8-2 病雏的盲肠变粗，严重出血

急性小肠球虫病发病期死亡率比急性盲肠球虫病低一些，但病鸡康复缓慢，并常遗留一些失去生产价值的弱鸡，造成很大损失。

(3) 慢性球虫病：病原主要是堆型、巨型艾美耳球虫，引起的症状不是大量便血、迅速导致死亡，而是比较持久的消化机能障碍，故称慢性球虫病。病鸡在感染后 4～6 天，小肠前段及中段的黏膜上出现许多点状、线状、环状的灰白色坏死灶，从肠管外面亦可见到：肠壁弹性丧失，黏膜上皮组织脱落，黏膜层变薄。病鸡厌食，大量饮水但仍有脱水症状，排水样稀便，混有未消化的饲料，有时也排细长粪条，而裹有黏液，一般无明显血便。此外，肠壁对胡萝卜素的吸收能力降低，以致维生素 A 缺乏，腿脚和皮肤褪色。所有这些，使病鸡很快消瘦衰弱，体重减轻，恢复比较缓慢。如果感染较重，治疗护理措施未及时跟上，会陆续有一些鸡死亡，累计死亡率也比较高。

（4）混合感染：柔嫩艾美耳球虫与害艾美耳球虫同时严重感染，病鸡死亡率可达 100%，但这种情况比较少。常见的混合感染是包括柔嫩艾美耳球虫在内的几种球虫轻度感染，病鸡有数天时间粪便带血（呈瘦肉样），造成一定的死亡，然后渐趋康复，3～4 周内生长比较缓慢。

【实验室诊断】根据本病的流行特点、临床症状和肠道病变不难做出初步诊断。由于球虫在肠道中各有一定的寄生部位，因此，根据这个特性，可以作为鉴定球虫种类的参考。确诊时可进行实验室检查，即取鸡粪便一小块用生理盐水稀释后，滴在载玻片上放入显微镜下观察，或将鸡肠内容物或直接刮取肠黏膜作为涂片镜检，可发现圆形物或边上有一层亮环的瓜子样物——球虫卵囊。

【防治措施】

（1）使用抗球虫药需注意的问题

①正确诊断，有针对性地用药：各种球虫对不同的抗球虫药的敏感性不同，应及早确定主要致病虫种，以便选用有针对性的抗球虫药。虽然目前的抗球虫药均作用于球虫发育

的无性阶段，但各种抗球虫药的活性高峰期各不相同，了解抗球虫药的活性高峰期对防治球虫病大有帮助。

②根据不同的预防对象合理用药：肉用仔鸡生长周期短，要求在最短时间内，用最少的饲料生产最多鸡肉，所以不可采用让鸡与球虫接触产生自然免疫的办法来防病，以免产生暂时性的生长率和饲料报酬下降，而是要求在整个生长期中持续应用抗球虫药。蛋鸡、种鸡生长周期长，为了安全和经济起见，可考虑建立球虫自然免疫力，即在饲料中加入低于肉用仔鸡用药浓度的抗球虫药，连用6～12周。一般在14周龄后停药，目的是使雏鸡经历一次“控制性”球虫感染，使之在不发病、不致死情况下产生足够的免疫力。

③反复换药或变更用药：反复换药（全进全出给药方案）是指在同一批鸡进出中更换抗球虫药；变更用药（调换给药方案）是指在两批鸡进出中更换抗球虫药。这样可以预防球虫抗药性的产生。这里应注意的是更换的药物必须是不同作用方式的药物，即具有不同抗球虫活性高峰期的药物，以免产生交叉抗药性。产生抗药性后，多数情况下并不明显增加死亡率，而是大幅度地降低饲料报酬和生产性能。

④努力减少药物残留：在蛋、肉品中往往残留微量抗球虫药及其代谢产物，长期食用，可能影响人体健康，故国际有关组织对畜产品中抗球虫药及其代谢产物的含量作了限制性规定，并根据用药后不同时间的残留量规定了各种抗球虫药的停药期。

（2）抗球虫药的使用方法

①球痢灵（硝苯酰胺）：对多种球虫有效，尤其对柔嫩艾美耳球虫和毒害艾美耳球虫效果最好，但对堆型艾美耳球

虫效果稍差。主要作用于第二代裂殖体。该药主要优点为不影响对球虫产生免疫力，并能迅速排出体外，无需停药期。预防用量，按 0.012 5%浓度混料；治疗用量，按 0.025%浓度混料，连用 3～5 天。

②氯苯胍：对多种鸡球虫有效，对已产生抗药性的虫株也有效，主要抑制第一代裂殖体的发育增殖。该药毒性较小，雏鸡用 6 倍以上治疗量连续饲喂 8 周，生长正常。该药对鸡球虫免疫力形成无影响。该药缺点为连续饲喂可使鸡肉、鸡蛋产生异味，故应在鸡屠宰前 5～7 天停药。剂量为 33 毫克/千克混料给药，急性球虫病暴发时可用 66 毫克/千克，1～2 周后改用 33 毫克/千克。

③球虫净（尼卡巴嗪）：对柔嫩艾美耳球虫等致病性强的球虫均有较好效果。作用于第二代裂殖体，其杀灭球虫的作用比抑制球虫的作用更为明显。该药优点是不易产生抗药性和不影响球虫产生免疫力。预防剂量为 125 毫克/千克，混入饲料中连续饲喂。产蛋鸡群禁用，肉鸡宰前 4～17 天停止给药。

④克球多（又名氯吡多、氯吡醇、氯甲吡啶酚、氯羟吡啶、可爱丹、康乐安、球定等）：对 9 种球虫均有效，尤其对柔嫩艾美耳球虫作用最强。该药主要作用是抑制球虫子孢子发育，因此应在感染前混入饲料内一起投服，否则无效，同时应在整个育雏期间连续投药，一旦中止投药可引起球虫病暴发。预防可按 0.012 5%、治疗可按 0.025%浓度混入饲料中给药，该药安全范围大，长期应用无不良反应。应用 0.025%浓度拌料时，应在鸡屠宰前 5 天停药；应用 0.012 5%浓度混料时则无需停药。

⑤克球粉：克球粉是一种商品名称，所含化学成分不很

统一，这里指的克球粉含氯吡醇 25%，对球虫的作用效果同于克球多。主要用于预防球虫病，高效低毒。其用法为：按 0.025%浓度混料，从 10 日龄前连续用至 8～10 周龄，然后减量渐停。用药期间鸡不能获得对球虫的免疫力，要在停药后通过中轻度感染去获得免疫力。

⑥鸡宝 20（德国产）：含氯丙嘧吡啶与盐酸呋吗唑酮，突出优点是易于溶于水，在消化道吸收速度快，对很少采食的病鸡尤为有利，本品适用于治疗急性盲肠、小肠球虫病，疗效迅速。其用法为：每 50 千克饮水加进本品 30 克，连用 5～7 天，然后改为每 100 千克饮水加进本品 30 克，连用 1～2 周。

⑦溴氯常山酮（海乐福精，速丹为每千克赋形物质中含 6 克海乐福精的商品名）：对各种鸡球虫均有较好的预防效果。作用于子孢子、第一代裂殖体和第二代裂殖体，主要为杀灭作用。预防剂量为每吨饲料中加入 0.5 千克速丹。在肉品中无残留。

⑧磺胺类药：主要作用于第二代裂殖体，对第一代裂殖体亦有一定作用。因此，当鸡群中开始出现球虫病症状时，使用磺胺类药往往有效，尤其配合应用适量维生素 K 及维生素 A 更有助于鸡群康复。但由于磺胺类药长期连续应用具有毒性和产生抗药性，故少用于预防而多用于治疗。磺胺二甲氧嘧啶按 0.05%浓度混水或按 0.2%浓度拌料，连用 6 天；磺胺间甲氧嘧啶按 0.1%～0.2%浓度混水或拌料，连用 3 天；磺胺吡嗪按 0.03%浓度混水，连用 3 天。这些药物能有效地控制暴发性球虫病。磺胺类药物应在鸡宰前有 2 天以上休药期。

⑨盐霉素（优素精，为每千克赋形物质中含 100 克盐霉

素钠的商品名)：对各种球虫均有效，对已产生抗药性的虫株也有效，药效高峰期在感染后 32～72 小时，可杀灭子孢子及第一代裂殖体，随后对第二代裂殖体也有一定杀灭力。长期连续使用对预防球虫病有良好效果，并可促进鸡的生长发育，如在发病时用于治疗，则效果有限。其用法为：从 10 日龄之前开始，每吨饲料加进本品 60～100 克（优素精为 600～1 000 克)，连续用至 8～10 周龄，然后减半用量，再用 2 周。本品的缺点，是使鸡不能产生对球虫的免疫力，因而要逐渐停药，停药后要通过中轻度感染去获得免疫力。

⑩莫能霉素：作用、用法、用量均与盐霉素相同。有些研究表明，每吨饲料所加莫能霉素不超过 100 克，鸡吃进球虫卵囊还能产生一定的免疫力（毒害艾美耳球虫除外)，用药量越少，越能产生较高的免疫力。一般以每吨饲料添加 60～80 克为好，添加到 125 克就影响免疫力的产生，200 克则有损鸡的健康。本品在消化道的吸收率很低，故肉、蛋中残留药很少。

⑪土霉素：对柔嫩艾美耳球虫和毒害艾美耳球虫有一定防治作用，主要杀灭第二代裂殖体，对子孢子及第一代裂殖体也有效，不影响免疫力。治疗量为：按 0.2%浓度混料，连用 5～7 天；预防量为：按 0.1%浓度混料，连用 10～15 天。用药期间饲料中要有充足的钙，以免影响药效。

⑫青霉素：鸡群发生球虫病后，可立即用青霉素按每只鸡 1 万～2 万单位饮水，每天 2 次，连用 3 天。每次饮水量不要过多，以 1～2 小时内饮完为宜。对重症鸡可采取肌肉注射青霉素，效果显著。

⑬中药治疗：用大黄 5 克、黄芩 15 克、黄连 4 克、黄柏 6 克、甘草 8 克，研成碎末，每只鸡每日 4 克，分两次喂

给，连喂 2～3 天，如仍未痊愈可连续服用。也可用常山、柴胡各 500 克，水煎后饮水或拌料均可（1 000 只雏鸡量），每天 1 剂，连用 2 天后必须停药 3～5 天，然后再给药 2 天。

（3）卫生、消毒措施：对鸡球虫病要重视卫生预防，雏鸡最好在网上饲养，使其很少与粪便接触，地面平养的要天天打扫鸡粪，使大部分卵囊在成熟之前被扫除，并保持运动场地干燥，以抑制球虫卵的发育。球虫卵的抵抗力很强，常用的消毒剂杀灭卵囊的效果极弱。因此，鸡粪堆放要远离鸡舍，采用聚乙烯薄膜覆盖鸡粪，这样可利用堆肥发酵产生的热和氨气，杀死鸡粪中的卵囊。

（4）药物预防措施的实施：在生产中，可根据实际情况，采取以下三种方案。

①从 10 日龄之前开始，到 8～10 周龄，连续给予预防药物，可选用盐霉素、莫能霉素、球虫净、克球粉等，防止这段低日龄时期发病死亡，然后停药，让鸡再经过两个月的中轻度自然感染，获得免疫力，进入产蛋期。这是目前一种比较好的，也是被广泛采用的方案。在实施中需要注意三个问题：第一是用药剂量不要过大，不要总想将球虫病“防绝”，有一些轻微的感染，出现轻微的便血现象，对生长发育没有多大影响，却可以获得免疫力，有利于停药后的安全。第二是停药不能太晚，一般不宜超过 10 周龄，必须使鸡在开产前有两个月的时间通过自然感染获得免疫力，避免开产后再受球虫病侵扰。第三是由于选用的药物及剂量不同，用药期间可能安全不产生免疫力，也可能产生一定的免疫力，但总的来说，骤然停药后有暴发球虫病可能性。为此应逐渐停药，可减半剂量用 2 周作过渡，同时要准备好效力较高的药物如鸡宝 20、盐霉素等，以便必要时立即治疗。

中度感染也可以用复方敌菌净、土霉素等治疗，还可以用这些药物作短期预防，轻微便血则不必治疗。总之，即要维护鸡群不受大的损失，又要获得免疫力。

②不长期使用专门预防球虫病的药物。雏鸡在 3～4 周龄之内，选用链霉素、土霉素等药物预防白痢病，同时也预防了球虫病。此后不用药而注意观察鸡群，出现轻微球虫病症状不必用药，症状稍重时影响免疫力的产生。经过一段时期，鸡群从自然感染中积累了足够免疫力，球虫病即消失。这一方法如能掌握得好，也是可取的，但准备一些高效治疗药物，以防万一暴发球虫病可进行抢治。

③对鸡终身给予预防药物。一般来说，这种方法主要适用于肉用仔鸡，因为蛋鸡采用这种方法药费过高，将增加生产成本。

④人工免疫：目前，人工免疫的研究已经取得一定成果。其方法是用致弱卵囊经口腔滴服，使鸡通过轻微感染而获得免疫力。9 种球虫不能交叉免疫，口服一种卵囊只能预防一种球虫。需要预防的主要球虫有 4～5 种，其卵囊不能同时混服，否则由于相互制约，有些虫种不能充分增殖，起不到免疫作用。单独对危害最大的柔嫩艾美耳球虫作人工免疫，需要口服卵囊 3 次。由于人工免疫相当费事，所以生产中还很少应用。

（二）鸡蛔虫病

鸡蛔虫病分布很广，常引起雏鸡生长发育不良，甚至造成大批死亡。

【病原及其生活史】鸡蛔虫是鸡体内最大的线虫，寄生于小肠中（见图 8-3），雄虫长 2.6～7.0 厘米，雌虫长

6.5～11.0 厘米，虫体黄白色，表面有横纹。雌虫在鸡小肠内产卵后，卵随粪便排出体外，在外界适宜条件下发育成内含幼虫的感染性卵。鸡采食被感染卵污染的饲料、饮水等而遭感染，感染卵在腺胃、肌胃中释放出幼虫，幼虫先在十二指肠和肠腔内生活 9 天左右，然后钻进肠黏膜内蜕皮，在此期间可引起肠黏膜出血和发炎，并继发致病菌感染。幼虫在肠黏膜内寄生 8～9 天又回到肠腔，分布到小肠各段，发育成熟，交配产卵。从鸡食入虫卵到排出下一代虫卵，约需 35～50 天。

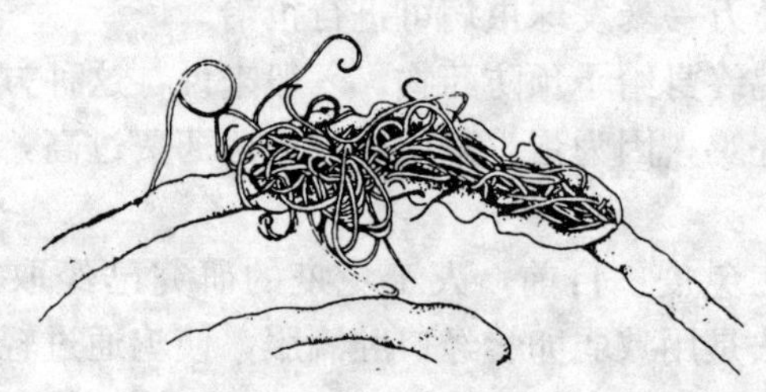

图 8-3　鸡小肠内的蛔虫

虫卵对环境因素抵抗相当强，在潮湿无阳光直射处可存活很长时间，寒冷季节经 3 个月冻结虫卵仍不死亡。但在直射阳光下或经沸水处理和粪便堆沤等可迅速死亡。

本病 2～3 月龄鸡多发，5～6 月龄鸡有较强的抵抗力，1 年以上的鸡多为带虫者。饲料中动物性蛋白质过少，维生素 A 和各种维生素 B 缺乏，以及赖氨酸和钙不足等，使鸡的易感性增强。

【临床及病理诊断】鸡的肠道内有少量蛔虫寄生时看不出明显症状。雏鸡和 3 月龄以下的青年鸡被寄生时，蛔虫的数量往往较多，初期症状也不明显，随后逐渐表现精神不振，食欲减退，羽毛松乱翅膀下垂，冠髯、可视黏膜及腿脚苍白，生长滞缓，消瘦衰弱，下痢和便秘交替出现，有时粪便中混有带血的黏液。成年鸡一般不呈现症状，严重感染时出现腹泻，贫血和产蛋量减少。

剖检常见病尸明显贫血，消瘦，肠黏膜充血，肿胀，发炎和出血；局部组织增生，蛔虫大量突出部位可用手摸到明显硬固的内容物堵塞肠管，剪开肠壁可见有多量蛔虫拧集在一起呈绳状。

【实验室诊断】本病可根据鸡粪中发现片段排出的虫体或剖检时在小肠内发现大量虫体而确诊。也可采用饱和盐水浮集法检出粪便中的虫卵来确诊。鸡蛔虫卵呈椭圆形，深灰色，卵壳厚，表面光滑，内含1个卵胚细胞。

【防治措施】实施全进全出制，鸡舍及运动场地面认真清理消毒，并定期铲除表土；改善卫生环境，粪便应进行堆积发酵；料槽及水槽最好定期用沸水消毒；4月龄以内的幼鸡应与成年鸡分群饲养，防止带虫的成年鸡使幼鸡感染发病；采用笼养或网上饲养，使鸡与粪便隔离，减少感染机会；对污染场地上饲养的鸡群应定期进行驱虫，一般每年两次，第一次驱虫是在雏鸡2～3月龄时，第二次驱虫在秋末；成后鸡和第一次驱虫可在10～11月份，第二次驱虫在春季产卵季节前的一个月进行。驱虫药可选用以下几种：

（1）驱虫灵：每千克体重0.25克，混料一次内服。

（2）驱虫净：每千克体重40～60毫克，混料一次内服。

（3）左咪唑：每千克体重10～20毫克，溶于水中内服。

（4）丙硫苯咪唑：每千克体重10毫克，混料一次内服。

（5）氟甲苯咪唑：以30毫克/千克混入饲料，连喂7天。

(6) 每只鸡用南瓜籽 20 克，焙焦研末，混料内服，一次即愈。

(7) 汽油：每千克体重 2～3 毫升，用注射器接上细橡皮管经口灌入嗉囊，灌前停食半天。为了方便，也可将鸡喂至半饱，能摸准嗉囊时，用细针头将汽油注入。此法只适用于鸡蛔虫病。

（三）鸡盲肠虫病

鸡盲肠虫病又称异刺线虫病。

【病原及其生活史】 鸡盲肠虫也称鸡异刺线虫，是一种很小的线虫，雄虫长 6～11 毫米，雌虫长 8～12 毫米，粗细如丝线，浅黄白色，可寄生于鸡、珍珠鸡、火鸡、鸭、鹅等禽类的盲肠。雌虫产卵后，卵随粪便排出，在外界温暖、潮湿的环境中经 1～2 周发育成感染性卵。感染性卵被鸡吞食后在小肠内孵化出幼虫，然后移至盲肠，钻入肠黏膜发育一段时间又重返肠腔，发育为成虫。从感染开始到发育为成虫需 24～30 天。有时感染性卵或感染性幼虫被蚯蚓吞食，它们可以在蚯蚓体内存活，当鸡吃了这种蚯蚓后，也可感染异刺线虫。

【流行病学诊断】 各种年龄的鸡对异刺线虫均有易感性，但由于病鸡症状不很明显，常被忽视，未能及时治疗，在不知不觉中影响鸡的生长和产蛋。成虫在鸡盲肠内的寿命约 1 年。如果鸡群营养不良，特别是钙、磷等矿物质缺乏，会降低鸡对异刺线虫的抵抗力。

此外，鸡异刺线虫卵可携带组织滴虫。组织滴虫侵入异刺线虫卵后，随粪便排到外界，在异刺线虫卵的保护下，组织滴虫在外界环境中可存活较长时间，当鸡吞食了含有组织滴虫的异刺线虫卵后，可并发组织滴虫病。

【临床及病理诊断】少量异刺线虫寄生不引起明显症状，寄生的数量较多时，病鸡精神不振，食欲减退，羽毛无光泽，贫血消瘦，腹泻，成年鸡产蛋减少。当饲养管理不良和鸡群拥挤时，能导致少数病鸡死亡。剖检可见盲肠黏膜肥厚，有时形成结节和溃疡，盲肠尖部有大量虫体。

【实验室诊断】本病可根据粪中发现自然排出的虫体或剖检时在盲肠内发现大量虫体而确诊，必要时可进行实验室检查，其操作方法同鸡蛔虫病。鸡异刺线虫卵和鸡蛔虫卵十分相似，仅比鸡蛔虫卵略小些。

【防治措施】参见鸡蛔虫病防治有关部分。

（四）鸡胃虫病

【病原及其生活史】能引起鸡胃虫病的线虫种类很多，主要有扭状胃虫、螺状胃虫和四棱线虫等。

（1）扭状胃虫：又称钩状唇旋线虫或斧钩华首线虫。寄生于鸡、火鸡的肌胃壁内，呈淡红色，雄虫长 10～14 毫米，雌虫长 16～29 毫米，虫体特征为表皮有 4 条双双平行的绳索状隆起的饰带，始于口部，呈波浪状的向后延伸，几达后部，不折回亦不互相吻合。虫卵随粪便排出体外，被蚱蜢、甲虫、象鼻虫等中间宿主吞食后，在其体内发育为感染性幼虫先钻入肌胃角质层下，经 35 天后移行到肌胃壁内，再经 67 天发育成熟。

（2）螺状胃虫：又称长鼻分咽线虫或旋华首线虫。寄生于鸡、火鸡等腺胃壁、食道壁，偶尔见于小肠，雄虫长 7～8.3 毫米，雌虫长 9～10.2 毫米。虫体特征为前部背、腹面各有 2 条波浪形的饰带，先向后，再折回，但不易合。虫卵随粪便排出后被中间宿主（鼠妇、俗称潮虫）吞食，在其体内经 26 天发育为感染性幼虫，鸡啄食中间宿主而被感染，经 27 天发育为成虫，虫体常钻入腺胃黏膜内，引起胃黏膜发炎、肥厚甚至溃疡。

（3）分棘四棱线虫：寄生于鸡、火鸡、鸽、鸭等的腺胃食管等处的黏膜内。雌雄异形，雄虫细长 3～6 毫米，由于受孕后子宫显著膨大，雄虫呈椭圆形，其前端和后端有呈圆锥状突起的头和尾，虫体表面有 4 条纵沟。分棘四棱线虫的中间宿主为水蚤等。

【临床诊断】本病的临床症状不明显，一般不易发现。如果虫体寄生过多，将会影响胃的机能，病鸡消瘦、贫血、衰弱、下痢，严重的可导致死亡。

【病理诊断】本病剖检时发现虫体即可确诊。

【防治措施】

（1）鸡场内外保持清洁卫生，特别要妥善处理粪便，使之堆积发酵，避免虫卵被中间宿主吃到和防止中间宿主孳生，减少鸡与中间宿主的接触机会。

（2）药物驱虫

①四氯化碳：每千克体重 1.5～2 毫升，装入胶囊口服。

②四氯乙烯：每只鸡 1～2 毫升，口服。

（五）鸡气管虫病

鸡气管虫病又称交合线虫病或比翼线虫病。

【病原及其生活史】鸡交合线虫也称比翼线虫、气管虫或张口虫，寄生于鸡、火鸡、鹅及野鸟的气管。虫体因吸血呈红色。头端大，呈半球形，口囊呈杯状。雄虫长 2～4 毫米，雌虫长 9～26 毫米，雌雄虫永为交配状态，外形呈

“丫”字形（见图 8 - 4）。雌虫在宿主气管内产卵，虫卵随分泌物咳出或被咽下随粪便排出体外，虫卵在外界环境中发育为感染性虫卵。鸡吞食了这样感染性虫卵或由其中逸出的幼虫被感染，这种感染性虫卵被贮藏宿主（蚯蚓、蜗牛、蛞蝓）吞食，可在其体内形成包囊，存活 4～5 年并保持感染力，鸡吞食了贮藏宿主即可被感染。鸡遭受感染后，幼虫经血流至肺泡再到气管，发育为成虫。

♂
♀

图 8 - 4　鸡交合线虫

【临床及病理诊断】幼鸡感染后病情严重，症状明显。虫体叮在气管黏膜上，雄虫的头扎入黏膜下层，引起黏膜发炎，分泌多量黏液，阻碍呼吸，因而病鸡时常仰头、开口呼吸，有时竭力摇头或头部痉挛性抽动或咳嗽、喷嚏，似欲将蓄积在气管内的虫体和黏液排出来。有时出现异常呼吸音（喘鸣音）。后期病鸡消瘦，贫血，精神不振，食欲废绝，最后有些病鸡因窒息而死亡。剖检可见气管内有大量混有血液的黏液，气管黏膜发炎，有时可见有小结节和寄生在黏膜上的虫体。

【鉴别诊断】

（1）鸡气管虫病与鸡传染性支气管炎的鉴别：二者均有伸颈张口呼吸，甩头等临床症状。但二者的区别在于：鸡传染性支气管炎的病原为鸡传染性支气管炎病毒。病鸡表现咳嗽，打喷嚏，鼻窦肿胀，流鼻液，眼泪多，翅下垂，常挤在一起。剖检可见气管、肺有肺炎症状和水肿，有点状或条状干酪样物附着，肝稍肿大、呈土黄色，肾肿大、苍白，用间接血凝试验即可判定。

（2）鸡气管虫病与鸡传染性喉气管炎的鉴别：二者均有呼吸困难，张口呼吸等临床症状。并有气管有大量黏液等剖检病变。但二者的区别在于：鸡传染性喉气管炎的病原为鸡传染性喉气管炎病毒。病鸡鼻流透明液体，结膜炎，流泪，呼吸时有啰音，咳嗽，喘鸣，鸡冠发紫，排绿色稀粪。剖检可见气管有血液和凝血块，并有黄白色干酪样纤维假膜。用病鸡气管分泌物、组织制成悬液经喉头或气管接种易感鸡，2～5 天即出现典型症状。

（3）鸡气管虫病与鸡曲霉菌病的鉴别：二者均有头颈伸直，张口呼吸，摇头甩鼻等临床症状。但二者的区别在于：鸡曲霉菌病的病原为曲霉菌。病鸡呼吸有“沙沙”水泡音，后期下痢，剖检可见肺有典型霉菌结节（粟、米、绿豆大且呈黄白色），周围有红色浸润，切开有干酪样物，似有层状结构，挑出内容物加生理盐水 1 滴镜检可见曲霉菌的菌丝。

（4）鸡气管虫病与鸡隐孢子虫病的鉴别：二者均有呼吸困难，伸颈张口呼吸等临床症状。且均有喉气管内有较多的泡沫状渗出物等剖检病变。但二者的区别在于：鸡隐孢子虫病的病原为隐孢子虫。病鸡表现咳嗽，打喷嚏，气管有时可见干酪样物，肺腹侧严重充血，表面湿润，常有灰白色硬斑。生前收集气管黏液用饱和白糖溶液浮集卵囊，在 1 000 倍显微镜下镜检，可见卵囊内含 4 个香蕉状的子孢子。

【防治措施】

（1）鸡舍内外要经常打扫，及时清除粪便，集中发酵处理。同时要保持地面干燥，阳光充足，清除积水，以减少蚯蚓、蜗牛、蜈蚣等。

(2) 药物驱虫

①噻苯唑：每千克体重 300～1 500 毫升，口服，连用 3 天。也可按 0.1%比例加入饲料中喂服，连用 2～3 周。

②甲苯咪唑：每千克体重 100 毫克，口服，连用 3 天。

③二硝基酚：每千克体重 7.7 毫克，装入胶囊一次口服或混于饲料内连用 5 天。

(六) 鸡绦虫病

【病原及其生活史】 鸡绦虫的种类很多，我国常见的鸡绦虫有棘沟赖利绦虫、四角赖利绦虫、有轮赖利绦虫和节片戴文绦虫，它们均寄生于鸡小肠前段。

(1) 虫体特征

①棘沟赖利绦虫：又名棘盘赖利绦虫或结节绦虫（见图 8-5），虫体呈黄白色，扁平带状，长达 250 毫米、宽 1～4 毫米。头节小，有一个缩在窝中的顶突及 4 个呈圆形的

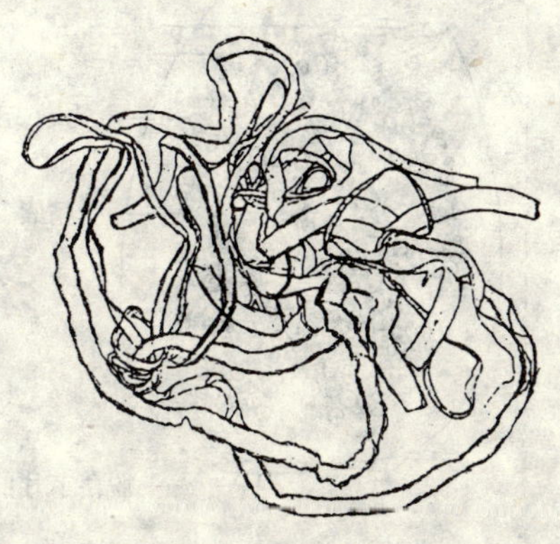

图 8-5 棘沟赖利绦虫的成虫

吸盘。

②四角赖利绦虫：虫体大小、形态与棘沟赖利绦虫相似，肉眼难以区分，主要区别点为头节上的 4 个吸盘呈卵圆形。

③有轮赖利绦虫：虫体长一般不超过 40 毫米，偶有长达 150 毫米的，头节上的顶突宽大肥厚，呈轮状突出于前

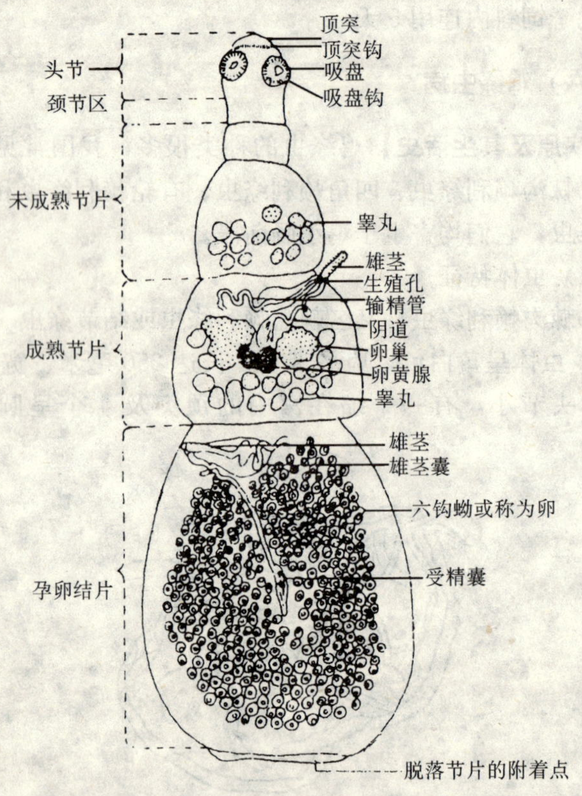

图 8-6　节片戴文绦虫的成虫

端，故称宽头绦虫。

④节片戴文绦虫：虫体短小，长仅 0.5～3 毫米，由4～9 个节片组成，节片由前往后逐个增大，整体似舌形（见图 8-6）。

（2）生活史：寄生于鸡小肠中的绦虫，成熟后定期地脱落孕卵结片（见图 8-6），孕卵结片随同鸡的粪便排到外界，孕卵结片破裂后释放出大量虫卵，每个虫卵含有一个六钩蚴。当虫卵被中间宿主（棘沟赖利绦虫和四角赖利绦虫的中间宿主是蚂蚁，有轮赖利绦虫的中间宿主是蝇类和甲虫，节片戴文绦虫的中间宿主是蛞蝓或陆地螺）吞食后，卵壳在中间宿主肠道中被破坏，六钩蚴在其体内发育为具有感染性的幼虫，叫似囊尾蚴。鸡吞食了含有似囊尾幼的中间宿主而被感染。中间宿主在鸡消化道内被消化后，似囊尾蚴固着在小肠黏膜上，约经 12～23 天发育为成虫。

【流行病诊断】本病可发生于各种年龄的鸡，但以 25～40 日龄的雏鸡易感性最强，发病率和死亡率高。被鸡粪污染的鸡舍和运动场常是绦虫病的传染来源，因此，散养的鸡群容易感染，如采取网上饲养或笼养，感染会明显下降。

【临床及病理诊断】严重感染时，病鸡精神沉郁，羽毛松乱，两翅下垂，不爱活动。食欲减退，渴欲增加，粪便稀薄，常混有淡黄色血样黏液，继而消瘦，贫血。雏鸡生长发育迟缓，母鸡产蛋量减少。节片戴文绦虫病有时发生麻痹，从两腿开始，逐渐波及全身。

剖检可见病鸡尸体消瘦，小肠黏膜肥厚，有时肠黏膜上有出血点，肠腔内有许多黏液，有特异的臭味。棘沟赖利绦虫寄生时，可引起肠壁出现结节，结节有粟粒大，中央凹陷，以后此类凹陷变成大的疣状溃疡。肠道中可见到白色长带状的绦虫。

生前应结合症状同时发现鸡粪中白色小米粒样的孕卵节片来诊断。对可疑鸡群，可挑取典型症状鸡或病死鸡进行剖检诊断，看是否有绦虫寄生。

【防治措施】预防本病须改善环境卫生，切断中间宿主；由地面平养改为网上饲养或笼养；注意粪便的处理，尤其是驱虫后粪便应堆积发酵。驱虫药物可选用以下几种，最好先做小群投药试验，如确定安全有效再做大群治疗。

（1）灭绦灵（氯硝柳胺）：每千克体重 150～200 毫克，混入饲料中喂服。

（2）六氯酚：每千克体重 26～50 毫克，口服。

（3）硫双二氯酚（别丁）：每千克体重 150～200 毫克，混入饲料中喂服，4 天后再服一次。

（4）丙硫苯咪唑：每千克体重 20 毫克，混入饲料中喂服。

（5）槟榔煎汁：每千克体重用槟榔片或槟榔粉 1～1.5 克，加水煎汁，用细橡皮管直接灌入嗉囊内，早晨逐只给药并多饮水，一般在给药后 3～5 天内排出虫体。

（七）鸡前殖吸虫病

【病原及其生活史】鸡前殖吸虫有多种，常见的为卵圆前殖吸虫和透明前殖吸虫，寄生于鸡的输卵管和幼雏的法氏囊，有时也见于直肠和蛋内。除鸡外，火鸡、鸭及野禽也有寄生。虫体呈鲜红色，扁平状，前端狭小，后端钝圆，体表有小棘，大小为 3～6 毫米×1～2 毫米。口吸盘呈椭圆形，腹吸盘位于虫体前 1/3 处。前殖吸虫的发育需要两个中间宿主，第一中间宿主为淡水螺，第二中间宿主为蜻蜓的若虫及成虫。鸡啄食含有吸虫囊蚴的蜻蜓若虫或成虫而感染，虫体经肠道进入泄殖腔，转入输卵管或法氏囊，发育为成虫。

【临床及病理诊断】病鸡初期没有明显症状，当前殖吸虫破坏了输卵管的黏膜和分泌蛋白及蛋壳的腺体量，使正常机能发生障碍，病鸡产无黄蛋、软壳蛋或无壳蛋等异常蛋。当病情严重时，病鸡食欲不振，消瘦，精神萎靡，有时从泄殖腔中排出蛋壳的碎片或流出大量浓稠的灰白色液体。有些病鸡腹部膨大，步态不稳，泄殖腔脱出并充血发炎，甚至死亡。剖检可见输卵管和泄殖腔发炎，黏膜变厚，充血、出血。有时可见腹膜炎，腹腔内积有多量混浊的渗出液，或混有脓液、卵黄块等。

【实验室诊断】剖检时刮取输卵管或法氏囊黏膜，用水洗沉淀法或将刮取物直接压于两载玻片间镜检，找到虫体即可确诊。

【防治措施】

（1）保持舍内外清洁卫生，妥善处理粪便，使之堆集发酵，并远离水源，严防污染。尽量防止鸡啄食蜻蜓及其幼虫。

（2）春末夏初流行季节普查鸡群，发现病鸡及时隔离驱虫或淘汰。

（3）药物驱虫

①丙硫苯咪唑：每千克体重 120 毫克，混料喂服，投药后有减食、停食、拉稀、产软壳蛋等副作用，一般于 48 小时后症状自行消失。

②四氯化碳：每只鸡 2～3 毫升，可用胃管投药或嗉囊注射，于病初可收到良好效果，投药后 18～20 小时可见有虫体排出，延续 3～5 天。

（八）鸡组织滴虫病

鸡组织滴虫病又称传染性盲肠肝炎或黑头病。

【病原及其生活史】组织滴虫寄生于鸡的盲肠和肝脏。其形状有两种，一种是寄生在细胞内的，呈圆形、卵圆形，大小为 4～21 微米，没有鞭毛；另一种寄生盲肠内，呈不规则形，大小为 5～30 微米，有一根鞭毛，能作钟摆状运动。

组织滴虫在鸡体内以二分裂方式繁殖，一部分虫体随粪便排出，污染饲料、饮水和土壤，鸡通过消化道感染。由于虫体非常嫩弱，对外界环境抵抗力很差，不能长时间存活，所以鸡直接吃进虫体引起发病的情况很少。如病鸡寄生组织滴虫的同时有异刺线虫寄生时，组织滴虫可侵入异刺线虫体内，并传入其卵内，随异刺线虫卵一起排到外界，由于得到了卵壳的保护而生存较长时间，成为本病的主要传染源。

【流行病学诊断】本病除鸡、火鸡外，珍珠鸡、鹌鹑等多种禽都能感染，但症状轻重不同。鸡在 2 周龄至 3 月龄发病率较高，以后渐低。康复后带虫、排虫持续数周至数月。成年鸡感染时一般不表现明显症状，但粪便含虫体，成为传染源。

本病多发在春末至初秋的暖热季节。卫生良好的鸡场很少发生本病。反之，鸡舍和运动场污秽、潮湿、阴暗，堆放砖瓦杂物、隐藏蚯蚓小虫，以及鸡群拥挤、营养不良、维生素缺乏，均易引起本病。

【临床诊断】本病的潜伏期为 8～21 天，若鸡吃进的是裸露的组织滴虫，则发病较快，潜伏期有时仅 3～4 天。病初症状不明显，逐渐精神不振，行动呆滞，羽毛松乱，翅下垂，蜷体缩颈（见图 8－7），食欲减退，排淡黄、淡绿色稀便，继而粪便带血，严重时排出大量鲜血，有的粪便中可发现盲肠坏死组织的碎片，在出现血便后，病鸡全身症状加重。食量骤减，贫血，消瘦，陆续发生死亡。病的后期由于血液循环障碍，有些病鸡面部皮肤（特别是火鸡）变成紫蓝色或黑色，故称为“黑头病”。临死前常常出现长期的痉挛。病程 1～3 周，如果及时治疗可较快停止死亡，转向康复。死亡率一般不超过 30%。

图 8-7　病鸡精神萎靡、羽毛松乱、缩颈、嗜眠

【病理诊断】 剖检病变主要在盲肠和肝脏。病鸡一侧或两侧盲肠肿大，外观似腊肠样，内充满干燥、坚硬、干酪样的凝固栓子，剥离时肠壁只剩下菲薄的浆膜层，黏膜层、肌层均遭破坏，有的病例可见盲肠黏膜出血、增厚及溃疡。肝脏肿大，质脆、表面有大小不一、圆形或不规则形、黄绿色或暗红色的坏死灶，有时散在，有时密布于肝脏表面（见图 8-8）。坏死灶中央下陷，边缘突起。

症状较轻的病例，盲肠病变还没有达到上述程度，主要是黏膜有出血性炎症，肠腔内充满血液，在此时或早些进行治疗，可能收到较好的疗效。

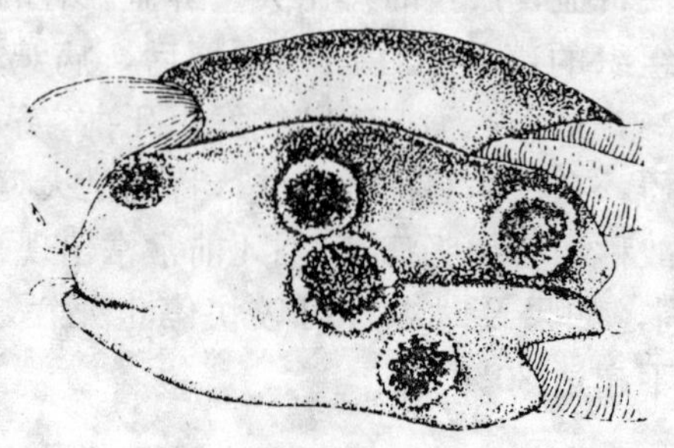

图 8-8　病鸡肝脏有圆形暗红色的坏死灶

【实验室诊断】本病根据肝脏和盲肠的典型病变容易做出诊断。实验室诊断可刮取病变盲肠黏膜表面的黏液及粪泥，放入适量 40℃生理盐水中充分混匀后静止片刻，待粪渣稍沉淀后吸取中、上层液体作悬滴标本，置显微镜下观察有无组织滴虫。

【防治措施】

（1）保持鸡舍及运动场地面清洁卫生或采用网上平养或笼养，可有效地预防本病。由于本病的发生与鸡异刺线虫有关，故应注意防治鸡异刺线虫病。

（2）发现病鸡应立即隔离治疗，重病鸡宰杀淘汰，鸡舍地面用 3%苛性钠溶液消毒。

（3）药物治疗

①二甲硝基咪唑（达美素）：每天每千克体重 40～50 毫克，如为片剂、胶囊剂可直接投喂；如为粉剂可混料，连喂 3～5 天，之后剂量改为 25～30 毫克，连喂 2 周。

②甲硝基羟乙唑（灭滴灵）：按 0.05%浓度混水，连用 7 天，停药 3 天后再用 7 天。

（九）鸡弓形虫病

鸡弓形虫病是由龚地弓形虫寄生于鸡组织细胞内引起的以神经症状和肝脾肿大为特征的原虫病。

【病原及其生活史】龚地弓形虫在中间宿主禽体内可发育滋养体和包囊，滋养体往往单个游离于组织血液中，也可多个滋养体聚集于一个宿主细胞中形成假包囊。在慢性病例中，滋养体在宿主的脑、心、眼和骨骼肌中发育为真包囊（内含缓殖子）。当龚地弓形虫单个存在时，呈月牙形，大小为4～6微米×2～3微米，一端较钝，一个细胞，偏于钝端。

龚地弓形虫既无伪足，又无纤毛和鞭毛，其终末宿主是猫科动物，中间宿主主要是禽类。食粪节肢动物如苍蝇和蟑螂，可作为本虫的搬运宿主。蚯蚓在食入弓形虫卵囊后，也可成为鸡的感染来源。

【流行病学诊断】鸡、火鸡、鸭、鹅、鹌鹑、乌鸦、企鹅和多种野鸟均易感，其中幼禽发病率高，死亡率可达50％。本病的传播方式是肉食癖、粪便污染和胎盘感染。缓殖子和速殖子可通过肉食而传播，卵囊内的子孢子是通过粪便污染传播的，由母源摄入的有包囊的速殖子或有子孢子的卵囊均可通过胎盘感染而传播。

【临床及病理诊断】病鸡表现厌食、消瘦、冠髯苍白和皱缩。眼睛半闭，结膜发炎，水肿，视力减退或失明，排白色稀便。共济失调，扭颈歪头，震颤，角弓反张。

剖检可见肝脾肿大，常有出血点，表面有灰白色小结节。心包、心肌充血，肠黏膜充血或溃疡性肠炎，肺充血，脑充血、出血。

【实验室诊断】用脑、肝、脾、肺、淋巴结和眼的组织切片姬姆萨染色后查找虫体，或将病料 1∶10 稀释后加双抗，进行小白鼠或鸡胚接种，分离虫体，也可用补体结合反应、酶联免疫吸附试验、间接荧光抗体等血清学方法来诊断。

【防治措施】

（1）加强鸡群的饲养管理，鸡舍定期进行消毒，严防猫科动物和鼠类进入鸡舍。

（2）用畜禽肉作为饲料应进行高温杀虫。

（3）发现病鸡及时隔离治疗。

（4）治疗可用磺胺类、乙胺嘧啶、三磺合剂等药物。

（十）鸡隐孢子虫病

【病原及其生活史】隐孢子虫的发育过程可划分为脱囊（感染性子孢子的释放）、裂殖生殖（无性增殖）、配子生殖（配子形成）、受精、卵囊壁形成和孢子生殖（子孢子形成）等 6 个阶段。隐孢子虫的发育史与艾美耳球虫（柔嫩艾美耳球虫）相比，有较大差异：

（1）隐孢子虫寄生在宿主上皮细胞表面，而艾美耳球虫则寄生在细胞内较深的地方。

（2）隐孢子虫第一代裂殖子释放后，一部分又在新的宿主上皮细胞上形成新的第一代裂殖体，借此进行反复循环增殖。而艾美耳球虫则不存在这种增殖方式。

（3）隐孢子虫的孢子生殖是在宿主体内进行的，每个卵囊内形成 4 个裸露的子孢子。而且孢子化卵囊有两种类型，一类为厚壁卵囊，随宿主粪便排出体外后，即可感染其他易感动物；另一类为薄壁卵囊，卵囊易破裂释出子孢子。这些子孢子可在原宿主体内发生新的发育周期，这种现象又称自感染。正是这种自感染，使禽类一旦受隐孢子侵袭，感染则持续相当长的时间，而艾美耳球虫的孢子生殖是卵囊随宿主粪便排出体外后，在一定环境条件下进行，不存在上述自感现象。

【流行病学诊断】 鸡孢子虫病流行广泛，亚洲、澳洲、欧洲和北美洲均有本病发生的报道。鸡、鸭、鹅、火鸡、鹌鹑、鹦鹉等均可感染，感染途径一般是由卵囊或卵囊污染物经口吞入或由鼻吸入。本病一年四季均可发生，但以春季较常见。

【临床及病理诊断】 鸡隐孢子虫可寄生于鸡的呼吸道、消化道、法氏囊、眼、肾等器官组织的上皮细胞表面，既可以感染单一器官，又可以是多个器官同时感染，引发相应的症状及病变。呼吸器官感染时，鸡表现嗜眠、厌食、咳嗽、打喷嚏、呼吸困难等症状，而且生长发育受阻，死亡率增加；消化道感染时，常见病鸡消瘦、嗜眠、羽毛松乱和下痢等症状；其他器官感染时，也会表现出相应的变化，如法氏囊表现囊内积液、黏膜出血和萎缩变化；眼则表现为流泪、结膜水肿等；肾则苍白及肿大，肾小管上皮细胞变性和坏死。此外，隐孢子虫病还常与其他疾病并发。

剖检可见尸体消短、脱水，肠黏膜充血，法氏囊肿胀、充血，有液体积蓄。鼻腔、气管内有分泌物，气囊混浊，呈灰色硬结。有的鸡肺有炎症，具有暗红色小炎灶，呈多种颜色外观，肺部切开，流出浆液性液体，胸腔也有积液。

【实验室诊断】 隐孢虫病的诊断较艾美耳球虫病困难。原因是球虫卵囊形态结构特征性强，可通过病料的直接涂片镜检来确诊。而隐孢子虫卵囊结构折光性弱，一般要用相当的显微镜或经染色后才能观察到。最常采用的诊断方法是组织学和细胞学检查，前者是取受感染部位组织做切片，H·E染色后镜检，以查找出发育期虫卵而确诊；后者则是取受感染部位黏膜刮取物或粪便涂片，火焰固定或甲醇固定，经改良抗酸染色后镜检。若发现隐孢子虫卵囊即可确诊。卵囊呈椭圆形或近圆形，大小为4～6微米×5～8微米，内含4个裸露的子孢子。此外，一些免疫学诊断手段如荧光抗体技术、ELISA（酶联免疫吸附试验）等也开始用作隐孢子虫病的诊断，但其仪器设备及技术要求较高。

【防治措施】在饲料中添加交沙霉素（0.8克/千克）、大蒜素（600克/千克）、甲硝唑（4.0克/千克）、复方新诺明（8.6克/千克）连喂5天，对雏鸡隐孢子虫病有一定的治疗作用；在饲料中添加乙酰螺旋霉素400毫克/千克，对雏鸡隐孢子虫病亦有一定的治疗效果。对本病的临床治疗尚可采用对症治疗。鸡隐孢子虫病的预防应加强饲养管理环境卫生，成年鸡与雏鸡分群饲养。饲养场地和用具应经常用热水或5%氨水或10%福尔马林消毒。粪便污物定期清除，进行堆积发酵处理。

（十一）鸡六鞭原虫病

本病又称鸡传染性卡他性肠炎，是由火鸡六鞭原虫寄生鸡体所致的一种以严重下痢为特征的原虫病。

【病原及其生活史】火鸡六鞭原虫具有两个细胞核，有4根前鞭毛、两根侧鞭毛和两根后鞭毛，前鞭毛沿虫体向后弯曲。火鸡六棋原虫寄生部位主要为小肠。虫体大小为6～12.4微米×2～5微米。

【流行病学诊断】本病主要侵害雏火鸡，鸡、鸭、鹌鹑及孔雀均易感。3～8周龄的幼鸡发病严重，传播主要通过被污染的饲料和饮水。

【临床及病理诊断】本病病初表现神经过敏和好动，水泻，病程后期精神萎靡，挤堆，消瘦，黄色下痢，最后惊厥和昏迷。

剖检后发现主要病变在肠道，出现卡他性肠炎，并表现为肠弛缓和肠臌胀现象，肠道内容物呈水样和泡沫状，尤以小肠上段病变更为明显。

【实验室诊断】本病主要依靠实验室诊断，用十二指肠新鲜涂片镜检，在肠腺窝内观察到大量六鞭原虫即可确诊。

【防治措施】

（1）加强鸡群的饲养管理，创造适宜的环境条件。

（2）剔除带虫鸡，隔离幼鸡与成鸡，保持饲槽与饮水器的清洁卫生，防止本病的流行。

（3）药物治疗

①用丁醇锡按0.375%浓度拌料。

②用金霉素按0.005 5%浓度拌料。

③用土霉素按0.044%浓度拌料。

（十二）鸡住白细胞原虫病

鸡住白细胞原虫病又称鸡白冠病或鸡出血性病，以急性发作、肝脾肿大、贫血为特征。

【病原及其生活史】本病病原体有卡氏住白细胞原虫、沙氏住白细胞原虫和休氏住白细胞原虫三种，我国已发现了前两种。卡氏住白细胞原虫是致病力最强、危害最严重的一种。

（1）虫体特征：

①卡氏住白细胞原虫：成熟的配子体近似圆形（见图8-9）。大配子体直径为12～14微米，细胞质较丰富，呈深蓝色，核居中较透明；小配子体直径为10～12微米，细胞质少，呈浅蓝色，核大，几乎占去虫体全部体积。宿主细胞为圆形，直径为13～20微米，细胞核被挤压形成一深色狭带，围绕虫体1/3，有时可见被寄生的宿主细胞核与胞浆均已消失的虫体。

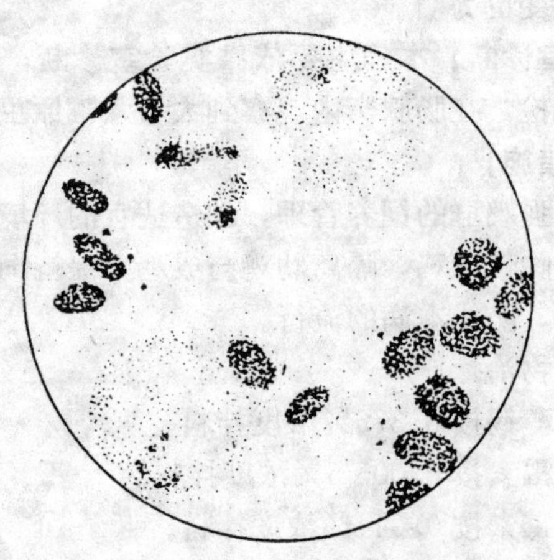

图8-9 血液涂片，显微镜图像

②沙氏住白细胞原虫：成熟的配子体为长形，宿主细胞呈纺锤形（见图8-10），细胞核呈深色狭长的带状，围绕于虫体一侧。大配子体大小为22微米×6.5微米，着色深蓝，色素颗粒密集，核仁明显。小配子体大小为20微米×6微米，着色淡蓝，色素颗粒稀疏，核仁不明显。

（2）生活史：鸡住白细胞原虫的生活史包括裂体增殖、配子生殖和孢子增殖3个阶段。住白细胞原虫的配子生殖的

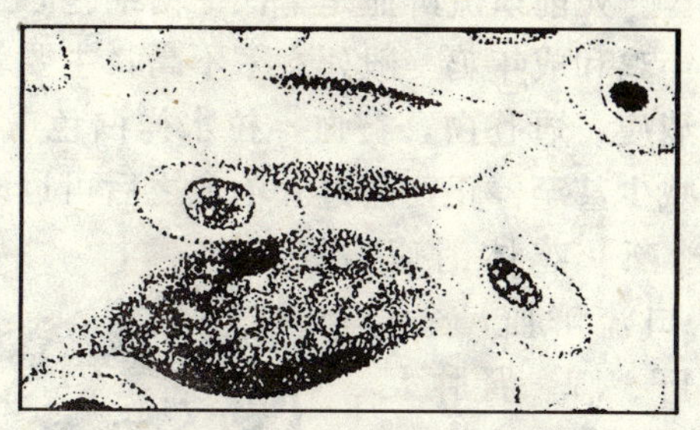

图 8-10　血液中的沙氏住白细胞

一部分和孢子增殖是在中间宿主内完成的，其中卡氏住白细胞原虫在库蠓体内完成，沙氏住白细胞原虫在蚋内完成，因此这两种住白细胞原虫分别通过库蠓和蚋来传播的。当带有住白细胞原虫的库蠓或蚋在鸡体内吸血时，虫体的子孢子随库蠓或蚋的唾液注入鸡体内，经血流到达肝、脾、肺、心、脑等器官的组织细胞里进行裂体增殖，形成大量裂殖子。裂殖子进入白细胞发育为配子体，随血液循环到达鸡的外周血液中，当库蠓或蚋叮咬吸食病鸡血液时，配子体进入它们胃内，继续配子生殖，最后通过孢子增殖形成大量子孢子，聚集在库蠓或蚋的唾液腺内，当它们再去叮咬其他鸡时，又可重复上述过程。

【流行病学诊断】 由于本病必须有库蠓和蚋才能流行，所以主要发生于温、湿季节，一般为 6～10 月份。各种年龄的鸡均可感染，但以 3～6 周龄的雏鸡发病死亡率最高，可达 50%～80%，采用药物防治可降低发病率及死亡率。

【临床诊断】 雏鸡症状明显，死亡率高。病雏生长停滞，食欲减退，精神沉郁，体温升高，冠髯苍白，两翅轻瘫。流口涎，下痢，粪便呈绿色。严重病例因咳血、出血、呼吸困难而突然死亡。死前口流鲜血是卡氏住白细胞原虫病的特异性症状。青年鸡和成年鸡一般死亡率不高，主要表现为发育迟缓，鸡体消瘦，冠苍白，贫血，拉水样白色或绿色稀便。产蛋鸡产蛋减少甚至停止，耐过和治愈之后可逐渐恢复。

【病理诊断】鸡体消瘦，鸡冠苍白，口流鲜血，全身皮下出血。肝、脾、肾肿大，并有出血，肺淤血或出血。胸肌、心肌有出血斑点和灰白色或灰黄色由裂殖体形成的小结节（见图 8-11）。骨髓变黄，有时可见腹腔、嗉囊及气管的积血。

图 8-11 病鸡心肌有出血斑点和灰白色的小结节

【实验室诊断】本病根据典型的临床症状和剖检变化，可做出初步诊断。

实验室诊断可采取病鸡静脉、心血或肝、脾、肾等组织涂片，自然干燥后用甲醇固定，姬姆萨染色，显微镜下观察成熟配子体寄生的宿主细胞。也可采取病变肌肉的小结节压片、染色、观察。

【预防措施】

（1）消灭中间宿主：在本病流行季节，清除鸡舍周围库蠓和蚋栖息的杂草，加强鸡舍通风，并在鸡舍及其周围撒布长效杀虫剂，以杀死库蠓和蚋等昆虫。

（2）药物预防：在本病流行季节到来之前或流行期间，可实行药物预防。

①用磺胺喹噁啉按 50 毫克/千克拌料或饮水，连续

服用。

②用乙胺嘧啶（息疟定）按1毫克/千克混料，连续服用。

【治疗方法】

（1）用磺胺二甲氧嘧啶0.25%～0.3%浓度混料，连喂5～7天。

（2）用磺胺六甲氧嘧啶按0.2%浓度混料，连喂5～7天。

（3）用5毫克/千克乙胺嘧啶配合50毫克/千克磺胺二甲氧嘧啶混于饲料，连用1周后剂量减半。

（十三）鸡虱

【病原及其生活史】鸡羽虱是鸡体表常见的体外寄生虫。其体长为1～2毫米，呈深灰色。体型扁平，分头、胸、腹三部分，头部的宽度大于胸部，咀嚼式口器。胸部有3对足，无翅。寄生于鸡体表的羽虱有多种，有的为宽短形，有的为细长形。常见的鸡羽虱主要有头虱、羽干虱和大体虱（见图8-12）三种。头虱主要寄生在鸡的颈、头部，对幼鸡的侵害最为严重；羽干虱主要寄生在羽毛的羽干上；鸡大体虱主要寄生在鸡的肛门下面，有时在翅膀下部和背、胸部也有发现。鸡羽虱的发育过程包括卵、若虫和成虫三个阶段，全部在鸡体上进行。雌虱产的卵常集合成块，粘在羽毛的基部，经5～8天孵化出若虫，外形与成虫相似，在2～3周内经3～5次蜕皮变为成虫。羽虱通过直接接触或间接接触传播，一年四季均可发生，但冬季较为严重。若鸡舍矮小、潮湿，饲养密度大，鸡群得不到砂浴，可促使羽虱的传播。

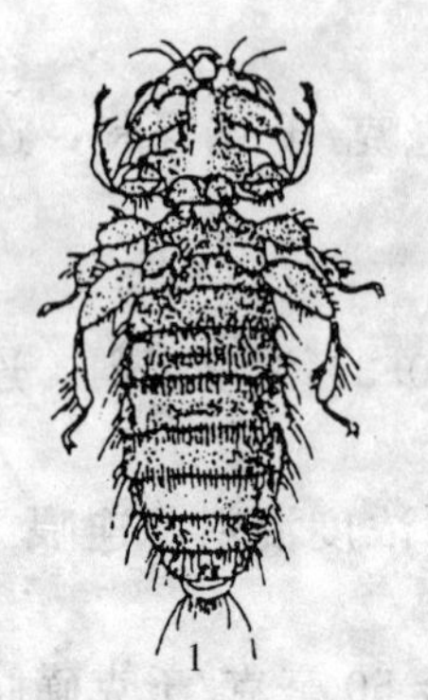

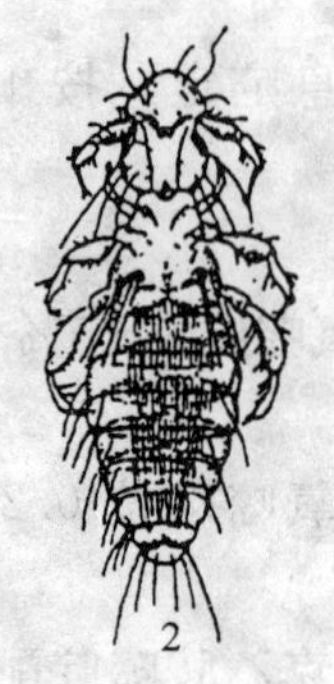

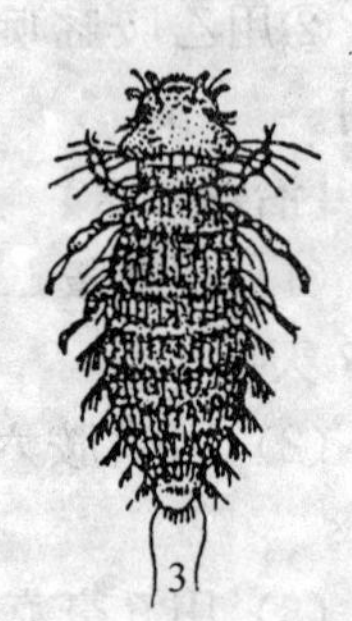

图 8-12 鸡羽虱

1. 大体虱 2. 头虱 3. 羽干虱

【临床诊断】 羽虱繁殖迅速，以羽毛和皮屑为食，使鸡奇痒不安，因啄痒而伤及皮肉，使羽毛脱落，日渐消瘦，产蛋量减少，以头虱和大体虱对鸡危害最大，使雏鸡生长发育受阻，甚至由于体质衰弱而死亡。

【防治措施】

（1）用 12.5×10^{-6} 溴氰菊酯或 $10\times10^{-6}\sim20\times10^{-6}$ 杀菊酯直接向鸡体喷洒或药浴，同时对鸡舍、笼具进行喷洒消毒。

（2）在运动场内建一方形浅池，在每 50 千克细砂内加入硫磺粉 5 千克，充分混匀，铺成 10～20 厘米厚度，让鸡自行砂浴。

（十四）鸡螨

鸡螨即疥癣，属蜘蛛纲，同蜘蛛一样有 8 条腿。虫体很小，一般 0.3～1 毫米，肉眼不易看清。鸡螨的种类很多，寄生部位、习性及防治方法各不相同。主要的鸡螨有：

（1）鸡刺皮螨：也叫红螨，是寄生于鸡体最常见的一种螨（见图 8-13）。虫体呈长椭圆形，白天潜伏于墙壁、笼架的缝隙中，并在这些地方产卵和繁殖。夜晚爬到鸡体上叮咬吸血，每次一个多小时，吸饱后离开。鸡遭大量刺皮螨侵袭时，则日渐贫血，消瘦，成年鸡产蛋减少；雏鸡生长发育受阻，失血严重时可引起死亡。

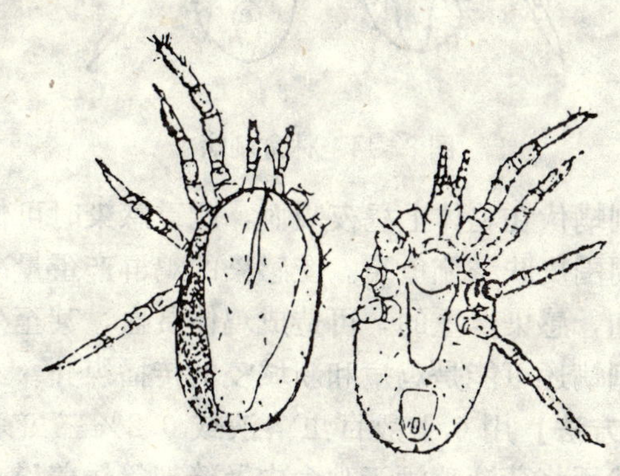

图 8-13　鸡刺皮螨

【防治方法】用 0.5%敌百虫水喷洒鸡笼等设备。舍内墙缝、角落先喷洒 0.5%敌百虫水，再用石灰浆加 0.5%敌百虫刷堵墙缝。舍内清除出的垫草等杂物，能烧掉的烧掉，不能烧的用 0.5%敌百虫水浇透，堆到远处。隔 1 周再这样处理一次。

（2）林禽刺螨：也叫北方羽螨，成虫呈长椭圆形，形态与鸡刺皮螨相似，但背板呈纺锤形（图 8-14）。雌虫产卵于鸡的羽毛上，1 天内孵化为幼虫。幼虫和两个若虫期在 4 天之内发育完成，从幼虫孵化到成虫产卵的生活史均在鸡体上。

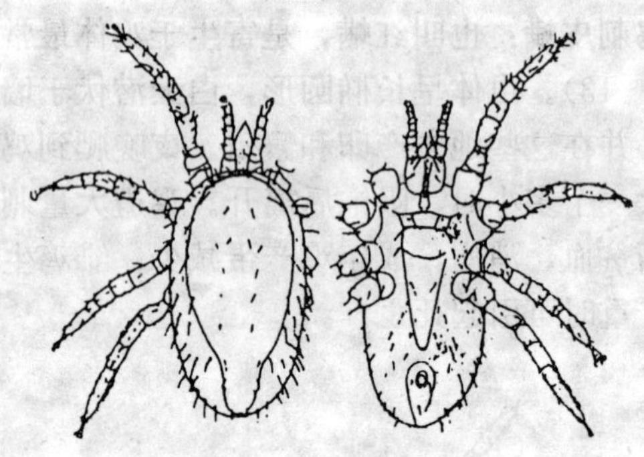

图 8-14　林禽刺螨

林禽刺螨伏在鸡体上昼夜吸血，严重感染时可使羽毛变黑，肛门周围皮肤结痂龟裂。受感染的鸡群产蛋量减少，饲料消耗增加，感染严重的，可造成鸡体贫血，甚至死亡。此外，林禽刺螨还可能是鸡痘和新城疫的传播媒介。

【防治方法】用 0.1 敌百虫溶液或 0.2%三氯杀螨醇溶液药浴，然后将药液喷洒于鸡舍内及笼架等饲养设备。

（3）脱羽膝螨：寄生在鸡羽毛根部，成虫形态呈球形。寄生部位引起剧烈瘙痒，以致鸡自己啄掉大片羽毛。危害多在夏季。

【防治方法】鸡脱羽膝螨的防治方法与林禽刺螨相同。

（4）鸡突变膝螨：也叫鳞足螨，常寄生于年龄较大的鸡。虫体几乎呈球形，表皮上具有明显的条纹（图 8-15）。突变膝螨寄生在鸡腿脚的鳞片，并在患部深层产卵繁殖，整个生活史不离开患部，使患部发

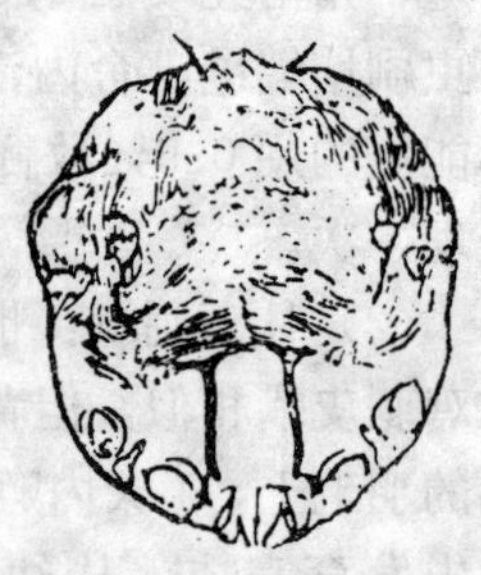

图 8-15　突变膝螨

炎。病患处先起鳞片，接着皮肤增生而变粗糙，裂缝，流出大量渗出液。干燥后形成白色的痂皮，好像涂上一层石灰的样子，因而这种寄生虫病又叫鸡石灰脚（见图 8-16）。如不及时治疗，可引起关节炎，趾骨坏死而发生畸形，鸡只行走困难，采食、生长、产蛋都受影响。鸡鳞足螨的感染力不强，通常是一部分鸡受害较严重。

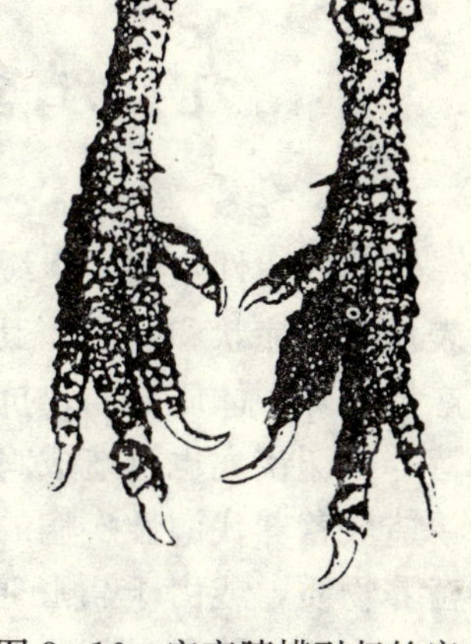

图 8-16　突变膝螨引起的病变（石灰脚）

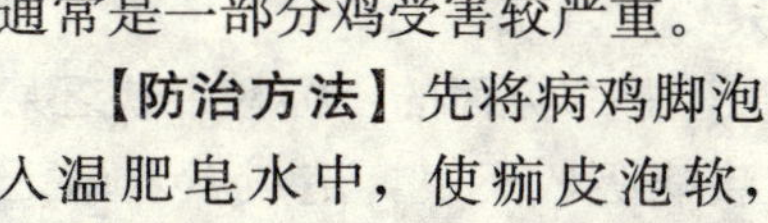

【防治方法】先将病鸡脚泡入温肥皂水中，使痂皮泡软，除去痂皮，涂上 20%硫磺软膏或 2%石炭酸软膏，每天 2 次，连用 3～5 天。也可将鸡脚浸泡在 0.1%敌百虫溶液或 0.2%三氯杀螨醇溶液中 4～5 分钟，一面用小刀刮去结痂，一面用小刷子刷脚，使药液渗入组织内以杀死虫体。间隔2～3周后，可再药浴 1 次。

九、鸡营养代谢病

营养代谢性疾病发生缓慢，通常当疾病严重到一定程度才表现典型症状和病变。其主要危害是使鸡生长发育受阻，生产力下降；体质变弱，抗病力降低，易继发其他疾病；有的营养代谢疾病也可造成鸡只死亡。

造成营养代谢性疾病的原因是多方面的：饲料中缺乏某些营养物质，或由于胃肠道疾病吸收不良，造成营养缺乏症；鸡在某一阶段对某些营养物质的需要量增加，如产蛋高峰时鸡对钙和蛋白质的需要量增加，此时如饲料中不相应提高这些物质的含量，就会引起疾病；饲料中某些营养物质搭配不当，或者一种物质缺乏引起另一种物质吸收障碍，都可造成机体代谢紊乱而引起疾病。

在生产中，营养代谢性疾病往往是以综合征的形式表现出来，处理这类疾病的原则是：少则补，多则减，维持平衡，加强管理。

（一）维生素 A 缺乏症

【病因分析】维生素 A 是一种脂溶性维生素，其功用非常广泛，可维护视觉和黏膜，特别是呼吸道和消化道上皮层的完整性，并能促进机体骨骼的生长，调节脂肪、蛋白质、碳水化合物代谢功能，使鸡增加抗病能力。

维生素 A 只存在于动物体内。植物性饲料不含维生素

A，但含有胡萝卜素，黄玉米中含有玉米黄素，它们在动物体内都可以转化为维生素 A，胡萝卜素在青饲料中比较丰富，在谷物、油饼、糠麸中含量很少。一般配合饲料每千克所含胡萝卜素及玉米黄素，大约相当于维生素 A 1000 国际单位左右，远远不能满足鸡的需要。所以对于不喂青饲料的鸡来说，维生素 A 主要依靠多种维生素添加剂来提供。

鸡对维生素 A 的需要量与日龄、生产能力及健康状况有很大关系。在正常情况下，每千克饲料的最低添加量为：雏鸡和青年鸡 1 500 国际单位，肉仔鸡 2 700 国际单位，产蛋鸡 4 000 国际单位。由于疾病等诸因素的影响，产蛋鸡饲料维生素 A 的实际添加量应达到每千克 8 000～10 000 国际单位。

引起鸡维生素 A 缺乏症的因素大致有以下几个方面：

（1）饲料中维生素 A 添加剂的添加量不足或其质量低劣。

（2）维生素添加剂配入饲料后时间过长，或饲料中缺乏维生素 E，不能保护维生素 A 免受氧化，造成失效过多。

（3）以大白菜、卷心菜等含胡萝卜素很少的青饲料代替维生素添加剂。

（4）长期患病，肝脏中储存的维生素 A 消耗很多而补给不足。

（5）饲料中蛋白质水平过低，维生素 A 在鸡体内不能正常移送，即使供给充足也不能很好发挥作用。

（6）饲料中存在维生素 A 的拮抗物如氯化萘等，影响维生素 A 的吸收和利用。

（7）种鸡缺乏维生素 A，其所产的种蛋及勉强孵出的雏鸡也都缺乏维生素 A。

【临床诊断】轻度缺乏维生素 A，鸡的生长、产蛋、种蛋孵出率及抗病力受一定影响，但往往不被察觉，使养鸡生产在不知不觉中受到损失。当严重缺乏维生素 A 时，才出现明显的、典型的临床症状。

种蛋缺乏维生素 A，孵化初期和死胚较多，或胚胎发育不良，出壳后体质较弱，肾脏、输尿管及其他脏器常有尿酸盐沉积，眼球干燥或分泌物增多，对传染病的易感性增高。如果出壳后给予丰富的维生素 A，这些情况可逐渐好转，否则病情很快加重，出现典型症状。另一种情况是健康的雏鸡和成年鸡饲料中缺乏维生素 A 时，肝脏中储存的维生素 A 逐渐消耗，消耗到一定程度才出现明显症状，这是一个比较缓慢的渐进过程，雏鸡为 6 周左右，成年鸡 2～3 个月。

雏鸡的维生素 A 缺乏症，表现为精神不振，发育不良，羽毛脏乱，嘴、脚黄色变淡，步态不稳，往往伴有严重的球虫病。病情发展到一定程度时，出现特征性症状：眼内流出水样液体，眼皮肿胀鼓起，上下眼皮粘在一起。若用镊子轻轻拨开眼皮，可见眼皮下蓄积黄豆大的白色干酪样物质（可完整地挑出），眼球凹陷，角膜浑浊成云雾状，变软，半失明或失明，最后因衰弱可看不见采食而死亡。

成年鸡缺乏维生素 A，起初产蛋量减少，种蛋受精率和孵化率下降，抗病力降低。随着病程发展，逐渐呈现精神不振，体质虚弱，消瘦，羽毛松乱，冠、腿褪色，眼内和鼻孔流出水样分泌物，继而分泌物逐渐浓稠呈牛乳样（见图 9-1），致使上下眼睑粘在一起，眼内逐渐蓄积乳白色干酪样物质，使眼部肿胀（见图 9-2）。此时若不把蓄积的物质去除，可引起角膜软化、穿孔，最后造成失明。口腔黏膜上散布一种白色小脓疱或覆盖一层灰白色伪膜。鸡蛋内血斑发生率和严重程度增加。公鸡性机能降低，精液品质下降。

图 9-1　病鸡眼内流出牛乳样分泌物

图 9-2　病鸡眼部肿胀，内充满干酪样物质

【病理诊断】剖检病死鸡或重病鸡，可见其口腔、咽部及食管黏膜上出现许多灰白色小结节，有时融合连片，成为假膜（见图 9-3）。这是本病的特征性病变，成年鸡比雏鸡明显。同时，内脏器官出现尿酸盐沉积，与内脏型痛风相似，最明显的是肾肿大，颜色变淡，表现有灰白色网状花纹，输卵管变粗，心、肝等脏器的表面也常有白霜样尿酸盐覆盖。雏鸡的尿酸盐沉积一般比成年鸡严重。

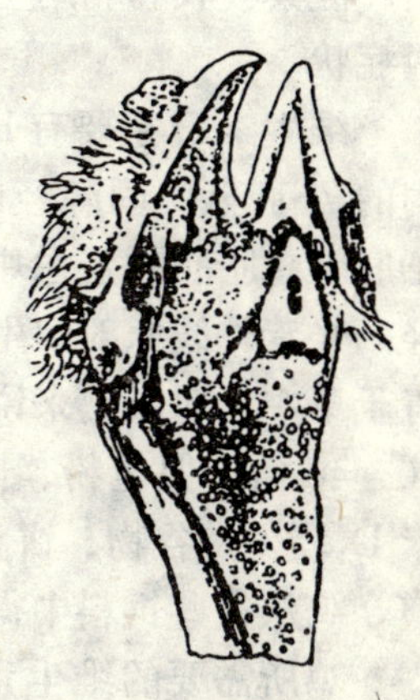

图 9-3　病鸡口腔、咽部及食管黏膜形成假膜

【防治措施】

（1）平时要注意保存好饲料及维生素添加剂，防止发热、发霉和氧化，以保证维生素 A 不被破坏。

（2）注意日粮配合，日粮中应补充富含维生素 A 和胡萝卜素的饲料及维生素 A 添加剂。

（3）治疗病鸡可在饲料中补充维生素 A，如鱼肝油及胡萝卜等。群体治疗时，可用鱼肝油按 1%～2%浓度混料，连喂 5 天（按每千克体重补充维生素 A1 万国际单位），可治愈。对症状较重的成年母鸡，每只病鸡口服鱼肝油 1/4 食匙，每天 3 次。

（二）维生素 D 缺乏症

【病因分析】 维生素 D 是一种脂溶性维生素，它在鸡的肠道内可造成一种酸性环境，促使钙、磷盐类易于溶解而被肠壁吸收，并能促使钙、磷在骨骼中沉积和减少磷从尿中排出。如果维生素 D 缺乏，即使日粮中钙、磷充足且比例适当，但其吸收和利用受到影响，鸡也会出现一系列缺钙、缺磷症状。

维生素 D 主要有 D_3 和 D_2 两种，维生素 D_3 是由动物皮肤内的 7-脱氢胆固醇经阳光紫外线照射而生成的，主要贮存于肝脏、脂肪和蛋白中。维生素 D_2 是由植物中的麦角固醇经阳光紫外线照射而生成的，主要存在于青绿饲料和晒制的青干草中。对于鸡来说，维生素 D_3 的作用要比维生素 D_2 强 30～40 倍，但鱼粉、肉粉、血粉等常用动物性饲料含维生素 D_3 较少，谷物、饼粕及糠麸中维生素 D_2 的含量也微不足道，鸡从这些饲料中得到的维生素 D 远远不能满足需要。

鸡所需要的维生素 D 主要有两个来源：第一是自身合成，幼雏合成较少，青年鸡每日在阳光下活动 50 分钟以上，产蛋鸡经常到运动场上晒太阳、合成量都可以满足需要。透过玻璃的阳光因为紫外线已被滤去，起不到此种作用。第二是由维生素添加剂提供，这对于室内笼养鸡和雏鸡尤为重要。在正常情况下，0～20周龄要求每千克饲料添加维生素D 200国际单位；20周龄之后进入产蛋期，要增至500国际单位。当饲料中钙、磷不足或比例不当时，添加量要适当增加。

鸡的维生素D缺乏症主要见于笼养鸡和雏鸡，致病因素主要有以下几个方面：

（1）笼养鸡得不到日光浴，鸡体内不能自身合成维生素D_3。

（2）饲料中维生素D添加剂的添加量不足或其质量低劣。

（3）胃肠及肝、胰脏疾病，使维生素D吸收、贮存量减少。

（4）饲料中添加过多的硫酸锰，影响维生素D的利用。

（5）种鸡缺乏维生素D，造成雏鸡先天性缺乏症。

【临床及病理诊断】雏鸡饲料缺乏维生素D，最早的在10～11日龄即出现症状，大多在1月龄前后出现症状。雏鸡食欲尚好而发育不良，羽毛污乱，两腿无力，步态不稳（见图9-4），腿骨变脆易折断，喙和趾变软易变曲。肋骨也失去正常的硬度，在椎肋与胸肋结合处向内弯曲。椎肋与椎骨结合处肋骨的内侧有界限明显的球状突起，呈串珠状（见图9-5），一些肋骨在这一区域甚至发生自发性折裂。腰

图9-4　病雏羽毛生长不良，两腿无力，步态不稳

荐部脊椎向下凹陷。这些情况实际上是由于钙和磷吸收利用不良而引起的，也称为佝偻病。

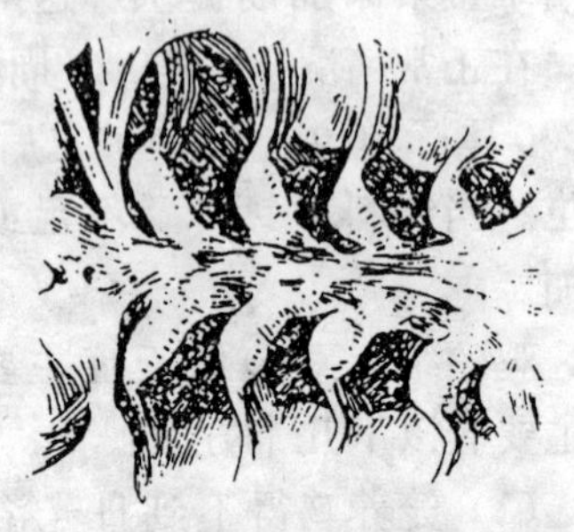
图 9-5　病雏肋骨椎端呈串珠状

成年鸡缺乏维生素 D，经 2～3 个月，蛋壳明显变薄，经常出现软壳蛋，产蛋减少，种蛋孵化率显著降低（主要是入孵后 10～16 天死胚较多）。产蛋减少及蛋壳变薄变软的现象往往有周期性，一段时期严重，随后又变轻，反复交替，总的趋势是病程越长越严重。个别母鸡产蛋后期因腿软不能站立，蹲伏数小时恢复正常。严重病鸡也有胸骨、肋骨和趾爪变软的现象。

【防治措施】

(1)在允许条件下，保证鸡只有充分接触阳光的机会，并注意日粮配合(尤其是室内笼养鸡)，确保日粮中维生素 D 的含量。

(2) 对于发病鸡群，要及时补充维生素 D。雏鸡和成年鸡均可于每千克饲料中添加鱼肝油 10～20 毫升，同时每 50 千克饲料所添加的多种维生素 25 克，持续一段时间，一般 2～4 周，至病鸡恢复正常健康为止。

(三) 维生素 E 缺乏症

【病因分析】维生素 E 又称生育酚，是一种脂溶性维生素，其主要功能有以下四个方面：

(1) 维持鸡的正常生育机能，缺乏时鸡的配种能力、精液品质、种蛋受精率及受精蛋孵化率均降低。

（2）维护肌肉和外周血管，缺乏时，肌肉营养不良，外周血管的血管壁渗透性改变，血液成分渗出。

（3）具有抗氧化作用，可保护饲料中维生素 A 等多种营养物质，减少其氧化破坏。

（4）和硒起协同作用，当饲料中缺乏硒时，只要维生素 E 充足有余，可以减轻缺硒的不利影响。

鸡对维生素 E 的需要量与日粮组成、饲料品质、不饱和脂肪酸或天然抗氧化物含量有关。在正常情况下，若不喂饲青绿饲料，0～14 周龄的幼鸡、产蛋种鸡及肉仔鸡要求每千克饲料添加维生素 E 10 国际单位；15～20 周龄的青年鸡和商品产蛋鸡要求添加 5 国际单位。

引起鸡维生素 E 缺乏症的因素大致有以下几个方面：

（1）饲料中维生素 E 添加剂的添加量不足。

（2）添加剂贮存不当或时间过长，使维生素 E 遭破坏。

（3）饲料发生腐败，不饱和脂肪酸含量增多，从而增加了维生素 E 的需要量。

（4）饲料缺硒，需要较多的维生素 E 去补偿。

（5）鸡患球虫病或其他慢性肠道疾病，使维生素 E 的吸收利用率降低。

【临床及病理诊断】成年鸡缺乏维生素 E 时，无明显症状，母鸡基本上照常产蛋，只是公鸡睾丸变小，性欲不强，精液中精子数减少甚至无精子；种蛋受精率降低，一般孵化到第 4 天胚胎死亡较多，按习惯说法是头照时“弱精蛋”较多。

雏鸡维生素 E 缺乏症多发于 15～30 日龄，主要出现以下症状和病变。

（1）脑软化症：病雏头向下挛缩或向一侧扭转，也有的向后仰，步态不稳，时而向前或向侧面冲去，两腿阵发性痉挛抽搐，不完全麻痹。由于很少采食，最后衰弱死亡。剖检病死鸡，可见小脑肿胀、柔软，脑膜水肿，小脑表面常有散在出血点（见图 9-6），并有一种黄绿色浑浊的坏死区。这些病变也经常波及大脑和其他脑部。

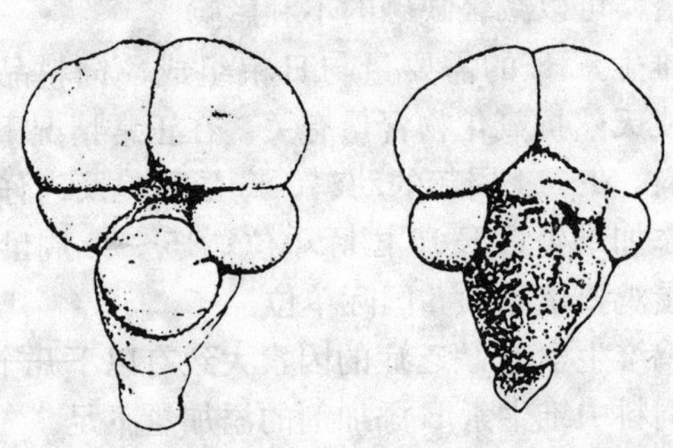

图 9-6 病雏小脑肿胀、柔软，表面出血

（2）渗出性素质：常因维生素 E 和硒同时缺乏而引起，发病日龄一般比脑软化症稍晚。其特征是毛细血管的通透性改变，血液成分外渗。病雏精神不振，两腿向外叉开，胸部、腹部、头颈部、翅内侧、大腿内侧皮下水肿，腹部膨大，外观呈绿色，有的翅部皮肤出现溃烂。剖检可见皮下水肿，有大量淡黄绿色黏性液体（见图 9-7）。肌肉表面常出血斑点，腹腔内积有黄绿色腹水，心包液增多。

（3）白肌病：由维生素 E 与含硫氨基酸（蛋氨酸、胱氨酸）同时缺乏而引起，多发于 1 月龄前后。病雏消瘦衰弱，行走无力，陆续发生死亡。剖检可见骨骼肌，尤其是胸肌和腿肌因为营养不良而苍白贫血，并有灰白色条纹（见图 9-8）。

图 9-7 病雏皮下有大量黄绿色黏性液体

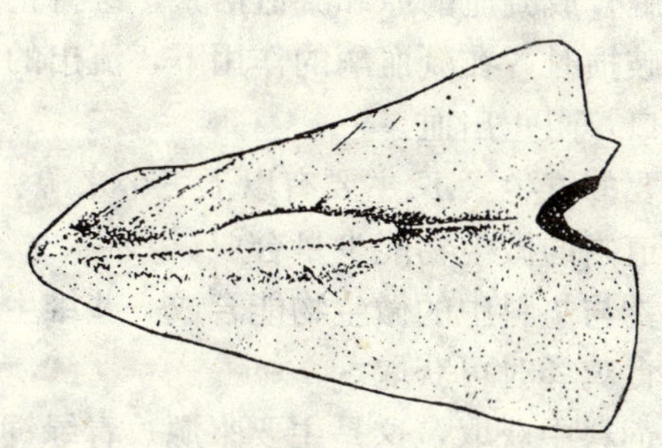

图 9-8 病雏胸肌有灰白色条纹

【防治措施】

（1）注意日粮配合，日粮中应补充富含维生素 E 的饲料及维生素 E 添加剂。

（2）对发病鸡应及时治疗。

①雏鸡脑软化症，每只每日一次口服维生素 E 5 国际单位（维生素 E 醛脂 5 毫克），病性较轻的 1～2 天即明显见效，可连服 3～4 天。

②雏鸡渗出性素质及白肌病，每千克饲料加维生素 E 20 国际单位、亚硒酸钠 0.2 毫克（0.1%的针剂 0.2 毫升）、蛋氨酸 2～3 克，连用 2 周。

③成年鸡缺乏维生素 E，每千克饲料加维生素 E 10～20 国际单位或大麦芽 30～50 克，连用 2～4 周，并酌情喂些青绿饲料。

④植物油中富含维生素 E 并有利于维生素 E 的吸收，在饲料中混合 0.5%的植物油，可得到较好的治疗效果。

（四）维生素 K 缺乏症

【病因分析】 维生素 K 是一种脂溶性维生素，其主要作用是促进肝脏合成凝血酶原和凝血活素，维持正常的凝血机能。当血管破损时，在凝血酶的作用下，流出的血液迅速凝固，封住伤口，阻止出血。

鸡所需要的维生素 K 主要有以下三个来源：

（1）肠道内的微生物能少量合成。

（2）鸡粪与垫料中的微生物能合成一些维生素 K，当鸡扒翻垫料啄食鸡粪时可获取。

（3）从饲料中获取，这是主要来源。青绿饲料中含有丰富的维生素 K，鱼粉等动物性饲料中也有一定的含量，其他饲料中比较贫乏。在正常情况下，若不喂青绿饲料，0～20 周龄的青年鸡、产蛋鸡要求每千克饲料添加维生素 K 0.5 毫克，肉用仔鸡要求添加 0.53 毫克。

维生素 K 缺乏症很少见于成年鸡，有时见于雏鸡和低龄青年鸡，往往是由多方面因素造成的。其主要因素有：

（1）饲料中维生素 K 供给量不足。

（2）笼养鸡和网上育雏鸡啄食不到鸡粪。

（3）长期使用抗菌药物，杀死了肠道内正常栖居的微生物，使体内维生素 K 的合成量大大减少。

（4）患肝脏及胃肠道疾病，影响维生素 K 的吸收。

（5）饲料中存在双羟香豆素、丙酮苄羟豆素等物质，干扰维生素 K 的代谢。

【临床及病理诊断】雏鸡缺乏维生素 K 经 2～3 周出现症状，病鸡生长发育不良，蜷缩发抖，胸、腿、翅部皮下和肌肉出血，腹腔内也常有血液，血液不易凝固，由于出血和骨髓造血机能障碍的双重原因，造成严重贫血，部分鸡很快死亡。种母鸡缺乏维生素 K 可导致种蛋孵化后期鸡胚出血和死亡。

【防治措施】

（1）在日粮中注意添加富含维生素 K 的饲料和维生素 K 添加剂。

（2）对病鸡可用维生素 K_3 治疗，每千克饲料添加 3～8 毫克，同时多喂一些青绿饲料和动物性饲料，用药后 4～6 小时可使血液凝固恢复正常。

（五）维生素 B_1 缺乏症

【病因分析】维生素 B_1 又称硫胺素，是组成消化酶的重要成分，参与体内碳水化合物的代谢，维持神经系统的正常机能。

维生素 B_1 在自然界中分布广泛，多数饲料中都含有，在糠麸、酵母中含量丰富，在豆类饲料、青绿饲料的含量也比较多，但在根茎类饲料中含量很少。

鸡对维生素 B_1 的需要量与日粮组成有关，日粮中主要能量来源是碳水化合物时，维生素 B_1 的需要量增加，在一般情况下，鸡每千克饲料应含维生素 B_1 的量为：0～14 周龄的幼鸡 1.8 毫克；15～20 周龄的青年鸡 1.3 毫克；产蛋鸡、种母鸡 0.8 毫克；0～4 周龄肉仔鸡 2.0 毫克，5 周龄以上 1.8 毫克。

虽然大部分饲料中均含有一定量的维生素 B_1（硫胺素），但它是一种水溶性维生素，在饲料加工过程中容易损失，而且对热极不稳定，在碱性环境中易分解失效。肉骨粉和鱼粉中的维生素 B_1 在加工过程中绝大部分已丢失。鸡肠道最后段的微生物能合成一部分，但量很少，也不利于吸收。饲料和饮水中加入的某些抗球虫药物如安普洛里等，干扰鸡体内维生素 B_1 的代谢。此外，新鲜鱼虾及软体动物内脏中含有较多的硫胺素酶，能破坏维生素 B_1，如果生喂这些饲料，易造成维生素 B_1 缺乏症。

【临床症状及病理诊断】雏鸡的维生素 B_1 缺乏症常突然发生，表现厌食，消瘦，贫血，体温降低，腿软无力，有的下痢。继而由于多发性神经炎，腿、翅、颈的伸肌痉挛，病鸡以飞节和尾部着地，仿佛坐于地面，头向后仰，呈特征性的“观星”姿势（图 9－9），有时倒地侧卧，头仍向后仰，严重时衰竭死亡。成年鸡发病较慢，除精神、食欲失常外，还表现鸡冠呈蓝紫色，步态不稳，进行性瘫痪。

剖检病死鸡，可见皮肤广泛水肿；肾上腺肥大（母鸡明显）；胃肠有炎症，十二指肠溃疡；心脏右侧常扩张，心房较心室明显；生殖器官萎缩，以公鸡的

图 9－9 病雏的“观星”姿势

睾丸较明显。

【防治措施】

（1）注意日粮中谷物等富含维生素 B_1 饲料的搭配，适量添加维生素 B_1 添加剂。

（2）妥善贮存饲料，防止由于霉变、加热和遇碱性物质而致使维生素 B_1 遭受破坏。

（3）对病鸡可用硫胺素治疗，每千克饲料 10～20 毫克，连用 1～2 周；重病鸡可肌肉注射硫胺素，雏鸡每次 1 毫克，成年鸡 5 毫克，每日 1～2 次，连续数日。同时饲料中适当提高糠麸的比例和维生素 B_1 添加剂的含量。除少数严重病鸡外，大多经治疗可以康复。

（六）维生素 B_2 缺乏症

【病因分析】维生素 B_2 又称核黄素，是一种水溶性维生素。它是黄素酶的组成部分，参与体内的生物氧化反应，直接影响机体的新陈代谢。

维生素 B_2 在青绿饲料、苜蓿粉、酵母粉、蚕蛹粉中含量丰富，鱼粉、油饼类饲料及糠麸次之，籽实饲料如玉米、高粱、小米等含量较少。在一般情况下，鸡每千克饲料应含维生素 B_2 的量为：0～14 周龄的幼鸡 3.6 毫克；商品产蛋鸡 2.2 毫克；种母鸡 3.8 毫克；肉仔鸡 0～4 周龄 7.2 毫克，5 周龄以上 2.6 毫克。

维生素 B_2 缺乏症主要见于雏鸡。雏鸡对维生素 B_2（核黄素）需要量较多，而自身肠道内微生物合成量很少，若饲料单一，如给初生雏单独喂小米、碎大米或玉米面等，很容易造成雏鸡对维生素 B_2 的缺乏。此外，维生素 B_2 在光照和碱性条件下易被分解，若配合饲料保存时间过长，就会造成

维生素 B_2 的损失。

【临床及病理诊断】 雏鸡维生素 B_2 缺乏症，一般发生在 2 周龄至 1 月龄之间。病鸡生长缓慢，衰弱、消瘦，羽毛粗乱，绒毛很少，有的腹泻。具有特征性的症状是脚趾向内弯曲，中趾尤为明显（图 9－10），两腿不能站立，以飞节着地，当勉强以飞节移动时，常展翅以维持身体平衡。食欲正常，但行走困难吃不到食物，最后衰弱死亡或被其他鸡踩死。成年鸡缺乏维生素 B_2 时，产蛋量减少，种蛋孵化率低，胚胎出现“侏儒”水肿等异常现象，死胎数增加。

图 9－10　病雏的趾爪向内弯曲

剖检病死雏或重病雏可见坐骨神经和臂神经肿大变软，胃肠壁很薄，肠内有多量泡沫状内容物，肝脏较大而柔软，含脂肪较多。

【防治措施】

（1）雏鸡开食最好采用配合饲料，若采用小米、玉米面等单一饲料开食，只能饲喂 1～2 天，3 日龄后开始喂配合饲料。

（2）在日粮中应注意添加青绿饲料、麸皮、干酵母等含维生素 B_2 丰富的成分，也可直接添加维生素 B_2 添加剂。配合饲料应避免含有太多的碱性物质和强光照射。

（3）对病鸡可用核黄素治疗，每千克饲料加 20～30 毫克，连喂 1～2 周。成年鸡经治疗一周后，产蛋率回升，种蛋孵化率恢复正常。但“蜷爪”症状很难治愈，因为坐骨神经的损伤已不可能恢复。

（七）维生素 B_3 缺乏症

【病因分析】维生素 B_3 又称泛酸，是一种水溶性维生素。它是辅酶 A 的组成成分，参与体内碳水化合物、蛋白质、脂肪三大有机物的代谢过程。

维生素 B_3 在各种饲料中均有一定含量，在苜蓿粉、糠麸、酵母及动物性饲料中含量丰富。在一般情况下，鸡每千克饲料应含维生素 B_3 的量为：0～20 周龄的青年鸡和种母鸡 10 毫克；商品产蛋鸡 2.2 毫克；肉仔鸡 0～4 周龄 9.3 毫克，5 周龄以上 6.8 毫克。

虽然维生素 B_3（泛酸）广泛存在于各种饲料中，但植物籽实中的含量相对较少，尤其是玉米中含量极少，通常以玉米为主要成分的配合饲料，除商品蛋鸡外，维生素 B_3 不能满足需要，必须用添加剂补充。在酸性及碱性环境中维生素 B_3 被热所破坏，如果饲料中缺乏维生素 B_{12}，则鸡对维生素 B_3 的需要量增加。长期患球虫病和其他严重的肠道疾病可导致维生素 B_3 缺乏。

【临床及病理诊断】泛酸又称为“抗皮炎因子”，因而本病以雏鸡羽毛生长受阻和粗糙为特征。病雏消瘦，口角、眼睑和肛门处形成局限性小痂块，眼睑常常由于黏液性渗出物黏着发生感染，影响视力（图 9-11）。有的病鸡头部、趾间和脚底皮肤发炎，头部羽毛脱落。有的腿部皮肤增厚和角化，生长发育，发生脱腱病而死亡。成年种母鸡缺乏维生素 B_3，种蛋孵化率低，在入孵后 2～3 天死胚较多，孵出的雏鸡体小衰弱。

剖检病死雏或重病雏可见口腔内有脓性物质，腺胃有灰白色渗出物。肝脏暗黄色、肿大，有的肾脏轻度肿大，脾有些萎缩，脊髓神经变质。

图 9-11　病雏喙角有痂块，眼睑粘在一起

【防治措施】

（1）在日粮中应注意添加糠麸、酵母等含维生素 B_3 丰富的成分，也可直接添加维生素 B_3 添加剂。

（2）对病鸡可用泛酸钙治疗，每千克饲料加 20～30 毫克，连用 2 周左右。同时，在日粮中适当增加动物性饲料，以补充维生素 B_{12}。

（八）维生素 PP 缺乏症

【病因分析】维生素 PP 又称烟酸或尼克酸，是一种水溶性维生素。它是某些酶类的重要成分，与碳水化合物、蛋白质和脂肪的代谢有关。

烟酸的性质稳定，不易受酸、碱、热的破坏，是维生素中最稳定的一种。烟酸在青绿饲料、糠麸、酵母及花生饼中含量丰富，在鱼粉、肉骨粉中含量也较多。在一般情况下，每千克鸡饲料应含烟酸的量为：0～14 周龄的幼鸡 27 毫克；15～20 周龄的青年鸡 11 毫克；商品产蛋鸡、种母鸡 10 毫克；肉用仔鸡 0～4 周龄 37 毫克，5 周龄以上 7.8 毫克。

维生素 PP 缺乏症主要发生于雏鸡，成年鸡较少发生。在鸡的常用饲料中，玉米含烟酸很少，而且绝大部分呈结合状态，很难被鸡所利用，因此，单独用玉米喂鸡易引起维生素 PP（烟酸）缺乏症。此外，日粮中色氨酸缺乏时，对维生素 PP 的需要量增多。

【临床及病理诊断】鸡缺乏烟酸表现为“黑舌病”，舌与口腔有深红色炎症。其他症状有：食量减少，生长停滞，羽毛粗糙，脚软无力，有时脚和皮肤呈现鳞片状皮炎，成年鸡有时羽毛脱落，产蛋量和孵化率下降。

【防治措施】

（1）在日粮中应注意添加青绿饲料、糠麸、酵母、花生等含烟酸丰富的成分，也可直接添加含烟酸的多种维生素添加剂。

（2）在发病初期治疗时，可在每千克饲料中添加烟酸 10 毫克，但对于已经发生飞节肿大和骨变形的病例难以治愈。

（九）维生素 B_6 缺乏症

【病因分析】维生素 B_6 是一种水溶性维生素，它包括吡哆醇、吡哆醛及吡哆胺三种化合物。其作用是作为氨基转移酶及脱羧酶的组成成分，参与体内含硫氨基酸和色氨酸的代谢。

维生素 B_6 主要存在于酵母、糠麸及植物性蛋白质饲料中，动物性饲料及根茎类饲料中相对贫乏，籽实饲料中每千克约含 3 毫克左右。在一般情况下，每千克鸡饲料应含维生素 B_6 的量为：雏鸡、青年鸡、商品产蛋鸡 3 毫克；种母鸡 4.5 毫克；肉用仔鸡 0～4 周龄 3.1 毫克，5 周龄以上 1.7 毫克。

当日粮中蛋白质含量过高（30%以上），尤其是动物性蛋白质含量过高时，容易出现鸡维生素 B_6 缺乏症。

【临床及病理诊断】 雏鸡缺乏维生素 B_6 兴奋性增强，不能控制地向前奔跑，痉挛时以胸部着地，腿抬起离开地面，翅膀拍打或下垂，有时迅速划动双腿，头部伸直又缩回，呈痉挛性升降运动。剧烈痉挛可使鸡衰竭直至死亡。有些病雏还有脱毛、皮炎、毛囊出血等症状。成年鸡缺乏维生素 B_6 时食欲减退或废绝，体重减轻，产蛋量减少，孵化率降低。

【防治措施】 在玉米、豆饼、麦麸等一些常用饲料中，维生素 B_6 的含量都比鸡的需要量高，因而一般不会缺乏。一旦出现缺乏症，可于发病初期及时补充维生素 B_6，一般每千克饲料添加 1.5 毫克。

（十）维生素 B_{11} 缺乏症

【病因分析】 维生素 B_{11} 又称叶酸，是一种水溶性维生素，它的作用是促进新细胞的形成和红细胞、白细胞的成熟。

维生素 B_{11} 在酵母、苜蓿粉中含量丰富，在麦麸、青绿饲料中也比较多，但在玉米中较贫乏。在一般情况下，每千克鸡饲料应含叶酸的量为：0～14 周龄的幼鸡 0.55 毫克；15～20 周龄的青年鸡、商品产蛋鸡 0.25 毫克；种母鸡 0.35 毫克；肉用仔鸡 0.55 毫克。

当日粮中玉米的含量过高时容易发生本病。

【临床诊断】 雏鸡和青年鸡缺乏维生素 B_{11} 时生长停滞，发育不良，贫血，头颈部麻痹（头抬不起来，向前伸直下垂），喙触地，有色品种羽毛色素不足，出现白羽。维生素 B_{11} 缺乏还会使雏鸡对胆碱的需要量增加，每千克饲粮含胆碱 2 克仍感不足，以致引起骨粗短症。成年鸡缺乏维生素

B_{11}时产蛋量下降，种蛋孵化率低。

【防治措施】维生素 B_{11} 在大多数饲料中含量较多，一般不会缺乏。但以玉米为主配合的日粮中维生素 B_{11} 含量较少，应注意搭配含维生素 B_{11} 丰富的酵母粉、苜蓿粉等，也可直接添加含叶酸的多种维生素添加剂。

对发病鸡可用叶酸治疗，每千克饲料添加 5 毫克，或肌肉注射 50～100 微克/只。

（十一）维生素 B_{12} 缺乏症

【病因分析】维生素 B_{12} 又称氰酸钴维素或氰钴维生素，是一种水溶性维生素，它参与酶的构成，对核酸和甲基的合成、碳水化合物和脂肪的代谢起重要作用，还可加速血液细胞的成熟。

维生素 B_{12} 只存在于动物性饲料中，鸡的肠道内能合成一些维生素 B_{12}；但合成后吸收率很低，在含有鸡粪的垫草中以及牛羊粪、淤泥中，含有大量由微生物繁殖所产生的维生素 B_{12}，因而地面平养鸡可以通过扒翻垫料、啄食粪便而获取维生素 B_{12}，但笼养或网上平养鸡就无法从垫料中得到维生素 B_{12} 的补充。在一般情况下，每千克鸡饲料中含维生素 B_{12} 的量为：0～4 周龄的幼鸡、4 周龄以内的肉用仔鸡 0.009 毫克；5 周龄的青年鸡；商品产蛋鸡、种母鸡 0.003 毫克；5 周龄以上的肉用仔鸡 0.004 毫克。

如果配合饲料中鱼粉等动物成分很少，多种维生素添加剂用量不足，又采取笼养或网养方式，就容易引起雏鸡维生素 B_{12} 缺乏症。

【临床诊断】病鸡没有特征性症状。雏鸡缺乏维生素 B_{12} 时生长缓慢，发育不良，消瘦，贫血，因而有不同程度的死亡。成年鸡缺乏维生素 B_{12} 时产蛋量减少，蛋重减轻，种蛋孵化率低，在孵化中后期死胚多。

【防治措施】 在日粮中保证适量的动物性饲料成分，种鸡的饲粮中每千克添加 4 微克维生素 B_{12}，即能保证种蛋的孵化率和防止雏鸡缺乏维生素 B_{12}。

治疗病鸡可以肌肉注射维生素 B_{12} 制剂，每只鸡 2 微克。

（十二）胆碱缺乏症

【病因分析】 胆碱是一种水溶性维生素，它广泛存在于动、植物体内。是卵磷脂和乙酰胆碱的组成部分。卵磷脂参与脂肪代谢，对脂肪的吸收、转化起一定作用，可防止脂肪在肝脏中沉积。胆碱可维持神经的传导功能。胆碱还是促进雏鸡生长的维生素。饲料中胆碱充足可降低蛋氨酸的需要量，因为胆碱结构中的甲基可供机体合成蛋氨酸，蛋氨酸中的甲基也可供合成胆碱。甲基的转移过程需要维生素 B_{12} 和叶酸参与，所以胆碱的需要量与饲料中蛋氨酸、维生素 B_{12} 和叶酸的含量有关。

天然饲料中均含有胆碱，大多数蛋白质饲料每千克含胆碱 2～4 克，禾本科籽实饲料每千克仅含 0.5～1 克。在一般情况下，每千克鸡饲料应含胆碱的数量为：0～14 周龄的幼鸡、0～4 周龄的肉用仔鸡 1 300 毫克；15～30 周龄的青年鸡和商品产蛋鸡、种母鸡 500 毫克；5 周龄以上的肉仔鸡 750 毫克。

鸡对胆碱的需要量比其他维生素大得多，虽然体内能合成一些，但并不能满足需要，尤其是雏鸡，合成量很少，主要靠饲料供给。如果日粮中缺乏蛋白质饲料，玉米占过大比例，容易引起鸡胆碱缺乏症。

【临床及病理诊断】雏鸡缺乏胆碱时生长缓慢，发育不良，脾肿大，肾出血，并可发生腿骨粗短和脱腱症，与缺锰症相似。成年鸡缺乏胆碱会造成脂肪在肝脏中沉积，特别是笼养母鸡，在饲粮中玉米含量过多，蛋氨酸和胆碱不足时，容易发生脂肪肝。

【防治措施】鸡对胆碱的需要量比其他维生素大得多，虽然体内能合成一些，但不能满足需要，尤其是雏鸡，合成量很少，如果日粮中缺乏蛋白质饲料，玉米占过大比例，容易引起胆碱缺乏症。因此，必须注意补充胆碱。一般多种维生素添加剂中不含有胆碱，补充胆碱要用氯化胆碱，商品氯化胆碱中含纯品 50%。产蛋鸡的配合饲料虽然一般不缺乏胆碱，但每千克饲粮添加氧化胆碱 0.1～0.2 克，可显著提高产蛋率，越是质量较差的配合饲料，添加效果越显著，这也与节省蛋氨酸等多种因素有关。

（十三）生物素缺乏症

生物素又称维生素 H，是一种水溶性维生素。它是体内多种羧化酶的辅酶，参与脂肪和蛋白质的代谢。

生物素在蛋白质饲料中含量丰富，在青绿饲料、苜蓿粉和糠麸中也比较多，但鸡对禾谷类籽实中的生物素吸收利用率不同，有些籽实饲料中的生物素，鸡只能利用 1/3 左右。在一般情况下，鸡每千克饲料应含生物素的量为：0～14 周龄的幼鸡 0.15 毫克；15～20 周龄的青年鸡、商品产蛋鸡 0.1 毫克；种母鸡 0.15 毫克；肉用仔鸡 0.09 毫克。一般配合饲料都可以达到这一水平；优质的多种维生素也含有生物素，通常不会缺乏。

【病因及临床诊断】不同鸡的生物素缺乏症，原因和症状有所不同，在蛋鸡饲养中主要有以下 3 种情况。

（1）雏鸡生物素缺乏症：鸡对禾谷类籽实中生物素的利用率比较低，雏鸡仅能利用其 50%左右，只有蛋白质饲料和青绿饲料中的生物素，鸡才能充分利用。如果雏鸡日粮中鱼粉、豆饼等蛋白质饲料比例较低，所用的多种维生素添加剂又不含生物素，即易患生物素缺乏症。病雏脚底粗糙，龟裂出血，严重时足趾坏死；口角和眼边出现皮炎，眼皮肿胀，上下眼皮黏合。这些症状与泛酸缺乏症相似，但泛酸缺乏症引起的皮炎首先出现的口角、眼边和腿上，严重时才波及脚底。此外，病雏有时还出现较轻的骨粗短症，与缺锰症相似。

（2）产蛋鸡生物素缺乏症：酸败的脂肪和生蛋清都能破坏生物素。如果用大量不新鲜的肉渣喂产蛋鸡，或者鸡有食蛋癖，就会造成生物素缺乏。产蛋鸡缺乏生物素时虽然产蛋量不受大的影响，但种蛋孵化率明显降低，胚胎出现许多畸形。

（3）肉用仔鸡脂肪肝—肾综合征：本病多发于 3～5 周龄的肉用仔鸡，病鸡胸颈部麻痹，垂头站立；继而头着地伏下，数小时死亡，发病死亡率一般不超过 6%，其余的鸡增重缓慢。剖检可见肝、肾肿大呈青白色，肝中脂肪增多，体脂肪呈粉红色，肌胃和小肠内有黑色液体滞留。

虽然目前对本病的致病因素还不很清楚；但喂饲以小麦为主的日粮常会发生，用生物素治疗有效。因此，本病可能与生物素的缺乏有关。

【防治措施】对生物素缺乏症，首先消除病因，增加鱼粉、酵母等蛋白质饲料的含量，同时多喂些青绿饲料，即可逐渐恢复。必要时用生物素治疗，每千克饲粮中加 0.1

毫克。

（十四）维生素C缺乏症

【病因分析】维生素C又称抗坏血酸，是一种水溶性维生素，它能促进肠道内铁的吸收，增加鸡的免疫力，缓解应激反应。由于大部分饲料中均含有维生素C，青绿饲料含量丰富，且鸡体内又能合成，所以在一般情况下，鸡很少出现维生素C缺乏症。有时饲料中的维生素C受到热、碱等不利因素的破坏，而鸡只又处于逆境中，易发生此病。

【临床诊断】鸡缺乏维生素C时易患坏血病，生长停滞，体重减轻，关节变软，严重时身体各部位出血或贫血。产蛋鸡在高温骤升时期，蛋壳硬度降低。

【防治措施】在正常情况下，鸡饲料中需要添加维生素C，但在高密度集约化饲养或高温季节及其他逆境中，鸡体内维生素C合成力降低，需要量增加，则应适当补充，这样有利于减轻逆境因素对鸡体的影响。

（十五）钙的缺乏与过量

钙是鸡体内含量最多的元素，鸡需要的钙大约有99%用于构成骨骼和蛋壳，其余分布在细胞和体液中，对维持神经、肌肉和心脏的正常功能，维持酸碱平衡和细胞渗透性，以及促进伤口血液凝固具有重要作用。

钙在一般谷物、糠麸中含量很少，在贝粉、石粉、骨粉等物质饲料中含量丰富。雏鸡和青年鸡要求日粮含钙0.9%左右，成年鸡开产后对钙的需要量随产蛋率的增加而增加，一般要求日粮含钙量为3%～3.5%。

鸡缺钙症的原因，除日粮含钙不足外，就是维生素D

缺乏或含磷量过多，影响钙的吸收利用。若日粮中钙、磷比例略有不当，但维生素D充足，能够进行调节，可以维持钙、磷的正常代谢。

雏鸡和青年鸡缺钙，生长缓慢，骨骼发育不良，质脆易折断，或变软易弯曲，严重时两腿变形外展，站立不稳，胸廓变形，形成佝偻病，与缺乏维生素D的症状相似。产蛋鸡缺钙，食欲减退，产蛋减少，蛋壳变薄，严重时产软壳蛋、无壳蛋。

治疗鸡缺钙症的主要措施是调整饲粮配合，适当增加骨粉、贝壳粉及维生素D添加剂的含量，对雏鸡必要时酌用鱼肝油，让鸡多晒太阳，症状即很快减轻和消失。雏鸡骨骼已经变形的较难恢复，须考虑淘汰。

日粮含钙过多对雏鸡和青年鸡的危害比较大，可形成钙盐在肾脏沉积，损害肾脏，阻碍尿酸排出，引起痛风病。成年鸡日粮含钙量如果超过4.5%，则适口性降低，使采食与产蛋减少，蛋壳上有钙质颗粒，蛋的两端粗糙。钙过量的常见原因，一是用产蛋鸡的日粮喂雏鸡和青年鸡；二是日粮中贝壳粉或石粉加得过多。

（十六）磷的缺乏与过量

磷在鸡体内的含量仅次于钙，鸡所需要的磷约有80%同钙一起构成骨骼，其余分布在软组织和体液中，参与机体代谢。

磷的主要来源是矿物质饲料、鱼粉、饼粕类和糠麸，而饲料中全部的磷称为总磷，其中鸡可以吸收利用的称为有效磷。鱼粉等动物性饲料和骨粉等矿物质性饲料中的磷，鸡很容易吸收利用，都视为有效磷；植物性饲料中的磷，鸡只能利用其30％左右。因此，配合饲料中的有效磷＝动物磷＋矿物磷＋植物磷×30％。雏鸡要求日粮含有效磷0.55％，青年鸡0.5％，产蛋鸡0.4％。如果单纯用谷物喂鸡，或者配合饲料中骨粉、鱼粉及维生素D不足，会造成磷的缺乏。

鸡缺磷时食欲减退，精神不振，易发生食癖。雏鸡生长缓慢，骨骼发育不良，严重时象缺钙一样软骨症和佝偻病，成年鸡产蛋减少。

治疗鸡缺磷症的主要措施是调整日粮配合，适当增加骨粉等含磷矿物质含量，补充维生素D添加剂，对雏鸡必要时酌用鱼肝油，让鸡多晒太阳，症状可很快消失，但雏鸡骨骼已经变形的难以恢复。

饲料中磷过多会影响钙的吸收利用，所以钙和磷要保持一定的比例。由于生长鸡（雏鸡、青年鸡）与产蛋鸡对钙的需要量有很大差别，不同产蛋水平的产蛋鸡对钙的需要量也有一定差异，而它们对磷的需要量差别较小，所以钙、磷的适宜比例是因鸡而异的。在生产中，如果骨粉在日粮中占的比例太大（2.5％～3％以上），就会造成磷过量，此时尽管日粮中钙很充足，也会出现缺钙症状。

（十七）钾的缺乏与过量

钾是进行机体代谢的必需物质，对调节渗透压、维护正常生理机能等方面起重要作用。在正常情况下，饲料中含钾量保持在0.16％～0.2％，可以满足各种鸡的需要。

由于钾广泛存在于动植物饲料中，所以在一般情况下不需要补充，但在鸡体代谢异常，并长期进食困难时可考虑补钾。

鸡缺钾时表现厌食，羽毛松乱，消瘦，共济失调。病鸡生长缓慢，全身无力，腿动作不灵敏，肌肉常有强直性收缩。检血时，血钾含量低下，血清钾亦降低，心率下降。全身肌肉虚弱，心力衰竭，最后出现呼吸困难。

对鸡缺钾症可用氯化钾治疗，效果良好。但注意补钾不要过量，因为体内钾与钠是相互关联的，若一方过多，会引起另一方的显著缺乏，所以两者必须保持相对平衡状态。

（十八）钠缺乏症

钠在鸡体内主要分布于血液和体液中。它在肠道里能使消化液保持碱性，有助于消化酶的活动，另外还具有调节体液酸碱度，维持心脏的正常活动等功能。鸡对钠的需要量，主要以食盐（氯化钠）的形式供给，鱼粉中含有一定量的食盐，添加食盐时应予考虑。在正常情况下，要求鸡日粮含钠量为0.1%～0.3%，相当于在日粮中补充食盐0.37%。

缺钠时，鸡生长发育滞缓，消化不良，食欲减退，外形憔悴，骨质变软，角膜角质化，体重下降，心脏输出血量减少。异嗜，出现啄爪、啄肛和啄羽等恶癖。成年鸡产蛋减少，蛋重减轻。

治疗鸡钠缺乏症，可在日粮中补充适量食盐，症状将很快消失。但补充食盐，应注意不要过量，以免发生鸡食盐中毒。

（十九）氯缺乏症

氯与钠的作用相似，主要有维持体内渗透压与酸碱平衡等功能，在胃内可形成胃酸。鸡对氯的需要，主要以食盐（氯化钠）的形式供给，在日粮中补加食盐，既可提供鸡所需的钠，同时又提供了氯。

鸡缺乏氯时生长发育滞缓，死亡率高，脱水，血液浓缩，并出现神经症状。当病鸡受到惊吓时，两腿向后伸直，体躯向前倒，突然倒地，不能站起，但瞬间可消除，恢复较快。检血时，血清钾、钠、氯均降低。

治疗氯缺乏症，可在日粮中补充适量食盐，症状将很快消失。

（二十）锰的缺乏与过量

锰在鸡体内主要存在于血液和肝脏中，其他器官及皮肤、肌肉、骨骼中含量极少，它是某些酶的组成成分，参与碳水化合物、蛋白质和脂肪的代谢。在正常情况下，要求每千克饲粮含锰 55 毫克。鸡的常用饲料如谷物、油饼、糠麸、鱼粉等，由于产地不同，含锰量差别很大。总的来说配合饲料中锰的含量不能满足鸡的需要，通常在每吨饲料中添加硫酸锰 242 克（含在微量元素添加剂之中，相当于 55 克纯锰），即可满足鸡的需要。

鸡的缺锰症是比较常见的，其主要原因有以下三方面：①微量元素添加剂质量低劣，含锰不足；②钙、磷过量，使锰的利用率降低；③胆碱、烟酸、生物素、核黄素、维生素 B_{12} 及维生素 D 不足，使鸡对锰的需要量增加。

雏鸡缺锰会发生骨粗短症和滑腱症，即腿骨稍粗短，飞节肿大，扭转，其上下的骨骼（胫骨下端、跖骨上端）弯曲变形（图 9-12）。发展一定程度时，腓肠肌的健从关节后面的骨突上滑脱，离开正常位置（图 9-13），使患肢不能站立。这些症状也能由胆碱和生物素缺乏等引起，但大多数由缺锰引起。病鸡的骨质并不变软或变脆，据此可区别于钙、磷、维生素 D 缺乏所引起的佝偻病。

图 9-12 病雏飞节肿大，扭转，腿骨弯曲变形

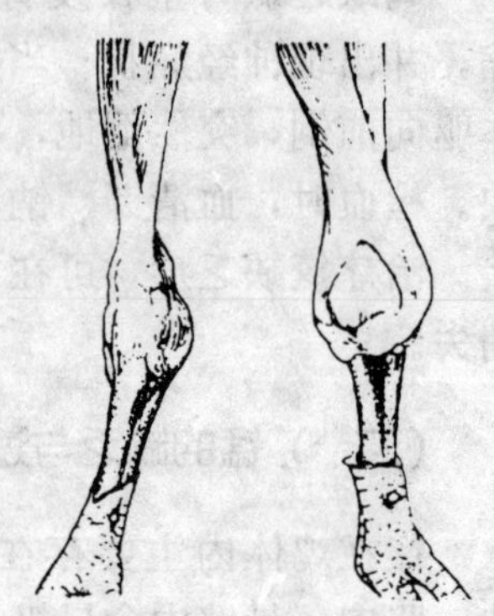

图 9-13 病雏右腿腓肠肌腱滑脱

成年鸡缺锰，产蛋量显著减少，蛋壳变薄易破碎。种蛋入孵后胚胎发生短肢性营养不良症，表现为腿短而粗，翼骨变短，下喙不成比例地缩短而形成“鹦鹉嘴”，出雏前1～2天大批死亡。

对病鸡除补充锰外，还应补充胆碱、生物素等有关维生素。可于每千克饲料中添加硫酸锰0.2～0.25克，氯化胆碱1～1.2克，适当增加多种维生素添加剂。有条件的酌喂青绿饲料，以补充生物素。雏鸡腿骨变形和脱腱的，难以恢复，应予淘汰。

鸡对过量的锰有较强的耐受性，据试验，成年鸡饲料中含0.1%的纯锰，比需要高出将近20倍，短时期无明显中毒现象。因此，生产中一般不会发生锰中毒现象，只是饲粮含锰过多时对维生素A有一定破坏作用。

（二十一）硒的缺乏与过量

硒是谷胱甘肽过氧化酶的组成成分，与维生素E协同阻止体内某些代谢产物对细胞膜的氧化，保护细胞膜不受损害。在这一点上，硒与维生素 E 如果一方缺乏，另一方充足有余，引起的症状就比较轻，双方都缺乏则症状加重，所以二者有一定的互补作用。但维生素 E 在生殖机能方面的功用，硒是不能补偿的。在正常情况下，要求每千克饲粮含硒 0.1 毫克。植物性饲料的硒含量与土壤有很大关系，我国大部分地区土壤含硒较少，因而大部分配合饲料含硒量不足。如果饲料本身含硒量不足，微量元素添加剂的质量又低劣，不含硒或含量未达到标准，就会发生硒缺乏症，伴有维生素 E 缺乏的更易发病。

硒缺乏症多发于 3～6 周龄的雏鸡，病初症状不明显，少数雏鸡突然死亡，多数表现精神不振，食欲减退，呆立少动，行动困难，两腿内外叉开，有的用飞节触地行走，趴在地上起立困难。随着病程发展，病鸡缩颈，羽毛蓬乱，翅膀下垂，腿后伸，冠苍白，胸部、腹部、头颈部、翅内侧，大腿内侧皮下水肿，腹部膨大，外观呈绿色，有的翅部皮肤出现溃烂。剖检可见皮下水肿，呈胶冻样，淡黄绿色。肌肉表面常见出血斑点。腹腔内积有黄绿色腹水，心肌有灰白色局限性坏死灶，心包液增多。

对缺硒病鸡，可用亚硒酸钠与维生素 E 的混合制剂治疗，也可分别使用这两种药品，即每千克饮水加 0.1%的亚硒酸钠注射液 1.5 毫升（1.5 毫克/千克），每千克饲料中加维生素 E1 万单位或植物油（豆油、花生油、菜籽油等）5 克，连用 5～7 天，一般可基本控制病情。

过量的硒会引起毒性反应。雏鸡和青年鸡饲料中含硒超过 5 毫克/千克，生长受阻，羽毛松乱，神经过敏，性成熟延迟。种鸡饲料含硒超过 5 毫克/千克，种蛋入孵后产生大量畸形胚胎；含硒达 10 毫克/千克时，种蛋孵化率降到零。对雏鸡按每千克体重 10 毫克注射亚硒酸钠，数小时即死亡。

（二十二）铁的缺乏与过量

铁是鸡体内血红蛋白和某些酶类的组成成分，是造血和形成羽毛色素所必需的物质。要求每千克饲粮含铁量为：0～14 周龄的幼鸡 80 毫克，15～20 周龄的青年鸡 40 毫克，商品产蛋鸡 50 毫克，种母鸡 80 毫克。

铁在血粉、鱼粉、骨粉中含量丰富，植物性饲料的含铁量与土壤有关，差别较大。一般来说，配合饲料的含铁量可以满足鸡的需要，但不是很可靠，应按鸡实际需要量的 1/3～1/2 添加硫酸亚铁，即每千克饲料添加硫酸亚铁 130～200 毫克。若饲粮中缺铜或维生素 B_6，可影响铁的吸收利用，易发生铁缺乏症。

缺铁时鸡消化不良，生长缓慢，羽毛不整，冠、髯苍白，贫血。严重缺铁时羽毛褪色。

对缺铁病鸡可口服硫酸亚铁治疗。鸡对铁的耐受性较大，在正常饲料中罕见中毒现象。

（二十三）铜的缺乏与过量

铜是鸡体内某些酶的组成成分，对血红蛋白的形成起催化作用，缺铜时则影响铁的吸收。

鸡对铜的需要量很少（每千克饲粮 4 毫克），除玉米的含铜量为 3～4 毫克/千克外，其他常用饲料的含铜量都高于鸡的需要量，所以一般不会发生缺铜问题。只是为了保险起见，微量元素添加剂中应含有硫酸铜。

鸡缺铜时表现贫血，羽毛褪色，骨骼变形，动脉血管弹性减退，易于破裂。成年鸡产蛋减少，种蛋孵化率低，入孵后死胚多。

对缺铜病鸡，可用适量硫酸铜拌料（40～50 毫克/千克）进行治疗。

鸡对铜的耐受性比较大，雏鸡饲料含铜 350 毫克/千克、饮水含铜 150 毫克/千克以上才出现毒性反应，在正常饲养条件下不会发生这种情况，但用硫酸铜治疗缺铜症或曲霉菌病时则需要注意这个问题。

（二十四）锌的缺乏与过量

锌是鸡体内多种酶类、激素和胰岛素的组成成分，参与碳水化合物、蛋白质和脂肪的代谢，与毛的生长、皮肤健康和伤口愈合密切相关。在正常情况下，要求每千克鸡饲料含锌 65 毫克左右。

锌在鱼粉、肉骨粉和糠麸中含量较多，但植物性饲料的含锌量与土壤有关，差别较大。虽然配合饲料的含锌量一般可以满足鸡的需要，但不是很可靠，需要添加适量的锌，即可在每千克配合饲料中添加 0.1～0.2 克的硫酸锌（含在微量元素添加剂中）。如果饲料本身含锌不足，微量元素添加剂质量又差，或饲料中含钙过多（超过正常标准 1%～2%），或喂给生黄豆粉，影响锌的吸收利用，则易造成锌缺乏症。

鸡缺锌时，雏鸡体质虚弱，食欲消失，刺激受惊时呼吸困难；青年鸡生长缓慢，羽毛生长不良，飞节肿大，骨短粗，皮肤形成鳞片，尤在脚部更为严重；成年鸡产薄壳蛋，孵化率低，胚胎出现畸形。

治疗鸡锌缺乏症可用锌制剂，加碳酸锌或硫酸锌等。

饲粮中含锌过多会影响铁和铜的吸收及利用，如含锌量超过 800 毫克/千克，即超过需要量 12 倍，则引起中毒反应，表现厌食，生长受阻，生长受到抑制。

（二十五）碘的缺乏与过量

碘是构成鸡体甲状腺的重要成分，它参与体内各种物质代谢过程，对能量代谢、生长发育和繁殖等多种生理功能具有促进作用。在正常情况下，鸡要求每千克饲料含碘 0.35 毫克。

海鱼粉和海贝粉中含有丰富的碘，沿海地区的土壤和饮水，以及这些地区生产的饲料也含有微量的碘，但为了可靠地满足鸡对碘的需要，应通过微量元素添加剂，向每千克饲料添加碘化钾 0.46 毫克。在我国一些内陆地区，饲料中往往缺碘，因此，除使用含碘的微量元素添加剂外，配料所用的食盐应是碘化食盐。

鸡缺碘时易患甲状腺肿大病，雏鸡和青年鸡生长缓慢，骨骼发育不良，羽毛不丰满，成年鸡产蛋减少，种蛋孵化率降低。

鸡碘缺乏症的药物治疗可采用碘制剂，如碘化钾、碘酸钾等。

在饲料中添加较多的碘化钾或喂给的海藻，能使母鸡产出含碘量很高的鸡蛋，即所谓的“碘蛋”，在内陆缺碘地区是一种有益的保健食品，但饲料含碘量如超过 30 毫克/千克，会使产蛋减少甚至停止，种蛋的孵化率也显著降低。

（二十六）镁的缺乏与过量

镁在鸡体内的量约有 70%与钙、磷共同构成骨骼，其余分布在体液中，与神经机能有密切关系。一般的饲料都含有镁，配合饲料中的含镁量可以满足鸡的需要，在正常情况下不必另外添加。

体内缺镁时，雏鸡和青年鸡生长缓慢，骨骼发育良，严重时呈昏迷状态，时而发生痉挛，可导致死亡。成年鸡产蛋减少，骨质疏松。

药物治疗鸡镁缺乏症，可使用硫酸镁或氯化镁与食盐减少量的饲料相混合。

在生产中很少有镁缺乏症，相反，对镁应着重防止过量。钙、磷、镁三者有一定的比例关系，有些地区的石灰石含镁量相当高，用这种石粉配制饲粮，过剩的镁需要较多的钙与之平衡，钙的消耗又影响钙、磷比例，结果引起缺钙症状，母鸡产蛋减少，蛋壳变薄。饲粮含镁太多还会引起拉稀。因此，向饲粮中补充钙最好用贝壳粉，不用石粉。如果限于条件，只能用石粉，钙与磷的含量要稍高于正常水平。

(二十七) 蛋白质缺乏症

蛋白质是构成鸡体的主要成分，又是鸡生长、发育、产蛋所必需的养分。此外，蛋白质还参与形成鸡体内活动性物质，如激素、抗体等，是维持生命不可缺少的物质。如果日粮中缺乏蛋白质，鸡可出现一种病态—蛋白质缺乏症。

饲喂的饲粮中含蛋白质的数量不足，特别是缺乏动物性蛋白，满足不了鸡生长发育和产蛋的需要，或者所喂的饲料中缺乏必需氨基酸时，都可能引起蛋白质缺乏症。

【临床诊断】由于雏鸡和产蛋母鸡所需蛋白质相对较多，故易发生本病。雏鸡表现生长缓慢，发育不良，羽毛不整，抗病力差，易感染其他疾病，严重的出现水肿、贫血，鸡冠苍白。母鸡产蛋减少或停产，公鸡精子活力差，配种率和孵化率低。

【防治措施】

（1）合理配合饲料，供给充足的蛋白质和必需氨基酸，尤其是几种限制性必需氨基酸。

（2）及早发现病症，尽快补足蛋白质和必需氨基酸。晚期治疗效果不佳。

（二十八）营养性衰竭症

鸡营养性衰竭症又称瘦弱病，主要是由于鸡体内的营养供给与消耗之间呈现负平衡而引起的营养不良综合征。其主要特征是病鸡表现进行性消瘦，贫血，逐渐衰竭。

【病因分析】本病多发于雏鸡和青年鸡，主要是由于生长期喂料不足或饲料品种单一，饲料营养不能满足鸡体需要，使体内营养处于负平衡状态。此外，本病也常继发于各种慢性消耗性疾病，如鸡传染性贫血、白痢、球虫病及慢性胃肠炎等。

【临床及病理诊断】病鸡精神沉郁，站立无力，羽毛松乱，冠、髯苍白、进行性消瘦，胸骨弯曲。重病鸡爪趾蜷缩，站立不稳，常以尾部着地支撑。后期不会走路，两腿向两侧叉开，最后以全身衰竭而死亡。病鸡采食正常，直到濒死前1～2天仍能卧地采食，但食量明显减少。有些鸡出现啄肛、啄羽等异嗜现象，整个鸡群生长发育缓慢。

病死鸡剖检可见皮下、肌间、腹膜下和肠系膜等处的脂肪全部消耗。全身肌肉严重萎缩、变薄，缺乏弹性，色泽变淡，个别胸部肌肉有血斑。心肌菲薄，色淡，极脆弱，个别心肌出血。肝脏体积缩小，韧性增强，边缘锐薄。肾脏肿大，呈土黄色。多数肠管明显增厚，肠黏膜也有不同程度的淤血，盲肠扁桃体肿大、出血。

【防治措施】加强饲养管理，合理配合饲粮，避免鸡群长期处于饥饿状态。鸡群发病后，逐渐增加能量、蛋白质饲料以及多种维生素和微量元素添加剂，一周后过渡到符合饲养标准的饲粮。同时在饮水中加入 0.02％的土霉素，进行肠道消炎，预防感染。

十、鸡中毒性疾病

（一）食盐中毒

【病因分析】食盐主要含氯和钠，它们是鸡体所必需的两种矿物质元素，有增进食欲、增强消化机能、保持体液的正常酸碱度等重要功用。鸡的日粮要求含盐量为0.25%～0.5%，以0.37%最为适宜。鸡缺乏食盐时食欲不振，采食减少，饲料的消化利用率降低，常发生啄癖，雏鸡和青年鸡生长发育不良，成年鸡产蛋减少。但鸡摄入过量的食盐会很快出现毒性反应，尤其是雏鸡很敏感。

引起鸡食盐中毒的因素主要有几个方面：

（1）饲料搭配不当，含盐量过多。

（2）在饲料中加进含盐量过多的鱼粉或其他富含食盐的副产品，使食盐的含量相对增多，超过了鸡所需要的摄入量。

（3）虽然摄入的食盐量并不多，但因饮水受限制而引起中毒。如用自动饮水器，一时不习惯，或冬季水槽冻结等原因，以致鸡几天饮水不足。

【临床及病理诊断】当雏鸡饲粮含盐量达0.7%、成年鸡达1%时，则引起明显口渴和粪便含水量增多；如果雏鸡饲粮含盐量达1%、成年鸡达3%，则能引起大批中毒死亡；按鸡的体重每千克口服食盐4克，可很快致死。

鸡中毒症状的轻重程度，随摄入食盐量多少和持续时间长短有很大差别。比较轻微的中毒，表现饮水增多，粪便稀薄或混有稀水，鸡舍内地面潮湿。严重中毒时，病鸡精神萎靡，食欲废绝，渴欲强烈，无休止地饮水。鼻流黏液，嗉囊胀大，腹泻，泻出稀水，步态不稳或瘫痪，后期呈昏迷状态，呼吸困难，有时出现神经症状，头颈弯曲，胸腹朝天，仰卧挣扎，最后衰竭死亡。

剖检病死鸡或重病鸡，可见皮下组织水肿，腹腔和心包积水，肺水肿，消化道充血出血，脑膜血管充血扩张，肾脏和输尿管有尿酸盐沉积。

【实验室诊断】本病根据临床症状和剖检变化，并分析饲料和饮水情况，一般可以做出初步诊断。实验诊断可测定病死鸡肝脏中氯化物的含量。

【防治措施】

（1）严格控制食盐用量。鸡味觉不发达，对食盐无鉴别能力，尤其喂鸡时应格外留心。准确掌握含盐量，喂鱼粉等含盐量高的饲料时要准确计量。平时应供给充足的新鲜饮水。

（2）对病鸡要立即停喂含盐过多的饲料。轻度与中度中毒的，供给充足的新鲜饮水，症状可逐渐好转。严重中毒的要适当控制饮水，饮水太多会促进食盐吸收扩散，使症状加剧，死亡增多。可每隔 1 小时让其饮水 10 分钟至 20 余分钟，饮水器不足时分批轮饮。

（二）菜籽饼中毒

【病因分析】菜籽饼内富含蛋白质，可作为鸡的蛋白质饲料，在鸡的饲料中搭配一定量的菜籽饼，既可以降低饲料成本，也有利于营养成分的平衡。但是，菜籽饼中含有多种毒素，如硫氯酸酯、异硫氯酸脂，噁唑烷硫酮等，这些毒素对鸡体有毒害作用。如果鸡摄入大量未处理过的菜籽饼，就可以引起中毒。

菜籽饼的毒素含量与油菜品种有很大关系，与榨油工艺也有一定关系。普通菜籽饼在产蛋鸡饲料中占8%以上，即可引起毒性反应。当菜籽饼发热变质或饲料中缺碘时，会加重毒性反应。不同类型的鸡对菜籽饼的耐受能力有一定差异，来航鸡各品系和各种雏鸡的耐受能力较差。

【临床及病理诊断】 鸡的菜籽饼中毒是一个慢性过程，当饲料中含菜籽饼过多时，鸡的最初反应厌食，采食缓慢，耗料量减少，粪便出现干硬、稀薄、带血等不同的异常变化，逐渐生长受阻，产蛋减少，蛋重减轻，软壳蛋增多，褐壳蛋带有一种鱼腥味。

剖检病死鸡可见甲状腺（甲状腺位于胸腔入口气管两侧，呈椭圆形，暗红色）、胃肠黏膜充血或呈出血性炎症，肝脏沉积较多的脂肪并出血，肾肿大。

【防治措施】

（1）对菜籽饼要采取限量、去毒的方法，合理利用。

（2）对病鸡只要停喂含有菜籽饼的饲料，可逐渐康复，无特效治疗药物。

（三）棉籽饼中毒

【病因分析】 棉籽饼内富含蛋白质，可作为鸡的蛋白质饲料，在鸡的饲料中搭配一定量的棉籽饼，既可以降低饲料成本，也有利于营养成分的平衡。但是，在棉籽饼中含有一种叫棉籽酚的有害物质，对组织细胞、血管、神经有毒害作用。如果加工调制不当或鸡摄入量过多，就会引起中毒。

引起鸡棉籽饼中毒的因素主要有以下几个方面：

（1）用带壳的土榨棉籽饼配料。这种棉籽饼不仅含有大量的木质素和粗纤维，而且游离棉籽酚（游离态棉籽酚毒性强，结合态棉籽酚毒性弱）含量很高，因此不能用于喂鸡。目前随着榨油工业向现代化发展，这种棉籽饼已越来越少。

（2）在配合饲料中棉籽饼比例过大。棉籽饼中的游离棉籽酚与棉花品种、土壤、特别是榨油工艺有很大关系，常用的棉籽饼含游离棉籽酚万分之八左右，如果在鸡的饲料中配入8%～10%以上，就容易引起中毒。

（3）如果棉籽饼发霉变质，其游离棉籽酚的含量就会增高，则增加中毒的危险。

（4）如果配合饲料中维生素A、钙、铁及蛋白质不足，会促使中毒的发生。

【临床及病理诊断】 中毒病鸡食欲减退或废绝，排黑褐色稀便，并常混有黏液、血液和脱落的肠黏膜。羽毛松乱，翅膀下垂，行动不稳，身体急剧消瘦。有些病鸡出现抽搐等神经症状，呼吸困难，最后因衰竭而死亡。母鸡产蛋减少或停产，公鸡精液中精子减少，活力减弱，种蛋的受精率和孵化率降低。

剖检病死鸡可见胃肠炎症，心肌松软无力，心外膜出血。肝脏充血肿大，质硬色黄。肺充血水肿，腹腔、胸腔均积有渗出液。

【防治措施】

（1）去毒处理：饲料中每配入100千克棉仁饼，同时拌入1千克硫酸亚铁，这样在鸡的消化道内，棉籽酚与铁结合而失去毒性。棉仁饼的其他去毒方法还有蒸煮2小时、用

2%～2.5%的硫酸亚铁溶液浸 24 小时等。

（2）限量饲喂：棉仁饼在蛋鸡饲料中所占比例，以 5%～6%为宜，最多不超过 8%。

（3）间歇使用：由于棉籽酚在体内积蓄作用较强，鸡饲料中最好不要长期配入棉仁饼，每隔 1～2 个月停用 10～15 天。

（4）区别对待：1 月龄以下的雏鸡不喂棉仁饼，青年鸡适当多喂，18 周龄以后及整个产蛋期少喂，种鸡在提供种蛋期间不喂。

（5）增喂青绿饲料：青绿饲料可显著增强动物机体对棉籽酚的解毒能力，在饲料中配入棉仁饼时，应尽可能供给充足的青绿饲料，做不到的应增加多种维生素添加剂的用量，但效果不及青绿饲料。

（6）对病鸡应停喂含有棉仁饼或棉籽饼的饲料，多喂些青绿饲料，经 1～3 天可逐渐恢复。

（四）黄曲霉毒素中毒

【病因分析】黄曲霉毒素是黄曲霉菌的代谢产物，广泛存在于各种发霉变质的饲料中，对畜禽具有毒害作用。如果鸡摄入大量黄曲霉毒素，可造成中毒。

鸡的各种饲料，特别是花生饼、玉米、豆饼、棉仁饼、小麦、大麦等，由于受潮、受热而发霉变质，含有多种霉菌与毒素，一般来说，其中主要的是黄曲霉菌及其毒素，鸡吃了这些发霉变质的饲料即引起中毒。

【临床及病理诊断】本病多发于雏鸡，6 周龄以内的雏鸡，只要饲料中含有微量黄曲霉毒素就能引起急性中毒。病雏精神萎靡，羽毛松乱，食欲减退，饮欲增加，排血色稀粪。鸡体消瘦，衰弱，贫血，鸡冠苍白。有的出现神经症状，步态不稳，两肢瘫痪，最后心力衰竭而死亡。由于发霉变质的饲料中除黄曲霉菌外，往往还含有烟曲霉菌，所以3～4周龄以下的雏鸡常伴有霉菌性肺炎。

青年鸡和成年鸡的饲料中含有黄曲霉毒素等，一般是引起慢性中毒。病鸡缺乏活力，食欲不振，生长发育不良，开产推迟，产蛋少，蛋形小，个别鸡肝脏发生癌变，呈极度消瘦的恶病质，最后死亡。

剖检病变主要在肝脏。急性中毒的雏鸡肝脏肿大，颜色变淡呈黄白色，有出血斑点，胆囊扩张。肾脏苍白，稍肿大。胸部皮下和肌肉有时出血。成年鸡慢性中毒时，肝脏变黄，逐渐硬化，常分布有白色点状或结节状病灶。

【防治措施】黄曲霉毒素中毒目前尚无特效药物治疗，禁止使用发霉变质的饲料喂鸡是预防本病的根本措施。发现中毒后，要立即停喂发霉饲料，加强护理，使其逐渐康复。对急性中毒的雏鸡喂给5%的葡萄糖水，有微弱的保肝解毒作用。

（五）亚硝酸盐中毒

【病因分析】引起鸡亚硝酸盐中毒的常见因素主要有以下几方面：

（1）白菜、韭菜、菠菜、萝卜叶、甜菜等青菜均含有硝酸盐，由于加工调制不当，比如蒸煮白菜等喂鸡，蒸煮得不透（没有搅拌）、煮后焖在锅里或煮后数小时保持在40～60℃，则菜内的硝酸盐形成亚硝酸盐。

（2）鸡吃了腐烂变质的蔬菜，或由于鸡消化不良，食入白菜等青绿饲料后，在细菌的作用下，将菜里的硝酸盐还原成亚硝酸盐。

【临床及病理诊断】 由于过多的亚硝酸盐被吸入血液后，将正常的血红蛋白氧化成高铁血红蛋白，失去携带氧的机能，病鸡表现缺氧，冠髯发紫，呼吸困难，抽搐，卧地不起，窒息而死亡。

病尸剖检可见腹部膨胀，血液凝固不良，呈酱油色。气管与支气管充满白色或淡红色泡沫样液体，肺胸膜下散发点状出血，肺水肿、淤血。肝、脾、肾等内脏器官均呈黑紫色。胃内充满青饲料，胃底部黏膜弥漫性充血，胃黏膜易于剥离，肠管充气，小肠黏膜有散在性点状出血，肠系膜血管充血，心外膜出血，死鸡多为体况较好的鸡只。

【防治措施】 预防本病的有效措施是坚持青饲料生喂，不喂腐烂变质的青绿饲料。

一旦中毒，可采用以下解毒方法：

(1) 5%葡萄糖饮水，任其自饮 3～5 天。

(2) 另加维生素 C，按每千克体重 50 毫克，同时加入饮水中饮服，连续 3～5 天。

(3) 1%美蓝溶液，每千克体重肌注 0.1 毫升，必要时重复注射 1 次，效果很好（1%美蓝溶液的配法是，取美蓝 1 克，溶于 10 毫升纯酒精中，加生理盐水 90 毫升混合而成）。

(4) 饮水中交替用药（美蓝、高锰酸钾、葡萄糖、维生素 B_1 等）自由饮服。

（六）高氟饲料中毒

【病因分析】 鸡体对氟的耐受量很低，一旦饲料、饮水中含氟过量，将会引起鸡只氟中毒，鸡日龄越小，中毒症状越严重。

饲料原料磷酸氢钙、磷酸钙中的含氟量最多不能超过0.2%，成品料中的含氟量不能超过0.02%，超过限量就可引起高氟饲料中毒。饮水中含氟量每升超过5毫克也可使畜禽中毒。

氟过量对畜禽（包括人在内）的最大危害是干扰钙的吸收和钙磷代谢，从而导致骨骼和牙齿的严重病变，因而也称为氟骨病。氟还能干扰甲状腺、肾上腺、性腺、胰岛等内分泌腺的功能，使肾上腺、性腺、胰腺分泌减少或紊乱，从而导致低血压、低血糖及性功能障碍。

【临床及病理诊断】病鸡表现精神不振，生长缓慢，喙软，粪便稀薄，腿软无力，以跗关节着地趴伏于地，或两腿呈“八”字型外翻倒地，食欲废绝，最后昏迷死亡，雏鸡摄入高氟饲料后可造成鸡群大量瘫痪和死亡。

剖检可见骨骼软而柔韧，骨髓颜色变淡，严重者呈土黄色，有的病鸡肋骨与肋软骨、肋骨与椎骨接合部呈珠状突起，有些病例见心包、胸腔和腹腔积液，心、肝、肾脂肪变性。脑膜轻度充血，其他脏器无特异性病变。

【防治措施】要严格控制饲料、饮水中氟的含量，发现中毒时应立即停止使用造成中毒的饲料，换用低氟饲料。同时在饲料中添加骨粉、鱼肝油、多种维生素；在饮水中添加补液盐、维生素C，连喂3～4天，鸡群可基本稳定并逐渐好转。

（七）雏鸡水中毒

【病因分析】水是机体的重要组成成分，也是机体一切生命活动的物质基础，适时适量给水，能保持机体代谢和维持机体微量元素平衡，促进雏鸡的正常生长发育。在生产中，有时由于不适当限制雏鸡饮水或工作疏忽而长时间忘记给水，使机体调节机能降低。一旦大量给水，造成雏鸡暴饮，使体液失去平衡，体组织中大量蓄水。因细胞外液水分过多，血浆中钠、氯浓度下降，致使细胞内液渗透压相对增高（与细胞外液渗透压相比较），水进入细胞内，引起细胞水肿，尤其脑细胞水肿更为明显，从而使雏鸡脑内压升高，出现一系列中毒症状，甚至引起死亡。

【临床及病理诊断】病雏表现精神沉郁，食欲废绝，离群，羽毛松乱，黏膜发绀，口流液体，嗉囊膨大，积水而透明，并排出少量稀便，若抢救不及时，就会造成死亡。

尸体剖检可见嗉囊蓄积大量水而无饲料，消化道轻度出血，肠黏膜用刀背轻刮易脱落。

【防治措施】一旦发生雏鸡水中毒，可采取以下措施。

（1）将病雏倒提，并按摩其嗉囊，让积水从口腔流出。

（2）每只病雏肌肉注射安钠咖 0.5 毫升（中雏）、维生素 B_1 注射液 0.5 毫升，皮下注射 0.1 毫升硝酸士的宁，适量滴服口服补液盐溶液（1 包供 100 只用量）。

（3）给有食欲的病雏喂些易消化的饲料，并滴服复合维生素 B 溶液（3 倍浓度），每只 1～2 毫升，连滴 1～2 天。

（八）链霉素中毒

【病因分析】链霉素属氨基糖甙类抗生素，对革兰阴性杆菌作用很强，低浓度可抑菌，高浓度有杀菌作用。它之所以能抑杀细菌的原因，是它能阻碍菌体蛋白质的生物合成，但同时对动物也有一定的毒性。在生产中，如果用药不当，如肌肉注射剂量过大，或者给体弱或肾功能发育未完全成熟的雏鸡用药，均可引起毒性反应，轻者可自然恢复，重者可致死。

【临床诊断】链霉素中毒主要侵害鸡的脑神经，肾功能也受到损害。病鸡出现眩晕，两翅下垂，运动失调，重者导致死亡。此外。链霉素还可作用于感觉神经末梢，因此注射链霉素用量稍大，则可引起鸡两腿软弱无力，呼吸困难。

【防治措施】使用链霉素时应严格掌握用量。5 周龄以下雏鸡肌肉注射时每只为 50 毫克；5～8 周龄为 80～100 毫克；8～22 周龄 100～150 毫克；22 周龄以上成鸡每只肌肉注射 150～200 毫克；每日 1 次，连用 3～5 天。当鸡群发病时，最好将链霉素溶解在温水中饮服，浓度为每千克饮水中含链霉素 1 万单位。

一旦链霉素中毒，重症者可每只静脉注射 3%氯化钙 3 毫升。

（九）磺胺类药物中毒

【病因分析】磺胺类药物是治疗鸡的细菌性疾病和球虫病的常用药物，应用方法不当会引起中毒。其毒性作用主要是损害肾脏，同时能导致黄疸、过敏、酸中毒和免疫抑制等。

如果给药时，使用剂量过大，时间过长，或者混药过程搅拌不均匀，饲料或饮水局部药物浓度过大而使某些鸡采食过量药物，均可引起中毒。

【临床及病理诊断】若急性中毒，病鸡表现为精神兴奋，食欲锐减或废绝，呼吸急促，腹泻，排酱油色或灰白色稀便，成年鸡产蛋量急剧减少或停产。后期出现痉挛、麻痹等症状，有些病鸡因衰竭而死亡。慢性中毒常见于超量用药连续一周时发生，病鸡表现为精神萎靡，食欲减退或废绝，饮水增加，冠及肉髯苍白，贫血，头肿大发紫，腹泻，排灰白色稀便，成年鸡产蛋量明显下降，产软壳蛋或薄壳蛋。

剖检病死鸡可见皮肤、肌肉、内脏各器官表现贫血和出血，血液凝固不良，骨髓由暗红色变为淡红色甚至黄色。腺胃黏膜和肌胃角质层下可能出血。从十二指肠到盲肠都可见点状或斑状出血，盲肠中可能含有血液。直肠和泄殖腔也可见小的出血斑点。胸腺和法氏囊肿大出血。脾脏肿大，常有出血性梗死。心脏和肝脏除出血外，均有变性和坏死。肾脏肿大，输尿管变粗，内有白色尿酸盐沉积。

【防治措施】严格按要求剂量和时间使用磺胺类药物是预防本病的根本措施。无论是拌料还是饮水给药，一定要搅拌均匀。一般常用磺胺类药的混饲量为0.1%～0.2%，3～5天为一个疗程，一个疗程结束，应停药3～5天再开始下一个疗程。无论治疗还是预防用药，时间过长都会造成蓄积中毒。

由于磺胺类药物对鸡产蛋影响颇大，故在鸡群产蛋率上升阶段应慎重使用。

因为磺胺类药物的作用是抑菌而不是杀菌，所以在治疗过程中应加强饲养管理，提高鸡群抵抗力。用药之后要细心观察鸡群的反应，出现中毒则应立即停药，并给予大量饮水，可在饮水中加入0.5%～1%的碳酸氢钠或5%葡萄糖。在饲料中加入0.05%的维生素K，水溶性B族维生素的量应增加1倍，内服适量维生素C以对症治疗出血。如此处理3～5天后，大部分鸡可恢复正常。

（十）氯苯胍中毒

【病因分析】氯苯胍是防治鸡球虫病和白细胞原虫病的

常用药物，一般预防量为每千克饲料加药 33 毫克，治疗量为每千克饲料加药 66 毫克，由于耐药虫株的产生，目前临床通过增加给药剂量，取得了较好疗效。由于不同品种鸡对氯苯胍耐受力不同（如迪卡、罗曼鸡耐受力强，海兰鸡耐受力差），有时会因用药过量而产生中毒现象。

【临床及病理诊断】病鸡表现精神沉郁，闭目，蹲伏，呆立，颈部前伸，羽毛松乱，食欲减退，下痢，粪便中白色居多，全身颤抖，尾翅垂直，头向左或右钩，有的鸡作转圈运动，严重者昏迷死亡。

剖检可见肝脏肿大，轻度淤血，脾表面血管充血呈树状条纹，肾肿大；刚死亡的鸡心内血液末完全凝固，颜色发暗；嗉囊、胃内容物有一股浓烈的氯苯胍气味，腺胃黏膜有炎症，十二指肠至空肠前端黏膜脱落，有出血点或出血斑或呈充血状，盲肠扁桃体肿大、出血，生殖腔有条状出血。

【防治措施】要根据鸡群品种，状态控制给药剂量，一般以 0.01％浓度为宜，但拌料一定均匀，尤其在与其他药物如磺胺类药物、呋喃类药物联合应用时，更应谨慎。要注意观察鸡群动态，一旦发现中毒现象，可采取以下措施：

（1）马上停止使用氯苯胍及其他药物。

（2）0.5％葡萄糖加 10％维生素 C 水溶液让鸡充分、自由饮用 3 天。病重鸡每只每次灌服 20 毫升，每日 3 次，连灌 2 天。

（3）饲料中增加多种维生素用量，每千克饲料加 0.4 克。

（十一）喹乙醇中毒

【病因分析】喹乙醇又称快育灵，是一种广谱抗菌药物，可用于防治禽霍乱。此外，它还可以作为肉用仔鸡的饲料添加剂，具有抗菌助长、促进增重的作用，但如果使用不当，也常发生中毒。一般每千克体重喂 90 毫克将很快中毒死亡，每千克体重 60 毫克喂 6 天也能导致中毒死亡。

临床给药时，使用剂量过大（如计算错误，重复用药等），时间过长，或者混药过程搅拌不均匀，饲料或饮水局部药物浓度过大而使某些鸡采食过量药物，均可引起中毒。

【临床及病理诊断】病鸡表现精神沉郁，羽毛松乱，食欲减退，或废绝，渴欲增加，有的鸡冠出现黄白色水疱，2 天内破裂，然后变成青紫色，坏死，干枯，萎缩。粪便干燥呈短棒状。病后期蹲伏不起，极度衰竭，死前有的拍翅挣扎，鸣叫。

剖检可见腿肌有出血点或出血斑，肠外膜有少量针尖大小的出血点，嗉囊空虚，胃肠内容物呈淡黄色，腺胃与肌胃交界处黏膜、十二指肠黏膜出血，肝脏黄染，质脆易碎。肾肿大，紫黑色，有多量出血点。心脏扩张，心肌充血，质地坚硬，心包液增多。肺脏稍肿呈暗红色，有少量出血点。

【防治措施】注意喹乙醇的使用剂量和疗程，一般预防量是每千克饲料中加 25～30 毫克，治疗量是每千克饲料加 50 毫克，连用 2～4 天为一个疗程。在用药前要了解一下饲料是否已添加喹乙醇添加剂，防止重复加药。一旦中毒后，应立即停喂加药饲料，并供给充足的葡萄糖水和维生素 C 水溶液，可逐渐控制病情。

（十二）左旋咪唑中毒

【病因分析】口服盐酸左旋咪唑片防治鸡蛔虫等线虫病，效果显著。但用药时若过多地超过规定剂量，往往也会出现中毒现象。

【临床及病理诊断】患鸡病初排粪频繁，呼吸困难，站立不稳，羽毛蓬乱，精神高度沉郁，眼睛和鼻孔等有大量的分泌物，排出带有黏液和血丝的粪便。后期病鸡无力站立，借助跗关节以下肢趴地行动，两翅外展，四趾倦曲、紧缩，角弓反张，两眼紧闭，肢体抽搐，最终向一侧倒卧，衰竭死亡。

剖检病死鸡可见后躯被粪便严重污染，口腔、鼻腔有多量的分泌物，眼睛内有多量的泪液，全身发紫，趾紧缩，剖开体腔，有暗红色血液流出，嗉囊内有多量的食物和黏液，胃肠壁肿胀，肠黏膜高度充血、出血，有大小不等的坏死灶，肠管空虚，气管中有多量的分泌物，心肌有大小不等的出血点，心包液增多。有的还因痉挛、抽搐而引起小肠发生套叠或部分盲肠、回肠套叠于直肠中。

【防治措施】为了避免左旋咪唑中毒事故的发生，在使用药物时要注意 3 个方面的问题。一是要仔细确定鸡只体重；二是要严格按规定计算用药量；三是要把药片研碎捣细，拌料均匀。

（十三）高锰酸钾中毒

【病因分析】高锰酸钾常被用来作饮水消毒，如配制浓度过高，不仅有刺激性，甚至可引起中毒，很快造成死亡。一般饮水浓度为 0.02%～0.03%，如果饮水浓度超过 0.03%以上，对消化道黏膜就有一定的刺激性、腐蚀性，浓度达到 0.1%能引起明显中毒。成年鸡口服高锰酸钾的致死量为 1.95 克。

【临床及病理诊断】高浓度的高锰酸钾引起的急性中毒，主要表现强烈的腐蚀作用，使口腔、舌、咽呈红紫色，黏膜水肿，呼吸困难，有的出现腹泻，常于一天内死亡。

剖检可见整个消化道黏膜都有腐蚀现象和轻度出血，严重时嗉囊黏膜大部分脱落。

【防治措施】使用高锰酸钾时，要严格掌握剂量，配制的溶液浓度不要过高。

发现鸡群中毒后，应供应充足的洁净饮水，一般经3～5天可逐渐康复，必要时于饮水中酌加鲜牛奶或奶粉，对消化道黏膜有一定的保护作用。

（十四）硫酸铜中毒

【病因分析】硫酸铜除了是微量元素添加剂的成分外，对雏鸡曲霉菌病还有一定的预防和辅助治疗作用。给药时，饮水浓度为0.03%～0.05%，连用不超过10天。如果饮水浓度达到0.07%，即能引起中毒，达到0.25%可迅速致死。

【临床及病理诊断】轻度中毒的鸡表现精神不振，生长受阻，肌肉营养不良。严重中毒时，先表现短暂的兴奋，继而出现萎靡、衰弱，死前则昏迷、惊厥和麻痹。

剖检可见食道、嗉囊黏膜因硫酸铜的腐蚀作用而出现凝固性坏死，胃肠黏膜有轻度炎症，肝、肾变性。

【防治措施】要严格掌握在饲料和饮水中投放硫酸铜制剂的限量，防止由于过量中毒。

发现鸡群中毒后，应立即停喂含硫酸铜的饮料和饮水。轻度中毒的鸡在停喂硫酸铜后可康复。对急性中毒的雏鸡，可用鸡蛋清加少许水拌匀，经口灌服，每只3～5毫升。

（十五）甲醛中毒

【病因分析】用甲醛和高锰酸钾熏蒸消毒简便易行，而且成本低，效果好，是目前养鸡业中常用的消毒方法。但有些养鸡户对甲醛消毒知识了解不够，也出现了一些中毒现象。

生产中出现的甲醛中主要是因为用药计划不周，安排不当，时间仓促，马虎从事。用甲醛和高锰酸钾熏蒸消毒后，缺乏足够的时间开足门窗把余气排净；尤其是在温度低时虽有余气而无刺激辣味，而当温度升高时甲醛气蒸发，刺激性增强而造成中毒。

【临床及病理诊断】因甲醛有强烈刺激作用，当急性中毒时，发病面很快波及开，约有 80%的鸡精神不振，食欲、饮欲均明显下降。眼睛结膜发炎，流泪，畏光，眼睑水肿。鼻孔流涕，嗅觉消失，刺激呼吸道而引起呼吸困难，咽喉炎、支气管炎，排出黄色或绿色稀便，高浓度致病的重症者，双眼紧闭，喘鸣声严重，甚至几十米远都能听到。喘气时张口伸颈，呼吸非常困难。喉头及气管痉挛，甚至昏迷死亡。如果甲醛接触时间较长，则鸡只嗜眠，食欲减退，软弱无力。

剖检病尸可见皮下水肿，腹腔积液，肺有散在性、局限性的炎性病灶。

【防治措施】

(1) 要严格控制甲醛消毒的浓度和时间，一般每立方米用甲醛 28 毫升、高锰酸钾 14 克、水 14 毫升，熏蒸时在进雏前 4～5 天，用塑料布封好门窗，消毒 1 天后，敞开窗门放净甲醛气体，至育雏舍内在高温下无刺激眼鼻辣味时方可进雏。

(2) 发现吸入中毒，立即将鸡移至新鲜空气处，避开中毒环境。

(3) 中毒后加强饮水，并在饮水中加入少量尿素、活性炭、牛奶、豆浆等。减轻毒物对黏膜刺激；用3%碳酸铵或1.5%醋酸钠溶液口服。

(4) 眼内用清水冲洗，并滴以可的松眼药水恢复眼部健康。

(十六) 砷中毒

【病因分析】 砷化合物有砷酸钠、砷酸铅和三氧化砷等，常用于毒鼠和杀虫，也是一种农药。若鸡误食了含砷化合物（如砷酸钠、砷酸铅、三氧化砷等）毒饵、吃了毒死的蚱蜢等昆虫或喷洒过农药的谷物而发生中毒。如砷酸量达到0.26～0.39克可将鸡致死。

【临床及病理诊断】 鸡中毒后翅膀下垂，运动失调，头部痉挛，向一侧扭曲，冠和肉髯变为青紫色，口中流出水样液体，并有恶臭气味。时而下痢，粪便带血，体温偏低，最终因心力衰竭、麻痹、昏迷而死。

剖检可见嗉囊、肌胃和肠道发炎，并有黏液性渗出物，肌胃中可能有液体蓄积，胃壁上的角质膜容易剥落，下面的胃黏膜上有出血和胶样渗出物。肝的质地变脆，呈黄棕色，肾肿胀、变性，脂肪组织柔软，呈橘黄色。慢性中毒的病例，还可见到心脏增大，心肌质地柔软，血液呈深红色和水样，不易凝固。

【防治措施】 发生砷中毒后，可用巯基类解毒药物注射，也可用少量镁乳（氢氧化镁合剂）或氧化镁喂服。

(十七) 有机磷农药中毒

【病因分析】 有机磷农药的品种繁多，并不断更新，已成为防治植物病虫害的重要手段，广泛应用于农业生产和牧草生产，对保护农作物、牧草和蔬菜起着一定的作用。多年来各国都致力于研制高效、低毒或无毒、残毒期短的有机磷农药，但由有机磷农药引起鸡群急性或慢性中毒的事件仍时有发生，甚至造成鸡群成批死亡。因此，预防鸡群有机磷农药中毒，对保证养鸡生产的正常发展具有重要意义。

在生产中，如果鸡误食喷洒过有机磷杀虫药不久的牧草或蔬菜等；误食拌过或浸过有机磷杀虫药的种子，如为了防治地下害虫而用 1605、1059、敌百虫等拌种；用敌百虫、蝇毒磷等溶液杀灭鸡的体外寄生虫时，浓度过大，浸洗时间过长；违反使用、保管有机磷农药安全操作规程，在同一库房内贮存饲料和农药，或在饲料内拌种和配制农药，从而污染了饲料，这些均可引起鸡中毒。

【临床及病理诊断】 病鸡表现不安、流泪、流涎、瞳孔缩小，继而废食、下痢、便血，常见嗉囊积食。随后出现痉挛症状，并逐渐加重，不能行走，卧地不起，最后麻痹、昏迷而死。最急性中毒者常未发现症状而突然死亡。

剖检时可在消化道内容物中嗅到有机磷农药的特有气味，如蒜臭味、胡椒味等。胃肠黏膜充血、出血、肿胀，黏膜易剥脱。肝、脾、肾肿大，肺充血、肿大。

【防治措施】 在饲料库内不能存放农药，用有机磷农药作为鸡体外杀虫药时，必须严格控制用药浓度和剂量，最好是先以小群作试验，确认安全后再给大群投药。对于怀疑被有机磷杀虫药污染的饲料，应立即停止饲喂。

发现中毒病鸡时，应用特效解毒剂，肌肉注射硫酸阿托品 0.1～0.25 毫升；或肌肉注射解磷定 0.8～2 毫克。若中毒严重者应两种药物多次反复使用。

（十八）磷化锌中毒

【病因分析】磷化锌是一种常用的灭鼠药，鸡群常在灭鼠期间误食毒饵或沾染磷化锌的饲料而引起中毒，鸡每千克体重误食 7～15 毫克磷化锌即可致死。

【临床及病理诊断】鸡磷化锌中毒时，不出现任何症状便突然死亡。急性中毒，在 1 小时内病鸡精神沉郁，羽毛松乱，腹泻，口渴，共济失调。后期病鸡呼吸困难，冠呈紫色，倒向一侧，两脚外伸，头颈屈向背后部。剖检时可嗅到消化道内容物有磷臭味（似大蒜味），并可发现肝脏病变严重。

【防治措施】平时对毒物应有专人负责保管和使用，最好在夜间投放毒饵，白天除去；毒死的老鼠应予深埋或烧毁，不要乱扔，以防鸡误食中毒。

发现中毒鸡，可灌服 0.1%的高锰酸钾溶液，另灌服 0.1%～0.5%的硫酸铜溶液，使磷化锌形成无毒的磷酸铜，而起到解毒作用。磷化锌严重中毒，重症鸡难以治愈。

（十九）氨气中毒

【病因分析】在通风良好的鸡舍中高密度饲养，如果清粪不及时，其中含氨有机物可分解形成氨气并蓄积而引起中毒。

【临床及病理诊断】当舍内氨气浓度为百万分之 30 至百万分之 45 时，鸡群就表现出食欲不振，个别鸡咳嗽、流涕，呼吸困难，成年鸡产蛋减少，逐渐消瘦等。中毒进一步加深，病鸡表现为食欲废绝，鸡冠发紫，张口喘气，站立困难，昏迷，眼睛流泪，角膜和结膜充血，尖叫，共济失调，两腿抽搐，呼吸频率变慢，最后麻痹而死。病死鸡尸僵不全，皮下及内脏浆膜有点状出血。喉头水肿，充血，并有渗出物。气管黏膜充血，气管内有多量灰白色黏稠分泌物，肺淤血、水肿。心包积液，心肌变性、色淡，心冠状脂肪有点状出血。肝脏肿胀，颜色变淡，质地脆而易碎。大脑皮质可见充血。

【防治措施】 在生产过程中，要加强鸡舍通风，及时清理粪便。密闭式和半开放式鸡舍要有上、下排气孔，最好使用排风扇等机械装置以保证空气流通。

目前，对鸡氨气中毒尚无特效药物治疗。轻症鸡可移至空气新鲜的鸡舍中，给予充足饮水和全价饲料，精心管理使其尽快恢复。

（二十）一氧化碳中毒

【病因分析】 冬季鸡舍特别是育雏舍常烧火炕、火墙、火炉取暖，若煤炭燃烧不完全时即可产生大量的一氧化碳，如果鸡舍通风不良，空气中一氧化碳浓度达到0.04%～0.05%就可引起中毒。

【临床及病理诊断】 鸡一氧化碳中毒后，轻症者表现为食欲减退，精神萎靡，羽毛松乱，雏鸡生长缓慢；重症者表现为精神不安，昏迷，呆立嗜睡，呼吸困难，运动失调，死前出现惊厥。

病死鸡剖检可见血液、脏器呈鲜红色，黏膜及肌肉呈樱桃红色，并有充血及出血等现象。

【防治措施】 在生产中，应经常检查育雏室及鸡舍的采暖设备，防止漏烟倒烟。鸡舍内要设有通风孔，使舍内通风良好，以防一氧化碳蓄积。鸡一氧化碳中毒后，轻症者不需特别治疗，将病鸡移放于空气新鲜处，可逐渐好转。严重中毒时，应同时皮下注射生理盐水或等渗葡萄糖液、强心剂，以维护心脏与肝脏功能，促进其痊愈。

十一、鸡其他普通病

（一）雏鸡脱水

雏鸡脱水是指雏鸡出壳后，在第一次得到饮水之前，身体处于比较严重的缺水状态，它直接影响雏鸡的生长发育和成活率。

【病因分析】种蛋保存期间失水过多；孵化湿度过小，使孵蛋失水过多；雏鸡出壳后未能及时得到饮水；在雏鸡运输过程中、运雏箱内密度过大，温度过高，造成雏鸡大量失水。

【临床诊断】脱水幼雏表现为身体瘦弱，体重减轻，绒毛与腿爪干枯无光泽，眼凹陷，缺乏活力。一般来说，雏鸡因脱水直接渴死的较少，多数在得到饮水后可逐渐恢复正常。但若失水严重，雏鸡则持续衰弱，抗病力差，死亡率增加。

【防治措施】

（1）种蛋保存期要短，一般不应超过 7～10 天。种蛋存放时间过久，使胚盘活力减弱，孵化率降低，失水也比较多，影响雏鸡体质。种蛋保存的相对湿度以 75%～80%为宜。

（2）孵化器内相对湿度应保持 55%～60%，出雏器内保持 70%左右，不宜过于干燥。

（3）为了使雏鸡出壳的时间比较整齐，在 24 小时之内基本出完，不仅要求种蛋新鲜，大小比较均匀，而且孵化器内各部位的温差要求不超过 0.5℃。如果限于条件，做不到这一点，出壳时间持续较久，对于出壳的雏鸡应在出壳后 12～24 小时给予饮水，但开食应由饲养场、户运回后进行。

（4）在运雏过程中，要尽量缩短运输时间，并防止运雏箱内雏鸡拥挤和温度过高。若雏鸡出壳已超过 24 小时，运到育雏舍后应抓紧开始饮水，并一直供水不断。如有失水比较严重的雏鸡，应挑出加强护理。

（二）脂肪肝综合征

鸡脂肪肝综合征又称脂肝病，其特征是肝细胞中沉积大量脂肪，鸡体肥胖，产蛋减少，个别病鸡因肝功能障碍或肝破裂而死亡。

【病因分析】造成鸡脂肪肝综合征的具体因素主要有以下几个方面：

（1）饲粮中玉米及其他谷物比例过大，碳水化合物过多，而蛋白质，尤其是富含蛋氨酸的动物性蛋白质及胆碱、粗纤维等相对不足，失去平衡，造成能量过剩而产生的部分脂肪在肝细胞中蓄积。

（2）在鸡群营养良好、产蛋率处于高峰时，突然由于光照不足、饮水不足及其他应激因素，产蛋量较大幅度地下降，于是营养过剩，转化为脂肪蓄积。

（3）鸡体营养良好而运动不足，导致过于肥胖，使之肝细胞内蓄积脂肪。笼养鸡因为缺乏运动，发生本病的较多。

（4）饲料发霉，含有大量的黄曲霉毒素、会引起肝脏脂肪变性而导致发病。

【临床及病理诊断】鸡脂肪综合征多发于高产鸡群。鸡群发病时，大多数精神、食欲良好，但明显肥胖，体重一般比正常水平高出20%～25%，产蛋率明显下降，可由产蛋高峰时的80%～90%下降到45%～55%。急性发病鸡常表现吞咽困难，精神萎靡，伸颈，并出现瘫痪、伏卧或侧卧。口腔内有少量黏液，冠髯苍白、贫血。死亡率一般在5%左右，严重时可达80%。

剖检可见皮、肠管、肠系膜、腹腔后部、肌胃、肾脏及心脏周围沉积大量脂肪。肝脏肿大，呈灰黄色油腻状，质脆易碎，肝被膜下常有出血形成的血凝块。正常鸡肝脏含脂量为36%，患脂肪肝综合征时可高达55%。卵巢和输卵管周围也常见大量脂肪。

【防治措施】对发病鸡群中未发现症状的鸡，要喂饲低能量日粮，适当降低玉米的含量，增加优质鱼粉。提高蛋氨酸、胆碱、维生素E、生物素、维生素B_{12}等成分的含量。可适当限饲，一般根据正常采食量限饲8%～10%，产蛋高峰前限饲量要小，高峰过后限饲量可大些。添加5%的苜蓿粉和20%的麸皮有助于预防本病。

发病鸡治疗价值不大，应及时挑出淘汰。

（三）笼养鸡产蛋疲劳症

笼养鸡产蛋疲劳症是笼养鸡多发的一种病症，常发生于产蛋高峰期，主要与日粮中钙、磷和维生素含量不足及环境条件有关。

【病因分析】蛋鸡笼养对钙、磷等矿物质和维生素D的需要量比平地散养都相对高些，尤其鸡群进入产蛋高峰期，如果日粮中不能供给充足的钙、磷，或者钙、磷比例不当，满足不了蛋壳形成的需要，母鸡就要动用自身组织的钙，初期是骨组织的钙，后期是肌肉中的钙。这一过程常伴发尿酸盐在肝、肾内沉积而引起代谢机能障碍，影响维生素D的吸收，进而又造成钙、磷代谢障碍。另外，笼养鸡活动量小、鸡舍潮湿、舍温过高等，也是发生本病的诱因。

【临床及病理诊断】病初无明显异常，精神、食欲尚好，产蛋量也基本正常，但病鸡两腿发软，不能自主，关节不灵活，软壳蛋和薄壳蛋的数量增加。随着病情发展，病鸡表现精神萎靡，嗜睡，行动困难，常常侧卧。日久体重减轻，产蛋减少，腿骨变脆，易于折断。病情严重时可导致瘫痪和停产。剖检可见肋骨和胸廓变形，椎肋与胸肋交接处呈串珠状，腿骨薄而脆，有时也有肾肿胀、肠炎等病变。

【防治措施】

（1）笼养蛋鸡的饲粮中钙、磷含量要稍高于平养鸡，钙不低于3.2%～3.5%，有效磷保持0.4%～0.42%，维生素D要特别充足，其他矿物质、维生素也要充分满足鸡的需要。

（2）上笼鸡的周龄宜在17～18周龄，在此之前实行平养，自由运动，增强体质，上笼后经2～3周的适应过程，可以正常开产。

（3）鸡笼的尺寸一般分为轻型鸡（白壳蛋系鸡）和中型鸡（褐壳蛋系鸡）两种，后者不可使用前者的狭小鸡笼。

（4）舍内保持安静，防止鸡在笼内受惊挣扎，损伤腿脚。夏季舍内温度应控制在30℃以下。

（5）对病情严重的鸡可从笼中取出，地面平养，并喂以调整好的饲料，待健康状况基本恢复后再放回笼中饲养。

（四）痛风

痛风是以病鸡内脏器官、关节、软骨和其他间质组织有白色尿酸盐沉积为特征的疾病。可分为关节型和内脏型两种。

【病因分析】禽类从食物中摄取的蛋白质，在代谢过程中产生的废物，不像哺乳动物那样是尿素，而是尿酸。鸡摄取的蛋白质过多时，血液中尿酸浓度升高，大量尿酸经肾脏排出，使肾脏负担加重，受到损害，机能减退，于是尿酸排泄受阻，在血液中浓度升高，形成恶性循环，结果发生尿酸中毒，并生成尿酸盐在肾脏、输尿管等许多部位沉积。

鸡日粮在含钙过多时，常在体内生成某些钙盐，如草酸钙等，经肾脏排泄，日久会损害肾脏；饲料中维生素 A 不足，会使肾小管和输尿管和黏膜角化、脱落，造成尿路障碍。在这些情况下，血液中尿酸浓度即使比较正常也不能顺利排出，同样能引起痛风。

在饲养实践中，本病的具体病因主要有以下几个方面：

（1）饲料中蛋白质含量过高，例如达 30%以上，或者在正常的配合饲料之外，又喂给较多的肉渣、鱼渣等，持续一段时间常引起痛风。

（2）鸡在 18 周龄以内，日粮中钙的含量有 0.9%即可，如果喂产蛋鸡的饲料，含钙达 3%～3.5%，一般经 50～60 天即发生痛风。

（3）饲粮中维生素 A 和维生素 D 不足，会促使痛风发生。

（4）育雏温度偏低，鸡舍潮湿，饮水不足，笼养鸡运动不足，也会引起痛风。

（5）磺胺类药用量过大或用药期过长，造成肾脏机能障碍，引起痛风。

（6）鸡碳酸氢钠中毒和球虫病、白痢病、白血病等，会损害肾脏，引起痛风。

【临床及病理诊断】本病大多为内脏型，少数为关节型，有时两型混合发生。

（1）内脏型痛风：病初无明显症状，逐渐表现精神不振，食欲减退，消瘦，贫血，鸡冠萎缩苍白，粪便稀薄，含大量白色尿酸盐，呈淀粉糊样。肛门松弛，粪便经常不由自主地流出，污染肛门下部的羽毛。有时皮肤瘙痒，自啄羽毛。剖检可见肾肿大，颜色变淡，肾小管因蓄积尿酸盐而变粗，使肾表面形成花纹。输尿管明显变粗，严重的有筷子甚至香烟粗，粗细不匀，坚硬，管腔内充满石灰样沉淀物。心、肝、脾、肠系膜及腹膜等，都覆盖一层白色尿酸盐，似薄膜状，刮取少许置显微镜下观察，可见到大量针状的尿酸盐结晶。血液中尿酸及钾、钙、磷的浓度升高，钠的浓度降低。

内脏型痛风如不及时找出病因加以消除，会陆续发病死亡，而且病死的鸡逐渐增多。

（2）关节型痛风：尿酸盐在腿和翅膀的关节腔内沉积，使关节肿胀疼痛，活动困难。剖检可见关节内充满白色黏稠液体，有时关节组织发生溃疡、坏死。通常鸡群发生内脏型痛风时，少数病鸡兼有关节病变。

【防治措施】对于发病鸡，使用药物治疗效果不佳，只能找出并消除病因，防止疾病进一步蔓延。为预防鸡痛风病，应适当保持饲粮中的蛋白质，特别是动物性蛋白质饲料含量，补充足够的维生素，特别是维生素 A 和胆碱的含量。

在改善肾脏机能方面要多注意对其影响的因素，如创造适宜的环境条件，防止过量使用磺胺类药物等。据资料介绍，用中草药治疗有一定疗效，方法为：车前草、金钱草、金银草、甘草各等份煎水，加入1.5%红糖，连饮3～5天。

（五）圆心病

鸡圆心病为初产鸡的急性或亚急性疾病，其特征为心室扩大而心肌变薄，心脏衰竭而突然死亡。

【病因分析】本病的致病因素目前尚未十分清楚。有人认为，该病可能由遗传因素所致。但也有人认为，该病是在维生素D、E缺乏时，因锌盐中毒引起变态反应的结果。

【临床及病理诊断】本病主要发生于4～8月龄的鸡。病程不长。病鸡突然衰弱，沉郁、丧失食欲、鸡冠呈暗红色，并向侧方垂下。成年鸡发病后产蛋量降低，使用抗生素不见效果，即使康复也不健壮，难以恢复产蛋性能或正常发育，肉用鸡的胴体等级下降。

剖检可见心脏增大，常呈圆形（压迫所致），心脏内充满不凝固或凝固不良的黑色血液。心肌灰色或呈暗玫瑰红色。有时在心脏表面出现条纹状，血管过度充血，心包内含有大量浆液。大多病例肺有水肿。肝脏充血明显，有时破裂，此时血液流入胸腹腔内。肾和脾充血。公鸡睾丸缩小，母鸡卵巢卵泡不发达。

【防治措施】雏鸡避免使用已知有毒的物质、金属类药物、过量的盐类等。如无其他传染病，不应使用抗生素。至于木病的预防，应加强饲养管理。饲粮中加用维生素E、硒。饲喂含有丰富维生素的制剂、酵母、发芽谷粒、鱼肝油、胡萝卜及干草粉等。

（六）饥饿综合征

【病因分析】鸡饥饿综合征的致病因素主要有以下几个方面：

（1）育雏室内应保持一定的温度。若温度过低，雏鸡因畏冷而挤堆，影响采食。同时因温度低，鸡的代谢速度加快，能量消耗增加。反之，如室温过高，则饮水增加，采食量减少，影响正常代谢，这些均可造成雏鸡的饥饿状态。

（2）在一般情况下，雏鸡在出壳后 24 小时内可依靠存留在腹中残余的蛋黄来维持机体的能量需要。但若种鸡营养不良，种蛋质量差，则雏鸡体内蛋黄的营养成分不足，使其处于半饥饿状态。雏鸡出壳后 24 小时左右应开食，如开食过晚，也可造成雏鸡的饥饿。

（3）在长途运输种苗时，若事先不给予充足的饲料和饮水，在运输途中无法补充，也可造成饥饿状态。

（4）饲养管理不当，也是造成鸡只饥饿的原因。如长期饲料不足，营养不全，则可使部分鸡只长时间处于饥饿状态；又如采食青饲料过多，鸡啄食垫料等，造成摄入精饲料不足；再如，把大小不一、强弱不等的鸡只混养，强者多食，弱者被排挤，也能造成弱者处于饥饿状态。

（5）鸡本身的一些疾病，如许多传染病、寄生虫病、普通病等，均可不同程度地影响鸡的采食或造成食欲不振，甚至完全废绝，而使鸡处于饥饿或部分饥饿状态，促使病情恶化甚至死亡。

鸡若长期处于饥饿或部分饥饿状态时，摄入的营养物质不足，往往机体不得不消耗体内的糖贮存，致使贮存的脂肪和蛋白质分解加快，使含氮物质在体内增加，造成酸碱平衡失调，进而影响机体各系统的正常功能，而出现一系列症候群。

【临床及病理诊断】长时间轻度饥饿的鸡，大多呈现慢性经过，病鸡日渐消瘦，精神沉郁，呆立不动或走动无力，羽毛松乱而无光泽，鸡冠和肉髯苍白，生长停滞，生产力下降。严重饥饿的鸡，病初由于其明显的饥饿感，而表现为兴奋不安，到处乱走，继而由于营养摄入严重不足而表现体温降低，羽毛松乱、脱落，精神沉郁，衰弱无力。最后倒地不起，衰竭而死。

剖检可见尸体消瘦，肌肉萎缩，颜色变淡，嗉囊、腺胃、肌胃和肠道空虚或有少量液体，心包和腹腔积水，皮下、心冠沟及肠系膜等处脂肪消失，胆囊常充满淡绿色胆汁。肾脏肿大而色淡，肝、脾脏有不同程度的萎缩。

【防治措施】全面加强饲养管理是预防本病的关键。首先，必须用全价饲料饲喂种鸡，选用新鲜、大小适中、蛋形及蛋壳结构正常的种蛋进行孵化，控制好孵化温度和湿度。其次，要尽力抓好育雏工作。雏鸡出壳后12～24小时应开食，早出壳的早开食，不要等出齐后才一起开食，雏鸡应按强弱分群饲养。饲料用量要适当，同时要喂清洁的饮水。

对已发生轻度和短时间饥饿的鸡，只要及时消除病因，即可恢复正常。但对于严重饥饿且已造成极度消瘦和衰竭，无特效药可治，况且价值不大，应及时淘汰。

（七）应激综合征

鸡的应激综合征又称鸡惊恐症，是指鸡只受到频繁而短暂的急剧刺激后所表现出来的机能障碍，多发生于育成阶段的蛋鸡。其特征为极端神经质、惊恐及间歇惊群。

【病因分析】在养鸡生产中，导致鸡群应激的因素较多，一般来说，主要有以下几个方面：

（1）环境因素：温度、湿度、光照、噪音以及有害气体均可导致鸡群应激，如严寒或酷暑，温度、湿度的急剧改变，光照时间不适宜及突然的改变，氨气、二氧化碳等有害气体浓度增大，机器响声及怪声等噪音的影响等等。

（2）营养因素：饲料配合不当，营养成分不全面甚至缺乏，饲料中含有有毒成分，饲养期内饲料的改变，水质质量的差异等也可导致鸡群应激。

（3）管理因素：管理不善很容易导致本病的发生。如喂料方式和时间的突然改变，饲养密度过大，采食和饮水位置过小，限制饲养与强制换羽、断喙、断爪、截翅，接种疫苗或投药，传染病及其他疾病的发生等因素，都是在饲养管理中常出现本病的原因。

【临床及病理诊断】患本病的鸡常表现乱飞，好像正在被肉食兽追逐攻击一样又跑又飞，并发出咯咯的怪叫声。体重减轻，产蛋量下降，产软壳蛋、无壳蛋，甚至换羽。由于发育不正常、生长停滞等原因，往往大批被淘汰。

【防治措施】

（1）根据环境条件，从育雏阶段开始培养鸡群的适应性，例如使雏鸡适应各种声音，饲养员多与鸡群接触。此外，饲料营养要全面，不要经常捕捉鸡只。禁止陌生人进入鸡舍，鸡舍内的小气候要适合鸡的生理要求，千方百计要为鸡群创造安静而适宜的环境。

（2）当气候突然变化、防疫注射或其他干扰因素出现之前，最好在饲料中增加1%～3%蛋白质，添加适量的赖氨酸和多种维生素，以减少应激的发生。

(3) 降低光照亮度，调整光色，蓝光可延迟鸡惊恐症的发生。

(4) 出现症状要及时治疗。补给对神经系统有保护作用的烟酸和维生素 B_1 以及口服补液盐，均有一定的辅助治疗作用。

(八) 滑腱症

滑腱症是一种以腓肠肌腱或跟腱从其腱鞘中滑脱形成异常定位为特征的疾病。常为群发，除鸡之外，也可发生于火鸡、鸭、鹅等。

【病因分析】 造成鸡滑腱症的因素很多，包括营养、遗传、环境及一些病原等，其具体因素主要有以下几个方面：

(1) 锰、钙、磷：在低锰日粮中添加锰能有效防止滑腱症的发生，若用缺锰日粮喂鸡可导致滑腱症和骨短粗症。日粮中钙和磷含量过高可促使滑腱症的发生。

(2) 胆碱：胆碱缺乏可使鸡和火鸡发生滑腱症，饲料中添加 0.2%的胆碱能完全防止该病发生，而且以氯化胆碱效果最好。

(3) 蛋白质、氨基酸和维生素 B_6 等：胆碱预防滑腱症必须有足量的甘氨酸存在；维生素 B_6 缺乏时，如果日粮中蛋白质含量过高会促使鸡发生滑腱症；日粮中蛋氨酸和胱氨酸含量升高时，滑腱症的发生率也相应升高。此外，尼克酸、叶酸、维生素 B_2、生物素、赖氨酸、肌酸等均与滑腱症有关。

(4) 遗传因素：有人用杂交、回交等方法证明了滑腱症与遗传有关，并且对有关的基因进行了定位。

(5) 环境条件：如高密度笼养和网上平养发病率高，地面平养发病率低。

(6) 病原：某些病毒感染可加剧生物素、叶酸、尼克酸等维生素缺乏，从而导致滑腱症的发生。

【临床及病理诊断】病鸡膝关节、胫跗关节异常肿大，胫骨的远端部和跗骨的近端部向外方弯转，最后腓肠肌腱脱出原来的正常位置，从而导致鸡不能正常行走，严重影响了幼龄鸡的生长发育和成年鸡的产蛋。

【防治措施】鉴于引起鸡滑腱症的原因非常复杂，在生产中应采取综合防治措施。要使用营养丰富的全价饲料，尤其要有足够的与滑腱症的发生有关的锰、胆碱、维生素等。饲料中钙、磷含量和比例要适宜，同时，还要做好疫病的防治工作，特别是滑液囊支原体病和病毒性关节炎。

对重症病鸡没有治疗价值，应予淘汰。

(九) 嗉囊炎

【病因分析】本病又称软嗉症，多发于幼鸡，以 2～7 日龄的雏鸡较多发。成年鸡和青年鸡虽也有发生，但较雏鸡少。其发病原因，主要是平时饲养管理不当引起的，如舍温经常过低或者忽高忽低，饲料突然变换使鸡难以适应，喂给的饲料腐败、发霉、变质等。此外，一些慢性疾病、内脏疾病和传染病也能诱发本病。

【临床诊断】病鸡表现嗉囊膨大，像皮球，其中充满白色或黄色液体，触之有波动感，捉住鸡倒提时，可从口中流出液体，故称之为“水胀”。也有的病鸡嗉囊中主要充满气体，称之为“气胀”。本病除嗉囊有明显症状之外，病鸡还常表现食欲减退或废绝，羽毛蓬乱，精神萎靡，不愿走动，行走和叫声都显得虚弱无力。有时还出现呕吐、狂饮和下痢等症状。

【防治措施】要加强鸡群的饲养管理，维持适宜的育雏温度，保证饮水充足、清洁，不喂霉败、变质的饲料，并注意饲料合理搭配，使之易于消化吸收。

治疗时，比较大一些的鸡，可将其倒提，轻轻挤压嗉囊，使嗉囊内的液体和气体经口排出，再灌入0.2%的高锰酸钾溶液或1.5%的小苏打（碳酸氢钠）溶液，灌至嗉囊膨大时，揉捏嗉囊一二分钟，再倒提排出药液，口服土霉素半片至一片，大蒜瓣一小片。此法可隔日再进行一次。对于雏鸡，除更换饲料外，可饮用0.01%～0.02%的新鲜高锰酸钾溶液，口服少许土霉素片和加10倍水的大蒜汁，还可用较细的注射针头扎嗉囊几下，促其收缩。

（十）嗉囊阻塞

【病因分析】本病又称硬嗉症，多发生于雏鸡，如治疗不及时，死亡率较高。引起本病的原因主要有以下3个方面：

（1）饲料搭配不合理，日粮突然改变，使鸡饥饱不均、过食、积食而诱发本病。

（2）饲料粗糙变质，如喂给低劣、含粗纤维多或发霉变质的饲料，使之蓄积在嗉囊内产生大量的液体和气体。

（3）由于鸡有异食癖，吃了难以消化的杂物，如头发、鸡毛、橡皮、麻绳等，使之在嗉囊内蓄积。

【临床诊断】病鸡嗉囊膨大而坚硬，长时间不消化，食欲减退或废绝，精神萎靡，不愿活动，垂翅，冠青紫色，触及嗉囊有异物感。由于嗉囊内存有气体，常从口腔中吐出酸败难闻的气味，如不及时采取有效措施，数日后可死亡。

【防治措施】

（1）保证饲料质量良好，定时、定量饲喂，经常清扫环境，清除各种有害异物，以防本病发生。

（2）病情不严重时，可灌服1.5%的小苏打溶液，直至嗉囊膨满，然后倒提鸡，使其头朝下，用手轻压嗉囊，以排出积食和水，如此反复几次，以排尽内容物。也可向嗉囊内灌生理盐水、植物油等，然后按摩，使之排出，但效果常不理想。

（3）手术治疗：病情严重时，为收到满意的治疗效果，最好实行手术疗法。方法是：先将手术部拔毛，用碘酊消毒后避开血管将皮肤切开2～3厘米，然后与皮肤切口错开位置将嗉囊切开，取出堵塞物，并用0.1%高锰酸钾冲洗。最后用连续缝合法将嗉囊缝合，皮肤作结节缝合，创口涂以2%碘酊。术后禁食、禁水12小时，喂少量易消化的饲料，适当多喂些青绿饲料，经5天可拆除缝合线。

（十一）嗉囊下垂

【病因与临床诊断】本病是由于鸡异食而使嗉囊位置异常—下垂。如鸡长期吃不到砂砾，使其消化功能减退，一旦见到煤渣、砂子便大量食入，使嗉囊下垂成袋状，食物不能移行到胃，消化受阻，食物长期蓄积在嗉囊内腐败发酵。因此，病鸡精神浓郁，食欲减退或废绝，羽毛松乱，步态不稳，最后因衰竭而死亡。

【防治措施】饲料营养要全面，经常喂饲砂砾，消除环境中可能引起本病的有害异物。

本病使用药物治疗没有根治效果，只能实行手术治疗将异物取出，还原下垂变形的嗉囊。其手术方法与嗉囊阻塞手术相同，所区别的只是将多余的嗉囊切除，缩至正常大小。治愈率可达 95%左右。

（十二）腺胃黏膜炎

【病因分析】腺胃黏膜炎的发生与饲喂霉败或腐蚀性饲料有关，某些寄生虫的寄生也是一个诱因。

【临床及病理诊断】病鸡软弱无力，食欲减退，顽固性腹泻，进行性消瘦。剖检可见各种类型（从卡他性到纤维性、出血性和化脓性）的腺胃黏膜炎。

【治疗方法】首先要纠正饲养上的错误，饮 0.1%硫酸亚铁溶液，2～3 天后饮 0.01%（即每 10 千克水加 0.5 克）碘化钾溶液，可获得良好疗效。

（十三）肌胃糜烂

鸡肌胃糜烂是由多种致病因素引起的一种消化道疾病。其特征为病鸡呕吐黑色物，肉眼可见肌胃角质膜糜烂、溃疡。

【病因分析】引起本病的主要原因，是饲粮中的鱼粉质量低劣或数量过多。鱼粉中都含有一些组胺及其化合物，不同的鱼粉含量不等，组胺在鸡饲粮中的含量达 0.4%可引起典型的肌胃糜烂。如果鱼粉腐败、发霉、变质和掺假，会含有多种有害物质，协同引起肌胃糜烂。饲料中缺乏维生素 E、K、B_6、B_{12}及硒、锌等，以及鸡群拥挤、卫生条件不佳，都会促进本病的发生。发病多见于 5 月龄以内的雏鸡和青年鸡。

一般来说，劣质鱼粉在饲粮中占 5%以上，就可能引起肌胃糜烂；质量较好的鱼粉如果用量过大，在饲料中占

15%以上，也会引起肌胃糜烂。

【临床及病理诊断】本病一般在饲喂劣质鱼粉或过量鱼粉5～10天之后出现症状。病鸡食欲减退或废绝，羽毛松乱，行动迟缓，闭目缩颈，喜蹲伏。呕吐黑褐色样物，嗉囊外观多呈淡黑色，故俗称“黑嗉子”病。排稀便，重者排褐色软便。喙褪色，冠苍白、萎缩，腿脚黄色素消失。本病直接死亡虽然比较少，但日久营养不良，体质衰弱，易感染传染病和寄生虫病，就会造成较大损失。

剖检可见嗉囊扩张，有多量黑色液体，腺胃、肌胃及肠道及肠道内容物呈暗棕色或黑色。肌胃内缺少砂粒，角质膜病初增厚、粗糙，继而糜烂、溃疡，严重时肌胃较薄处穿孔。十二指肠有轻度出血性炎症。

【防治措施】

(1) 选用优质鱼粉，且在饲粮中鱼粉含量不应超过10%。

(2) 日粮中各种维生素和微量元素要充足，饲养密度不要过大，搞好舍内卫生，消除本病的诱因。

(3) 对病鸡立即更换饲料，这样经3～5天一般可控制病情，并渐趋康复。

(十四) 肠炎

【病因分析】本病主要由于饲养管理不当，饲喂霉败变质饲料、青饲料过多、不定时饲喂或喂得过多，以及缺乏砂砾等引起，天气突然变化、受寒、中暑、食物中毒，某些寄生虫如球虫、蛔虫、绦虫也能诱发本病。

【临床及病理诊断】本病多发生于2～3周龄的雏鸡。病雏精神萎靡，低头闭目，羽毛松乱，两翅下垂。食欲减退或废绝，虚弱无力，腹泻，排白、黄、绿或棕色的稀便。排出的稀水便黏附肛门周围的羽毛，最后因衰竭而死亡。成年鸡因病因不同而症状各异，一般表现为食欲减退，口渴，喜大量饮水，行动迟缓，体弱无力，嗜睡喜卧，排黄白色软便、稀水便，腹下羽毛常被稀便玷污，产蛋量显著减少，或者停止产蛋。病鸡剖检可见肠黏膜发生剧性炎症，往往侵入黏膜下层、肌层和浆膜。

【防治措施】加强鸡群的饲养管理，搞好环境卫生，喂食要定时定量，饲料要合理搭配，防止喂霉败变质的饲料。

鸡群发病后，可在饲料中拌入 0.04%的痢特灵，连用5～7 天。另外，在饲料中拌入 2%的木炭末也有一定疗效。

（十五）输卵管炎

【病因分析】本病多发生于产蛋多的低龄鸡。造成本病的主要原因有饲料中缺乏维生素 A、D、E，饲喂动物性饲料过多，鸡舍卫生条件太差，泄殖腔被细菌污染，产蛋过多、过大或蛋在输卵管中破裂等等。

【临床及病理诊断】病鸡肛门周围及下面的羽毛常被输卵管排出的黄、白色脓性分泌物污染，并刺伤肛门，产蛋时疼痛、困难，蛋壳上带有血迹。随着病情逐渐发展，病鸡开始发热，后自行消退，痛苦不安，羽毛蓬乱，两翅下垂，呈昏睡状，以腹部擦地，剖检可见输卵管炎症；管径变粗，内有大量黄色脓性分泌物，炎症延及腹腔时可引起腹膜炎。

【防治措施】加强鸡群的饲养管理，合理搭配饲料，并适当喂些青绿饲料，以预防本病的发生。

发现病鸡后应及时隔离，若经检查有卵滞留在泄殖腔中，应用些油类物质，促其排出体外。然后用温盐水或2%～4%硼酸溶液或0.1%～0.3%高锰酸钾水，使用注射器向肛门内冲洗。若由大肠杆菌、白痢杆菌或副伤寒杆菌等感染所致，可用抗生素治疗。青霉素肌肉注射，每只成鸡2万～4万单位；或按每千克体重第一次口服土霉素50～100毫克，第二次减半，或按0.2%混于饲料中喂给。

（十六）泄殖腔炎

【病因分析】泄殖腔炎是鸡的泄殖腔和肛门部分发生溃疡性的炎症，大多由细菌感染所致。

【临床诊断】病鸡的肛门中流出一种白色的黏液分泌物，具有难闻的臭味，病鸡的肛门红肿，周围羽毛污染，肛门的边缘常有假膜形成，严重时肛门部分的组织发生溃烂脱落，形成溃疡。有时炎症可以蔓延到直肠部分。

【防治措施】治疗时，先把病鸡肛门部分的溃烂组织除去，伤口用温和的消毒药液冲洗，再涂敷5%金霉素软膏。一般涂敷2～3次即可痊愈。

病鸡必须隔离饲养，以防鸡群发生啄食和引起感染。严重病鸡不能留种，应予淘汰。

（十七）卵石症

【病因与临床诊断】本病多由卵巢炎和输卵管炎所致。剖检病鸡可见输卵管内或腹腔中有卵黄结石（这种卵黄结石是由卵黄形成的），切开后，切面呈同心圆，像树轮状。卵石的大小和形态各异。有时在输卵管和腹腔可同时发现若干大小不等的结石。卵石沉着于腹腔时，可引起腹膜炎，可数月不死，腹腔有大量脂肪沉积。

【防治措施】加强鸡群饲养管理、维持良好的环境卫生，避免一些疾病如大肠杆菌病，白痢病等的发生，是预防本病的基本措施。

对发病鸡无治疗价值，应予淘汰。

（十八）脱肛

【病因分析】蛋鸡的脱肛多发生于初产期或盛产期，并多见于高产鸡。其原因主要有以下几个方面：

（1）育成期运动不足，鸡体过肥。在育成期，饲粮中能量水平过高或上笼过早，运动不足，使母鸡体内脂肪沉积过多，鸡体过肥。由于耻骨间和下腹部的大量脂肪压近输卵管，阻塞产道，使输卵管肌肉过度紧张，每次产蛋都强力努责而造成脱肛。

（2）过早或过晚开产。母鸡过早开产，鸡体发育与性成熟不相适应，鸡体小，骨骼肌肉发育不良，难以维持产蛋。过晚开产，往往一开产就产大蛋，易因难产而脱肛。

（3）饲粮蛋白质供给过剩。母鸡开产后，产蛋率呈上升趋势，这一时期若喂饲大量的高蛋白饲料，使产蛋量剧增，蛋重加大或出现较多的双黄、三黄蛋，难产脱肛的发生率相应增加。

（4）饲粮中维生素 A 和维生素 E 缺乏。在盛产期，若维生素 A 或维生素 E 摄取不足，性激素分泌不平衡，输卵管及泄殖腔黏膜上通畅，产蛋时用力过度造成脱肛。

（5）光照不当或维生素 D 供给不足。过早的补充当照或无规律地延长光照时间，增加光照强度，造成母鸡过度兴奋，神经敏感，互相啄斗，提早产蛋或搅乱产蛋规律而引起难产脱肛。此外，在盛产期饲粮中钙质含量较高，若光照不足或维生素 D 缺乏，钙、磷比例不当，使饲粮中的钙不能充分吸收利用，剩余的钙沉积肠道，刺激肠黏膜发炎，排粪时强力努责造成脱肛。

(6) 病理因素。输卵管与泄殖腔炎症、白痢、球虫病及腹腔肿瘤等均易引起母鸡脱肛。

(7) 不利环境的影响。母鸡产蛋时受到外界环境的惊吓，有啄食癖的鸡趁产蛋鸡肛门外翻之际去啄其肛门，都可造成脱肛。

【临床诊断】 脱肛初期，肛门周围的绒毛呈湿润状，有时肛门内流出白色或黄白色黏液，以后约有 3～4 厘米的红色物脱出，鸡常作蹲伏产蛋姿势。时间稍久，脱出部分由红变绀，若不及时处理，可引起炎症，水肿、溃疡，并容易招致其他鸡啄食而引起死亡。

【防治措施】 加强鸡群的饲养管理，合理搭配饲料，适当控制光照时间和强度，适时进行断喙，保持环境稳定，以消除一切致病因素。

发现病鸡后应立即隔离，重症鸡大都愈后不良，没有治疗价值，应予淘汰。症状较轻的鸡，可用 1%的高锰酸钾溶液将脱出部分洗净，然后涂上紫药水，撒敷消炎粉或土霉素粉，用手将其按揉复位。比较严重经上述方法整复无效的，可采用肛门胶皮筋烟包式缝合法缝合治疗，即病鸡减食或绝食两天，控制产蛋，然后在肛门周围用 0.1%普鲁卡因注射液 5～10 毫升，分三、四点封闭注射，再用一根 20～30 厘米的胶皮筋做缝合线（粗细以能穿过三棱缝合针的针孔为宜），在肛门左右两侧皮肤上各缝合两针，将缝合线拉紧打结，三天后拆线即痊愈。

（十九）难产

本病又称蛋滞留，是母鸡产不下蛋的一种疾患，多发生于初产的青年鸡和过肥的老年鸡。

【病因分析】蛋形过大，特别是初产的青年鸡产大蛋、双黄蛋时易难产；由于输卵管疾病，如输卵管发炎或狭窄、扭转，使蛋难以在输卵管中通过，或因病造成输卵管的分泌作用障碍，致使黏膜不滑润，干涩，蛋不易通过；过肥的老年鸡腹内有大量的脂肪，受其压迫使输卵管发生紧张而难产。

【临床诊断】病鸡常伏于巢内不出，作产蛋姿势，但产不出蛋。如连积几个蛋于输卵管内，则常使蛋破裂，引起鸡蛋腐败，产生毒素，造成中毒死亡。

【治疗方法】对于一般性难产可进行人工助产，即将滑润剂如蓖麻油、石蜡油或凡士林涂于肛门内减少产蛋阻力，再用一手指轻轻地小心插入母鸡泄殖腔内，然后用另一手压迫鸡的腹部，帮助将蛋产出。

如上法无效果，则先把鸡的体位和蛋的位置拨正、固定好，使蛋的一端朝外，用一锐物体将蛋弄破，随之可见蛋黄、蛋清及碎蛋片流出。然后用消毒药0.1%的高锰酸钾溶液冲洗。

输卵管狭窄或扭转造成习惯性难产的母鸡，因无法治疗，应予淘汰。

（二十）畸形蛋

母鸡有时会产出一种不正常的蛋，称为异常蛋或畸形蛋。这种蛋多发生于当年盛产的青年鸡。常见的畸形蛋有无蛋黄、双黄蛋、无壳蛋、不定型蛋等。

（1）无黄蛋：无黄蛋比正常蛋小，有的似鸽蛋，形态不定，有的过长，有的过圆，也有的正常。这是由于异物落入输卵管后使输卵管的蛋清分泌部受到刺激而分泌出蛋清和蛋壳包裹着异物形成一个没有蛋黄的无黄蛋。有时，由于蛋黄成熟脱落时母鸡受到惊吓飞动，蛋黄一部分落入腹腔，一部分落入输卵管伞，形成蛋清包裹着一部分蛋黄的现象。

（2）双黄蛋：即一个蛋中有两个蛋黄。这种蛋都比正常蛋大，且在中间的有个明显可见的沟状。此种蛋多产于当年高产母鸡。形成双黄蛋的原因是两个蛋黄在体内同时成熟，或在前后很短时间内相继成熟，排出一个，而另一个因惊吓或受其他物理性压迫促使也被排出，便形成双黄蛋产出体外。由于双黄蛋的蛋形较大，因而鸡产蛋时容易造成输卵管破裂或肛门撕裂等。

（3）无壳蛋：无壳蛋也称软壳蛋，即产出的蛋无硬壳，仅为一层软膜包裹，多发生于产蛋多的高产母鸡。主要是由于饲粮长期缺乏钙质，或维生素 D 不足，或钙磷比例失调，或蛋壳腺机能失常，不能分泌充足的钙质，也可能由于鸡受惊吓所致。

预防鸡产软壳蛋，主要是针对原因采取措施。要在饲粮中供应充足的富含钙质的矿物质饲料，如硫酸钙、贝壳粉、蛋壳粉等。同时，使产蛋母鸡得到充足光照或补充维生素 D 添加剂，以促进对钙质的吸收。产蛋时要保持环境的安静，以免受惊吓。

（4）其他畸形蛋：除上述畸形蛋外，还有蛋包蛋，即一个蛋内包裹一个小蛋，小蛋在结构上和正常蛋一样。产下这种蛋的原因是，当蛋形成后尚未产出时受惊和某种生理反常现象，使输卵管发生逆蠕动，使已形成的蛋又被推回到输卵管上部，输卵管恢复正常后，又按照蛋的形成过程重复一次，结果形成了蛋包蛋。鸡产这种蛋很困难，容易发生难产。此外，因输卵管生理机能失常，产生过圆、过长和扁形的蛋，有时也产双壳蛋，这些均属畸形蛋。

（二十一）抱窝

母鸡“抱窝”特性也叫抱性或就巢性，是鸡在自然条件繁殖后代的方式，是一种正常的生理现象，不属于疾病。但是，母鸡抱窝会造成多日不产蛋，影响养鸡的经济效益。鸡的抱性具有高度的遗传性，可通过淘汰的办法逐步克服，例如目前商品鸡中，来航鸡各个品系完全不抱窝，褐壳蛋鸡约有2%～4%在春季抱窝。鸡的抱性受环境条件的影响也比较大，在温暖而阴暗的环境中，鸡容易抱窝。

【醒抱的措施】 主要是改变环境，消除其抱窝条件，采用药物及其他刺激等。

（1）改变环境，消除抱窝条件：这是最简单而有效的办法。如将抱窝鸡装进单一的笼子或筐里，放在阴凉通风处或挂在凉爽而明亮的空中；或将鸡放在浅水盆里，这样经3～5天鸡可醒抱。

（2）穿羽、针刺、缚脚、通风等刺激法：拔一根翅膀上的长羽毛，穿鸡的鼻孔；或用缝衣针在鸡的冠点穴、脚底穴深刺2厘米，一般轻抱鸡3天后可下窝觅食；或用软绳将鸡的双脚困在一起，促其醒抱；或用20～25伏电压，一极夹在冠上，一极夹在肉髯上，通电10秒钟，间隔10秒钟后通电10秒钟，可醒抱。

（3）药物刺激法：每千克体重胸肌注射12.5毫克丙酸

丸素，注射后 4 小时即可醒抱；内服止痛、退热药物，在鸡停产开始抱窝的当天，口服 1 片去痛片或安及近，第二天再服 1 片，即可醒抱。

对抱性强、反复抱窝的母鸡应予淘汰。

（二十二）啄癖

啄癖是鸡群中的一种异常行为，常见的有啄肛癖、啄趾癖、啄羽癖、食蛋癖和异食癖等，危害严重的是啄肛癖。

【病因分析】引起鸡啄癖的因素主要有以下几个方面：

（1）营养缺乏。日粮中缺乏蛋白质或某些必需氨基酸；钙、磷含量不足或比例失调；缺乏食盐或其他矿物质微量元素；缺少某些维生素；饮水缺乏；日粮大容积性饲料不足，鸡无饱腹感。

（2）环境条件差。鸡舍内温度、湿度不适宜、地面潮湿污秽、通风不良，光照紊乱，光线过强；鸡群密集，拥挤；经常停电或突然受到噪音干扰。

（3）管理不当。不同品种、不同日龄、不同强弱的鸡混群饲养；饲养人员不固定，动作粗暴；饲料突然变换；饲喂不定时、不定量；鸡群缺乏运动；捡蛋不勤，特别是没有及时清除破蛋。

（4）疾病。鸡有体外寄生虫病，如鸡虱、蜱、螨等；体表皮肤创伤、出血、炎症；母鸡脱肛。

【临床诊断】

（1）啄肛癖：成、幼鸡均可发生，而育雏期的幼鸡多发。表现为一群鸡追啄某一只鸡的肛门，造成其肛门受伤出血，严重者直肠或全部肠子脱出被食光。

（2）啄趾癖：多发生于雏鸡，它们之间相互啄食脚趾而引起出血和跛行，严重者脚趾被啄断。

(3) 啄羽癖：也叫食羽癖，多发生于产蛋在盛期和换羽期，表现为鸡相互啄食羽毛，情况严重时，有的鸡背上羽毛全部被啄光，甚至有的鸡被啄伤致死。

(4) 食蛋癖：多发生于平养鸡的产蛋盛期，常由软壳蛋被踩破或偶尔巢内地面打破一个蛋开始。表现为鸡群中某一只鸡刚产下蛋，就相互争啄鸡蛋。

(5) 异食癖：表现为群鸡争食某些不能吃的东西，如砖石、稻草、石灰、羽毛、破布、废纸、粪便等。

【防治措施】

(1) 合理配合饲粮：饲料要多样化，搭配要合理。最好根据鸡的年龄和生理特点，给予全价日粮，保证蛋白质和必需氨基酸（尤其是蛋氨酸和色氨酸）、矿物质、微量元素及维生素（尤其是维生素 A 和烟酸）的供给，在母鸡产蛋高峰期，要注意钙、磷饲料的补充，使日粮中钙的含量达到 3.25%～3.75%，钙磷比例为 6.5∶1。

(2) 改善饲养管理条件：鸡舍内要保持温度、湿度适宜，通风良好，光线不能太强。做好清洁卫生工作，保持地面干燥。环境要稳定，尽量减少噪音干扰，防止鸡群受惊。饲养密度不能过大，不同品种、不同日龄、不同强弱的鸡要分群饲养。更换饲料要逐步进行，最好有 1 周的过渡时间。喂食要定时定量，并充分供给饮水，平养鸡舍内要有足够的产蛋箱，放置要合理，定时捡蛋。

(3) 适当运动：在鸡舍或运动场内设置砂浴池，或悬挂青饲料，借以增加鸡群的活动时间，减少相互啄食的机会。

(4) 食盐疗法：在饲料中增加 1.5%～2.0%的食盐，连续喂 3～5 天，啄癖可逐渐减轻及至消失。但不能长时期饲喂，以防食盐中毒。

（5）生石膏疗法：食羽癖多由于饲粮中硫酸钙不足所致，可在饲粮中加入生石膏粉，每只鸡每天1～3克，疗效很好。

（6）遮暗法：患有严重啄癖的鸡群，其鸡舍内光线要遮暗，使鸡能看到食物和饮水即可，必要时可采用红光灯照明。

（7）断喙：对雏鸡或成年鸡进行断喙，可有效地防止啄癖的发生。

（8）病鸡处理：被啄伤的鸡要立即挑出，并对伤处用2％龙胆紫溶液涂擦后隔离饲养。对患有啄癖的鸡要单独饲养，严重者应予淘汰，以免扩大危害。由寄生虫、外伤、脱肛引起的相互啄食，应将病鸡隔离治疗。

（二十三）皮下气肿

【病因及临床诊断】鸡皮下气肿发生的主要原因是由于呼吸道的损伤或缺损和体壁损伤所致，使空气进入组织间隙而蓄积在皮肤下面，造成鸡整个前躯部从嗉囊、颈部及头部皮下充满气体，膨大如气球状。

【治疗方法】一般的皮下气肿，只要用一尖头剪刀刺破皮肤，把皮下积气放掉即可。对于骨折（如捉鸡时用力过大，造成体壁损伤）引起的皮下气肿则无治疗意义。

（二十四）初生雏脐炎

【病因分析】孵化室卫生条件差，孵化器中的湿度过大或温度太高、太低；雏鸡脐孔闭合不良，致使各种细菌侵入其中；入孵鸡蛋的蛋壳质量差，没有消毒或消毒不彻底，细菌侵入蛋内。

【临床诊断】病雏衰弱，腹部膨大，脐部潮湿发炎，绒毛蓬乱、污秽、缺少光泽，病雏相互挤在一起。在最初的4～5天内，死亡率高，多数病雏在第一周内死亡。

【防治措施】

（1）孵化室必须清洁卫生，空气新鲜，防止污浊。

（2）入孵前，对孵化室及孵化用具要严格消毒。

（3）对1日龄的雏鸡要精心护理，严防受冷和受热。鸡患脐炎后，鸡舍要用福尔马林和高锰酸钾熏蒸消毒，其剂量是每立方米用福尔马林14克、高锰酸钾7克，熏蒸时需将雏鸡全部赶出鸡舍，待烟散净后再把雏鸡赶进去。

（4）对患有脐炎的鸡，要与强雏分开培育，病雏用消炎药物涂擦患处。

（二十五）雏鸡软腿综合征

雏鸡软腿综合征是指某些致病因素引起的维鸡腿部麻痹和瘫痪，造成病雏采食和饮水困难，进而发生消瘦、衰竭和死亡。

临床上引起雏鸡瘫痪的原因比较复杂，当不同疾病发生时，病雏表现的症状十分相似，给诊断和治疗带来一定的困难。所以把这种由多种原因引起雏鸡瘫痪的共同症状，归结于一个病名，即软腿综合征。

虽然引起雏鸡软腿综合征的原因很多，但归纳起来，可分为营养性因素、传染病性因素和中毒性及其他因素等3个方面。

1. 营养性软腿症　营养性软腿症多见于肉用仔鸡。肉用仔鸡3周龄后，随着生长速度加快，营养性软腿症的发病率也增加。其病因与症状表现大致有下列几种：

（1）脱键症：其病因比较复杂，饲料中的锰、胆碱、烟酸、叶酸、生物素、尼克酸缺乏或不足都可导致本病。病鸡骨骺生长板发育受阻，腔骨缩短弯曲，软骨营养不良，骨干骺端增粗，附关节肿大，腔骨远端与跗骨近端向外弯曲，腿脚畸形，病鸡不能站立，靠跗关节着地移动，最后因采食饮水困难而死亡。

（2）腔软骨发育不良：该病发生与鸡体内离子平衡有关。饲料中补充大剂量的磷、氯或硫时，阴离子水平提高，本病发病率也提高；而补充钙、钾、钠、镁时，饲料中阳离子水平提高，本病发病率则降低。胫软骨发育不良是由胫骨近端和附趾骨、股骨远端异常引起的。病鸡跗关节肿大，行动摇摆，重者不能站立行走。纵切病鸡跗关节，因未矿化和未血管化的软骨会从生长板延伸至骨干骺端，在切面上可见到一块白色透明的“软骨栓”，其形状、大小与病情有关。

（3）腿扭曲：本病与饲料中的氨基酸和单宁含量有关。腿扭曲包括内翻和外翻；内翻是附关节向外弯曲，呈弓形腿，外翻是附关节向内弯曲靠在一起。腿扭曲是胫骨近端与跗骨远端弯曲所致，但病鸡长骨生长正常，骨髓生长板发育良好。

（4）佝偻病：本病是由于饲料中缺乏维生素 D_3 或钙、磷及其比例失调引起的。病鸡表现两腿无力，步态不稳，跛行，常蹲下，重者侧卧不起，两腿叉开呈八字形。有的关节肿大，骨骼变形，骨软易弯，骨髓生长板增宽。喙变软如“橡皮喙”龙骨变形呈“S”形，肋骨与脊柱结合处呈串珠状肿大。

（5）维生素缺乏引起的软腿症

维生素 B_1 缺乏：病鸡腿软无力，行走不稳，趾向内弯曲，初期扬头高抬脚行走，随病情发展以跗关节着地移动，重者两肢麻痹或瘫痪，卧地不起，两腿伸直，呈典型“观星状”姿势。

维生素 B_2 缺乏：病鸡行走困难，不愿走动，驱赶时一只脚行走或以跗关节着地行走，为维持平衡而常两翅展开，关节肿大变形，周围有增生的结缔组织硬块，脚趾向内弯曲，呈半握拳式，重者两腿叉开卧地，或一腿向前，一腿向后。剖检跗关节腔内有淡黄色黏液。关节间隙有增生的结缔组织，两侧坐骨神经比正常肿大 3～5 倍。

维生素 E 缺乏：维生素 E 缺乏与缺硒症状相似。初期走路困难，站立不稳，后期两腿麻痹，倒地侧卧或伏卧，腿外伸，一侧性角弓反张，两腿发生痉挛性抽搐。有时这些症状间歇发作，出现这种症状的鸡不久死亡。

缺锌性软腿症：因饲料中有效锌含量不足引起。病鸡两腿软弱，运动失调，长骨短粗，跗关节肿大，腿脚皮肤鳞片状，重者发生坏死性皮炎。

【防治措施】

（1）加强鸡群的饲养管理，搞好鸡舍环境卫生，定期消毒防疫，避免疾病或应激发生，减少鸡体对营养物质的过多消耗。

（2）使用全价配合饲料，保证每天的饲喂料中含有足量的多种维生素和微量元素。

（3）饲料应贮存在干燥、阴凉的仓库里，严禁饲喂霉变饲料。

（4）有些药物能影响机体对营养物质的吸收，如投喂大量四环素类药物能影响鸡对钙、磷的吸收，磺胺类药物可影响鸡对叶酸的吸收。因此，长时间大剂量投喂这些药物时，应补加相应的营养物质。

（5）应了解营养物质之间的协同与拮抗作用，以便调配饲料或疾病防治。如维生素 E 和硒，维生素 D 和钙、磷有协同作用。相反，蛋白质与维生素 B_6，钙和锰有拮抗作用。因此，要注意饲料中养分的充足与平衡，以减少营养性软腿症的发生。

2. 传染病性软腿症

（1）病毒性关节炎：本病是由病毒引起的雏鸡关节炎，4～6 周龄时肉鸡发生率较高，雏鸡患病后主要表现为跛行、瘫痪和生长停滞，跗关节脓肿、出血。患部羽毛脱落，肿胀的关节腔中蓄积有浆液脓样渗出物，肌腱肿胀、断裂，导致患鸡瘫痪和死亡，死亡率 5%左右。

（2）鸡马立克氏病：神经型的马立克氏病常引起青年鸡腿部麻痹和死亡。流行面较广泛。主要发生于 1 月龄以上的青年鸡。蛋鸡在开产前最为突出。病鸡表现瘫痪并出现典型的劈叉姿势，单侧腿或翅膀发生麻痹。当颈神经麻痹时，病鸡头颈可歪向健侧。剖检时可发现患侧肢体的神经干肿胀达 1～2 倍，在腹腔的腰荐神经丛中，可看到肿胀的神经干。

（3）支原体病：支原体中的滑液囊支原体也可引起病鸡瘫痪和关节肿胀。主要病变为跗关节和足掌常发生肿胀并蓄积有脓样以至干酪样渗出物。病变还常波及龙骨滑膜囊及腱鞘。

鸡支原体病发生时，还常伴有呼吸道症状及肝脏，脾脏和肾脏的肿胀。

（4）鸡新城疫：当鸡群中发生慢性新城疫时，病鸡除表现歪颈、肌肉震颤、角弓反张等神经症状外，也有的鸡表现腿部和翅膀麻痹，行走困难。

值得注意的是，在使用新城疫疫苗进行免疫的过程中，有时由于免疫剂量过大，也可造成大批雏鸡发生腿部麻痹和瘫痪。这种情况往往发生于未免疫雏鸡中使用新城疫Ⅰ系疫苗，或Ⅱ系疫苗剂量过大。此外，如果在进行新城疫免疫的同时，鸡群感染了野外强毒，全群中也会发生大批鸡瘫痪。

3. 中毒及其他因素引起的软腿症

（1）脂肪中毒：采用添加动物脂肪饲喂肉鸡时，如果饲料中未添加抗氧化剂或脂肪酸败，常会引起脂肪中毒。其中毒的主要症状为十二指肠发炎，腿部麻痹和瘫痪，肝硬变和腹水增多。脂肪中毒而导致腿部麻痹的原因是由于酸败脂肪产生毒素直接损伤病鸡的神经系统，或是由于酸败脂肪产生的过氧化物破坏了维生素 A、D、E 以及水溶性维生素的活力而造成的。

（2）曲霉菌病：本病主要引起鸡的曲霉菌性肺炎和眼炎。但由于曲霉菌孢子产生的毒素和细菌毒素相似，可使患鸡产生强直性痉挛和麻痹症状。病鸡表现为腿部麻痹和瘫痪。

（3）痛风：当鸡群饲喂过量的粗蛋白、高钙饲料或肾脏发生损伤时，雏鸡可表现出痛风症状。患痛风的鸡往往在内脏中布满大量的尿酸盐，并成膜状物。如尿酸盐沉积在关节腔中，病鸡表现出明显跛行和瘫痪。

（4）脚垫肿：这是由葡萄球菌引起的一种鸡脚部疾病。青年鸡多发。由于肉鸡体重较大，足部负担过重，所以肉鸡比蛋鸡多发。患鸡脚垫部皮下发生囊肿时，极为疼痛，故产生跛行和卧地不起。

（二十六）鸡感冒

【病因分析】鸡舍阴暗潮湿，气候骤变，温差变化大，吃冰冻饲料和饮冰渣水，使鸡体局部或全身受到寒冷刺激而发病。

【临床诊断】本病多发生于鸡。病鸡精神沉郁，流水样鼻液，眼结膜发红，流泪，打喷嚏，呼吸困难，有时咳嗽。食欲减退或废绝，行动迟缓，低头闭目，羽毛蓬乱。雏鸡身体瘦弱，生长发育停滞，成年鸡产蛋量减少。

【防治措施】平时要加强鸡群的饲养管理。鸡舍要卫生、干净、保温，舍内温度要基本恒定，防止忽冷忽热，通风换气时要先提高舍温。饲养密度要适宜，防止拥挤，禁喂带冰碴的水和料。

对发病鸡应及时治疗，可用土霉素或四环素，每只60日龄以内的幼鸡8～30毫克，分3次拌在饲料中喂给，连续用药3～5天；也可用磺胺甲基嘧啶或磺胺二甲基嘧啶，按饲料量0.2%拌入，首次加倍，并加等量小苏打，连喂3～5天。

（二十七）肺炎

【病因分析】本病多发生于约10日龄左右的幼雏，是雏鸡的常见病之一。主要是受寒冷刺激感冒之后处理不及时，肺炎双球菌侵害肺部所致。

【临床诊断】病鸡表现为精神萎靡，体温上升，羽毛松乱，翅膀下垂，低头闭目，离群呆立，呼吸困难，伸颈张口咳喘，食欲减退或废绝，渴欲增加。如治疗不及时常因窒息而死，死亡率较高。

【防治措施】

（1）预防感冒，并及时治疗，防止继发肺炎。

（2）药物治疗：土霉素，每次每千克体重 100 毫克拌料，每天 2 次，连喂 3～4 天，磺胺甲基嘧啶或磺胺二甲基嘧啶，按饲料量 0.2%拌入，首次加倍，并加等量小苏打，连喂 3～5 天。

（二十八）中暑

【病因分析】鸡缺乏汗腺，主要靠张口急促地呼吸、张开和下垂两翅进行散热，以调节体温。在炎热高温季节，如果湿度又大，加上饮水不足，鸡舍通风不良，饲养密度过大等极易发生本病。

【临床诊断】病鸡精神沉郁，两翅张开，食欲减退，张口喘气，呼吸急促，口渴，出现眩晕，不能站立，最后虚脱而死。病死鸡冠呈紫色，有的肛门凸出，口中带血。剖检可见心、肝、肺淤血，脑或颅腔内出血。

【防治措施】

（1）调整饲粮配方，加强饲养管理。由于高温期鸡的采食量减少 15%～30%，而且饲料吸收率下降，所以必须对饲粮配方进行调整。提高饲粮中的蛋白质水平和钙、磷含量，饲粮中的必需氨基酸特别是含硫氨基酸不应低于 0.58%。由于高温，鸡通过喘息散热呼出多量的二氧化碳，致使血液中碱的储量减少，血液中 pH 下降，所以饲料中应加入 0.1%～0.5%的碳酸氢钠，以维持血液中的二氧化碳浓度及适应的 pH。高温季节粪中含水量多，应及时清除粪便以保证舍内湿度不高于 60%。平时应保持鸡舍地面干燥。喂料时间应选择一天中气温较低的早晨和晚间进行，以避免采食过程中产热而使鸡的散热负担加重。另外，要提供充足的饮水。

（2）降低鸡舍的温度。在炎热的夏季，可以用凉水喷淋鸡舍的房顶。其具体做法是，在鸡舍房顶设置若干喷水头，气温高时开启喷水头可使舍内温度降低 3℃左右。加强通风也是防暑降温的有效措施，因为空气流动可使鸡体表面的温度降低。如有条件，可在进风口设置水帘，能显著降低舍内温度。

（3）搞好环境绿化。在鸡舍的周围种植草坪和低矮灌木，有利于减少环境对鸡舍的反射热，能吸收太阳辐射能，降低环境温度，而且还可以净化鸡舍周围的空气。但是，鸡舍附近不能有较高的建筑，以免影响鸡舍的自然通风。

中暑的鸡只轻者取出置于荫凉通风处，并提供充足饮水和经过调整的饲粮使其恢复正常，不能恢复者应予淘汰。

（二十九）初产母鸡瘫痪症

商品蛋鸡群在开产初期一段时间内，常有部分鸡发生一种以瘫痪为主要特征的病症，称为初产母鸡瘫痪症。

【病因分析】 有人从病死鸡的脏器中分离到大肠杆菌，故认为本病是因为感染大肠杆菌所致；也有人认为是因维生素 A、D 缺乏，或钙、磷缺乏，或输卵管炎症所致。

上述病因均可导致鸡的瘫痪，但有人观察认为：在显然不存在上述病因的前提下，仍有本病发生。更明显的事实是在有运动场的鸡场或饲养密度很低的鸡群，无本病发生。为此觉得本病症的发生，主要是因为在育成期缺乏足够的运动，所以在开产时部分鸡显得产蛋无力，或者是因为部分鸡体质弱，不能适应初产这一强烈的应激。当鸡产下第一枚蛋就犹如过了一道难关，以后再产就容易得多。在临床观察上也证明，往往是在产第一枚蛋或产较大的蛋时才发生瘫痪症。至于输卵管炎可能是因蛋在输卵管后段滞留时间过长而引发，部分鸡发生腹膜炎可能是在抵抗力降低的情况下继发大肠杆菌病所导致。

【临床及病理诊断】发病鸡群除表现有些鸡瘫痪外，部分鸡还有类似维生素 B_2 缺乏引起的蜷趾麻痹症（脚趾向内弯曲）。每日发生率为 0.2%～0.5%，持续 2 周左右。

剖检病死鸡可见输卵管中有成熟的蛋或软壳蛋，输卵管后段有炎症，有时还可见腹膜炎。

【治疗方法】除及时将瘫痪鸡与大群隔离饲养并帮助排出腹中蛋以外，饲料中应加倍添加维生素 B_1、B_2，同时应适当使用抗菌药物（如氟喹诺酮类药物）以控制输卵管炎等疾病的感染。

（1）2.5%恩诺沙星注射液，每千克体重肌肉注射 0.1 毫升，一般 1 次即可；重症者可重复注射 1 次。

（2）奥福欣，每 100 毫升加水 80 千克，饮用 3 天。

（3）强力抗，每瓶加水 50 千克，任其自饮，连饮 3～5 天。

（三十）初产母鸡猝死综合征

由于本病发生于刚开始产蛋的鸡，生前又见不到任何明显症状而突然死亡，故称之为初产母鸡猝死综合征。鸡群中，有 20%～30%的鸡开产时，其死亡率最高，但当产蛋达 60%时死亡率逐渐降低。

【病因分析】据观察，本病的病因可能与饲料组成有一定的关系。具体的病因还不清楚，但已初步排除了细菌和病毒感染、化学物质中毒及硒和维生素 E 缺乏。

【临床及病理诊断】本病突然发生惊厥和死亡。暴发前无明显症状，外表健康，食欲稍减，粪便较稀薄。

剖检病死鸡可见肉髯、冠和泄殖腔充血，肌肉苍白、肺、肝、脾、输卵管和卵巢严重充血。心脏、右心房显著扩大，暴发后期心脏大于正常数倍，并有大量心包积液。

【防治措施】目前对本病尚无有效预防措施。

治疗时，在饮水中加入碳酸氢钾，每只鸡 0.62 克，可使死亡率显著降低。但有痛风并发症时无效。在饲料中加入碳酸氢钾（每千克饲料加 3.6 克）也能显著降低死亡率。

（三十一）肉鸡猝死综合征

肉鸡猝死综合征又称暴死症或急性死亡综合征，是一种急性病，以肌肉丰满、外观健康的肉鸡突然死亡为特征，死鸡背部着地，两脚朝天，脖颈歪曲，用多种药物防治无效。

【病因分析】目前国内外对本病的研究比较多，但对其致病因素还不十分清楚。一般认为，本病是一种代谢病，导致发病的主要原因有以下 3 个方面：

（1）日粮营养水平过高。

（2）体内酸碱平衡失调。

（3）低血钾引起血管功能变化，导致突发性心力衰竭而死亡。

【流行病学诊断】

（1）本病在不同日龄的肉用仔鸡有两个发病高峰，即 3 周龄左右和 8 周龄左右多发；种鸡以开产前后为发病高峰。肉用仔鸡发病 80%为雄性，且以所属群中体重较大的多发；种鸡雌雄发病基本一致，发病率低于肉用仔鸡。

(2) 本病一年四季均可发生，但以夏、冬季发病较多。

(3) 本病发病急，表现为突发性死亡，发病鸡群死亡率为2%～5%、惊吓、噪音、饲喂活动及气候突变等外界应激因素均可增加死亡。

【临床诊断】在发病前，鸡群无明显征兆，采食，运动等均正常，有的病鸡群表现安静，饲料消耗降低，鸡的面部较湿润。发病初期，大部分是在给食时死去，任何惊扰和刺激都可引起死亡，那些应激敏感鸡，受到惊吓时死亡率最高。所有患鸡都是突然发病，特征是失去平衡，翅膀剧烈扇动及肌肉痉挛，从丧失平衡到死亡的间隔时间很短，一般只有1分钟左右，有的鸡发作时狂叫或尖叫。此外，在开始失去平衡时向前或向后跌倒，呈仰卧或腹卧，在翅膀剧烈扇动时能够翻转。死后多数为两腿朝天。背部着地，颈部扭转。

【病理诊断】急性发病的鸡，冠髯充血，体质健壮，肌肉丰满，剖检可见消化道特别是嗉囊和肌胃充满食物，肺弥漫性充血，气管内有泡沫状渗出物，心脏稍扩张，心房充满血凝块，心室紧缩无血。成年鸡，泄殖腔、卵巢及输卵管严重充血，心房明显扩张，心房比正常鸡大几倍，并伴有心包渗出液，偶见纤维素渗出物，十二指肠扩张，无色，内含物苍白似奶油状。腹膜和肠系膜血管充血，静脉怒张。肝脏轻度肿大，质脆，色苍白，胆囊空虚，肾浅灰色或苍白色。脾、甲状腺和胸腺全部充血，胸肌、腹肌湿润苍白。

【综合诊断】目前对肉鸡猝死综合征尚无特异性诊断方法，只能通过综合判断而确诊。一般认为，在排除细菌、病毒感染及有毒物质中毒的情况下，如果鸡营养状况良好，突然死亡，消化道中积有刚食入的食物，肺脏淤血，胆囊空虚，嗉囊及腺胃无异常变化，结合心房有血凝块，但无血栓即可做出诊断。

归纳起来，本病的诊断要点有以下几个方面：

(1) 外观健康，生长发育良好，死后出现明显的仰卧姿势。

(2) 无确诊的传染病和挤压致死迹象。

(3) 肠道充盈，嗉囊及肌胃充满刚刚采食的饲料，胆囊缩小或空虚。

(4) 呼吸困难，肺淤血，水肿。

(5) 循环障碍明显，心房扩张淤血，心室紧缩。

(6) 后股静脉淤血，扩张。

【防治措施】目前对本病尚无理想的治疗方法，有些研究表明，在饲料中按 0.36%浓度加入碳酸氢钾进行治疗，能使死亡率显著降低。

预防本病应采取一些综合措施，如改善饲养管理，控制饲料中能量和蛋白质给量，增加维生素含量（尤其是 V_A、V_D、V_E、V_{B_1}、V_{B_6} 和生物素），防止一些应激因素。可有效地控制本病的发生。

（三十二）肉鸡腹水征

肉鸡腹水综合征是近年来新出现的肉鸡的几种重要综合征之一，它以明显的腹水、右心扩张、肺充血、水肿以及肝脏病变为特征。

【病因分析】引起肉鸡腹水综合征的病因较复杂，但概括起来，主要有以下几个方面：

(1) 遗传因素：肉鸡对能量和氧的消耗量多，尤其在4～5 周龄，是肉用仔鸡的快速生长期，易造成红细胞不能在肺毛细血管内通畅流动，影响肺部的血液灌注，导致肺动脉高血压及其后的右心衰竭。

（2）慢性缺氧：饲养在高海拔地区的肉鸡，由于空气稀薄，氧的分压低，或者在冬季门窗关闭，通风不良，二氧化碳、氨、尘埃浓度增高导致氧气减少，因慢性缺氧易引起肺毛细血管增厚、狭窄，肺动脉压升高，出现右心肥大而衰竭。此外，天气寒冷，肉鸡代谢率增高，耗氧量大，腹水综合征的死亡率明显增加。

（3）饲喂高能日粮或颗粒料：在高海拔地区，饲喂高能日粮（12.97 兆焦/千克）的 0～7 日龄肉鸡腹水综合征发病率比喂低能日粮（0.92 兆焦/千克）鸡高 4 倍。饲喂颗粒料，使肉鸡采食量增加，可导致因消耗能量多、需氧多而发病。

（4）继发因素：如某些营养物质的缺乏或过剩（如硒和维生素 E 缺乏或食盐过剩），环境消毒药剂用量不当，莫能霉素过量或霉菌毒素中毒等，均可导致肉鸡腹水综合征。

【流行病学诊断】

（1）季节：本病多发于冬季加早春，这与冬春舍内饲养、通风不良而造成缺氧有关。

（2）日龄：本病多发于 4～5 周龄，这与此时正值肉用仔鸡快速生长有关。

（3）品种与性别：虽然本病在各类家禽中均有发生，但最多发、最常见的是肉用仔鸡，特别是快速生长的肉鸡。通常在发病鸡中公鸡占有较高的比例，这与其生长快、耗能高、需氧多有关。

【临床诊断】发病初期病鸡表现精神沉郁、食欲减退或废绝，个别鸡排白色稀便，随后很快（1 天左右）发展为“大肚子”，即腹部高度膨大，不能维持身体的正常平衡状态，站立困难，以腹部着地呈企鹅状；行动困难，只能两翅上下扇动。腹部皮肤发紫，用手触摸腹部软如水袋状，有明显波动感。

【病理诊断】死雏外表消瘦，羽毛污浊，个别病例肛门周围羽毛被粪便污染。腹部膨大软如水袋。剖开腹腔可见大量淡黄色腹水，10 日龄以内死亡者腹水量在 100～200 毫升之间，卵黄吸收不全如软肥皂状；15 日龄以后死亡者腹水量在 400 毫升以上，内含枣大至核桃大淡黄色、半透明胶冻样物质，表面覆有一层淡黄色纤维蛋白薄膜。肝脏高度肿大、紫红或微蓝紫色，表面有一层淡黄色胶胨状薄膜，揭去薄膜可见肝脏有大小不等的点状或片状白色区。胸腔、心包也有积液，并有淡黄色薄膜状胶冻性渗出物，心脏表面有白点状小病灶，心腔内有凝固良好的血凝块。

【防治措施】

（1）目前对本病尚无理想的治疗方法，使用强心利尿药物对早期病鸡有一定的治疗效果。

（2）在冬季和早春养鸡，应加强鸡舍的通风换气，并防止慢性呼吸道病的发生。

（3）饲喂粉料，注意饲料中各种维生素和微量元素的给量，防止食盐及各种药物超量。

（三十三）肉仔鸡胸部囊肿

肉用仔鸡胸部囊肿是肉用种鸡胸骨滑液囊发炎而形成的一种常见病，多发于 5 周龄以后，肉用仔鸡患病后直接影响胴体外观，降低其商品价值和食用价值。

【病因分析】发生胸部囊肿的原因主要是由于肉用仔鸡生长快、体重大，喜伏卧、不爱活动，在胸羽尚未长好时，或发生软腿症伏地而行，胸部与板结或潮湿的垫料接触，或与笼摩擦刺激或挫伤，引起胸骨滑液囊发炎。

【临床诊断】患有轻度胸部囊肿的鸡。外观与健康鸡无明显差异。精神状态及食欲、饮欲正常，只是腹部龙骨（也称胸骨）处皮肤轻微水肿，面积一般不大。时间稍长，水肿液凝集成豆腐渣样白色块状物质。重症者，精神不振，体温升高，食欲减退，胸部囊肿面积较大。若囊肿部位被细菌感染，则水肿液由稀薄的淡黄色转变为浓稠的灰白色、红色或暗棕色。

最后，病鸡由胸部囊肿转为败血症而死，一般死亡率较低。

【防治措施】

（1）改进地面垫料或鸡笼底网的结构和材料，减少胸部的摩擦及挫伤。地面平养，要用锯木屑、稻草等作垫料，并有一定的厚度（5～10 厘米），同时还要经常松动垫料，以防板结，保持垫料的干燥、松软。对于笼养或网养，可改进底网结构和材料，加一层富有弹性、柔软性较好的尼龙或塑料网片，防止胸部与金属网或硬质网摩擦，这对降低胸部囊肿发病率和减轻病症作用很大。

（2）配合日粮要保证肉用仔鸡的营养需要。日粮中要有足够的维生素 A、D 及钙、磷等物质，使鸡的骨骼发育良好，减少腿部疾病的发生，不伏地而行，即可控制本病。

（3）加强日常管理，改善环境条件。保持鸡舍清洁卫生，通风良好，温、湿度适宜。适当增加鸡群的活动量，减少伏卧时间，即可增加饲喂次数，促使鸡群活动，减少发病机会。

（4）对严重病鸡，可将囊肿部及其周围清洗消毒后，按外科手术处理，并隔离饲养，即可痊愈。

（三十四）肉仔鸡的腿病

【病因及临床诊断】肉用仔鸡经常发生各种各样的腿病，包括腿软无力、腿骨和关节变形、腿骨折断、关节和足底脓肿等，造成跛行、瘫痪。愈是增重迅速的高产品种，腿病发生的愈多。其原因有营养、管理、感染、遗传等多个方面，但根本的原因是肉用仔鸡躯体生长迅速，腿部的发育不能相应跟上，负担过重。对发生腿病的鸡，应及时挑出，另用一间鸡舍饲养，精心照料，待其体重达到可以屠宰时再处理，以减少损失。

【防治措施】一般来说，对本病没有什么有效的治疗方法，生产中只能采取一些综合性措施，以减少发病。

（1）在 3～4 周龄以内，饲养目标应当是长好骨架，使体质健康，这段时期要适当控制饲料的能量水平。不能使鸡体内蓄积过多的脂肪，不要超过该品种的标准体重，在 4 周龄以后再加速育肥，促进尽快增重。

（2）饲料中各种矿物质必须充足而不过量，各种维生素要充足有余。特别要防止钙、锰缺乏，磷过量，以及维生素 D、维生素 B_2 及生物素缺乏。肉用仔鸡完全在室内饲养，见不到阳光，自身合成维生素 D 很少，容易缺乏，而维生素 D 对防止腿病又至关重要，因而饲料中多种维生素应适当偏多，还可以另外添加一些维生素 A、D_3 粉。微量元素添加剂要选用优质产品，必要时可于每 50 千克饲料中另外添加 10 克硫酸锰。如果饲料中配入油脂、油渣、肉渣等，务必新鲜、腐败变质会破坏生物素，引起腿骨粗短等症状。

（3）饲养密度不宜过大，体重在 1 千克以上的每平方米不超过 12 只，使鸡有一定的运动量。

（4）垫草要保持干燥、松软，防止潮湿、板结。

（5）注意对大肠杆菌病、葡萄球菌病及其他腿脚部感染的预防。

（6）舍内保持安静，防止惊群，尽可能避免捉鸡，必须捉鸡时动作要轻。

（7）前期温度偏低，鸡群受冷，会在后期发生腿病，也需要加以注意。

附　录

一、常见鸡病的鉴别诊断

常见鸡病的鉴别诊断（一）

1. 流行病学类症鉴别

病　情	可疑的鸡病	确定诊断的参考项目
传播快，各年龄的鸡均有发生	鸡新城疫	有呼吸症状和神经症状，死亡率高，胃肠出血和溃疡
	禽流感	死亡率高，颜面浮肿，肉冠点状出血和溃疡
	禽霍乱	死亡率高，心冠脂肪点状出血，肝多发生黄白色小坏死点
	传染性喉气管炎	张口呼吸，奇鸣，气管有明显病变
	传染性支气管炎	死亡率低，喘鸣声，奇鸣，时有下痢，产蛋率下降，畸形蛋
	传染性鼻炎	颜面水肿，鼻汁漏出
初生至3周龄发病	鸡白痢	精神不振，肛门周围羽毛沾染污粪
	鸡脑脊髓炎	神经症状，瘫脚，无肉眼病变，脑切片可见非化脓性脑炎
	脑软化症	神经症状，瘫脚，无肉眼病变，小脑切片可见小出血灶
	雏鸡白痢	精神不振，肛门周围羽毛沾染污粪

（续）

病　情	可疑的鸡病	确定诊断的参考项目
同时孵化雏鸡，在不同鸡场饲养时发生相同疾病	鸡副伤寒	精神不振，肛门周围羽毛被粪便污染，关节炎
	鸡脑脊髓炎	神经症状，瘫脚，无肉眼病变，脑切片可见非化脓性脑炎
30～150 日龄多发疾病	马立克氏病	脚、翼、颈麻痹，末梢神经肿大变粗。体弱，急性死亡，肝、脾、肾、肺、腺胃、心脏等可见肿瘤和肿大
	球虫病	血便，急性衰弱而死，盲肠严重出血。软便带血，小肠黏膜有白色坏死和出血
	传染性法氏囊病	白色水样下痢。法氏囊水肿、出血和坏死
	包涵体肝炎	肉用鸡多发，肝肿大、出血、脆弱、脂肪化等 镜下：肝细胞核心内包涵体
	锰缺乏症	骨粗大，关节肿胀、脱臼
	维生素 B_2 缺乏症	脚趾向内弯曲蜷缩
开始产蛋前后散发疾病	淋巴性白血病	排绿便，急性衰弱而死。肝、脾、肾、卵巢、腔上囊等可见白色肿瘤，或弥漫性增大

2. 临床症状类症鉴别

症　状	疑似病例	确定诊断的参考项目
张口呼吸	热射病	无喘鸣音，两翼张开，日照下的鸡容易发生
	鸡痘（黏膜型）	无喘鸣音，吸气时伸颈，单发或散发有时急性窒息而死。剖检：喉气管黏膜有痘斑隆起
	传染性喉气管炎	剧烈张口呼吸，奇鸣，咯出血痰，气管黏膜肿胀、出血
	传染性支气管炎	喘鸣，奇鸣，严重下痢
	新城疫	急性经过，死亡率高，胃肠特定部位出血和溃疡，出现神经症状

（续）

症　状		疑似病例	确定诊断的参考项目
张口呼吸		传染性鼻炎	颜面水肿，有鼻汁漏出
		霉形体病	面颊肿胀、硬结，剖检可见气囊炎
怪叫		传染性支气管炎	张口喘气，奇鸣，严重下痢，产蛋率明显下降，畸形蛋
		传染性喉气管炎	剧烈张口呼吸，奇鸣，咯出血痰，气管黏膜肿胀、出血
		新城疫	急性经过，死亡率高，胃肠特定部位出血和溃疡，伴有神经症状
		传染性鼻炎	颜面水肿，有鼻汁漏出
		霉形体病	面颊肿胀、硬结，剖检可见气囊炎
产蛋率急剧下降		传染性支气管炎	死亡率低，喘鸣声，奇鸣，时有下痢，产蛋率明显下降，畸形蛋
		减蛋综合征	产蛋率明显下降，畸形蛋，死亡率低
		鸡脑脊髓炎	神经症状，瘫脚，无肉眼病变，脑切片可见非化脓性脑炎
血便		盲肠球虫病	1～2月龄多发，急性衰弱死亡，盲肠出血
		小肠球虫病	小肠游离部出血
鼻汁漏出，颜面肿胀		传染性鼻炎	鸡群内传播迅速，面颊肿胀
		霉形体病	慢性经过，面颊肿胀、硬结，多数可见气囊炎
神经症状（脚、翅、颈麻痹）	2～5周龄多发	脑脊髓炎	瘫脚，呈犬坐姿势，头颈部震颤，无肉眼病变，脑切片可见非化脓性脑炎
		脑软化症	症状和脑脊髓炎相似，小脑出血伴有软化灶
	30～150日龄多发	马立克氏病	脚、翅左右不对称麻痹，有时颈部弯曲，症状顽固，末梢神经肿大
		新城疫	虽然所有日龄鸡均能患病，但在这个时期神经症状比较突出，多数鸡还表现呼吸症状
		小肠球虫	因体弱而翅下垂，喜蹲伏，小肠内有小点状或花纹状白色、红色病灶

（续）

症　状		疑似病例	确定诊断的参考项目
神经症状（脚、翅、颈麻痹）		维生素 B_1 缺乏症	呆立，腰下塌，呈企鹅样姿势，颈后转，有横卧症状，用治疗法进行诊断
		维生素 B_2 缺乏症	爪部弯曲，用治疗法进行诊断
		锰缺乏症	骨变粗，稍弯曲，有弹力感，关节脱臼
	单发或散发腿病	关节膜炎	跖关节、足关节、肘关节肿胀，触及有波动感，内有脓汁。滑膜霉形体、败血霉形体、金黄色葡萄球菌、沙门氏菌感染所引起
		病毒性关节炎	跟腱肿胀、断裂，用血清学试验，可证明鞘内有呼肠孤病毒存在
		葡萄球菌病	从足趾前端渐渐变黑，干燥时有脱落
		趾瘤	从足趾前渐渐变黑，干燥，有时脱落
肉冠出血、坏死，肉垂浮肿，脚鳞变紫		禽流感	死亡率高，诊断以病毒分离为重点
肉垂、肉冠及皮肤无毛部和脚鳞部有3～5毫米大小的丘疹		鸡痘（皮肤型）	肉眼即可判断，可疑时进行病毒分离和病理组织学检查
皮肤出现大小不同的小肿瘤		马立克氏病	切面呈白色或桃红色，强力指压时，即发生破裂
皮肤糜烂性坏死		葡萄球菌病	多发生于翅下皮肤，皮肤上有水疱，可漫延至全身
毛根部出血		血管肿	若不及时治疗，会因出血过多而死亡。烧烙患部可止血。可能由白血病病毒感染而引起
头部青肿		外伤	多发生在2月龄左右，因争斗引起头部皮下出血

3. 剖检病变类症鉴别

剖检病变		疑似病例	确定诊断的参考项目
神经	小脑出血	脑软化症	初生2月龄，尤其是20～40日龄多发，伴有神经症状
	末梢神经变粗	马立克氏病	左右脚和颈不对称性麻痹，颈弯曲。颈迷走神经、翼神经、腰神经、坐骨神经等肿大变粗
上呼吸道	鼻腔、眶下窦渗出物增多	传染性鼻炎	充满半透明渗出物，分离细菌确立诊断
		败血支原体	黏液和干酪样渗出物较多，多数伴有气囊炎，分离细菌可确立诊断，全血快速凝集反应可作参考诊断
	喉、气管上部黏膜密发痘斑	鸡痘（黏膜型）	黏膜上隆起的痘斑不易剥离，肉眼不能诊断时，可作病毒分离、琼脂扩散反应或病理组织切片
	气管黏膜有奶油状或干酪样渗出物	传染性喉气管炎	渗出物中混有出血，大部分呈红色。病理组织检查、荧光抗体法、分离病毒等方法可确定诊断
	气管黏膜出血	新城疫	呼吸症状严重者可见此病变，除胃肠特定部位出血和溃疡外，病毒分离等方法可确定诊断
	气管内黏液增加，管壁肥厚	传染性支气管炎	喘鸣，奇鸣，下痢，产蛋率下降
		传染性鼻炎	面颊浮肿，鼻汁漏出
		鸡霉形体病	面颊肿胀形成硬结，有少量鼻汁，剖检可见气囊炎
下呼吸道	支气管肥厚，管腔被渗出物闭塞并有支气管周围性肺炎	传染性喉气管炎	气管内奶油状和干酪样渗出物较多
		传染性支气管炎	喘鸣，气管轻度肥厚，黏液量增加
		鸡痘（黏膜型）	喉、气管黏膜有水疱样隆起

（续）

剖检病变		疑似病例	确定诊断的参考项目
下呼吸道	支气管肥厚，管腔被涌出物闭塞并有支气管周围性肺炎	鸡霉形体病	流鼻汁，面颊肿胀硬结，多数伴有气囊炎
		真菌性肺炎	肺和气囊有黄绿色或白色结节，真菌培养或病理组织检查可确定诊断
	肺有直径1～3毫米的白色病灶散在	真菌性肺炎	肺和气囊有黄绿色或灰白色结节，病灶中心有豆渣样凝块物质，真菌培养或病理组织检查可确定诊断
		雏白痢	主要在2周龄至2个月龄雏鸡出现病灶。病灶切面一致为白色与真菌性肺炎不同，心、胃、小肠表面均有白色隆起。肝有散在坏死点，6周龄以前雏鸡不适用全血快速凝集试验，可用细菌分离确定诊断
	肺有大小不同的透明感病灶	雏白痢	主要在2周龄至2个月龄雏鸡出现病灶。病灶切面一致为白色与真菌性肺炎不同，心、胃、小肠表面均有白色隆起。肝有散在坏死点，6周龄以前雏鸡不适用全血快速凝集试验，可用细菌分离确定诊断
		马立克氏病	2月龄以上的鸡出现此病灶。肝、脾、肾、胃、卵巢、腺胃、心、末梢神经等出现白色肿瘤。疑似者进行病理组织学检查
	气囊肥厚，腔内有干酪或乳脂样渗出物	禽败血性霉形体	流涕，面颊肿胀硬结
		传染性鼻炎	很少出现气囊病变，流鼻涕，面颊浮肿明显
		传染性支气管炎	很少出现这样的病变。咳出血痰，气管内有较多干酪样或乳脂状渗出物

（续）

剖检病变		疑似病例	确定诊断的参考项目
消化管	食管、嗉囊散在小结节	维生素A缺乏症	瞬膜角化。肾尿酸盐沉积，可用治疗法进行诊断
	嗉囊显著肿大	多数病因不明	内充满半透明的渗出物
		马立克氏病	多数病鸡伴有颈部迷走神经肿大，腿翅麻痹
	腺胃胃壁肥厚，使腺胃呈气球状	马立克氏病	末梢神经肿胀，内脏器官发生肿瘤。可疑时，进行病理组织学检查
		腺胃炎型传染性支气管炎	病鸡极度消瘦，腺胃呈球状肿胀
	腺胃黏膜乳头出血	新城疫	传播迅速，死亡率高。肠管特定部位出血、溃疡。脾有白色点状病灶。病毒分离可确定诊断
		禽流感	传播迅速，死亡率高。心、肾、脾有坏死灶。颜面水肿，肉冠出血和坏死
	肠管特定部位出血和溃疡	新城疫	有呼吸道症状和神经症状，胃特定部位出血和溃疡
	胃肠浆膜面散在白色隆起	雏鸡白痢	2周至2月龄病雏可见胃、肠心浆膜肌有界限不明的白色隆起，肝有小坏死点。细菌分离可确定诊断
		马立克氏病及淋巴性白血病	2～8月龄鸡，肝、脾、肾、胃、卵巢、心、胃、肌肉出现白色肿瘤。病理学检查两者可以鉴别
		其他肿瘤	平滑肌瘤、纤维瘤、卵巢、卵管、胰等起源的转移性腺癌
	小肠黏膜面密发白点、小红点或白色花纹	慢性小肠球虫病	小肠前半部增生，变成灰白色。刮取黏膜，压片镜检，出现球虫者可确定诊断

（续）

剖检病变		疑似病例	确定诊断的参考项目
消化管	小肠充满血液	急性小肠球虫病	小肠游离部前半段出血。刮取黏膜，压片镜检，出现球虫者可确定诊断
	盲肠内显著出血	急性盲肠球虫病	盲肠内有暗红色血液内容物，感染明显期为流动状，后期为凝固状。肠黏膜压片镜检可确定诊断
	盲肠溃疡	组织滴虫病	盲肠表现不规律的粗细，其内容物大部分呈白色豆腐渣状，有的混有少量血液，肝上有菊花状坏死灶
心脏	心冠脂肪点状出血	新城疫	消化管特定部位出血和溃疡。脾出现白色点状病灶
		禽流感	面部水肿，鸡冠出血、坏死。病毒分离可确定诊断
		禽霍乱	肝多发性小坏死点。小肠前段出血。脏器涂抹检菌、细菌分离鉴定可确定诊断
	心脏表面有白色隆起	雏鸡白痢	幼雏肛门有白色污粪，浆膜面有白色隆起的肉芽肿，肝有小坏死点
		马立克氏病	肝、脾、肾、卵巢、心脏有白色结节状肿瘤
		淋巴性白血病	肝、脾、肾、卵巢、心脏有结节状肿瘤，法氏囊显著肿大
	心脏表面和心包混浊肥厚	雏鸡白痢	主要在2周龄至2个月龄雏鸡出现病灶。病灶切面一致为白色与真菌性肺炎不同，心、胃、小肠表面均有白色隆起。肝有散在坏死点，6周龄以前雏鸡不适用全血快速凝集试验，可用细菌分离确定诊断

（续）

剖检病变		疑似病例	确定诊断的参考项目
心脏	心脏表面和心包混浊肥厚	大肠杆菌病	肝包膜炎、腹膜炎、肠管表面污浊
		鸡霉形体病	心包周围锁骨间气囊炎。前胸、后胸、腹部等各气囊肥厚并有干酪样渗出物
		尿酸盐沉积症	心包、肝、肾、表面有闪光白色微细尿酸盐沉着。由中毒、肾机能障碍、维生素 A 缺乏等原因所引起
肝脏	肝显著肿大	马立克氏病 淋巴性白血病	肝表面、切面均可见多数白色小结节。结节中没有出血和坏死。脾、肾、卵巢、心等也有白色肿瘤组织。两者通过病理组织学检查可以区别
		肝硬变	肝表面有微细的凹凸不平和白色的花纹状外观，多发于各种慢性中毒
	肝出现白色点状病灶	马立克氏病 淋巴性白血病	白色肿瘤结节界限不明。切面细致呈白色，两者通过病理学检查可以鉴别
		结核	病灶切面多为均质黄色干酪样坏死，病理组织学检查具有结核肉芽肿的特征
		雏鸡白痢	肝表面可见少量白色小点状坏死灶。同时在心外膜、肠管浆膜面有多数白色隆起
		禽霍乱	传播迅速，死亡率高，心冠脂肪出血，小肠前段有出血斑
		硝酸盐沉着症	肝、心、肾表面散布白色微细的尿酸盐物质

（续）

剖检病变		疑似病例	确定诊断的参考项目
肝脏	肝包膜肥厚，包膜上附着渗出物	大肠杆菌病	肝包膜炎同时伴有心包炎、腹膜炎等
		肝硬变	肝表面凹凸不平，间质增宽呈白色网格状
	肝肿大，包膜有出血点	包涵体肝炎	肝肿大，棕黄色，包膜有许多出血点，病理组织学检查出核内包涵体以及检出荧光抗原可确定
脾脏	脾肿大	马立克氏病	肝、脾、肾、心、卵巢有白色结节状肿瘤，法氏囊显著肿大
		淋巴性白血病	肝、脾、肾、心、卵巢有白色结节状肿瘤，法氏囊显著肿大
		鸡住白虫症	恢复期出现脾肿，但此时不易检出虫体
	脾出现直径2毫米以上的白色结节	马立克氏病	末梢神经淋巴细胞浸润
		淋巴性白血病	法氏囊显著肿大
		结核	组织学检查，有典型结核结节结构
	脾出现散在微小的白点	马立克氏病	末梢神经淋巴细胞浸润
		淋巴性白血病	肝、肾、卵巢等器官出现白色肿瘤
		结核	以肝为主出现小结节，镜下有结核特征
		新城疫	胃肠特定部位出血和溃疡
		雏鸡白痢	肛门有白粪污染，浆膜面有白色隆起，细菌分离阳性
卵巢	卵泡变性呈鼓锤状	鸡白痢 鸡副伤寒	沙门氏杆菌属的鸡白痢菌和副伤寒菌在卵巢上发育增殖引起的卵泡变性呈锤状、钟摆状
	卵巢水样半透明肿大	马立克氏病 淋巴性白血病	卵巢呈菜花状肿人，同时肝、脾、肾等器官也有肿瘤出现。病理组织学检查可确定诊断

（续）

剖检病变		疑似病例	确定诊断的参考项目
输卵管	输卵管内凝结腐败渗出物	大肠杆菌病	输卵管内腐败恶臭，其他脏器往往仅有包膜炎变化，细菌分离可确定诊断
	输卵管内有熟卵状物质凝结	各种热性传染病	在各种传染性病的恢复期多出现此种病变，此时不易检出病原
	输卵管内形成囊泡	各种传染病	在各种传染病的恢复期，由于输卵管被分泌物堵塞而形成
	输卵管内出现大小不同的白色肿瘤	腺癌	由输卵腺细胞增殖形成腺癌。肠管浆膜面常出现链珠状转移肿瘤
	输卵管表面、输卵管之间出现白桃色肿瘤	平滑肌瘤	肿瘤较硬有弹性。切面可见多方向排列的肌纤维
肾	肾显著肿大	马立克氏病 淋巴性白血病	2～8月龄鸡多发，有明显的白色结节状肿瘤，其他脏器也有同样变化，病理组织学检查，两者可以区别
	肾内出现囊泡	囊泡肾	先天性畸形
		水肾症	中毒、传染病等原因，造成尿路堵塞，尿液发生潴留而形成囊泡
	白色微细的结晶沉着	尿酸盐沉着症	心、肝、肾均出现类似白色结晶沉着。尿管发生膨大，其中有白色垩状结石。中毒，上行性肾炎，维生素A缺乏症等原因可引起本病
法氏囊	肿大	法氏囊病	发病后法氏囊开始肿大，第4天最大，比正常的大2倍以上，以后开始萎缩，第6天达正常大小，第8天只有正常大小的1/3

(续)

剖检病变		疑似病例	确定诊断的参考项目
法氏囊	萎缩	法氏囊病	发病后第 4 天开始萎缩
		马立克氏病或淋巴细胞白血病	法氏囊侵害时通常表现为萎缩，偶尔也形成肿瘤
		传染性贫血	萎缩不明显，但其外壁呈半透明状态，以至于能观察到内部的皱褶。伴有贫血症状
		包涵体肝炎	囊壁菲薄但色泽正常。伴有贫血、皮下和肌肉出血；肝肿大，褪色、脂肪变性等
		黄曲霉毒素中毒	肝脏淡黄褐色，多灶性出血及肝包膜表面有网状物等病变，是黄曲霉毒素中毒的特征

4. 胚胎病的类症鉴别

所见病变		疑似病例	确定诊断的参考项目
头照	死亡	维生素 E 缺乏	多数为 7 日之前死亡，胚盘出血
		冻蛋	有的胚在第一天就死亡，胚盘边缘不平，发育缓慢
		孵化温度短期过高	死胚充血、出血
	胚胎发育不正常	孵化温度长期偏高	有许多血环、怪胎，蛋白吸收过早，羊膜、尿囊上有囊肿
		细菌污染种蛋	胚体肿胀，蛋白色变深，有不良气味
二照	死亡	维生素 B_2 缺乏	种蛋减轻
		维生素 B_{12} 缺乏	全身水肿，肌肉萎缩，卵黄、肝、心肌出血
		维生素 D 缺乏	皮肤高度水肿，肝变性，肾肿
		维生素 A 缺乏	肾肿胀并有尿酸盐沉积
		孵化温度过高	尿囊膜血管充血，皮肤、内脏充血和点状出血

（续）

所见病变		疑似病例	确定诊断的参考项目
二照	死亡	换气不足	皮肤、内脏充血、出血，心脏结构残缺
出雏时	死胎	维生素 B_2 缺乏	胚体蜷缩，颈部粘连，腿部弯曲，头部水肿，蛋黄浓稠
		维生素 B_{12} 缺乏	肌肉萎缩，卵黄囊、肝、心出血，肝脏蓄积脂肪
		维生素E缺乏	皮下水肿、出血。眼睛的水晶体混浊
		维生素A缺乏	在肾、肠系膜，心和卵黄囊上有尿酸盐沉积
		鸡白痢	肝、肺肿胀，内部器官坏死，肠内有白色内容物
		副伤寒	肝脏松弛,色泽不匀,心、肠点状出血,胆囊扩张,脾肿大
		曲霉菌病	耳鼻道阻塞，内脏器官有灰色结节
		脐炎	脐部积有黏液，腹壁肿大有干酪样物质，卵黄灰蓝色并且稀薄
		孵化温度短期过高	皮肤充血，胎位不正，头在卵黄囊中
		孵化温度长期过高	多数死亡胚能啄破蛋壳，但不能吸收卵黄，留下浓厚蛋白，肠道充血，心脏变小
		换气不足	胚位不正，头部位于蛋的尖端，皮肤出血，粘连
新生雏	衰弱	维生素 B_2 缺乏	羽毛卷曲，颈部粘连，腿瘫痪
		维生素D缺乏	出壳时间延长，软骨，上颌变短
		维生素A缺乏	出壳推迟，皮肤和绒毛的颜色不好，眼中有干酪样物质

（续）

所见病变		疑似病例	确定诊断的参考项目
新生雏	衰弱	鸡白痢	大卵黄
		脐炎	脐孔发炎
		种蛋贮存过久	出壳推迟
		孵化温度偏高	出壳提前，雏鸡体小，卵黄吸收不良，脐孔未愈
		孵化期停止供热	出壳推迟，幼雏委顿，站立困难，蛋壳污染
		温度过高	出壳早，雏污秽，羽毛颜色不好，黏附着蛋壳
		换气不足	在尖头部分粘连

常见鸡病的鉴别诊断（二）

检查项目	异常变化	预示的主要疾病
饮水	饮水量剧增	长期缺水、热应激，球虫病早期、饲料中毒、盐太多、其他热性病
	饮水量明显减少	温度太低、濒死期、药物异味
粪便	红色	球虫病
	白色黏性	白痢杆菌病、痛风、尿酸盐代谢障碍
	黄绿色带黏液	鸡新城疫、禽霍乱、卡氏白细胞虫病等
	水样稀薄	饮水过多、饲料中镁离子过多、轮状病毒感染、传染性法氏囊病等
病程	突然死亡	禽霍乱、卡氏白细胞虫病、中毒等
	中午到午夜前死亡	中暑
神经症状和运动障碍	瘫痪，一脚向前一脚向后	马立克氏病
	一月龄内雏鸡瘫痪	传染性脑脊髓炎、鸡新城疫
	扭颈、抬头望天，前冲后退转圈运动	新城疫、維生素 E 和硒缺乏、维生素 B_1 缺乏

（续）

检查项目	异常变化	预示的主要疾病
神经症状和运动障碍	颈麻痹、平铺地面上	肉毒梭菌毒素中毒
	脚麻痹、趾弯曲	维生素 B_2 缺乏
	腿骨弯曲、运动障碍、关节肿大	维生素 D 缺乏、钙磷缺乏、病毒性关节炎、滑膜霉形体病、葡萄球菌病、锰缺乏、胆碱缺乏
	瘫痪	笼养鸡疲劳症、维生素 E 及硒缺乏
	高度兴奋，不断奔走鸣叫	新城疫、痢特灵中毒、其他中毒病初期
呼吸	张口伸颈、有怪叫声	新城疫、传染性喉气管炎
冠	痘痂、痘斑	禽痘
	苍白	卡氏白细胞虫病、白血病、营养缺乏
	紫蓝色	败血症、中毒病
	白色斑点或斑块	冠癣
	萎缩	白血病
肉髯	水肿	慢性禽霍乱、传染性鼻炎
	白色斑点或白色斑块	冠癣
眼	充血	中暑、传染性喉气管炎等
	虹膜褪色、瞳孔缩小	马立克氏病
	角膜晶状体混浊	传染性脑脊髓炎等
	眼结膜肿胀，眼睑下有干酪样物	大肠杆菌病、慢性呼吸道病、传染性喉气管炎、沙门氏杆菌病、曲霉菌病、维生素 A 缺乏等
鼻	黏性或脓性分泌物	传染性鼻炎、慢性呼吸道病等
喙	角质软化	钙、磷或维生素 D 等缺乏
	交叉等畸形	营养缺乏或遗传性疾病
口腔	黏膜坏死、假膜，有带血黏液	禽痘、卡氏白细胞虫病、传染性喉气管炎、禽霍乱、鸡新城疫
羽毛	羽毛断碎、脱落	啄癖、外寄生虫病、换羽、营养缺乏（锌、生物素、泛酸等）
	纯种长出异色羽毛	遗传性、维生素 D、叶酸、铜和铁缺乏
	羽毛边缘卷曲	维生素 B_2 缺乏、锌缺乏

（续）

检查项目	异常变化	预示的主要疾病
脚	鳞片隆起，有白色痂片	鸡突变膝螨病
	脚底肿胀	趾瘤
	出血	创伤、啄癖、禽流感
皮肤	紫蓝色斑块	维生素 E 和硒缺乏、葡萄球菌病、坏疽性皮炎
	痘痂、痘斑	鸡痘
	皮肤粗糙，眼角、嘴角有痂皮	泛酸缺乏、生物素缺乏、体外寄生虫病
	出血	维生素 K 缺乏、卡氏白细胞虫病、某些传染病、中毒等
	皮下气肿	阉割、剧烈活动等引起气囊膜破裂
胸骨	S形弯曲	维生素 D 缺乏、钙磷缺乏或比例不当
	囊肿	滑膜霉形体病、地面不平引起的损伤等
肌肉	过分苍白	贫血、内出血和卡氏白细胞虫病、维生素 E 和硒缺乏、磺胺中毒等
	干燥无黏性	失水、缺水、肾型传染性支管炎、痛风等
	有白色条纹	维生素 E 和硒缺乏
	出血	传染性法氏囊病、卡氏白细胞虫病、黄曲霉毒素中毒、维生素 E 和硒缺乏等
	白色大头针帽大小的白点	卡氏白细胞虫病
	腐败	葡萄球菌病、厌氧梭菌感染
腹腔	腹水过多	腹水症、肝硬化、黄曲霉毒素中毒、大肠杆菌病
	血液或血凝块	内出血、卡氏白细胞虫病、白血病、包涵体性肝炎等
	纤维素性或干酪样渗出物	大肠杆菌病、鸡败血性霉形体病

（续）

检查项目	异常变化	预示的主要疾病
气囊膜	混浊有干酪样附着物	鸡败血性霉形体病、大肠杆菌病、新城疫、曲霉菌病等
心	心肌白色小结节	白痢杆菌病、马立克氏病、卡氏白细胞虫病
	心冠沟脂肪出血	禽霍乱、细菌性感染、中毒病等
	心包粘连，心包液混浊	大肠杆菌病、鸡败血性霉形体感染等
	尿酸盐沉积	痛风
	房室间瓣膜疣状增生	丹毒病
肝	肿大、有结节	马立克氏病、白血病、结核病
	肿大、有点状或斑状坏死	禽霍乱、白痢杆菌病、黑头病、喹乙醇中毒、痢菌净中毒
	肿大、被覆渗出物、肿大有出血点、出血斑、血肿	大肠杆菌病、鸡败血霉形体感染、包涵体肝炎、脂肪肝综合征
	肝硬化	慢性黄曲霉菌毒素中毒
脾	肿大、有结节	白血病、马立克氏病 、结核
	肿大、有坏死点	白痢、大肠杆菌病
	萎缩	喹乙醇中毒、成红细胞性白血病
胰脏	坏死	新城疫、禽流感、包涵体性肝炎
胆囊	肿大	大肠杆菌病、白痢
食道	黏膜坏死	毛滴虫病、维生素 A 缺乏
嗉囊	积水、积气、积食、坚实	球虫病、毛滴虫病、异物阻塞、新城疫、中毒等
腺胃	球状增大	马立克氏病、四棱线虫病
	小坏死结节	白痢、马立克氏病、毛滴虫病
	出血	新城疫、马立克氏病、喹乙醇或痢菌净中毒

（续）

检查项目	异常变化	预示的主要疾病
肌胃	白色结节	白痢、马立克氏病
	溃疡、出血	新城疫、传染性法氏囊病、喹乙醇或痢菌净中毒、包涵体性肝炎
小肠	充血、出血	新城疫、球虫病、卡氏白细胞虫病、禽霍乱
	小结节	白痢、马立克氏病等
	出血、溃疡、坏死	溃疡性肠炎、坏死性肠炎
	有寄生虫	线虫、绦虫等
盲肠	出血	球虫病
	出血、溃疡	黑头病
泄殖腔	水肿、充血、出血、坏死	新城疫、啄癖等
喉	充血、出血	新城疫、传染性喉气管炎、急性禽霍乱
	有环状干酪样附着物	传染性喉气管炎、慢性呼吸道病
	假膜	鸡痘
气管、支气管	充血、出血	传染性支气管炎、新城疫
	黏液增多	各种呼吸道感染
肺	结节呈肉样化	马立克氏病、白血病
	黄色、黑色结节	曲霉菌病、结核病
	黄白色小结节	白痢
	充血、出血	卡氏白细胞虫病、其他感染
肾	肿大有结节	白血病、马立克氏病
	出血	卡氏白细胞虫病、脂肪肝综合征、传染性法氏囊病、包涵体肝炎、中毒等
	尿酸盐沉积	传染性支气管炎、传染性法氏囊病、痛风、磺胺中毒、其他中毒等
输尿管	尿酸盐沉积	传染性支气管炎、传染性法氏囊病、磺胺中毒、其他中毒、痛风等
卵巢	有结节、肿大	马立克氏病、白血病
	卵泡充血、出血	白痢、大肠杆菌病、禽霍乱

（续）

检查项目	异常变化	预示的主要疾病
输卵管	左侧输卵管细小	传染性支气管炎
	充血、出血	滴虫病、白痢、败血霉形体感染等
法氏囊	肿大	新城疫、白血病、传染性法氏囊病
	出血、囊腔内渗出物增多	传染性法氏囊病、新城疫
脑	脑膜充血、出血	中暑、细菌性感染、中毒
	小脑出血	维生素 E 和硒缺乏
四肢	骨髓黄色	包涵体性肝炎、卡氏白细胞虫病、磺胺中毒
	骨质松软	钙、磷和维生素 D 等营养缺乏症
	脱腱	锰或胆碱缺乏
	关节炎	葡萄球菌病、大肠杆菌病、滑膜霉形体病、病毒性关节炎、白痢、营养缺乏等
	臂神经和坐骨神经肿胀	马立克氏病、维生素 B_2 缺乏
受精率	受精率低	种蛋陈旧或被剧烈振动或保存条件不良、公鸡太老、公鸡跛行、公鸡营养缺乏、热应激、母鸡营养缺乏、鸡群感染某些传染病、近亲繁殖
蛋壳	畸形蛋	新城疫、传染性支气管炎、减蛋综合征、初产蛋、老龄鸡
	软壳蛋、薄壳蛋	钙和磷不足或比例不当、维生素 D 缺乏、新城疫、传染性支气管炎、减蛋综合征、毛滴虫病、大龄鸡、大量使用某些药物、其他一些营养缺乏病
	蛋壳粗糙	新城疫、传染性支气管炎、钙过多、大量使用某些药物、老龄鸡

（续）

检查项目	异常变化	预示的主要疾病
蛋壳	异常白壳或黄壳	大量使用四环素及某些带黄色易沉淀的物质
	棕壳变白壳	新城疫、传染性喉气管炎等
	花斑壳	遗传因素、产蛋箱不清洁、霉菌感染
气室	气室松弛	蛋被粗暴处理、蛋白稀薄、陈旧蛋、某些传染病
蛋白	粉红色	饲料中棉籽饼分量太多、饮水中铁离子偏高、腐败菌侵袭
	蛋白稀薄	传染性支气管炎、新城疫、使用磺胺类药物或某些驱虫药、老龄鸡、腐败菌侵袭等
	云雾状	贮存温度太低
	蛋白内有气泡	运输振动
	有异味	鱼粉、药物、蛋白腐败等
	血斑、肉斑	生殖道出血、维生素 A 缺乏、光照不适当、异常的声音、遗传因素
	系带松弛或断脱	蛋陈旧、过分振动等
蛋黄	稀薄	陈旧蛋、营养缺乏
	橙红蛋	棉籽饼或某些色素物质偏高
	灰白蛋	某些传染病的影响、饲料缺乏黄色素、维生素 A 或 B 族维生素缺乏等
	绿色	饲料中叶绿素酸钠过多
	异味	鱼粉或其他有异味的饲料、蛋的腐败
	血斑、肉斑	生殖道出血、维生素 A 缺乏、光照不适当、异常的声音、遗传因素
	乳酪样	贮存温度太低、饲料中棉籽饼太多

（续）

检查项目	异常变化	预示的主要疾病
产蛋率	从开产起一直偏低	遗传性、超重、营养不良、某些疾病的影响等
	突然下降	减蛋综合征、新城疫、高温环境、中毒、使用某些药物、其他疾病的影响

常见鸡病的鉴别诊断（三）

1. 口咽、食管、嗉囊、腺胃、肌胃有病变的疾病

病　名	病原和病因	受害禽类	病　变	备　注
毛细线虫病	捻转毛细线虫	鸡、火鸡、捕猎鸟类	虫体“缝入”发炎，增厚黏膜	在食道和嗉囊。采取肠黏膜刮片供鉴定。常见于捕猎鸟类
毛滴虫病	毛滴虫	猛禽、鸽、火鸡、鸡	在口、咽、食道和嗉囊黏膜有隆起的圆锥物	在口水中可见许多毛滴虫。有时腺胃和肝有病变
鸡痘	痘病毒	大多数禽类	在口、咽、食道有1～5毫米黄黑色斑块	在面部、肉髯、眼睑、冠、脚、耳等有皮肤病变
嗉囊下垂	常由于大量粗饲料引起	鸡、火鸡	嗉囊和食道扩张	缺乏弹性的嗉囊和食道常可继发霉菌病
维生素A缺乏症	维生素A缺乏	鸡、火鸡	在食道或口、咽部有隆起的1～5毫米小脓疱状病变	雏鸡眼睑黏闭。常见于青年鸡或成年鸡，有时在输尿管、泄殖腔充满尿酸盐，可伴发鼻炎、窦炎或眼结膜炎

2. 肠道有病变的疾病

病　名	病原和病因	受害禽类	病　变	备　注
鸡白痢	鸡沙门氏杆菌	鸡、火鸡、偶尔其他家禽	肠炎、脱水、有未吸收的卵黄，肺、心或肌胃有结节。可有黏膜斑、盲肠芯子及局灶性坏死性肝炎	在 4 周龄以前的雏鸡可造成流行，从刚出壳开始，常见白痢黏附肛门，持续至母鸡，可见卵巢炎
鸡伤寒	鸡沙门氏杆菌	鸡、火鸡、偶尔其他家禽	病变同上，年龄较大的鸡表现严重的肠炎染成胆色（青铜色）或有坏死灶，脾肿大，显著贫血	刚出壳的雏鸡病变很像白痢，常可持续至数年，成年鸡常见腹泻和头部苍白
鸡副伤寒	多种沙门氏杆菌	雏鸡、雏火鸡及其他幼禽，有时也可见于成禽	严重肠炎，常有黏膜斑和成干酪样盲肠芯子，偶可见如同鸡白痢的病变	常见于 8 周龄以下的雏鸡，偶尔见于成鸡，常见于不同禽间传播
大肠杆菌病	埃希氏大肠杆菌	鸡、火鸡	常见肠炎、脐炎、输卵管炎、腹膜炎、关节炎、全眼球炎等病变	应与多种综合征相区别，常见于雏鸡。常有继发感染
坏死性肠炎	C 型产气荚膜梭菌	2～8 周龄的雏鸡	小肠后 1/3 段出血性肠炎，可能还有多灶性坏死性肝炎	常伴有布氏艾美尔球虫感染
结核病	禽型结核分枝杆菌	鸡和其他家禽及鸟类	在肠周围附有圆形结节（肉芽肿），在许多其他器官有局灶性肉芽肿	常见于老鸡，慢性病，极度消瘦
大肠杆菌性肉芽肿	黏液性大肠杆菌	鸡、火鸡	盲肠、十二指肠、肠系膜和肝有肉芽肿	很像结核病，但病灶中无抗酸细菌存在，此病并不常见

（续）

病　名	病原和病因	受害禽类	病　变	备　注
黑头病	火鸡组织滴虫	火鸡、幼火鸡、捕猎鸟类、鸡	盲肠肿胀并常有干酪盲肠芯子，肝有特征性圆形黄色凹陷的坏死区	在盲肠和肝的典型病变有诊断意义
球虫病	多种艾美尔球虫	鸡、火鸡、鸭、鹅	不同部位和不同程度的肠炎	球虫病常与其他疾病伴发
内寄生虫病	蛔虫、绦虫、盲肠虫、毛细线虫	鸡和其他家禽	在一定部位可见寄生虫体，有不同程度的肠炎，明显消瘦	为鉴定毛细线虫，应作肠黏膜刮片显微镜检查
非特异性肠炎	很多传染病	家禽和其他禽类	很多传染病伴有肠炎，但往往在其他部位可见有更大诊断价值的病变	其他疾病可有肠炎的包括：禽霍乱、丹毒、弧菌性肝炎、螺旋体病、肉毒梭菌毒素中毒、黄曲霉中毒、流感、念珠菌病等

3. 肝有病变的疾病

病　名	病原和病因	受害禽类	病　变	备　注
禽霍乱	多杀性巴氏杆菌	家禽和野禽	急性病例肝肿大，有弥漫性斑块，其后有1～3毫米局灶性肝坏死	局灶性肝病变与沙门氏杆菌和李氏杆菌病引起的病变很相似
沙门氏菌病（鸡白痢、鸡伤寒、副伤寒）	鸡白痢沙门氏菌、伤寒沙门氏菌、其他沙门氏菌	鸡、火鸡等	有时有局灶性（1～3毫米）肝坏死，脾肿大，肠炎，有时肠黏膜有隆起斑块，肠腔有干酪样芯塞，雏鸡有败血症病变	沙门氏菌感染主要见于雏鸡，很多经蛋传播，在副伤寒可见种间传播

（续）

病　名	病原和病因	受害禽类	病　变	备　注
结核病	禽型结核分枝杆菌	常见于鸡。也见于其他家禽和野禽	肝有局灶性肉芽肿，常有无数病灶，沿肠道周围有结节（肉芽肿），严重的病例在大多数器官和骨髓有病变，消瘦	常见于1岁以上老鸡。极度消瘦是结核病的特征
黑头病	火鸡组织滴虫	火鸡、鸡、捕猎鸟类	肝表面有大致2厘米的圆形至卵圆形的凹陷的局部病灶。盲肠炎，或有或无盲肠芯子	典型的肝和盲肠病变是有诊断意义的。火鸡常与鸡同时或在其后发病。病原体可由盲肠虫和蚯蚓传播
包涵体肝炎	腺病毒	常为5～8周龄的鸡	肝肿大，色泽斑驳（黄褐色）并有出血。有核内包涵体，可有黄疸。皮肤、肌肉浆膜下等处出血	常在法氏囊病之后由于免疫机能损害而发生本病
霉菌毒素中毒	常由于黄曲霉毒素	鸡、幼火鸡、幼鸭、野鸡等	肝苍白，色泽斑驳，胆管增生，卡他性肠炎	发生于饲料（尤指花生饼）中有霉菌毒素的鸡群。症状包括共济失调，惊厥，角弓反张。有时仅见生长不良
弧菌性肝炎	肝炎弧菌	常见于青年鸡、成年鸡	肝有星状小黄色坏死灶或花菜样大坏死区，有时出血，肝包膜下可有血囊，有腹水或心包积液	仅有10%病鸡有肝病变，常从胆汁中分离培养弧菌
溃疡性肠炎	肠道梭菌	鸡、火鸡、捕猎鸟类	肝有局灶或弥漫性黄色病灶，整个肠道散布无数深溃疡	本病笼养鸟多见，鸡和幼火鸡的病例亦见增多

（续）

病　名	病原和病因	受害禽类	病　变	备　注
淋巴细胞性白血病和马立克氏病	疱疹病毒和白血病病毒	鸡，可能还有其他禽类	肝有局灶或弥漫性肿瘤病灶，其他器官常有同样病变	5月龄以下鸡感染的可能是马立克氏病，较老的鸡可能患淋巴细胞性白血病

4. 有神经症状的疾病

病　名	病原和病因	受害禽类	病　变	备　注
新城疫	副黏病毒	通常为鸡，但大多数禽类均易感	常在呼吸症状之后发生神经症状。表现进行性轻瘫，随后发生麻痹和死亡	显微病变的存在有助于诊断，在有呼吸症状的鸡中有一小部分表现中枢神经系统症状
马立克氏病	疱疹病毒	通常为6～20周龄的鸡	一肢或一翅进行性轻瘫发展至麻痹，一肢向前，一肢向后伸开卧地	镜检可见受害神经干和中枢神经系统中有浸润的肿瘤细胞，受害神经干有肉眼可见病变
鸡脑脊髓炎	禽脑脊髓炎病毒	雏鸡、幼火鸡等	头、颈和腿部震颤，轻瘫逐渐发展至麻痹，伏地打转	在中枢神经系统可见显微病变，幸存者常发展为白内障，为诊断，可将鸡倒提，可使震颤加强
曲霉菌病	烟曲霉菌等	常为雏鸡、幼火鸡或笼养鸟	在出现神经症状（斜颈、失去平衡等脑炎症状）之前常有呼吸症状	脑中有肉眼可见的黄色霉菌结节，肺、气囊或结膜囊有曲霉菌病变
维生素E缺乏症	维生素E缺乏	常小于8月龄的鸡	共济失调，头颈部向下收缩，或向后侧扭转，失去平衡，伏地，腿外侧伸，趾弯曲	肉眼可见小脑出血和软化，镜检可证实

（续）

病　名	病原和病因	受害禽类	病　变	备　注
肉毒梭菌毒素中毒症	已形成的肉毒素中毒	鸡、野水禽	腿、颈、翅、瞬膜的渐进性轻瘫直到麻痹，羽毛脱落，头颈部伸长而软弱	没有有意义的肉眼病变或显微镜病变

5. 皮肤有病变的疾病

病　名	病原和病因	受害禽类	病　变	备　注
鸡痘	鸡痘病毒	鸡、其他禽类	在无羽毛的皮肤（面、冠、肉髯、眼睑、腿部）有黄色脓疱或暗红色痂	口、咽、结膜、窦可能出现黄灰色斑，可由蚊传播，病变上皮细胞中有环状包涵体
水疱性皮炎	光过敏种子、植物、饲料，无论有无霉菌，硫代二苯胺，皮肤经阳光晒后发生	鸡	在无毛皮肤（冠、肉髯、面、腿足）发生水疱结痂	水疱破裂后受害皮肤皱缩，溃疡
黄脂增生病	病原尚未确定，可能是有毒物质作用于脂肪	鸡	皮肤变黄区增厚、变粗，肉髯下颌间肿胀	皮肤病变形成后不会消退，皮肤病变部有胆固醇结晶和大巨噬细胞
坏疽性皮炎	皮肤创伤继发葡萄球菌感染	鸡、火鸡	受损伤皮肤下组织的蜂窝织炎	在4～16周龄的鸡和火鸡可引起严重损失。有时可继发于法氏囊病和腺病毒感染
泛酸缺乏症	缺乏泛酸	鸡、其他家禽	足和颈部的“皮炎”、口角或眼睑有痂壳样病变	脊髓常见有髓磷脂变性

（续）

病　名	病原和病因	受害禽类	病　变	备　注
生物素缺乏症	缺乏生物素	鸡、其他家禽	足和颈部的“皮炎”、口角或眼睑有痂壳样病变	
核黄素缺乏症	缺乏核黄素	雏鸡、幼火鸡	足、颈部、肛穴的“皮炎”、口角或眼睑有痂壳样病变	雏鸡出现髓磷脂变性，神经干变粗，足趾弯曲，以跗关节走动
非特异性皮炎	外寄生虫、维生素缺乏症	鸡、其他家禽及鸟类	轻度糠疹、羽毛粗乱无光泽、轻度皮炎	羽毛粗乱无光泽与很多疾病有关，为健康不良的非特异性特征，应检查营养和外寄生虫状况

6. 造血系统有病变的疾病

病　名	病原和病因	受害禽类	病　变	备　注
马立克氏病	疱疹病毒	鸡，可能还有其他禽类	形成肿瘤的多形性淋巴样细胞浸润于中枢神经系统、神经干等很多其他器官	在 6～20 周龄鸡可引起流行，在较老的鸡群中可持续存在
淋巴细胞性白血病	白血病病毒	鸡，可能还有其他禽类	形成肿瘤的成淋巴细胞在法氏囊和很多其他器官	常见于 4 日龄以上的鸡，常在肝、脾、肾形成肿瘤，在法氏囊形成结节状肿瘤
成红细胞性白血病、成粒细胞性白血病、骨髓细胞瘤病	白血病病毒	鸡，可能还有其他禽类	成红细胞性白血病——樱红色肝和果冻状骨髓；成粒细胞性白血病——灰黄色肝和苍白的骨髓；骨髓细胞瘤病——在骨、肋骨和长骨有黄白色肿瘤	这些是较少见的肿瘤，为确诊必须作血液涂片和组织病理学检查，对恶性细胞进行分类

（续）

病　名	病原和病因	受害禽类	病　变	备　注
出血性综合征	由于磺胺类药物、抗生素、霉菌毒素、病毒感染或维生素K缺乏而引起的骨髓和法氏囊损害	鸡	在很多部位有无数出血病灶，骨髓呈苍白油脂状	可能继发于法氏囊病或腺病毒感染，常由于过量用药引起，通常与骨髓损害有关
除白血病以外的肿瘤	未确定	鸡、其他家禽	各种类型肿瘤	在家禽中较为少见

7. 肌肉骨髓有病变的疾病

病　名	病原和病因	受害禽类	病　变	备　注
营养性白肌病	维生素E、硒和含硫氨基酸缺乏症	鸡、火鸡、鸭	胸肌肌纤维出现白色条纹或团块	肌肉病变可能与脑软化症或渗出性素质伴发
蓝冠病	冠状病毒	鸡	在胸肌可见有肌变性的苍白区	其他病变包括肠炎、脱水、发绀、白垩状胰等
骨化石病	与白血病病毒感染有关	鸡	胫骨和其他长骨变粗重、厚，骨髓腔变小	在公鸡群中发病率较高，非肿瘤性
佝偻病	钙、磷和维生素D_3的缺乏和不平衡	笼养鸡或其他家禽	雏鸡骨骼软弱，行走不稳，串珠状肋骨，胸骨弯曲，骨骺增宽。蛋鸡产软壳蛋，骨易折	常见于数周龄的雏鸡，维生素D_3缺乏是通常原因

（续）

病　名	病原和病因	受害禽类	病　变	备　注
笼养蛋鸡疲劳症	病因有争议，缺乏运动，低磷或低钙或不平衡	笼养产蛋鸡	易骨折（自发性骨折），尤以椎骨、胫骨及股骨常见，骨中矿物质耗尽	腿软弱以致不能站立，如立即从笼中移出养于地面，可能康复
葡萄球菌性关节炎	各关节局部有葡萄球菌感染	鸡、火鸡	侵害关节肿胀，疼痛，常有渗出物，病变可能遍布全身各关节，但通常在跗关节和足关节	病鸡严重跛行，关节炎之后常继发败血症
骨髓炎	转移到骨髓的各种细菌	鸡、其他家禽	各种部位的骨髓炎，常见于股骨和胫骨	散发性
胫骨软骨发育不良	病因有争议，可能受遗传型、饲料的影响	肉用型鸡	胫骨向前向侧面弯曲，胫骨近端软骨和跖骨软骨有异常团块，常在此处骨折	喜蹲伏，不愿移动，步态不正常，生长迟滞
脊椎前移	与遗传型有关，脊椎前移变形，损害了脊椎	肉用仔鸡	第6和第7胸椎角度不正常，使该处脊椎受损害	肉用仔鸡后躯麻痹，3～6周龄发生最多，发病率多可达30%
滑液囊霉形体病	滑液囊霉形体	鸡、火鸡	关节和腱鞘肿胀，大多见于跗、胫和足关节黏稠的滑膜渗出物，肝可呈绿色	很多鸡跛行，蹲伏于地上
骨短粗症	通常由于缺乏锰或胆碱，有时由烟酸、生物素或泛酸缺乏	笼养鸡、其他禽类	腓肠肌腱常在其踝部滑脱，可为一侧性或两侧性	常见于生长迅速的雏鸡，多发于以玉米为主要饲料时

（续）

病　名	病原和病因	受害禽类	病　变	备　注
脚掌炎	有细菌继发感染足部	鸡、火鸡	足和趾部常肿胀并有伤	常为散发性，鸡养在水泥地面而未加垫草时常易发生
鸡痛风	为代谢疾病，由于尿酸盐结晶沉积	鸡、火鸡、其他家禽	在关节内或其周围有白色至灰色半固体的尿酸盐石沉积，受害关节肿大，歪扭，在足和腿部最明显，病鸡消瘦	类似的尿酸盐结晶可在内脏沉积，可在心包和肝或可在输尿管

8. 生殖道有病变的疾病

病　名	病原和病因	受害禽类	病　变	备　注
鸡白痢、伤寒、副伤寒	鸡白痢沙门氏菌、鸡伤沙门氏菌、其他各种沙门氏菌	成年鸡、火鸡	卵巢炎，有血污的干酪样或萎缩的滤泡睾丸炎	有时伴发局灶性心肌炎和心包炎
输卵管炎	可能与霉形体病并发或继发于传染性支气管炎，通常为非特异性	产蛋鸡	不同程度输卵管可能因充满渗出物而膨胀	为产蛋母鸡日常死亡的常见原因
输卵管脱垂	常与肥胖症伴发	产蛋鸡	输卵管脱出，日常被啄食	常发生于开始产蛋时的肥胖青年母鸡
卵黄性腹膜炎	卵黄落入腹腔，确切原因未知	产蛋鸡	卵黄落入腹腔，附于腹腔器官，表现不同程度的腹膜炎	很少由于卵巢或输卵管异常，偶尔与多种急性疾病伴发

（续）

病　名	病原和病因	受害禽类	病　变	备　注
马立克氏病	疱疹病毒	鸡或其他禽类	卵巢肿瘤，法氏囊萎缩，或弥漫性肿瘤	伴有很多其他肿瘤病变，常见于性成熟的鸡
淋巴细胞性白血病	白血病病毒	鸡或其他禽类	卵巢肿瘤，法氏囊局灶性或结节性肿瘤	伴有很多其他肿瘤病变，常见于性成熟的鸡

二、鸡的生理指标及度量单位换算

一、鸡的几种生理常数

体温（肛门温度）：40.5～42℃

心跳频率（次/分）：150～200

呼吸频率（次/分）：22～25

血红蛋白平均量（克/100 毫升）：公鸡 11.76　母鸡 9.11

红细胞平均数（百万/立方毫米）：公鸡 3.23　母鸡 2.72

白细胞数（千/立方毫米）：20～30

二、华氏温度（℉）与摄氏温度（℃）的换算

$$℉=℃\times\frac{9}{5}+32$$

$$℃=（℉-32）\times\frac{5}{9}$$

三、重量单位换算

1 吨（t）＝1 000 千克（kg，公斤）

1 千克＝1 000 克（g）

1克＝1 000毫克（mg）

四、长度单位换算

1公里（km）＝1 000（m）

1米＝10分米（dm）

1分米＝10厘米（cm）

1厘米＝10毫米（mm）

主要参考文献

[1] 南京农学院等. 家禽寄生虫病. 上海：上海科技出版社，1979
[2] 胡祥璧等译. 禽病学 . 第七版. 北京：农业出版社，1980
[3] 北京市畜牧兽医站. 禽病 . 第二版. 北京：农业出版社，1984
[4] 李福生等译. 家禽疾病手册. 沈阳：辽宁科技出版社，1984
[5] 邱祥聘主编. 家禽学. 成都：四川科技出版社，1985
[6] 王殿泫等译. 兽医传染病学. 长春：吉林科技出版社，1985
[7] 王振兴等. 养鸡饲料手册. 沈阳：辽宁科学技术出版社，1985
[8] 陈振族等. 兽医临床禽病学. 南京：江苏科技出版社，1987
[9] 张译黎等. 鸡鸭鹅病防治. 北京：金盾出版社，1988
[10] 刘霓红等. 常见病的诊断与防治. 哈尔滨：黑龙江人民出版社，1988
[11] 蔡宝祥等. 实用家畜传染病学. 上海：上海科技出版社，1989
[12] 张献仁. 实用养鸡手册. 南昌：江西科技出版社，1989
[13] 李子文等. 实用家禽疾病防治手册. 北京：人民军医出版社，1990
[14] 辽宁农垦辉山祖代鸡场. 养鸡十大疫病防治. 沈阳：辽宁科技出版社，1990
[15] 傅先强等. 养鸡场鸡病防治技术. 北京：金盾出版社，1991
[16] 中华人民共和国农业部. 中华人民共和国兽药规范. 北京：农业出版社，1992
[17] 董漓波. 家禽常用药物手册. 北京：金盾出版社，1992
[18] 叶岐山等. 鸡病防治实用手册. 合肥：安徽科技出版社，1992
[19] 范国雄等. 鸡病诊断图册. 北京：北京农业大学出版社，1992

[20] 朱维正等. 新编兽医手册. 北京：金盾出版社，1993
[21] 张建岳. 实用兽医临床大全. 北京：中国农业科技出版社，1993
[22] 禽病诊断与防治手册. 王春林等. 上海：上海科学技术文献出版社，1997
[23] 禽病防治500问. 任祖伊等. 北京：中国农业出版社，1997
[24] 禽病诊治大全. 程安春等. 北京：中国农业出版社，2002
[25] 传染病·诊断与防治. 高雅君. 延边：延边人民出版社，2003
[26] 禽病诊治彩色图谱. 陈建红等. 北京：中国农业出版社，2003

建设社会主义新农村书系 第2批

种植业篇

天麻规范化栽培新技术
林木育苗实用技术
小麦病虫草害防治彩色图谱
草莓设施栽培技术问答
大棚西瓜无公害生产技术
现代日光温室蔬菜产业技术
葡萄无公害贮运保鲜与加工
野生蔬菜保鲜与加工技术
蜜橘、脐橙、柚子、金柑保鲜与加工技术
花卉应用指南
花卉栽培 180 问
棉花病虫草害防治技术
棉花育苗移栽
经济作物栽培技术图解

养殖业篇

海水鱼虾蟹病害防治图谱
新鸡病诊断与防治
新猪病诊断与防治
新禽病诊断与防治
养鸡 500 天(第五版)
水产养殖病害防治实用技术
农村高效养猪新技术
肉牛饲料配制及配方(第二版)
家兔常见病诊断图谱(第二版)
肉鹅快养 60 天(第二版)
科学养貂 200 问
肉牛 奶牛饲养技术图解
养鸡防疫消毒指南
舍饲养羊图诀 250 例
科学养兔图诀 200 例
畜禽疾病防治 50 年经验谈
黄粉虫养殖与开发利用
妙用百草养黄鳝
家禽传染病防控技术
人兽共患病防治
奶牛模式化饲养管理与疾病防治实用技术
新型实用栽桑养蚕技术问答
肉羊饲养技术图解

农业工程与农业机械篇

小四轮拖拉机常见故障诊断与排除图解

农用运输车常见故障诊断与排除图解

温室灌溉原理与应用

民主管理与政策法律篇

农村金融与税收基础知识

村集体经济组织财务管理

中华人民共和国农村土地承包法问答

婚姻 继承 收养关系法律问答

新农村干部工作实务

农产品市场营销基本知识

农村经纪人知识问答

为新农村建设支百招

文化生活篇

乡村文化大院

农民经商英语 300 句

农家游 农家菜

卫生保健篇

图解常见病耳疗法

饮茶与健康

农村劳动力转移培训篇

餐厅服务员指导手册

商场营业员指导手册

农民期货卖粮培训手册

建设社会主义新农村书系 第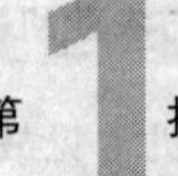批

种植业篇

水稻优质高效栽培答疑(7.40元)
小麦优质高效栽培答疑(6.90元)
高油大豆高产技术(6.40元)
名特蔬菜病虫害无公害防治(8.20元)
生物农药使用指南(7.70元)
葡萄设施栽培技术问答(5.50元)
桃设施栽培技术问答(5.20元)
南方草莓优质栽培技术(6.40元)
特色番茄 彩色甜椒新品种及栽培技术(8.90元)
白菜 甘蓝 花菜 芥菜栽培(4.50元)
茄子 辣椒栽培新技术(4.80元)
蔬菜育苗一问一答(4.80元)
甘薯优质高产栽培与加工(7.20元)
山野菜保鲜贮藏与加工(7.40元)
农家花卉栽培技术(6.30元)
番茄无公害规范化栽培技术(4.80元)
测土配方施肥技术问答(7.00元)
新编食用菌栽培技术图解(9.20元)
作物施肥图解(6.00元)

养殖业篇

现代养羊180问(10.10元)
瘦肉型猪疾病防治问答(第二版)(7.60元)
奶牛高效饲养新技术(9.80元)
蜜蜂饲养与病敌害防治(8.70元)
农村养猪新技术(14.30元)
种草养鹅技术(6.20元)
高效益养鸡法(13.30元)
林蛙养殖(第二版)(8.20元)
断乳仔猪饲养管理与疾病控制专题20讲(9.90元)
黄鳝健康养殖实用新技术(11.60元)
蛋鸡无公害饲养200问(8.70元)
高效养鸭新技术(9.30元)
快速养猪200问(6.90元)
獭兔饲养技术(第二版)(9.30元)
新编养猪实用技术(12.80元)
建设绿色奶源基地(8.70元)
家蝇养殖与综合利用技术(5.10元)
肉牛健康养殖与疾病防治(10.30元)
肉鸡快速饲养200问(7.70元)

农业工程与农业机械篇

小型柴油机使用与维修(9.10元)
小型农机具选购使用维护指南(7.70元)

民主管理与政策法律篇

村民代表会议制度知识(3.80 元)
农民专业合作经济组织知识(3.80 元)
乡村社会事业管理知识(6.40 元)
怎样解决经济纠纷(5.60 元)
农民经营决策技巧(7.80 元)
现代农业经营管理(7.10 元)
村民委员会选举基本知识(5.60 元)
新农村法律知识问答(6.80 元)
新农村的社会保障(5.70 元)
乡村基层组织建设知识(6.40 元)
农村党支部工作问答(7.70 元)
新农村建设与县域经济发展(7.60 元)

小康家园建设篇

省柴节煤灶炕(5.20 元)
农业环境污染防治技术(4.20 元)
农村能源利用(6.90 元)
家庭节能妙招(3.50 元)
家用太阳能热水器的使用与维护(5.00 元)
被动式太阳房使用管理(4.50 元)
户用小型风力发电机使用与维护(5.00 元)
生物质炉灶的使用与维护(5.00 元)
微型水利发电站的使用与维护(4.50 元)
太阳灶使用知识(5.00 元)

文化生活篇

农家小幽默(7.80 元)
农家棋类游戏(6.30 元)
农村应用文快速写作法(9.30 元)
趣联故事精选(7.30 元)
农家乡土菜(8.40 元)
茶文化基础知识(5.20 元)
中外经典流行歌曲集(6.80 元)
中外经典影视歌曲集(6.80 元)
中外名歌经典(6.80 元)
中外合唱经典(15.00 元)

卫生保健篇

营养茶膳(3.30 元)
乡村医生手册(8.80 元)
按摩治疗常见病(5.50 元)
农家食疗方(8.10 元)
农家育儿经(7.70 元)
中成药自购自用指南(16.20 元)
农家常见病自我用药(8.10 元)
新婚知识 200 问(7.80 元)
浅谈肝炎防治(5.20 元)
图解常见病手疗法(4.30 元)
图解常见病足疗法(5.10 元)
农家治病小验方(7.30 元)

农村劳动力转移培训篇

装饰装修工培训手册(7.30 元)
护理工培训手册(6.20 元)
进城务工指导手册(6.00 元)

图书在版编目（CIP）数据

新鸡病诊断与防治/席克奇等编著．—北京：中国农业出版社，2007.1

（建设社会主义新农村书系）

ISBN 978-7-109-11466-1

Ⅰ.新… Ⅱ.席… Ⅲ.①鸡病—诊断②鸡病—防治
Ⅳ.S858.31

中国版本图书馆 CIP 数据核字（2007）第 001323 号

中国农业出版社
农村读物出版社 出版

（北京市朝阳区农展馆北路 2 号）

（邮政编码 100125）

责任编辑 黄向阳

北京通州皇家印刷厂印刷 新华书店北京发行所发行

2007 年 4 月第 1 版 2011 年 5 月北京第 3 次印刷

开本：787mm×1092mm 1/32 印张：15.625 插页：6

字数：339 千字

定价：22.80 元